“十二五”普通高等教育
本科国家级规划教材

本教材第五版曾获首届全国教材
建设奖全国优秀教材二等奖

数学分析

第六版（上册）

Mathematical Analysis

华东师范大学数学科学学院　编

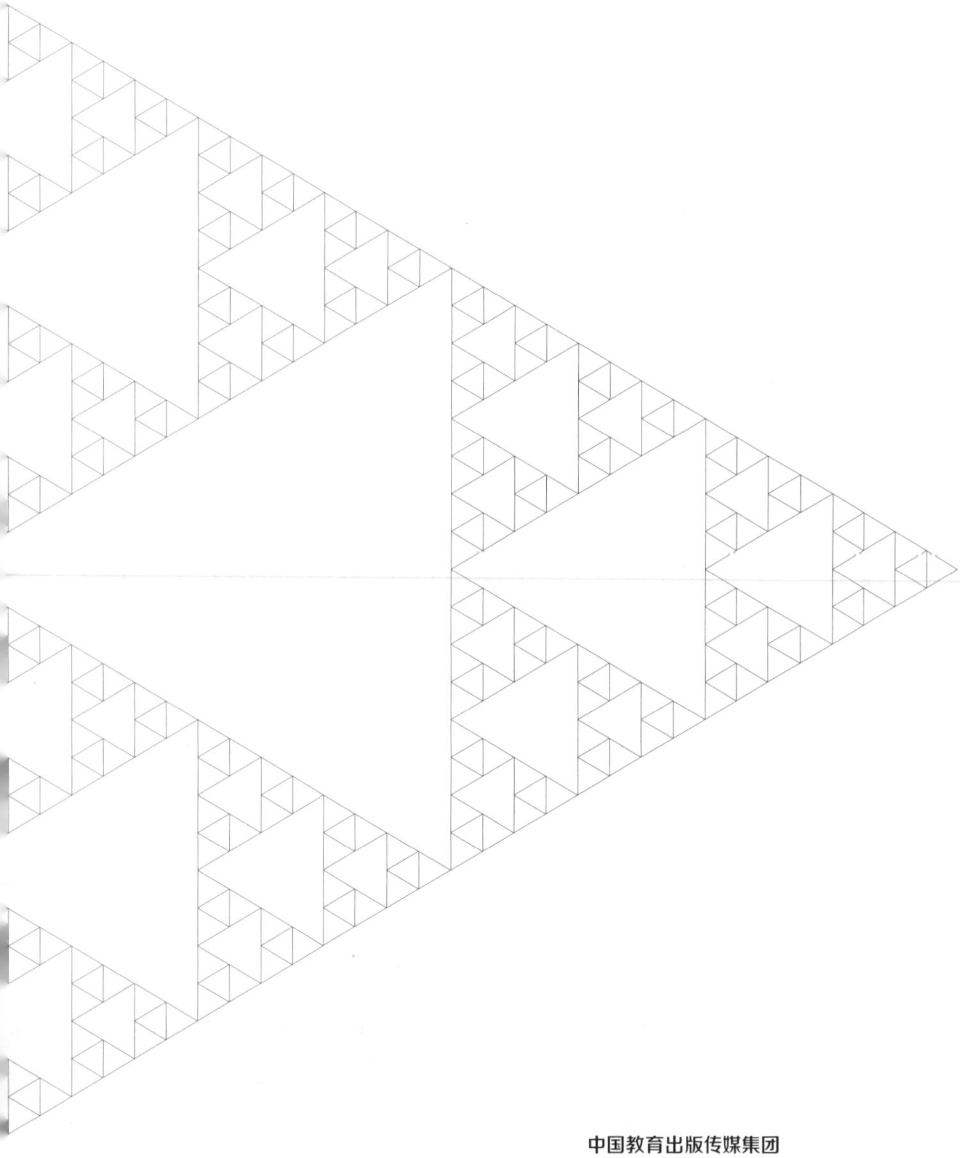

中国教育出版传媒集团
高等教育出版社·北京

内容提要

本书是“十二五”普通高等教育本科国家级规划教材、普通高等教育“十一五”国家级规划教材和面向21世纪课程教材，主要内容包括实数集与函数、数列极限、函数极限、函数的连续性、导数和微分、微分中值定理及其应用、实数的完备性、不定积分、定积分、定积分的应用、反常积分等，附录为实数理论和积分表，书后附微积分学简史数字资源。

本次修订是在第五版的基础上对一些内容进行适当优化、调整与增删，使教材更适应时代发展的需要。第六版仍保持前五版“内容选取适当，深入浅出，易教易学，可读性强”的特点。

本书可作为高等学校数学与其他相关专业的教材使用。

图书在版编目（CIP）数据

数学分析．上册／华东师范大学数学科学学院编．6版．--北京:高等教育出版社,2025.8．--ISBN 978-7-04-065307-6

Ⅰ．O17

中国国家版本馆CIP数据核字第20257C9H56号

Shuxue Fenxi

策划编辑　杨　帆　　责任编辑　田　玲　　封面设计　王凌波　　版式设计　杜微言
责任绘图　裴一丹　　责任校对　刘丽娴　　责任印制　耿　轩

出版发行	高等教育出版社	网　址	http://www.hep.edu.cn
社　址	北京市西城区德外大街4号		http://www.hep.com.cn
邮政编码	100120	网上订购	http://www.hepmall.com.cn
印　刷	山东临沂新华印刷物流集团有限责任公司		http://www.hepmall.com
开　本	787mm×1092mm　1/16		http://www.hepmall.cn
印　张	20.5	版　次	1980年9月第1版
字　数	420千字		2025年8月第6版
购书热线	010-58581118	印　次	2025年8月第1次印刷
咨询电话	400-810-0598	定　价	49.80元

物 料 号　65307-00

第六版前言

华东师范大学数学科学学院(数学系)编写的《数学分析》(上、下册)自1980年初版诞生以来,相继于1991年、2001年、2010年、2019年四次再版,1987年荣获第一届全国高等学校优秀教材优秀奖,2004年荣获上海市优秀教材一等奖,2021年荣获首届全国教材建设奖全国优秀教材二等奖。

自第五版出版以来,基础教育改革的新理念、高等教育发展的新趋势以及高速发展的新技术对高等教育的传统思路产生了巨大的冲击,许多学校在专业建设和教学改革中对数学分析教材提出了新的要求。为此,华东师范大学数学科学学院经过充分酝酿,组织开展了第六版的修订工作。

在本次修订前,编写组为了更好地倾听使用院校的意见,组织了多场教材修订座谈会,许多具有丰富教学经验的教师对本教材提出了宝贵的意见;同时开展了广泛调研,征集使用意见。在延续第五版整体风格的前提下,编写组结合当前教材发展的新趋势,确定了第六版修订方案。

本次修改的主要内容有:

1. 引入了柯西列的概念,使相关定理和内容的表述更为简洁;

2. 鉴于复合函数极限的重要性,将复合函数的求极限法则作为单独的定理列出,维护了极限性质的完整性,同时也方便应用;

3. 针对中学数学课标和教学内容的改变,对某些内容做了适应性介绍,并在相关概念名称上与中学保持统一,有利于大学与中学数学内容的衔接;

4. 在避免增加课堂教学负担的前提下,将一些常见的方法以习题的形式呈现;

5. 在重积分中,明确了区域分割的定义,据此改写重积分部分内容,以更好体现一元函数定积分与多元函数重积分的不同;

6. 对定义、定理、例题与习题进行适当优化与增删,调整部分内容的结构安排。

参加第六版编写工作的老师有:

程涛任主编,并负责编写第五、六、八、二十、二十一、二十二、二十三章;

戴浩晖负责编写第一、七、十二、十三、十四章及附录Ⅰ、Ⅱ;

王丽萍负责编写第二、三、四、十五、十六、十七章;

赵纯奕负责编写第九、十、十一、十八、十九章。

在编写过程中,编写组得到了华东师范大学数学科学学院老师们的大力支持,叶东教授、顾青副教授等提出了许多建设性的意见；高等教育出版社的编辑为第六版的修订做了辛勤细致的工作，在此表示诚挚谢意。感谢复旦大学楼红卫教授、浙江大学阮火军教授为第六版修订初稿提出的宝贵意见。

本书自 1980 年第一版出版以来，一直深受广大读者的关爱与支持，在此一并致以最深切的谢意。我们衷心期待读者在阅读和使用本教材的过程中继续提出宝贵意见。

编　者

2025 年 5 月

第一至五版前言

数学分析简史

目 录

第一章
实数集与函数

§1 实　　数

数学分析研究的基本对象是定义在实数集上的函数.为此,我们先简要叙述实数的有关概念.

一、实数及其性质

在中学数学课程中,我们知道实数由有理数与无理数两部分组成.**有理数**可用分数形式$\frac{p}{q}$(p,q 为整数,$q\neq 0$)表示,也可用有限十进小数或无限十进循环小数来表示;而无限十进不循环小数则称为**无理数**.有理数和无理数统称为**实数**.

为了以下讨论的需要,我们把有限小数(包括整数)也表示为无限小数.对此我们作如下规定:对于正有限小数(包括正整数)x,当 $x=a_0.a_1a_2\cdots a_n$ 时,其中 $0\leqslant a_i\leqslant 9$,$i=1,2,\cdots,n$,$a_n\neq 0$,$a_0$ 为非负整数,记

$$x=a_0.a_1a_2\cdots(a_n-1)999\cdots,$$

而当 $x=a_0$ 为正整数时,记

$$x=(a_0-1).999\,9\cdots,$$

例如 2.001 记为 2.000 999 9…;对于负有限小数(包括负整数)y,则先将$-y$ 表示为无限小数,再在所得无限小数之前加负号,例如-8 记为$-7.999\,9\cdots$;又规定数 0 表示为 0.000 0….于是,任何实数都可用一个确定的无限小数来表示.

我们已经熟知比较两个有理数大小的方法.现定义两个实数的大小关系.

定义 1　给定两个非负实数

$$x=a_0.a_1a_2\cdots a_n\cdots,\quad y=b_0.b_1b_2\cdots b_n\cdots,$$

其中 a_0,b_0 为非负整数,$a_k,b_k(k=1,2,\cdots)$为整数,$0\leqslant a_k\leqslant 9,0\leqslant b_k\leqslant 9$.若有

$$a_k=b_k,\quad k=0,1,2,\cdots,$$

则称 x 与 y 相等,记为 $x=y$;若 $a_0>b_0$ 或存在非负整数 l,使得

$$a_k=b_k(k=0,1,2,\cdots,l)\ \text{而}\ a_{l+1}>b_{l+1},$$

则称 x 大于 y 或 y 小于 x,分别记为 $x>y$ 或 $y<x$.

对于负实数 x,y,若按上述规定分别有$-x=-y$ 与$-x>-y$,则分别称 $x=y$ 与 $x<y$

(或$y>x$).另外,规定任何非负实数大于任何负实数.

以下给出通过有限小数来比较两个实数大小的等价条件.为此,先给出如下定义.

定义 2　设 $x=a_0.a_1a_2\cdots a_n\cdots$为非负实数.称有理数

$$x_n=a_0.a_1a_2\cdots a_n$$

为实数 x 的**n位不足近似**,而有理数

$$\overline{x}_n=x_n+\frac{1}{10^n}$$

称为 x 的**n位过剩近似**,$n=0,1,2,\cdots$.

对于负实数 $x=-a_0.a_1a_2\cdots a_n\cdots$,其 n 位不足近似与过剩近似分别规定为

$$x_n=-a_0.a_1a_2\cdots a_n-\frac{1}{10^n}\ \text{与}\ \overline{x}_n=-a_0.a_1a_2\cdots a_n.$$

注　不难看出,实数 x 的不足近似 x_n 当 n 增大时不减,即有 $x_0\leqslant x_1\leqslant x_2\leqslant\cdots$,而过剩近似 $\overline{x}_n$ 当 n 增大时不增,即有 $\overline{x}_0\geqslant\overline{x}_1\geqslant\overline{x}_2\geqslant\cdots$.

我们有以下的命题.

命题　设 $x=a_0.a_1a_2\cdots$ 与 $y=b_0.b_1b_2\cdots$为两个实数,则 $x>y$ 的等价条件是:存在非负整数 n,使得

$$x_n>\overline{y}_n,$$

其中 x_n 表示 x 的 n 位不足近似,$\overline{y}_n$ 表示 y 的 n 位过剩近似.

关于这个命题的证明,以及关于实数的四则运算法则的定义,可参阅本书附录 I 第八节.

例 1　设 x,y 为实数,$x<y$.证明:存在有理数 r,满足

$$x<r<y.$$

证　由于 $x<y$,故存在非负整数 n,使得 $\overline{x}_n<y_n$.令

$$r=\frac{1}{2}(\overline{x}_n+y_n),$$

则 r 为有理数,且有

$$x\leqslant\overline{x}_n<r<y_n\leqslant y,$$

即得 $x<r<y$. □

为方便起见,通常将全体实数构成的集合记为 $\mathbf{R}$,即

$$\mathbf{R}=\{x\mid x\text{ 为实数}\}.$$

关于实数的定义与性质的详细论述,有兴趣的读者可参阅本书附录 I . 在此列出一些主要性质:

1. 实数集 $\mathbf{R}$ 对加、减、乘、除(除数不为 0)四则运算是封闭的,即任意两个实数的和、差、积、商(除数不为 0)仍然是实数.

2. 实数集是有序的,即任意两实数 a,b 必满足下述三个关系之一:$a<b,a=b,a>b$.

3. 实数的大小关系具有传递性,即若 $a>b,b>c$,则有 $a>c$.

4. 实数具有阿基米德(Archimedes)性,即对任何 $a,b\in\mathbf{R}$,若 $b>a>0$,则存在正整数 n,使得 $na>b$.

5. 实数集 $\mathbf{R}$ 具有稠密性,即任何两个不相等的实数之间必有另一个实数,且既有

有理数(见例 1),也有无理数.

6. 如果在一直线(通常画成水平直线)上确定一点 O 作为原点,指定一个方向为正向(通常把指向右方的方向规定为正向),并规定一个单位长度,则称此直线为**数轴**. 可以说明:任一实数都对应数轴上唯一的一点;反之,数轴上的每一点也都唯一地代表一个实数.于是,实数集 $\mathbf{R}$ 与数轴上的点有着一一对应关系.在本书以后的叙述中,常把“实数 a”与“数轴上的点 a”这两种说法看作具有相同的含义.

例 2 设 $a,b\in\mathbf{R}$.证明:若对任何正数 ε,有 $a<b+\varepsilon$,则 $a\leqslant b$.

证 用反证法.倘若结论不成立,则根据实数集的有序性,有 $a>b$.令 $\varepsilon=a-b$,则 ε 为正数且 $a=b+\varepsilon$,但这与假设 $a<b+\varepsilon$ 相矛盾.从而必有 $a\leqslant b$. □

二、绝对值与不等式

实数 a 的**绝对值**定义为

$$|a|=\begin{cases}a, & a\geqslant 0,\\ -a, & a<0.\end{cases}$$

从数轴上看,数 a 的绝对值 $|a|$ 就是点 a 到原点的距离.

实数的绝对值有如下一些性质:

1. $|a|=|-a|\geqslant 0$,当且仅当 $a=0$ 时有 $|a|=0$.
2. $-|a|\leqslant a\leqslant |a|$.
3. $|a|<h\Leftrightarrow -h<a<h$, $|a|\leqslant h\Leftrightarrow -h\leqslant a\leqslant h\ (h>0)$.
4. 对任何 $a,b\in\mathbf{R}$,都有如下的**三角形不等式**:
$$|a|-|b|\leqslant |a\pm b|\leqslant |a|+|b|.$$
5. $|ab|=|a||b|$.
6. $\left|\dfrac{a}{b}\right|=\dfrac{|a|}{|b|}\ (b\neq 0)$.

下面只证明性质 4,其余性质由读者自行证明.

由性质 2 有

$$-|a|\leqslant a\leqslant |a|,\quad -|b|\leqslant b\leqslant |b|.$$

两式相加后得到

$$-(|a|+|b|)\leqslant a+b\leqslant |a|+|b|.$$

根据性质 3,上式等价于

$$|a+b|\leqslant |a|+|b|. \tag{1}$$

将(1)式中 b 换成 $-b$,(1)式右边不变,即得 $|a-b|\leqslant |a|+|b|$,这就证明了性质 4 不等式的右半部分.又由 $|a|=|a-b+b|$,据(1)式有

$$|a|\leqslant |a-b|+|b|.$$

从而得

$$|a|-|b|\leqslant |a-b|. \tag{2}$$

将(2)式中 b 换成 $-b$,即得 $|a|-|b|\leqslant |a+b|$.性质 4 得证. □

习题 1.1

1. 设 a 为有理数，x 为无理数. 证明：

(1) $a+x$ 是无理数； (2) 当 $a\neq 0$ 时，ax 是无理数.

2. 试在数轴上表示出下列不等式的解：

(1) $x(x^2-1)>0$； (2) $|x-1|<|x-3|$； (3) $\sqrt{x-1}-\sqrt{2x-1}\geqslant\sqrt{3x-2}$.

3. 设 $a,b\in\mathbf{R}$. 证明：若对任何正数 ε，有 $|a-b|<\varepsilon$，则 $a=b$.

4. 设 $x\neq 0$，证明 $\left|x+\dfrac{1}{x}\right|\geqslant 2$，并说明其中等号何时成立.

5. 证明：对任何 $x\in\mathbf{R}$，有

(1) $|x-1|+|x-2|\geqslant 1$； (2) $|x-1|+|x-2|+|x-3|\geqslant 2$.

并说明等号何时成立.

6. 设 $a,b,c\in\mathbf{R}_+$（$\mathbf{R}_+$ 表示全体正实数的集合）. 证明：

$$\left|\sqrt{a^2+b^2}-\sqrt{a^2+c^2}\right|\leqslant|b-c|.$$

你能说明此不等式的几何意义吗？

---

7. 设 $x>0,b>0,a\neq b$. 证明：$\dfrac{a+x}{b+x}$ 介于 1 与 $\dfrac{a}{b}$ 之间.

8. 设 p 为正整数. 证明：若 p 不是完全平方数，则 $\sqrt{p}$ 是无理数.

9. 设 a,b 为给定实数. 试用不等式符号（不用绝对值符号）表示下列不等式的解：

(1) $|x-a|<|x-b|$； (2) $|x-a|<x-b$； (3) $|x^2-a|<b$.

§2 数集·确界原理

本节中我们先定义 $\mathbf{R}$ 中两类重要的数集——区间与邻域，然后讨论有界集，并给出确界定义和确界原理.

一、区间与邻域

设 $a,b\in\mathbf{R}$，且 $a<b$. 我们称数集 $\{x\mid a<x<b\}$ 为**开区间**，记作 (a,b)；数集 $\{x\mid a\leqslant x\leqslant b\}$ 称为**闭区间**，记作 $[a,b]$；数集 $\{x\mid a\leqslant x<b\}$ 和 $\{x\mid a<x\leqslant b\}$ 都称为**半开半闭区间**，分别记作 $[a,b)$ 和 $(a,b]$. 以上这几类区间统称为**有限区间**. 从数轴上来看，开区间 (a,b) 表示 a,b 两点间所有点的集合，闭区间 $[a,b]$ 比开区间 (a,b) 多两个端点，半开半闭区间 $[a,b)$ 比开区间 (a,b) 多一个端点 a 等.

满足关系式 $x\geqslant a$ 的全体实数 x 的集合记作 $[a,+\infty)$，这里符号 ∞ 读作“无穷大”，$+\infty$ 读作“正无穷大”. 类似地，我们记

$$(-\infty,a]=\{x\mid x\leqslant a\},\quad (a,+\infty)=\{x\mid x>a\},$$

$$(-\infty,a)=\{x\mid x<a\},\quad(-\infty,+\infty)=\{x\mid -\infty<x<+\infty\}=\mathbf{R},$$
其中 $-\infty$ 读作"负无穷大".以上这几类数集都称为**无限区间**.有限区间和无限区间统称为**区间**.

设 $a\in\mathbf{R},\delta>0$.满足绝对值不等式 $|x-a|<\delta$ 的全体实数 x 的集合称为**点 a 的 δ 邻域**,记作 $U(a;\delta)$,或简单地写作 $U(a)$,即有
$$U(a;\delta)=\{x\mid |x-a|<\delta\}=(a-\delta,a+\delta).$$
点 a 的空心 δ 邻域定义为
$$U^\circ(a;\delta)=\{x\mid 0<|x-a|<\delta\},$$
它也可简单地记作 $U^\circ(a)$.注意,$U^\circ(a;\delta)$ 与 $U(a;\delta)$ 的差别在于:$U^\circ(a;\delta)$ 不包含点 a.

此外,我们还常用到以下几种邻域:

点 a 的 δ 右邻域 $U_+(a;\delta)=[a,a+\delta)$,简记为 $U_+(a)$.

点 a 的 δ 左邻域 $U_-(a;\delta)=(a-\delta,a]$,简记为 $U_-(a)$.

($U_-(a)$ 与 $U_+(a)$ 去除点 a 后,分别为**点 a 的空心 δ 左、右邻域**,简记为 $U^\circ_-(a)$ 与 $U^\circ_+(a)$.)

∞ 邻域 $U(\infty)=\{x\mid |x|>M\}$,其中 M 为充分大的正数(下同).

$+\infty$ 邻域 $U(+\infty)=\{x\mid x>M\}$.

$-\infty$ 邻域 $U(-\infty)=\{x\mid x<-M\}$.

二、有界集·确界原理

定义 1 设 S 为 $\mathbf{R}$ 中的一个数集.若存在数 $M(L)$,使得对一切 $x\in S$,都有 $x\leqslant M(x\geqslant L)$,则称 S 为**有上界(下界)的数集**,数 $M(L)$ 称为 S 的一个**上界(下界)**.

若数集 S 既有上界又有下界,则称 S 为**有界集**.若 S 不是有界集,则称 S 为**无界集**.

例 1 证明数集 $\mathbf{N}_+=\{n\mid n$ 为正整数$\}$ 有下界而无上界.

证 显然,任何一个不大于 1 的实数都是 $\mathbf{N}_+$ 的下界,故 $\mathbf{N}_+$ 为有下界的数集.

为证 $\mathbf{N}_+$ 无上界,按照定义只需证明:对于无论多么大的数 M,总存在某个正整数 $n_0(\in\mathbf{N}_+)$,使得 $n_0>M$.事实上,对任何正数 M(无论多么大),取 $n_0=[M]+1$①,则 $n_0\in\mathbf{N}_+$,且 $n_0>M$.这就证明了 $\mathbf{N}_+$ 无上界. □

读者还可自行证明:任何有限区间都是有界集,无限区间都是无界集;由有限个数组成的数集是有界集.

若数集 S 有上界,则显然它有无穷多个上界,而其中最小的一个上界常常具有重要的作用,称它为数集 S 的上确界.同样,有下界数集的最大下界,称为该数集的下确界.下面给出数集的上确界和下确界的精确定义.

定义 2 设 S 是 $\mathbf{R}$ 中的一个数集.若数 η 满足:

(i) 对一切 $x\in S$,有 $x\leqslant\eta$,即 η 是 S 的上界;

(ii) 对任何 $\alpha<\eta$,存在 $x_0\in S$,使得 $x_0>\alpha$,即 η 又是 S 的最小上界,

则称数 η 为数集 S 的**上确界**,记作

① $[x]$ 表示不超过数 x 的最大整数,例如 $[2.9]=2,[-4.1]=-5$.

$$\eta = \sup S^{①}.$$

定义 3　设 S 是 $\mathbf{R}$ 中的一个数集.若数 ξ 满足：

(i) 对一切 $x\in S$,有 $x\geqslant\xi$,即 ξ 是 S 的下界；

(ii) 对任何 $\beta>\xi$,存在 $x_0\in S$,使得 $x_0<\beta$,即 ξ 又是 S 的最大下界,

则称数 ξ 为数集 S 的**下确界**,记作

$$\xi = \inf S.$$

上确界与下确界统称为**确界**.

例 2　设 $S=\{x\mid x$ 为区间 $(0,1)$ 上的有理数$\}$.试按上、下确界的定义验证：$\sup S=1$,$\inf S=0$.

解　先验证 $\sup S=1$：

(i) 对一切 $x\in S$,显然有 $x\leqslant 1$,即 1 是 S 的上界.

(ii) 对任何 $\alpha<1$,若 $\alpha\leqslant 0$,则任取 $x_0\in S$,都有 $x_0>\alpha$;若 $\alpha>0$,则由有理数集在实数集中的稠密性,在 $(\alpha,1)$ 上必有有理数 x_0,即存在 $x_0\in S$,使得 $x_0>\alpha$.

类似地可验证 $\inf S=0$. □

读者还可自行验证：闭区间 $[0,1]$ 的上、下确界分别为 1 和 0；对于数集 $E=\left\{\dfrac{(-1)^n}{n}\middle| n=1,2,\cdots\right\}$,有 $\sup E=\dfrac{1}{2}$,$\inf E=-1$;正整数集 $\mathbf{N}_+$ 有下确界 $\inf\mathbf{N}_+=1$,而没有上确界.

注 1　由上(下)确界的定义可见,若数集 S 存在上(下)确界,则一定是唯一的.又若数集 S 存在上、下确界,则有 $\inf S\leqslant\sup S$.

注 2　从上面一些例子可见,数集 S 的确界可能属于 S,也可能不属于 S.

例 3　设数集 S 有上确界.证明

$$\eta=\sup S\in S\Leftrightarrow\eta=\max S^{②}.$$

证　$\Rightarrow$)　设 $\eta=\sup S\in S$,则对一切 $x\in S$,有 $x\leqslant\eta$,而 $\eta\in S$,故 η 是数集 S 中最大的数,即 $\eta=\max S$.

$\Leftarrow$)　设 $\eta=\max S$,则 $\eta\in S$;下面验证 $\eta=\sup S$：

(i) 对一切 $x\in S$,有 $x\leqslant\eta$,即 η 是 S 的上界；

(ii) 对任何 $\alpha<\eta$,只需取 $x_0=\eta\in S$,则 $x_0>\alpha$.从而满足 $\eta=\sup S$ 的定义. □

关于数集确界的存在性,我们给出如下确界原理.

定理 1.1(确界原理)　设 S 为非空数集.若 S 有上界,则 S 必有上确界；若 S 有下界,则 S 必有下确界.

证　我们只证明关于上确界的结论,后一结论可类似地证明.

为叙述方便,不妨设 S 含有非负数.由于 S 有上界,故可找到非负整数 n_0,使得

1) 对于任何 $x\in S$,有 $x<n_0+1$;

2) 存在 $a_0\in S$,使 $a_0\geqslant n_0$.

对半开半闭区间 $[n_0,n_0+1)$ 作 10 等分,分点为 $n_0.1,n_0.2,\cdots,n_0.9$,则存在 $0,1,2,\cdots,9$ 中的一个

---

① sup 是拉丁文 supremum(上确界)一词的简写,下面的 inf 是拉丁文 infimum(下确界)一词的简写.

② 记号 max 是 maximum(最大)一词的简写,$\eta=\max S$ 表示数 η 是数集 S 中最大的数.以下将出现的记号 min 是 minimum(最小)一词的简写,$\min S$ 表示数集 S 中最小的数.

数 n_1,使得

1) 对于任何 $x\in S$,有 $x<n_0.n_1+\frac{1}{10}$;

2) 存在 $a_1\in S$,使 $a_1\geqslant n_0.n_1$.

再对半开半闭区间 $\left[n_0.n_1, n_0.n_1+\frac{1}{10}\right)$ 作 10 等分,则存在 0,1,2,…,9 中的一个数 n_2,使得

1) 对于任何 $x\in S$,有 $x<n_0.n_1n_2+\frac{1}{10^2}$;

2) 存在 $a_2\in S$,使 $a_2\geqslant n_0.n_1n_2$.

继续不断地 10 等分在前一步骤中所得到的半开半闭区间,可知对任何 $k=1,2,\cdots$,存在 0,1,2,…,9 中的一个数 n_k,使得

1) 对于任何 $x\in S$,有 $x<n_0.n_1n_2\cdots n_k+\frac{1}{10^k}$; (1)

2) 存在 $a_k\in S$,使 $a_k\geqslant n_0.n_1n_2\cdots n_k$.

将上述步骤无限地进行下去,得到实数 $\eta=n_0.n_1n_2\cdots n_k\cdots$.以下证明 $\eta=\sup S$.为此只需证明:

(i) 对一切 $x\in S$,有 $x\leqslant\eta$;

(ii) 对任何 $\alpha<\eta$,存在 $a'\in S$,使 $a'>\alpha$.

倘若结论(i)不成立,即存在 $x\in S$,使 $x>\eta$,则可找到 x 的 k 位不足近似 x_k,使

$$x_k>\overline{\eta}_k=n_0.n_1n_2\cdots n_k+\frac{1}{10^k},$$

从而得

$$x>n_0.n_1n_2\cdots n_k+\frac{1}{10^k},$$

但这与不等式(1)相矛盾.于是(i)得证.

现设 $\alpha<\eta$,则存在 k,使 η 的 k 位不足近似 $\eta_k>\overline{\alpha}_k$,即

$$n_0.n_1n_2\cdots n_k>\overline{\alpha}_k.$$

根据数 η 的构造,存在 $a'\in S$,使 $a'\geqslant\eta_k$,从而有

$$a'\geqslant\eta_k>\overline{\alpha}_k\geqslant\alpha,$$

即得到 $a'>\alpha$.这说明(ii)成立. □

在本书中确界原理是极限理论的基础,读者应给予充分的重视.

例 4 设 A,B 为非空数集,满足:对一切 $x\in A$ 和 $y\in B$ 有 $x\leqslant y$.证明:数集 A 有上确界,数集 B 有下确界,且

$$\sup A\leqslant\inf B. \tag{2}$$

证 由假设,数集 B 中任一数 y 都是数集 A 的上界,A 中任一数 x 都是 B 的下界,故由确界原理推知数集 A 有上确界,数集 B 有下确界.

现证不等式(2).对任何 $y\in B$,y 是数集 A 的一个上界,而由上确界的定义知,$\sup A$ 是数集 A 的最小上界,故有 $\sup A\leqslant y$.而此式又表明数 $\sup A$ 是数集 B 的一个下界,故由下确界定义证得 $\sup A\leqslant\inf B$. □

例 5 设 A,B 为非空有界数集,$S=A\cup B$.证明:

1) $\sup S=\max\{\sup A,\sup B\}$;

2) $\inf S=\min\{\inf A,\inf B\}$.

证 由于 $S=A\cup B$,显然 S 也是非空有界数集,因此 S 的上、下确界都存在.

1）对任何 $x\in S$，有 $x\in A$ 或 $x\in B\Rightarrow x\leqslant \sup A$ 或 $x\leqslant \sup B$，从而有 $x\leqslant \max\{\sup A,\sup B\}$，故得 $\sup S\leqslant \max\{\sup A,\sup B\}$.

另一方面，对任何 $x\in A$，有 $x\in S\Rightarrow x\leqslant \sup S\Rightarrow \sup A\leqslant \sup S$；同理又有 $\sup B\leqslant \sup S$.所以 $\sup S\geqslant \max\{\sup A,\sup B\}$.

综上，即证得 $\sup S=\max\{\sup A,\sup B\}$.

2）可类似地证明. □

若把 $+\infty$ 和 $-\infty$ 补充到实数集中，并规定任一实数 a 与 $+\infty$，$-\infty$ 的大小关系为：$a<+\infty$，$a>-\infty$，$-\infty<+\infty$，则确界概念可扩充为：若数集 S 无上界，则定义 $+\infty$ 为 S 的**非正常上确界**，记作 $\sup S=+\infty$；若 S 无下界，则定义 $-\infty$ 为 S 的**非正常下确界**，记作 $\inf S=-\infty$.相应地，前面定义 2 和定义 3 中所定义的确界分别称为**正常上、下确界**.

在上述扩充意义下，我们有

推广的确界原理 任一非空数集必有上、下确界（正常的或非正常的）.

例如，对于正整数集 $\mathbf{N}_+$，有 $\inf \mathbf{N}_+=1$，$\sup \mathbf{N}_+=+\infty$；对于数集

$$S=\{y\mid y=2-x^2,x\in\mathbf{R}\},\tag{3}$$

有 $\inf S=-\infty$，$\sup S=2$.

习 题 1.2

1. 用区间表示下列不等式的解：

(1) $|1-x|-x\geqslant 0$； (2) $\left|x+\frac{1}{x}\right|\leqslant 6$；

(3) $(x-a)(x-b)(x-c)>0$（a,b,c 为常数，且 $a<b<c$）； (4) $\sin x\geqslant \frac{\sqrt{2}}{2}$.

2. 设 S 为非空数集.试对下列概念给出定义：

(1) S 无上界； (2) S 无界.

3. 试证明由(3)式所确定的数集 S 有上界而无下界.

4. 求下列数集的上、下确界，并依定义加以验证：

(1) $S=\{x\mid x^2<2\}$； (2) $S=\{x\mid x=n!,n\in\mathbf{N}_+\}$；

(3) $S=\{x\mid x$ 为$(0,1)$上的无理数$\}$； (4) $S=\left\{x\,\middle|\, x=1-\frac{1}{2^n},n\in\mathbf{N}_+\right\}$.

5. 设 S 为非空有下界数集.证明：

$$\inf S=\xi\in S\Leftrightarrow \xi=\min S.$$

---

6. 设 S 为非空数集，定义 $S^-=\{x\mid -x\in S\}$.证明：

(1) $\inf S^-=-\sup S$； (2) $\sup S^-=-\inf S$.

7. 设 A,B 皆为非空有界数集，定义数集

$$A+B=\{z\mid z=x+y,x\in A,y\in B\}.$$

证明：(1) $\sup(A+B)=\sup A+\sup B$； (2) $\inf(A+B)=\inf A+\inf B$.

§3 函数概念

关于函数概念，在中学数学中我们已有了初步的了解，本节将对此作进一步的讨论.

一、函数的定义

定义1 给定两个实数集 D 和 M，若有对应法则 f，使对每一个 $x\in D$，都有唯一的 $y\in M$ 与它相对应，则称 f 是定义在数集 D 上的**函数**，记作

$$f:D\to M,$$

$$x\mapsto y. \tag{1}$$

数集 D 称为函数 f 的**定义域**，x 所对应的 y 称为 f 在点 x 的**函数值**，常记为 $f(x)$. 全体函数值的集合

$$f(D)=\{y\mid y=f(x),x\in D\}\ (\subset M)$$

称为函数 f 的**值域**.

(1) 中第一式"$f:D\to M$"表示按法则 f 建立数集 D 到 M 的函数关系；第二式"$x\mapsto y$"表示这两个数集中元素之间的对应关系，也可记为"$x\mapsto f(x)$". 习惯上，我们称此函数关系中的 x 为**自变量**，y 为**因变量**.

关于函数的定义，我们作如下几点说明：

1. 定义1中的实数集 M 常以 $\mathbf{R}$ 来代替，于是定义域 D 和对应法则 f 就成为确定函数的两个主要因素. 所以，我们也常用

$$y=f(x),\quad x\in D$$

表示一个函数. 由此，我们说某两个函数相同，是指它们有相同的定义域和对应法则. 如果两个函数对应法则相同而定义域不同，那么这两个函数仍是不相同的. 例如 $f(x)=1,x\in\mathbf{R}$ 和 $g(x)=1,x\in\mathbf{R}\setminus\{0\}$ 是不相同的两个函数. 另一方面，两个相同的函数，其对应法则的表达形式可能不同，例如

$$\varphi(x)=|x|,\quad x\in\mathbf{R}\quad 和\quad \psi(x)=\sqrt{x^2},\quad x\in\mathbf{R}.$$

2. 我们在中学数学中已经知道，表示函数的主要方法是解析法（公式法），即用数学运算式子来表示函数. 这时，函数的定义域常取使该运算式子有意义的自变量值的全体，通常称为**存在域**. 在这种情况下，函数的定义域（即存在域）D 可省略不写，而只用对应法则 f 来表示一个函数，此时可简单地说"函数 $y=f(x)$"或"函数 f".

3. 函数 f 给出了 x 轴上的点集 D 到 y 轴上点集 M 之间的**单值对应**，也称为**映射**. 对于 $a\in D$，$f(a)$ 称为映射 f 下 a 的**像**，a 则称为 $f(a)$ 的**原像**.

4. 在函数定义中，对每一个 $x\in D$，只能有唯一的一个 y 值与它对应，这样定义的函数称为**单值函数**. 若同一个 x 值可以对应多于一个的 y 值，则称这种函数为**多值函数**. 在本书范围内，我们只讨论单值函数.

二、函数的表示法

在中学课程里，我们已经知道函数的表示法主要有三种，即解析法（或称公式

法)、列表法和图像法.

有些函数在其定义域的不同部分用不同的公式表达,这类函数通常称为**分段函数**.例如,函数

$$\operatorname{sgn} x=\begin{cases}1, & x>0,\\ 0, & x=0,\\ -1, & x<0\end{cases}$$

是分段函数,称为**符号函数**,其图像如图 1-1 所示.又如函数 $f(x)=|x|$ 也可用如下的分段函数形式来表示:

$$f(x)=\begin{cases}x, & x\geqslant 0,\\ -x, & x<0.\end{cases}$$

它还可表示为 $f(x)=x\operatorname{sgn} x$.

函数 $y=f(x), x\in D$ 又可用有序数对的集合

$$G=\{(x,y)\mid y=f(x), x\in D\}$$

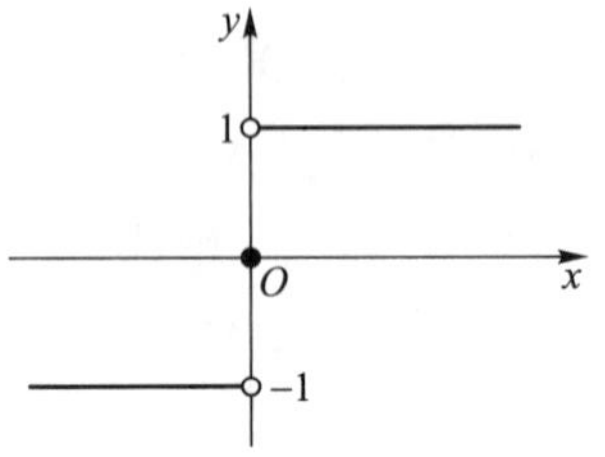

图 1-1

来表示.在坐标平面上,集合 G 的每一个元素 (x,y) 表示平面上的一个点,因而集合 G 在坐标平面上描绘出这个函数的图像.这就是用图像法表示函数的依据.

有些函数只能用语言来描述,如定义在 $\mathbf{R}$ 上的狄利克雷(Dirichlet)函数

$$D(x)=\begin{cases}1, & x\text{ 为有理数},\\ 0, & x\text{ 为无理数}\end{cases}$$

和定义在 $[0,1]$ 上的黎曼(Riemann)函数

$$R(x)=\begin{cases}\dfrac{1}{q}, & x=\dfrac{p}{q}\left(p,q\in\mathbf{N}_+,\dfrac{p}{q}\text{为既约真分数}\right),\\ 0, & x=0,1\text{ 和 }(0,1)\text{ 内的无理数}.\end{cases}$$

图 1-2 和图 1-3 分别是这两个函数的示意图.

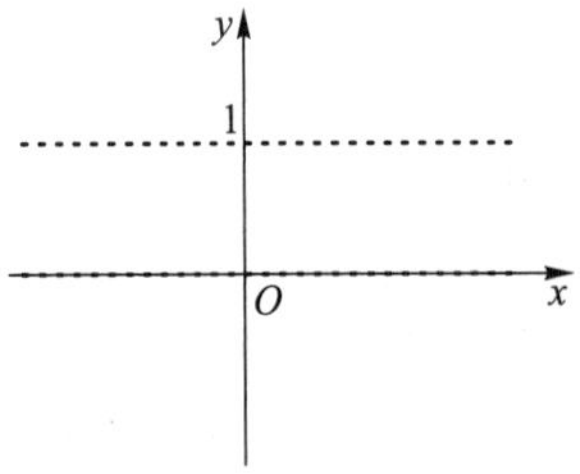

图 1-2

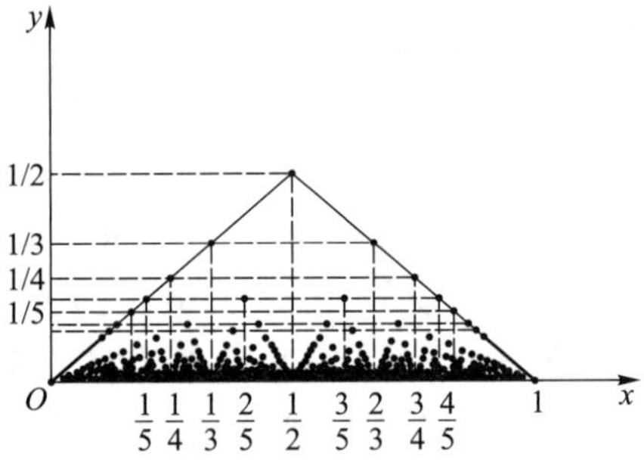

图 1-3

三、函数的四则运算

给定两个函数 $f(x), x\in D_1$ 和 $g(x), x\in D_2$.记 $D=D_1\cap D_2$,若 $D\neq\varnothing$,则定义 f 与 g 在 D 上的和、差、积运算如下:

$$F(x)=f(x)+g(x),\quad x\in D,$$
$$G(x)=f(x)-g(x),\quad x\in D,$$
$$H(x)=f(x)g(x),\quad x\in D.$$

考虑在 D 中剔除使 $g(x)=0$ 的 x 值,即令

$$D^*=D_1\cap\{x\mid g(x)\neq 0,x\in D_2\},$$

若 $D^*\neq\varnothing$,则可在 D^* 上定义 f 与 g 的商运算如下:

$$L(x)=\frac{f(x)}{g(x)},\quad x\in D^*.$$

注 若 $D=D_1\cap D_2=\varnothing$,则 f 与 g 不能进行四则运算.例如,设

$$f(x)=\sqrt{1-x^2},\quad x\in D_1=\{x\mid |x|\leqslant 1\},$$

$$g(x)=\sqrt{x^2-4},\quad x\in D_2=\{x\mid |x|\geqslant 2\},$$

由于 $D_1\cap D_2=\varnothing$,所以表达式

$$f(x)+g(x)=\sqrt{1-x^2}+\sqrt{x^2-4}$$

是没有意义的.

以后为叙述方便,函数 f 与 g 的和、差、积、商常分别写作

$$f+g,\quad f-g,\quad fg,\quad \frac{f}{g}.$$

四、复合函数

设有两函数

$$y=f(u),\quad u\in D,$$

$$u=g(x),\quad x\in E.\tag{2}$$

记 $E^*=\{x\mid g(x)\in D\}\cap E$.若 $E^*\neq\varnothing$,则对每一个 $x\in E^*$,可通过函数 g 对应 D 上唯一的一个值 u,而 u 又通过函数 f 对应唯一的一个值 y.这就确定了一个定义在 E^* 上的函数,它以 x 为自变量,y 为因变量,记作

$$y=f(g(x)),\quad x\in E^*\quad 或\quad y=(f\circ g)(x),\quad x\in E^*,$$

称为函数 f 和 g 的**复合函数**.并称 f 为**外函数**,g 为**内函数**,(2)式中的 u 为**中间变量**.函数 f 和 g 的复合运算也可简单地写作 $f\circ g$.

例 1 函数 $y=f(u)=\sqrt{u},u\in D=[0,+\infty)$ 与函数 $u=g(x)=1-x^2,x\in E=\mathbf{R}$ 的复合函数为

$$y=f(g(x))=\sqrt{1-x^2}\quad 或\quad (f\circ g)(x)=\sqrt{1-x^2},$$

其定义域 $E^*=[-1,1]\subset E$. □

复合函数也可由多个函数相继复合而成.例如,由三个函数 $y=\sin u,u=\sqrt{v}$ 与 $v=1-x^2$(它们的定义域取为各自的存在域)相继复合而得的复合函数为

$$y=\sin\sqrt{1-x^2},\quad x\in[-1,1].$$

注 当且仅当 $E^*\neq\varnothing$(即 $D\cap g(E)\neq\varnothing$)时,函数 f 与 g 才能进行复合.例如,以 $y=f(u)=\sqrt{u},u\in D=[0,+\infty)$ 为外函数,$u=g(x)=-x^2-1,x\in E=\mathbf{R}$ 为内函数,就不能进行复合.这是因为外函数的定义域 $D=[0,+\infty)$ 与内函数的值域 $g(E)=(-\infty,-1]$ 不相交.

五、反函数

函数 $y=f(x)$ 的自变量 x 与因变量 y 的关系往往是相对的.有时我们不仅要研究 y

随 x 而变化的状况,也要研究 x 随 y 而变化的状况.对此,我们引入反函数概念.

设函数

$$y=f(x),\quad x\in D \tag{3}$$

满足:对于值域 $f(D)$ 上的每一个 y,D 中有且只有一个 x,使得

$$f(x)=y,$$

则按此对应法则得到一个定义在 $f(D)$ 上的函数,称这个函数为 f 的**反函数**,记作

$$f^{-1}:f(D)\to D,$$
$$y\mapsto x$$

或

$$x=f^{-1}(y),\quad y\in f(D). \tag{4}$$

注 1　函数 f 有反函数,意味着 f 是 D 与 $f(D)$ 之间的一个一一映射.我们称 f^{-1} 为映射 f 的**逆映射**,它把集合 $f(D)$ 映射到集合 D,即把 $f(D)$ 中的每一个值 $f(a)$ 对应到 D 上唯一的一个值 a.这时称 a 为逆映射 f^{-1} 下 $f(a)$ 的像,而 $f(a)$ 则是 a 在逆映射 f^{-1} 下的原像.

从上述讨论还可看到,函数 f 也是函数 f^{-1} 的反函数.或者说,f 与 f^{-1} 互为反函数.并有

$$f^{-1}(f(x))\equiv x,\quad x\in D,$$
$$f(f^{-1}(y))\equiv y,\quad y\in f(D).$$

注 2　在反函数 f^{-1} 的表示式(4)中,以 y 为自变量,x 为因变量.若按习惯,仍用 x 作为自变量的记号,y 作为因变量的记号,则函数(3)的反函数(4)可改写为

$$y=f^{-1}(x),\quad x\in f(D). \tag{5}$$

应该注意,尽管反函数 f^{-1} 的表示式(4)与(5)的形式不同,但它们仍表示同一个函数,因为它们的定义域都是 $f(D)$,对应法则都是 f^{-1},只是所用变量的记号不同而已.

例如,按习惯记法,函数 $y=ax+b(a\neq 0)$,$x\in\mathbf{R}$ 的值域是 $\mathbf{R}$,其反函数是 $y=\dfrac{x-b}{a}$,$x\in\mathbf{R}$. 函数 $y=a^x(a>0,a\neq 1)$,$x\in\mathbf{R}$ 的值域是 $(0,+\infty)$,其反函数记为 $y=\log_a x$,$x\in(0,+\infty)$.函数 $y=\sin x$,$x\in\mathbf{R}$ 的值域是 $[-1,1]$,但它不是一个一一映射,因此没有反函数;不过当限制自变量的定义域为 $\left[-\dfrac{\pi}{2},\dfrac{\pi}{2}\right]$ 时,$y=\sin x$,$x\in\left[-\dfrac{\pi}{2},\dfrac{\pi}{2}\right]$ 是定义域到值域的一一映射,其反函数是存在的,称为反正弦函数,记为 $y=\arcsin x$,$x\in[-1,1]$.类似可得到 $y=\cos x$,$x\in[0,\pi]$ 的反函数 $y=\arccos x$,$x\in[-1,1]$,称为反余弦函数;$y=\tan x$,$x\in\left(-\dfrac{\pi}{2},\dfrac{\pi}{2}\right)$ 的反函数 $y=\arctan x$,$x\in\mathbf{R}$,称为反正切函数;$y=\cot x$,$x\in(0,\pi)$ 的反函数 $y=\operatorname{arccot} x$,$x\in\mathbf{R}$,称为反余切函数.

例 2　设 $a>0$,$n(\geqslant 2)$ 是自然数.证明:方程 $x^n=a$ 有唯一的正数解.这个解称为 a 的 n 次正根(即算术根),记为 $\sqrt[n]{a}$ 或者 $a^{\frac{1}{n}}$.

证　为简单起见,我们仅证 $n=2$ 的情形.

首先证明存在性.$a=1$ 时显然有解.又由于方程

$$x^2=a$$

与方程

$$\frac{1}{x^2}=\frac{1}{a}$$

同解,所以仅需考虑 $0<a<1$ 的情形.设

$$E=\{x \mid x>0, x^2<a\}.$$

因为 $a\in E$,且 1 是 E 的一个上界,所以由确界原理,E 的上确界存在,记为 $c=\sup E$.由确界定义易得 $a\leqslant c\leqslant 1$.下面证明 $c^2=a$.

1) 若 $c^2>a$,根据实数的阿基米德性质,存在自然数 m,使得$\frac{1}{m}<\frac{c^2-a}{2}$,$\frac{1}{m}<c$.由确界的定义,存在 $x_0\in E$,$x_0>c-\frac{1}{m}>0$,从而

$$x_0^2>\left(c-\frac{1}{m}\right)^2=c^2-2\cdot\frac{c}{m}+\frac{1}{m^2}>c^2-\frac{2}{m}>c^2-(c^2-a)=a,$$

这与 $x_0\in E$ 矛盾,说明 $c^2\leqslant a$.

2) 同理可证 $c^2<a$ 也不成立.由此得到 $c^2=a$.

再证明唯一性.对任意正数 $b(\neq c)$,$b^2-a=b^2-c^2=(b-c)(b+c)\neq 0$,这证明了解的唯一性. □

设 $a>0$,m,n,p 为正整数,规定 $a^{\frac{m}{n}}=(a^{\frac{1}{n}})^m$,那么有 $a^{\frac{pm}{pn}}=(a^{\frac{1}{pn}})^{pm}=a^{\frac{m}{n}}$.我们将此性质的证明留作习题.

六、初等函数

在中学数学中,读者已经熟悉基本初等函数有以下六类:

常量函数 $y=c$ (c 是常数);

幂函数 $y=x^{\alpha}$ (α 为实数);

指数函数 $y=a^x$ ($a>0, a\neq 1$);

对数函数 $y=\log_a x$ ($a>0, a\neq 1$);

三角函数 $y=\sin x$ (正弦函数), $y=\cos x$ (余弦函数),
$y=\tan x$ (正切函数), $y=\cot x$ (余切函数),
$y=\sec x$ (正割函数), $y=\csc x$ (余割函数);

反三角函数 $y=\arcsin x$ (反正弦函数), $y=\arccos x$ (反余弦函数),
$y=\arctan x$ (反正切函数), $y=\operatorname{arccot} x$ (反余切函数).

这里我们要指出,幂函数 $y=x^{\alpha}$ 和指数函数 $y=a^x$ 都涉及幂,在中学数学课程中已给出了有理数指数幂的定义.下面我们借助确界来定义无理数指数幂,使它与有理数指数幂一起构成实数指数幂,并保持有理数指数幂的基本性质.

定义 2 给定实数 $a>0, a\neq 1$.设 x 为无理数,我们规定

$$a^x=\begin{cases}\sup\limits_{r<x}\{a^r \mid r \text{ 为有理数}\}, & a>1, \quad (6)\\ \inf\limits_{r<x}\{a^r \mid r \text{ 为有理数}\}, & 0<a<1. \quad (7)\end{cases}$$

注 1 对任一无理数 x,必有有理数 r_0,使 $x<r_0$,则当有理数 $r<x$ 时,有 $r<r_0$,从而由有理数指数幂的性质,当 $a>1$ 时,有 $a^r<a^{r_0}$.这表明非空数集

$$\{a^r \mid r<x, r \text{ 为有理数}\}$$

有一个上界 a^{r_0}.由确界原理,该数集有上确界,所以(6)式右边是一个确定的数.同理,当 $0<a<1$ 时,(7)式右边也是一个定数.

注 2　如果把(6)、(7)两式中的"$r<x$"改为"$r\leqslant x$",那么无论 x 是无理数或是有理数,a^x 都可用如上两式的确界形式来统一表示.

定义 3　由基本初等函数经过有限次四则运算与复合运算所得到的函数,统称为**初等函数**.

不是初等函数的函数,称为**非初等函数**.如在本节第二段中给出的狄利克雷函数和黎曼函数,都是非初等函数.

习　题　1.3

1. 试作下列函数的图像:

(1) $y=x^2+1$;　(2) $y=(x+1)^2$;　(3) $y=1-(x+1)^2$;

(4) $y=\operatorname{sgn}(\sin x)$;　(5) $y=\begin{cases}3x, & |x|>1,\\ x^3, & |x|<1,\\ 3, & |x|=1.\end{cases}$

2. 试比较函数 $y=a^x$ 与 $y=\log_a x$ 分别当 $a=2$ 和 $a=\dfrac{1}{2}$ 时的图像.

3. 根据图 1-4 写出定义在[0,1]上的分段函数 $f_1(x)$ 和 $f_2(x)$ 的解析表示式.

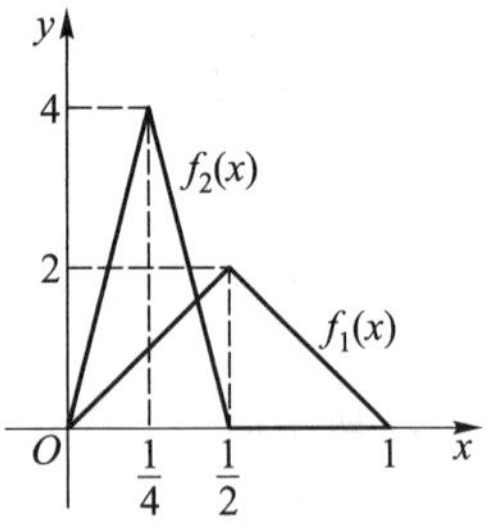

图 1-4

4. 确定下列初等函数的存在域:

(1) $y=\sin(\sin x)$;　(2) $y=\lg(\lg x)$;

(3) $y=\arcsin\left(\lg\dfrac{x}{10}\right)$;　(4) $y=\lg\left(\arcsin\dfrac{x}{10}\right)$.

5. 设函数

$$f(x)=\begin{cases}2+x, & x\leqslant 0,\\ 2^x, & x>0.\end{cases}$$

求:(1) $f(-3)$, $f(0)$, $f(1)$;(2) $f(\Delta x)-f(0)$, $f(-\Delta x)-f(0)$ $(\Delta x>0)$.

6. 设函数 $f(x)=\dfrac{1}{1+x}$,求 $f(2+x)$, $f(2x)$, $f(x^2)$, $f(f(x))$, $f\left(\dfrac{1}{f(x)}\right)$.

7. 试问下列函数是由哪些初等函数复合而成:

(1) $y=(1+x)^{20}$;　(2) $y=(\arcsin x^2)^2$;

(3) $y=\lg(1+\sqrt{1+x^2})$;　(4) $y=2^{\sin^2 x}$.

8. 在什么条件下,函数

$$y=\frac{ax+b}{cx+d}$$

的反函数就是它本身?

9. 试作函数 $y=\arcsin(\sin x)$ 的图像.

10. 试问下列等式是否成立:

(1) $\tan(\arctan x)=x, x\in\mathbf{R}$;

(2) $\arctan(\tan x)=x, x\neq k\pi+\dfrac{\pi}{2}, k=0,\pm1,\pm2,\cdots$.

11. 试问 $y=|x|$ 是初等函数吗?

12. 证明关于函数 $y=[x]$ 的如下不等式:

(1) 当 $x>0$ 时, $1-x<x\left[\dfrac{1}{x}\right]\leqslant 1$;

(2) 当 $x<0$ 时, $1\leqslant x\left[\dfrac{1}{x}\right]<1-x$.

§4 具有某些特性的函数

在本节中,我们将介绍以后常用到的几类具有某些特性的函数.

一、有界函数

定义 1 设 f 为定义在 D 上的函数.若存在数 $M(L)$,使得对每一个 $x\in D$,有

$$f(x)\leqslant M\ (f(x)\geqslant L),$$

则称 f 为 D 上的**有上(下)界函数**, $M(L)$ 称为 f 在 D 上的一个**上(下)界**.

根据定义,f 在 D 上有上(下)界,意味着值域 $f(D)$ 是一个有上(下)界的数集.又若 $M(L)$ 为 f 在 D 上的上(下)界,则任何大于(小于) $M(L)$ 的数也是 f 在 D 上的上(下)界.

定义 2 设 f 为定义在 D 上的函数.若存在正数 M,使得对每一个 $x\in D$,有

$$|f(x)|\leqslant M, \tag{1}$$

则称 f 为 D 上的**有界函数**.

根据定义,f 在 D 上有界,意味着值域 $f(D)$ 是一个有界集.又按定义,不难验证:f 在 D 上有界的充要条件是 f 在 D 上既有上界又有下界.(1)式的几何意义是:若 f 为 D 上的有界函数,则 f 的图像完全落在直线 $y=M$ 与 $y=-M$ 之间.

例如,正弦函数 $\sin x$ 和余弦函数 $\cos x$ 为 $\mathbf{R}$ 上的有界函数,因为对每一个 $x\in\mathbf{R}$,都有 $|\sin x|\leqslant 1$ 和 $|\cos x|\leqslant 1$.

关于函数 f 在数集 D 上无上界、无下界或无界的定义,可按上述相应定义的否定说法来叙述.例如,设 f 为定义在 D 上的函数,若对任何 M(无论 M 多大),都存在 $x_0\in D$,使得 $f(x_0)>M$,则称 f 为 D 上的**无上界函数**.

作为练习,读者可自行写出无下界函数与无界函数的定义.

例 1 证明: $f(x)=\dfrac{1}{x}$ 为 $(0,1]$ 上的无上界函数.

证　对任何正数 M,取 $(0,1]$ 上一点 $x_0=\frac{1}{M+1}$,则有

$$f(x_0)=\frac{1}{x_0}=M+1>M.$$

故按上述定义,f 为 $(0,1]$ 上的无上界函数. □

前面已经指出,f 在其定义域 D 上有上界,是指值域 $f(D)$ 为有上界的数集.于是由确界原理,数集 $f(D)$ 有上确界.通常,我们把 $f(D)$ 的上确界记为 $\sup\limits_{x\in D} f(x)$,并称之为 f 在 D 上的上确界.类似地,若 f 在其定义域 D 上有下界,则 f 在 D 上的下确界记为 $\inf\limits_{x\in D} f(x)$.

例 2　设 f,g 为 D 上的有界函数.证明:

1) $\inf\limits_{x\in D} f(x)+\inf\limits_{x\in D} g(x)\leqslant \inf\limits_{x\in D}\{f(x)+g(x)\}$;

2) $\sup\limits_{x\in D}\{f(x)+g(x)\}\leqslant \sup\limits_{x\in D} f(x)+\sup\limits_{x\in D} g(x)$.

证　1) 对任何 $x\in D$,有

$$\inf_{x\in D} f(x)\leqslant f(x),\ \inf_{x\in D} g(x)\leqslant g(x)\Rightarrow \inf_{x\in D} f(x)+\inf_{x\in D} g(x)\leqslant f(x)+g(x).$$

上式表明,数 $\inf\limits_{x\in D} f(x)+\inf\limits_{x\in D} g(x)$ 是函数 $f+g$ 在 D 上的一个下界,从而

$$\inf_{x\in D} f(x)+\inf_{x\in D} g(x)\leqslant \inf_{x\in D}\{f(x)+g(x)\}.$$

2) 可类似地证明(略). □

注　例 2 中的两个不等式,其严格的不等号有可能成立.例如,设

$$f(x)=x,\quad g(x)=-x,\quad x\in[-1,1],$$

则有 $\inf\limits_{|x|\leqslant 1} f(x)=\inf\limits_{|x|\leqslant 1} g(x)=-1$, $\sup\limits_{|x|\leqslant 1} f(x)=\sup\limits_{|x|\leqslant 1} g(x)=1$,而

$$\inf_{|x|\leqslant 1}\{f(x)+g(x)\}=\sup_{|x|\leqslant 1}\{f(x)+g(x)\}=0.$$

二、单调函数

定义 3　设 f 为定义在 D 上的函数.若对任何 $x_1,x_2\in D$,当 $x_1<x_2$ 时,总有

(i) $f(x_1)\leqslant f(x_2)$,则称 f 为 D 上的**(递)增函数**,特别当严格不等式 $f(x_1)<f(x_2)$ 总成立时,称 f 为 D 上的**严格(递)增函数**;

(ii) $f(x_1)\geqslant f(x_2)$,则称 f 为 D 上的**(递)减函数**,特别当严格不等式 $f(x_1)>f(x_2)$ 总成立时,称 f 为 D 上的**严格(递)减函数**;

增函数和减函数统称为**单调函数**,严格增函数和严格减函数统称为**严格单调函数**.

例 3　函数 $y=x^3$ 在 $\mathbf{R}$ 上是严格增的.因为对任何 $x_1,x_2\in\mathbf{R}$,当 $x_1<x_2$ 时,总有

$$x_2^3-x_1^3=(x_2-x_1)\left(\left(x_2+\frac{x_1}{2}\right)^2+\frac{3}{4}x_1^2\right)>0,$$

即 $x_1^3<x_2^3$. □

例 4　函数 $y=[x]$ 在 $\mathbf{R}$ 上是增的.因为对任何 $x_1,x_2\in\mathbf{R}$,当 $x_1<x_2$ 时显然有 $[x_1]\leqslant[x_2]$.但此函数在 $\mathbf{R}$ 上不是严格增的,若取 $x_1=0,x_2=\frac{1}{2}$,则有 $[x_1]=[x_2]=0$,即定义中所要求的严格不等式并不总是成立.此函数的图像如图 1-5 所示. □

严格单调函数的图像与任一平行于 x 轴的直线至多有一个交点，这一特性保证了它必定具有反函数.

定理 1.2 设 $y=f(x)$，$x\in D$ 为严格增(减)函数，则 f 必有反函数 f^{-1}，且 f^{-1} 在其定义域 $f(D)$ 上也是严格增(减)函数.

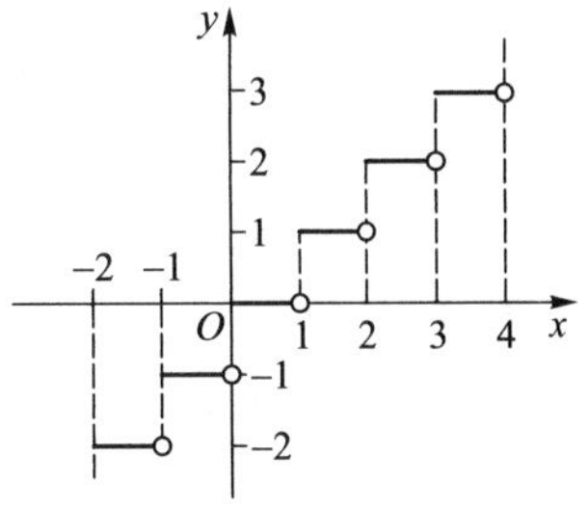

图 1-5

证 设 f 在 D 上严格增. 对任一 $y\in f(D)$，有 $x\in D$ 使 $f(x)=y$. 下面证明这样的 x 只能有一个. 事实上，对于 D 中任一 $x_1\neq x$，由 f 在 D 上的严格增性，当 $x_1<x$ 时，$f(x_1)<y$，当 $x_1>x$ 时，有 $f(x_1)>y$，总之 $f(x_1)\neq y$. 这就说明，对每一个 $y\in f(D)$，都只存在唯一的一个 $x\in D$，使得 $f(x)=y$，从而函数 f 存在反函数 $x=f^{-1}(y)$，$y\in f(D)$.

现证 f^{-1} 也是严格增的. 任取 $y_1,y_2\in f(D)$，$y_1<y_2$. 设 $x_1=f^{-1}(y_1)$，$x_2=f^{-1}(y_2)$，则 $y_1=f(x_1)$，$y_2=f(x_2)$. 由 $y_1<y_2$ 及 f 的严格增性，显然有 $x_1<x_2$，即 $f^{-1}(y_1)<f^{-1}(y_2)$. 所以反函数 f^{-1} 是严格增的. □

例 5 函数 $y=x^2$ 在 $[0,+\infty)$ 上是严格增的，由 §3 例 2 可知，其值域为 $[0,+\infty)$，故有反函数 $y=\sqrt{x}$，$x\in[0,+\infty)$；函数 $y=x^2$ 在 $(-\infty,0)$ 上是严格减的，有反函数 $y=-\sqrt{x}$，$x\in(0,+\infty)$. 但 $y=x^2$ 在整个定义域 $\mathbf{R}$ 上不是单调的，也不存在反函数.

上节中我们给出了实数指数幂的定义，从而将指数函数

$$y=a^x(a>0,a\neq 1)$$

的定义域拓广到整个实数集 $\mathbf{R}$. 下面证明指数函数在 $\mathbf{R}$ 上的严格单调性.

例 6 证明：$y=a^x$ 当 $a>1$ 时在 $\mathbf{R}$ 上严格递增，当 $0<a<1$ 时在 $\mathbf{R}$ 上严格递减.

证 设 $a>1$. 给定 $x_1,x_2\in\mathbf{R}$，$x_1<x_2$. 由有理数集的稠密性，可取到有理数 r_1,r_2，使 $x_1<r_1<r_2<x_2$ (参见 §1 例 1)，故有

$$a^{x_1}=\sup_{r\leqslant x_1}\{a^r \mid r\text{ 为有理数}\}\leqslant a^{r_1}$$
$$<a^{r_2}\leqslant\sup_{r\leqslant x_2}\{a^r \mid r\text{ 为有理数}\}=a^{x_2},$$

这就证明了 a^x 当 $a>1$ 时在 $\mathbf{R}$ 上严格递增.

类似地可证 a^x 当 $0<a<1$ 时在 $\mathbf{R}$ 上严格递减. □

注 因为 $y=a^x(a>0,a\neq 1)$ 的值域为 $(0,+\infty)$，所以由例 6 及定理 1.2 还可得出结论：对数函数 $y=\log_a x$ 当 $a>1$ 时在 $(0,+\infty)$ 上严格递增，当 $0<a<1$ 时在 $(0,+\infty)$ 上严格递减. 另外，在第四章中将证明关于实指数幂的一个基本性质 $(a^\alpha)^\beta=a^{\alpha\beta}$ (定理 4.10)，从而相应地有

$$\log_a x^\alpha=\alpha\log_a x(a>0,a\neq 1,x\in\mathbf{R}_+,\alpha\in\mathbf{R}).\tag{2}$$

三、奇函数和偶函数

定义 4 设 D 为对称于原点的数集，f 为定义在 D 上的函数. 若对每一个 $x\in D$，有

$$f(-x)=-f(x)\quad(f(-x)=f(x)),$$

则称 f 为 D 上的**奇(偶)函数**.

从函数图像上看，奇函数的图像关于原点对称，偶函数的图像则关于 y 轴对称.

例如,正弦函数 $y=\sin x$ 和正切函数 $y=\tan x$ 是奇函数,余弦函数$y=\cos x$是偶函数,符号函数 $y=\operatorname{sgn} x$ 是奇函数(见图 1-1).而函数$f(x)=\sin x+\cos x$ 既不是奇函数,也不是偶函数,因若取 $x_0=\dfrac{\pi}{4}$,则$f(x_0)=\sqrt{2}$,$f(-x_0)=0$,显然既不成立$f(-x_0)=-f(x_0)$,也不成立$f(-x_0)=f(x_0)$.

四、周期函数

设f为定义在数集 D 上的函数.若存在 $\sigma>0$,使得对一切 $x\in D$,有 $x\pm\sigma\in D$ 且$f(x\pm\sigma)=f(x)$,则称f为**周期函数**,σ 称为f的一个**周期**.显然,若 σ 为f的周期,则$n\sigma$(n为正整数)也是f的周期.若在周期函数f的所有周期中有一个最小的周期,则称此最小周期为f的**基本周期**,或简称**周期**.

例如,$\sin x$ 的周期为 2π,$\tan x$ 的周期为 π.函数

$$f(x)=x-[x],\quad x\in\mathbf{R}$$

的周期为 1(见图 1-6).常量函数$f(x)=c$ 是以任意正数为周期的周期函数,但不存在基本周期.

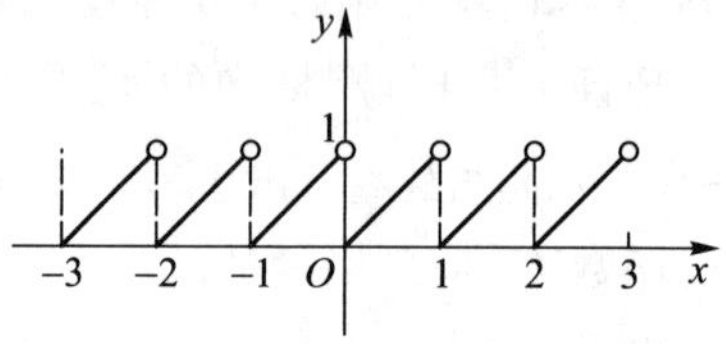

图 1-6

习　题 1.4

1. 证明:$f(x)=\dfrac{x}{x^2+1}$是 $\mathbf{R}$ 上的有界函数.

2. (1) 叙述无界函数的定义;

   (2) 证明:$f(x)=\dfrac{1}{x^2}$为$(0,1)$上的无界函数;

   (3) 举出函数f的例子,使f为闭区间$[0,1]$上的无界函数.

3. 证明下列函数在指定区间上的单调性:

   (1) $y=3x-1$ 在$(-\infty,+\infty)$上严格递增;

   (2) $y=\sin x$ 在$\left[-\dfrac{\pi}{2},\dfrac{\pi}{2}\right]$上严格递增;

   (3) $y=\cos x$ 在$[0,\pi]$上严格递减.

4. 判别下列函数的奇偶性:

   (1) $f(x)=\dfrac{1}{2}x^4+x^2-1$;　　(2) $f(x)=x+\sin x$;

   (3) $f(x)=x^2\mathrm{e}^{-x^2}$;　　(4) $f(x)=\lg(x+\sqrt{1+x^2})$.

5. 求下列函数的周期:

   (1) $\cos^2x$;　(2) $\tan 3x$;　(3) $\cos\dfrac{x}{2}+2\sin\dfrac{x}{3}$.

6. 设函数f定义在$[-a,a]$上,证明:

   (1) $F(x)=f(x)+f(-x)$,$x\in[-a,a]$为偶函数;

(2) $G(x)=f(x)-f(-x),x\in[-a,a]$为奇函数；

(3) f可表示为某个奇函数与某个偶函数之和.

---

7. 由三角函数的两角和(差)公式

$$\sin(\alpha\pm\beta)=\sin\alpha\cos\beta\pm\sin\beta\cos\alpha,$$
$$\cos(\alpha\pm\beta)=\cos\alpha\cos\beta\mp\sin\alpha\sin\beta,$$

推出：

(1) 和差化积公式

$$\sin\alpha+\sin\beta=2\sin\frac{\alpha+\beta}{2}\cos\frac{\alpha-\beta}{2},$$

$$\sin\alpha-\sin\beta=2\sin\frac{\alpha-\beta}{2}\cos\frac{\alpha+\beta}{2},$$

$$\cos\alpha+\cos\beta=2\cos\frac{\alpha+\beta}{2}\cos\frac{\alpha-\beta}{2},$$

$$\cos\alpha-\cos\beta=-2\sin\frac{\alpha+\beta}{2}\sin\frac{\alpha-\beta}{2};$$

(2) 积化和差公式

$$\sin\alpha\sin\beta=\frac{1}{2}(\cos(\alpha-\beta)-\cos(\alpha+\beta)),$$

$$\sin\alpha\cos\beta=\frac{1}{2}(\sin(\alpha+\beta)+\sin(\alpha-\beta)),$$

$$\cos\alpha\cos\beta=\frac{1}{2}(\cos(\alpha+\beta)+\cos(\alpha-\beta)).$$

8. 设f,g为定义在D上的有界函数,满足

$$f(x)\leqslant g(x),\quad x\in D.$$

证明：(1) $\sup\limits_{x\in D}f(x)\leqslant\sup\limits_{x\in D}g(x)$； (2) $\inf\limits_{x\in D}f(x)\leqslant\inf\limits_{x\in D}g(x)$.

9. 设f为定义在D上的有界函数,证明：

(1) $\sup\limits_{x\in D}\{-f(x)\}=-\inf\limits_{x\in D}f(x)$； (2) $\inf\limits_{x\in D}\{-f(x)\}=-\sup\limits_{x\in D}f(x)$.

10. 证明：$\tan x$在$\left(-\frac{\pi}{2},\frac{\pi}{2}\right)$上无界,而在任一闭区间$[a,b]\subset\left(-\frac{\pi}{2},\frac{\pi}{2}\right)$上有界.

11. 讨论狄利克雷函数

$$D(x)=\begin{cases}1, & x\text{为有理数},\\ 0, & x\text{为无理数}\end{cases}$$

的有界性、单调性与周期性.

12. 证明：$f(x)=x+\sin x$在$\mathbf{R}$上严格增.

13. 设定义在$[a,+\infty)$上的函数f在任何闭区间$[a,b]$上有界.定义$[a,+\infty)$上的函数：

$$m(x)=\inf_{a\leqslant y\leqslant x}f(y),\quad M(x)=\sup_{a\leqslant y\leqslant x}f(y).$$

试讨论$m(x)$与$M(x)$的图像,其中

(1) $f(x)=\cos x, x\in[0,+\infty)$; (2) $f(x)=x^2, x\in[-1,+\infty)$.

第一章总练习题

1. 设 $a,b\in\mathbf{R}$,证明:

(1) $\max\{a,b\}=\frac{1}{2}(a+b+|a-b|)$;

(2) $\min\{a,b\}=\frac{1}{2}(a+b-|a-b|)$.

2. 设 f 和 g 都是 D 上的初等函数.定义

$$M(x)=\max\{f(x),g(x)\},\quad m(x)=\min\{f(x),g(x)\},\quad x\in D.$$

试问 $M(x)$ 和 $m(x)$ 是否为初等函数?

3. 设函数 $f(x)=\frac{1-x}{1+x}$,求:

$$f(-x),\ f(x+1),\ f(x)+1,\ f\left(\frac{1}{x}\right),\ \frac{1}{f(x)},\ f(x^2),\ f(f(x)).$$

4. 已知 $f\left(\frac{1}{x}\right)=x+\sqrt{1+x^2}$,求 $f(x)$.

5. 利用函数 $y=[x]$ 求解:

(1) 某系各班级推选学生代表,每 5 人推选 1 名代表,余额满 3 人可增选 1 名,写出可推选代表数 y 与班级学生数 x 之间的函数关系(假设每班学生数为 30~50);

(2) 正数 x 经四舍五入后得整数 y,写出 y 与 x 之间的函数关系.

6. 试问如何从函数 $y=f(x)$ 的图像得到下列各函数的图像:

(1) $y=-f(x)$; (2) $y=f(-x)$; (3) $y=-f(-x)$;

(4) $y=|f(x)|$; (5) $y=\operatorname{sgn} f(x)$; (6) $y=\frac{1}{2}(|f(x)|+f(x))$;

(7) $y=\frac{1}{2}(|f(x)|-f(x))$.

7. 如何从函数 f 和 g 的图像得到下列函数的图像:

(1) $\varphi(x)=\max\{f(x),g(x)\}$; (2) $\psi(x)=\min\{f(x),g(x)\}$.

8. 设 f,g 和 h 为增函数,满足

$$f(x)\leqslant g(x)\leqslant h(x),\quad x\in\mathbf{R}.$$

证明:$f(f(x))\leqslant g(g(x))\leqslant h(h(x))$.

9. 设 f 和 g 为区间 (a,b) 上的增函数,证明第 7 题中定义的函数 $\varphi(x)$ 和 $\psi(x)$ 也都是 (a,b) 上的增函数.

10. 设 f 为 $[-a,a]$ 上的奇(偶)函数.证明:若 f 在 $[0,a]$ 上增,则 f 在 $[-a,0]$ 上增(减).

11. 证明：

(1) 两个奇函数之和为奇函数，其积为偶函数；

(2) 两个偶函数之和与积都为偶函数；

(3) 奇函数与偶函数之积为奇函数.

12. 设 f,g 为 D 上的有界函数. 证明：

(1) $\inf\limits_{x\in D}\{f(x)+g(x)\}\leqslant\inf\limits_{x\in D}f(x)+\sup\limits_{x\in D}g(x)$；

(2) $\sup\limits_{x\in D}f(x)+\inf\limits_{x\in D}g(x)\leqslant\sup\limits_{x\in D}\{f(x)+g(x)\}$.

13. 设 f,g 为 D 上的非负有界函数. 证明：

(1) $\inf\limits_{x\in D}f(x)\cdot\inf\limits_{x\in D}g(x)\leqslant\inf\limits_{x\in D}\{f(x)g(x)\}$；

(2) $\sup\limits_{x\in D}\{f(x)g(x)\}\leqslant\sup\limits_{x\in D}f(x)\cdot\sup\limits_{x\in D}g(x)$.

14. 将定义在 $(0,+\infty)$ 上的函数 f 延拓到 $\mathbf{R}$ 上，使延拓后的函数为(i)奇函数；(ii)偶函数. 设

(1) $f(x)=\sin x+1$；

(2) $f(x)=\begin{cases}1-\sqrt{1-x^2}, & 0<x\leqslant 1,\\ x^3, & x>1.\end{cases}$

15. 设 f 为定义在 $\mathbf{R}$ 上以 h 为周期的函数，a 为实数. 证明：若 f 在 $[a,a+h]$ 上有界，则 f 在 $\mathbf{R}$ 上有界.

16. 设 f 在区间 I 上有界. 记

$$M=\sup_{x\in I}f(x),\quad m=\inf_{x\in I}f(x).$$

证明：

$$\sup_{x',x''\in I}|f(x')-f(x'')|=M-m.$$

17. 设

$$f(x)=\begin{cases}q, & x=\dfrac{p}{q}\left(p,q\in\mathbf{N}_+,\dfrac{p}{q}\text{为既约真分数},0<p<q\right),\\ 0, & x\text{为}(0,1)\text{中的无理数}.\end{cases}$$

证明：对任意 $x_0\in(0,1)$，任意满足 $(x_0-\delta,x_0+\delta)\subset(0,1)$ 的正数 δ，有 $f(x)$ 在 $(x_0-\delta,x_0+\delta)$ 上无界.

18. 设 $a>0,m,n,p$ 为正整数，规定 $a^{\frac{m}{n}}=(a^{\frac{1}{n}})^m$. 证明：$a^{\frac{pm}{pn}}=(a^{\frac{1}{pn}})^{pm}=a^{\frac{m}{n}}$.

第一章自测题　　**第一章重难点精讲**

第二章
数列极限

§1　数列极限概念

若函数 f 的定义域为全体正整数集合 $\mathbf{N}_+$，则称

$$f:\mathbf{N}_+\to\mathbf{R}\quad 或\quad f(n),\ n\in\mathbf{N}_+$$

为**数列**.因正整数集 $\mathbf{N}_+$ 的元素可按由小到大的顺序排列，故数列 $f(n)$ 也可写作

$$a_1,a_2,\cdots,a_n,\cdots,$$

或简单地记为 $\{a_n\}$，其中 a_n 称为该数列的**通项**.

关于数列极限，先举一个我国古代有关数列的例子.

例 1　古代哲学家庄周所著的《庄子·杂篇·天下》引用过一句话：一尺之棰，日取其半，万世不竭.其含义是：一根长为一尺的木棒，每天截下一半，这样的过程可以无限次地进行下去.

把每天截下部分的长度列出如下（单位为尺）：

第一天截下 $\frac{1}{2}$，第二天截下 $\frac{1}{2^2}$……第 n 天截下 $\frac{1}{2^n}$……这样就得到一个数列

$$\frac{1}{2},\frac{1}{2^2},\cdots,\frac{1}{2^n},\cdots,或\left\{\frac{1}{2^n}\right\}.$$

不难看出，数列 $\left\{\frac{1}{2^n}\right\}$ 的通项 $\frac{1}{2^n}$ 随着 n 的无限增大而无限地接近于 0.一般地说，对于数列 $\{a_n\}$，若当 n 无限增大时，a_n 能无限地接近某一个定数 a，则称此数列为收敛数列，定数 a 称为它的极限.不具有这种特性的数列就不是收敛数列.

收敛数列的特性是"随着 n 的无限增大，a_n 无限地接近某一定数 a".这就是说，当 n 充分大时，数列的通项 a_n 与定数 a 之差的绝对值可以任意小.下面我们给出收敛数列及其极限的精确定义.

定义 1　设 $\{a_n\}$ 为数列，a 为定数.若对任给的正数 ε，总存在正整数 N，使得当 $n>N$ 时，有

$$|a_n-a|<\varepsilon,$$

则称**数列 $\{a_n\}$ 收敛于** a，定数 a 称为数列 $\{a_n\}$ 的**极限**，并记作

$$\lim_{n\to\infty} a_n = a①, \text{ 或 } a_n\to a(n\to\infty),$$

读作“当 n 趋于无穷大时，$\{a_n\}$ 的极限等于 a 或 a_n 趋于 a”.

若数列 $\{a_n\}$ 没有极限，则称 $\{a_n\}$ 不收敛，或称 $\{a_n\}$ 为**发散数列**.

定义 1 常称为**数列极限的 $\varepsilon-N$ 定义**.下面举例说明如何根据 $\varepsilon-N$ 定义来验证数列极限.

例 2 证明：$\lim\limits_{n\to\infty}\dfrac{1}{n^\alpha}=0$，这里 α 为正数.

证 由于

$$\left|\frac{1}{n^\alpha}-0\right|=\frac{1}{n^\alpha},$$

故对任给的 $\varepsilon>0$，只要取 $N=\left[\dfrac{1}{\varepsilon^{\frac{1}{\alpha}}}\right]+1$，则当 $n>N$ 时，便有

$$\frac{1}{n^\alpha}<\frac{1}{N^\alpha}<\varepsilon,\quad \text{即} \left|\frac{1}{n^\alpha}-0\right|<\varepsilon.$$

这就证明了 $\lim\limits_{n\to\infty}\dfrac{1}{n^\alpha}=0$. □

例 3 证明：

$$\lim_{n\to\infty}\frac{3n^2}{n^2-3}=3.$$

分析 由于

$$\left|\frac{3n^2}{n^2-3}-3\right|=\frac{9}{n^2-3}\leqslant\frac{9}{n}\quad(n\geqslant 3).\tag{1}$$

因此，对任给的 $\varepsilon>0$，只要 $\dfrac{9}{n}<\varepsilon$，便有

$$\left|\frac{3n^2}{n^2-3}-3\right|<\varepsilon,\tag{2}$$

即当 $n>\dfrac{9}{\varepsilon}$ 时，(2) 式成立.又由于(1)式是在 $n\geqslant 3$ 的条件下成立的，故应取

$$N=\max\left\{3,\frac{9}{\varepsilon}\right\}.\tag{3}$$

证 任给 $\varepsilon>0$，取 $N=\max\left\{3,\dfrac{9}{\varepsilon}\right\}$.据分析，当 $n>N$ 时(2)式成立.于是本题得证.

□

注 本例在求 N 的过程中，(1)式中运用了适当放大的方法，这样求 N 就比较方便.但应注意这种放大必须“适当”，以根据给定的 ε 能确定出 N.又(3)式给出的 N 不一定是正整数.一般地，在定义 1 中 N 不一定限于正整数，而只要它是正数即可.

---

① 记号 lim 是拉丁文 limes(极限)一词的前三个字母.由于 n 限于取正整数，所以在表示数列极限的记号中把 $n\to+\infty$ 简单地写作 $n\to\infty$.

例 4　证明：$\lim\limits_{n\to\infty} q^n = 0$，这里 $|q|<1$.

证　若 $q=0$，则结果是显然的. 现设 $0<|q|<1$. 记 $h=\dfrac{1}{|q|}-1$，则 $h>0$. 我们有

$$|q^n-0| = |q|^n = \frac{1}{(1+h)^n},$$

并由 $(1+h)^n \geqslant 1+nh$ 得到

$$|q|^n \leqslant \frac{1}{1+nh} < \frac{1}{nh}. \tag{4}$$

对任给的 $\varepsilon>0$，只要取 $N=\dfrac{1}{\varepsilon h}$，则当 $n>N$ 时，由(4)式得 $|q^n-0|<\varepsilon$. 这就证明了 $\lim\limits_{n\to\infty} q^n = 0$. □

当 $q=\dfrac{1}{2}$ 时，就是前面例 1 的结果.

注　本例还可利用对数函数 $y=\log_{|q|}x$ 的严格单调性来证明(见第一章 §4 例 6 的注及(2)式)，简述如下：

对任给的 $\varepsilon>0$(不妨设 $\varepsilon<1$)，为使 $|q^n-0|=|q|^n<\varepsilon$，只要

$$\log_{|q|}|q|^n > \log_{|q|}\varepsilon, \quad 即\ n>\log_{|q|}\varepsilon \quad (这里也假定\ 0<|q|<1).$$

于是，只要取 $N=\log_{|q|}\varepsilon$ 即可.

例 5　证明：$\lim\limits_{n\to\infty}\sqrt[n]{a}=1$，其中 $a>0$.

证　当 $a=1$ 时，结论显然成立. 现设 $a>1$. 记 $\alpha_n = a^{\frac{1}{n}}-1$，则 $\alpha_n>0$. 由

$$a=(1+\alpha_n)^n \geqslant 1+n\alpha_n = 1+n(a^{\frac{1}{n}}-1),$$

得

$$a^{\frac{1}{n}}-1 \leqslant \frac{a-1}{n}. \tag{5}$$

任给 $\varepsilon>0$，由(5)式可见，当 $n>\dfrac{a-1}{\varepsilon}=N$ 时，就有 $a^{\frac{1}{n}}-1<\varepsilon$，即 $|a^{\frac{1}{n}}-1|<\varepsilon$. 所以 $\lim\limits_{n\to\infty}\sqrt[n]{a}=1$. 对于 $0<a<1$ 的情形，其证明留给读者. □

例 6　证明：$\lim\limits_{n\to\infty}\dfrac{a^n}{n!}=0$.

证　若 $a=0$，结论是显然的，现设 $a\neq 0$，$k=[\,|a|\,]+1$. 当 $n>k$ 时，有

$$\left|\frac{a^n}{n!}-0\right| = \frac{|a|^n}{n!} = \frac{|a|\cdot|a|\cdot\cdots\cdot|a|\cdot\cdots\cdot|a|}{1\cdot2\cdot\cdots\cdot k\cdot\cdots\cdot n} \leqslant K\frac{|a|}{n},$$

其中 $K=\dfrac{|a|\cdot|a|\cdot\cdots\cdot|a|}{1\cdot2\cdot\cdots\cdot k}$. 所以对于任给的 $\varepsilon>0$，取 $N=\max\left\{k,\dfrac{K|a|}{\varepsilon}\right\}$，只要 $n>N$，就有

$$\left|\frac{a^n}{n!}-0\right| \leqslant K\frac{|a|}{n} < \varepsilon,$$

这就证明了 $\lim\limits_{n\to\infty}\dfrac{a^n}{n!}=0$. □

关于数列极限的 $\varepsilon-N$ 定义，通过以上几个例子，读者已有了初步的认识.对此还应着重注意下面几点：

1. ε 的任意性　定义 1 中正数 ε 的作用在于衡量数列通项 a_n 与定数 a 的接近程度，ε 愈小，表示接近得愈好；而正数 ε 可以任意地小，说明 a_n 与 a 可以接近到任意程度.然而，尽管 ε 有其任意性，但一经给出，就暂时被确定下来，以便依靠它来求出 N.又 ε 既是任意小的正数，那么 $\dfrac{\varepsilon}{2}$，3ε 或 ε^2 等同样也是任意小的正数，因此定义 1 中不等式 $|a_n-a|<\varepsilon$ 中的 ε 可用 $\dfrac{\varepsilon}{2}$，3ε 或 ε^2 等来代替.同时，正由于 ε 是任意小正数，我们可限定 ε 小于一个确定的正数（如在例 4 的注给出的证明方法中限定 $\varepsilon<1$）.另外，定义 1 中的 $|a_n-a|<\varepsilon$ 也可改写成 $|a_n-a|\leqslant\varepsilon$.

2. N 的相应性　一般说，N 随 ε 的变小而变大，由此常把 N 写作 $N(\varepsilon)$，来强调 N 是依赖于 ε 的，但这并不意味着 N 是由 ε 所唯一确定的.因为对给定的 ε，比如当 $N=100$ 时，能使得当 $n>N$ 时有 $|a_n-a|<\varepsilon$，则 $N=101$ 或更大时此不等式自然也成立.这里重要的是 N 的存在性，而不在于它的值的大小.另外，定义 1 中的 $n>N$ 也可改写成 $n\geqslant N$.

3. 从几何意义上看，“当 $n>N$ 时有 $|a_n-a|<\varepsilon$”意味着：所有下标大于 N 的项 a_n 都落在邻域 $U(a;\varepsilon)$ 内；而在 $U(a;\varepsilon)$ 之外，数列 $\{a_n\}$ 中的项至多只有 N 个（有限个）.反之，任给 $\varepsilon>0$，若在 $U(a;\varepsilon)$ 之外数列 $\{a_n\}$ 中的项只有有限个，设这有限个项的最大下标为 N，则当 $n>N$ 时有 $a_n\in U(a;\varepsilon)$，即当 $n>N$ 时有 $|a_n-a|<\varepsilon$.由此，我们可写出数列极限的一种等价定义如下.

定义 1′　任给 $\varepsilon>0$，若在 $U(a;\varepsilon)$ 之外数列 $\{a_n\}$ 中的项至多只有有限个，则称数列 $\{a_n\}$ 收敛于极限 a.

由定义 1′可知，若存在某 $\varepsilon_0>0$，使得数列 $\{a_n\}$ 中有无穷多项落在 $U(a;\varepsilon_0)$ 之外，则 $\{a_n\}$ 一定不以 a 为极限.

例 7　证明：$\{n^2\}$ 和 $\{(-1)^n\}$ 都是发散数列.

证　对任何 $a\in\mathbf{R}$，取 $\varepsilon_0=1$，则数列 $\{n^2\}$ 中所有满足 $n^2>a+1$ 的项（有无穷多个）显然都落在 $U(a;\varepsilon_0)$ 之外，故 $\{n^2\}$ 不以任何数 a 为极限，即 $\{n^2\}$ 为发散数列.

至于数列 $\{(-1)^n\}$，当 $a=1$ 时取 $\varepsilon_0=1$，则在 $U(a;\varepsilon_0)$ 之外有 $\{(-1)^n\}$ 中的所有奇数项；当 $a\neq1$ 时取 $\varepsilon_0=\dfrac{1}{2}|a-1|$，则在 $U(a;\varepsilon_0)$ 之外有 $\{(-1)^n\}$ 中的所有偶数项.所以 $\{(-1)^n\}$ 不以任何数 a 为极限，即 $\{(-1)^n\}$ 为发散数列. □

例 8　设 $\lim\limits_{n\to\infty}x_n=a$，$\lim\limits_{n\to\infty}y_n=b$.作数列 $\{z_n\}$ 为

$$x_1,\ y_1,\ x_2,\ y_2,\ \cdots,\ x_n,\ y_n,\ \cdots.$$

求证：数列 $\{z_n\}$ 收敛的充要条件是 $a=b$.

证　充分性　因为 $a=b$，即 $\lim\limits_{n\to\infty}x_n=\lim\limits_{n\to\infty}y_n=a$，所以对于任给的 $\varepsilon>0$，数列 $\{x_n\}$ 和 $\{y_n\}$ 落在 $U(a;\varepsilon)$ 之外的项至多只有有限个，从而数列 $\{z_n\}$ 落在 $U(a;\varepsilon)$ 之外的项至多只有有限个. 由定义 1′，证得 $\lim\limits_{n\to\infty}z_n=a$.

必要性　设$\lim\limits_{n\to\infty} z_n = A$.那么对于任给的$\varepsilon>0$,数列$\{z_n\}$落在$U(A;\varepsilon)$之外的项至多只有有限个,从而数列$\{x_n\}$和$\{y_n\}$落在$U(A;\varepsilon)$之外的项也至多只有有限个. 由定义1′,证得

$$a=\lim_{n\to\infty} x_n = A = \lim_{n\to\infty} y_n = b. \qquad \square$$

例 9　设$\{a_n\}$为给定的数列,$\{b_n\}$为对$\{a_n\}$增加、减少或改变有限项之后得到的数列.证明:数列$\{b_n\}$与$\{a_n\}$同时收敛或发散,且在收敛时两者的极限相等.

证　设$\{a_n\}$为收敛数列,且$\lim\limits_{n\to\infty} a_n = a$.按定义1′,对任给的$\varepsilon>0$,数列$\{a_n\}$中落在$U(a;\varepsilon)$之外的项至多只有有限个.而数列$\{b_n\}$是对$\{a_n\}$增加、减少或改变有限项之后得到的,故从某一项开始,$\{b_n\}$中的每一项都是$\{a_n\}$中确定的一项,所以$\{b_n\}$中落在$U(a;\varepsilon)$之外的项也至多只有有限个.这就证得$\lim\limits_{n\to\infty} b_n = a$.

现设$\{a_n\}$发散.倘若$\{b_n\}$收敛,则因$\{a_n\}$可看成是对$\{b_n\}$增加、减少或改变有限项之后得到的数列,故由刚才所证,$\{a_n\}$收敛,矛盾.所以当$\{a_n\}$发散时$\{b_n\}$也发散. $\square$

在所有收敛数列中,有一类重要的数列,称为无穷小数列,其定义如下.

定义 2　若$\lim\limits_{n\to\infty} a_n = 0$,则称$\{a_n\}$为**无穷小数列**.

前面例1、例2、例4、例6中的数列都是无穷小数列.由无穷小数列的定义,读者不难证明如下定理.

定理 2.1　数列$\{a_n\}$收敛于a的充要条件是:$\{a_n-a\}$为无穷小数列.

最后我们介绍一下无穷大数列的概念.

定义 3　若数列$\{a_n\}$满足:对任意$M>0$,总存在正整数N,使得当$n>N$时,有

$$|a_n|>M,$$

则称数列$\{a_n\}$有非正常极限∞,或称$\{a_n\}$发散于无穷大,并记作

$$\lim_{n\to\infty} a_n = \infty,\text{或 } a_n\to\infty.$$

定义 4　若数列$\{a_n\}$满足:对任意$M>0$,存在正整数N,使得当$n>N$时,有

$$a_n>M \quad (a_n<-M),$$

则称数列$\{a_n\}$有非正常极限$+\infty\ (-\infty)$,或称$\{a_n\}$发散于正(负)无穷大,并记作

$$\lim_{n\to\infty} a_n = +\infty,\text{或 } a_n\to+\infty \quad \left(\lim_{n\to\infty} a_n = -\infty,\text{或 } a_n\to-\infty\right).$$

定义 5　若数列$\{a_n\}$以∞, $+\infty$, $-\infty$为非正常极限,则称$\{a_n\}$是一个无穷大数列或无穷大量.

例如数列$\{n\}$,$\left\{(-1)^n\dfrac{n^2+1}{n}\right\}$均是无穷大量;而数列$\{[1+(-1)^n]n\}$虽然是无界数列,但却不是无穷大量.

习题 2.1

1. 设$a_n=\dfrac{1+(-1)^n}{n}$, $n=1,2,\cdots,a=0$.

(1) 对下列ε分别求出极限定义中相应的N:

$$\varepsilon_1=0.1,\quad \varepsilon_2=0.01,\quad \varepsilon_3=0.001;$$

(2) 对 $\varepsilon_1,\varepsilon_2,\varepsilon_3$ 可找到相应的 N,这是否证明了 a_n 趋于0? 应该怎样做才对?

(3) 对给定的 ε 是否只能找到一个 N?

2. 按 $\varepsilon-N$ 定义证明:

(1) $\lim\limits_{n\to\infty}\dfrac{n}{n+1}=1$;　(2) $\lim\limits_{n\to\infty}\dfrac{3n^2+n}{2n^2-1}=\dfrac{3}{2}$;　(3) $\lim\limits_{n\to\infty}\dfrac{n!}{n^n}=0$;

(4) $\lim\limits_{n\to\infty}\sin\dfrac{\pi}{n}=0$;　(5) $\lim\limits_{n\to\infty}\dfrac{n}{a^n}=0\quad(a>1)$.

3. 根据例 2、例 4 和例 5 的结果求出下列极限,并指出哪些是无穷小数列:

(1) $\lim\limits_{n\to\infty}\dfrac{1}{\sqrt{n}}$;　(2) $\lim\limits_{n\to\infty}\sqrt[n]{3}$;　(3) $\lim\limits_{n\to\infty}\dfrac{1}{n^3}$;　(4) $\lim\limits_{n\to\infty}\dfrac{1}{3^n}$;

(5) $\lim\limits_{n\to\infty}\dfrac{1}{\sqrt{2^n}}$;　(6) $\lim\limits_{n\to\infty}\sqrt[n]{10}$;　(7) $\lim\limits_{n\to\infty}\dfrac{1}{\sqrt[n]{2}}$.

4. 证明:若 $\lim\limits_{n\to\infty}a_n=a$,则对任一正整数 k,有 $\lim\limits_{n\to\infty}a_{n+k}=a$.

5. 试用定义 1′证明:

(1) 数列 $\left\{\dfrac{1}{n}\right\}$ 不以 1 为极限;　(2) 数列 $\{n^{(-1)^n}\}$ 发散.

6. 证明定理 2.1,并应用它证明数列 $\left\{1+\dfrac{(-1)^n}{n}\right\}$ 的极限是 1.

7. 在下列数列中哪些数列是有界数列、无界数列以及无穷大数列?

(1) $\{[1+(-1)^n]\sqrt{n}\}$;　(2) $\{\sin n\}$;　(3) $\left\{\dfrac{n^2}{n-\sqrt{5}}\right\}$;　(4) $\{2^{(-1)^n n}\}$.

---

8. 证明:若 $\lim\limits_{n\to\infty}a_n=a$,则 $\lim\limits_{n\to\infty}|a_n|=|a|$.当且仅当 a 为何值时反之也成立?

9. 按 $\varepsilon-N$ 定义证明:

(1) $\lim\limits_{n\to\infty}(\sqrt{n+1}-\sqrt{n})=0$;　(2) $\lim\limits_{n\to\infty}\dfrac{1+2+3+\cdots+n}{n^3}=0$;

(3) $\lim\limits_{n\to\infty}a_n=1$,其中

$$a_n=\begin{cases}\dfrac{n-1}{n}, & n\text{ 为偶数},\\[2mm] \dfrac{\sqrt{n^2+n}}{n}, & n\text{ 为奇数}.\end{cases}$$

10. 设 $a_n\neq0$.证明:$\lim\limits_{n\to\infty}a_n=0$ 的充要条件是 $\lim\limits_{n\to\infty}\dfrac{1}{a_n}=\infty$.

§2 收敛数列的性质

收敛数列有如下一些重要性质.

定理 2.2(唯一性) 若数列$\{a_n\}$收敛,则它只有一个极限.

证 设 a 是$\{a_n\}$的一个极限.我们证明:对任何数 $b\neq a$,b 不是$\{a_n\}$的极限.事实上,若取 $\varepsilon_0=\dfrac{1}{2}|b-a|$,则按定义 1′,在 $U(a;\varepsilon_0)$之外至多只有$\{a_n\}$中有限项,从而在 $U(b;\varepsilon_0)$内至多只有$\{a_n\}$中有限项,所以 b 不是$\{a_n\}$的极限.这就证明了收敛数列只能有一个极限. □

一个收敛数列一般含有无穷多个数,而它的极限只是一个数.我们单凭这一个数就能精确地估计出几乎全体项的大小.以下收敛数列的一些性质,大都基于这一事实.

定理 2.3(有界性) 若数列$\{a_n\}$收敛,则$\{a_n\}$为有界数列,即存在正数 M,使得对一切正整数 n,都有

$$|a_n|\leqslant M.$$

证 设$\lim\limits_{n\to\infty}a_n=a$.取 $\varepsilon=1$,存在正数 N,对一切 $n>N$,有

$$|a_n-a|<1,\text{即}\quad a-1<a_n<a+1.$$

记

$$M=\max\{|a_1|,|a_2|,\cdots,|a_N|,|a-1|,|a+1|\},$$

则对一切正整数 n,都有 $|a_n|\leqslant M$. □

注 有界性只是数列收敛的必要条件,而非充分条件.例如数列$\{(-1)^n\}$有界,但它并不收敛(见§1 例 7).

定理 2.4(保号性) 若$\lim\limits_{n\to\infty}a_n=a>0$(或$<0$),则对任何 $a'\in(0,a)$(或 $a'\in(a,0)$),存在正数 N,使得当 $n>N$ 时,有 $a_n>a'$(或 $a_n<a'$).

证 设 $a>0$.取 $\varepsilon=a-a'(>0)$,则存在正数 N,使得当 $n>N$ 时,有 $a_n>a-\varepsilon=a'$,这就证得结果.对于 $a<0$ 的情形,也可类似地证明. □

注 在应用保号性时,经常取 $a'=\dfrac{a}{2}$.

推论 设$\lim\limits_{n\to\infty}a_n=a$,$\lim\limits_{n\to\infty}b_n=b$,$a<b$,则存在 N,使得当 $n>N$ 时,有

$$a_n<b_n.$$

证 因为$\lim\limits_{n\to\infty}a_n=a$,$\lim\limits_{n\to\infty}b_n=b$,$a<\dfrac{a+b}{2}<b$,所以由保号性,存在 N_1,当 $n>N_1$ 时,有

$$a_n<\frac{a+b}{2};$$

存在 N_2,当 $n>N_2$ 时,有

$$b_n>\frac{a+b}{2}.$$

取 $N=\max\{N_1,N_2\}$,那么当 $n>N$ 时,有

$$a_n<b_n. \qquad \square$$

定理 2.5(保不等式性) 设 $\{a_n\}$ 与 $\{b_n\}$ 均为收敛数列.若存在正数 N_0,使得当 $n>N_0$ 时,有 $a_n\leqslant b_n$,则 $\lim\limits_{n\to\infty}a_n\leqslant\lim\limits_{n\to\infty}b_n$.

证 设 $\lim\limits_{n\to\infty}a_n=a$,$\lim\limits_{n\to\infty}b_n=b$.任给 $\varepsilon>0$,分别存在正数 N_1 与 N_2,使得当 $n>N_1$ 时,有

$$a-\varepsilon<a_n, \tag{1}$$

当 $n>N_2$ 时,有

$$b_n<b+\varepsilon. \tag{2}$$

取 $N=\max\{N_0,N_1,N_2\}$,则当 $n>N$ 时,按假设及不等式(1)和(2),有

$$a-\varepsilon<a_n\leqslant b_n<b+\varepsilon,$$

由此得到 $a<b+2\varepsilon$.由 ε 的任意性推得 $a\leqslant b$(参见第一章§1 例 2),即 $\lim\limits_{n\to\infty}a_n\leqslant\lim\limits_{n\to\infty}b_n$. $\square$

请读者自行思考:如果把定理 2.5 中的条件 $a_n\leqslant b_n$ 换成严格不等式 $a_n<b_n$,那么能否把结论换成 $\lim\limits_{n\to\infty}a_n<\lim\limits_{n\to\infty}b_n$?

例 1 设 $a_n\geqslant 0(n=1,2,\cdots)$.证明:若 $\lim\limits_{n\to\infty}a_n=a$,则

$$\lim_{n\to\infty}\sqrt{a_n}=\sqrt{a}. \tag{3}$$

证 由定理 2.5 可得 $a\geqslant 0$.

若 $a=0$,则由 $\lim\limits_{n\to\infty}a_n=0$,任给 $\varepsilon>0$,存在正数 N,使得当 $n>N$ 时,有 $a_n<\varepsilon^2$,从而 $\sqrt{a_n}<\varepsilon$,即 $|\sqrt{a_n}-0|<\varepsilon$,故有 $\lim\limits_{n\to\infty}\sqrt{a_n}=0$.

若 $a>0$,则有

$$|\sqrt{a_n}-\sqrt{a}|=\frac{|a_n-a|}{\sqrt{a_n}+\sqrt{a}}\leqslant\frac{|a_n-a|}{\sqrt{a}}.$$

任给 $\varepsilon>0$,由 $\lim\limits_{n\to\infty}a_n=a$,存在正数 N,使得当 $n>N$ 时,有

$$|a_n-a|<\sqrt{a}\,\varepsilon,$$

从而 $|\sqrt{a_n}-\sqrt{a}|<\varepsilon$.(3)式得证. $\square$

定理 2.6(迫敛性) 设收敛数列 $\{a_n\}$,$\{b_n\}$ 都以 a 为极限,数列 $\{c_n\}$ 满足:存在正数 N_0,当 $n>N_0$ 时,有

$$a_n\leqslant c_n\leqslant b_n, \tag{4}$$

则数列 $\{c_n\}$ 收敛,且 $\lim\limits_{n\to\infty}c_n=a$.

证 任给 $\varepsilon>0$,由 $\lim\limits_{n\to\infty}a_n=\lim\limits_{n\to\infty}b_n=a$,分别存在正数 N_1 与 N_2,使得当 $n>N_1$ 时,有

$$a-\varepsilon<a_n; \tag{5}$$

当 $n>N_2$ 时,有

$$b_n<a+\varepsilon. \tag{6}$$

取 $N=\max\{N_0,N_1,N_2\}$,则当 $n>N$ 时,不等式(4)、(5)、(6)同时成立,即有

$$a-\varepsilon<a_n\leqslant c_n\leqslant b_n<a+\varepsilon.$$

从而有 $|c_n-a|<\varepsilon$,这就证得所要的结果. $\square$

定理 2.6 不仅给出了判定数列收敛的一种方法,而且提供了一个求极限的

工具.

例 2 求数列$\{\sqrt[n]{n}\}$的极限.

解 记 $a_n=\sqrt[n]{n}=1+h_n$,这里 $h_n>0\ (n>1)$,则有

$$n=(1+h_n)^n>\frac{n(n-1)}{2}h_n^2.$$

由上式得 $0<h_n<\sqrt{\frac{2}{n-1}}\ (n>1)$,从而有

$$1\leqslant a_n=1+h_n<1+\sqrt{\frac{2}{n-1}}. \tag{7}$$

数列$\left\{1+\sqrt{\frac{2}{n-1}}\right\}$是收敛于 1 的,因对任给的 $\varepsilon>0$,取 $N=1+\frac{2}{\varepsilon^2}$,则当 $n>N$ 时,有 $\left|1+\sqrt{\frac{2}{n-1}}-1\right|<\varepsilon$. 于是,不等式(7)的左右两边的极限皆为 1,故由迫敛性证得 $\lim\limits_{n\to\infty}\sqrt[n]{n}=1$. □

例 3 求证:$\lim\limits_{n\to\infty}\frac{1}{\sqrt[n]{n!}}=0$.

证 对于任给的正数 ε,因为$\lim\limits_{n\to\infty}\frac{\left(\frac{1}{\varepsilon}\right)^n}{n!}=0$(本章 §1 例 6),所以由保号性的推论,存在正数 N,当 $n>N$ 时,

$$\frac{\frac{1}{\varepsilon^n}}{n!}<1,$$

从而$\frac{1}{\sqrt[n]{n!}}<\varepsilon$,即$\lim\limits_{n\to\infty}\frac{1}{\sqrt[n]{n!}}=0$. □

在求数列极限时,常需要使用极限的四则运算法则.

定理 2.7(四则运算法则) 若$\{a_n\}$与$\{b_n\}$为收敛数列,则$\{a_n+b_n\}$,$\{a_n-b_n\}$,$\{a_n\cdot b_n\}$也都是收敛数列,且有

$$\lim_{n\to\infty}(a_n\pm b_n)=\lim_{n\to\infty}a_n\pm\lim_{n\to\infty}b_n,$$

$$\lim_{n\to\infty}(a_n\cdot b_n)=\lim_{n\to\infty}a_n\cdot\lim_{n\to\infty}b_n.$$

特别当 b_n 为常数 c 时,有

$$\lim_{n\to\infty}(a_n+c)=\lim_{n\to\infty}a_n+c,\quad \lim_{n\to\infty}ca_n=c\lim_{n\to\infty}a_n.$$

若再假设 $b_n\neq0$ 及$\lim\limits_{n\to\infty}b_n\neq0$,则$\left\{\frac{a_n}{b_n}\right\}$也是收敛数列,且有

$$\lim_{n\to\infty}\frac{a_n}{b_n}=\lim_{n\to\infty}a_n\Big/\lim_{n\to\infty}b_n.$$

证 由于 $a_n-b_n=a_n+(-1)b_n$ 及$\frac{a_n}{b_n}=a_n\cdot\frac{1}{b_n}$,因此我们只需证明关于和、积与倒

数运算的结论即可.

设 $\lim\limits_{n\to\infty} a_n = a$, $\lim\limits_{n\to\infty} b_n = b$,则对任给的 $\varepsilon>0$,分别存在正数 N_1 与 N_2,使得

$$|a_n-a|<\varepsilon,\quad 当\ n>N_1\ 时,$$
$$|b_n-b|<\varepsilon,\quad 当\ n>N_2\ 时.$$

取 $N=\max\{N_1,N_2\}$,则当 $n>N$ 时上述两不等式同时成立,从而有

1) $|(a_n+b_n)-(a+b)|\leqslant|a_n-a|+|b_n-b|<2\varepsilon\Rightarrow\lim\limits_{n\to\infty}(a_n+b_n)=a+b.$

2) $|a_nb_n-ab|=|(a_n-a)b_n+a(b_n-b)|\leqslant|a_n-a||b_n|+|a||b_n-b|.$ (8)

由收敛数列的有界性定理,存在正数 M,对一切 n 有 $|b_n|<M$.于是,当 $n>N$ 时,由(8)式可得

$$|a_nb_n-ab|<(M+|a|)\varepsilon.$$

由 ε 的任意性,这就证得 $\lim\limits_{n\to\infty} a_nb_n=ab$.

3) 由于 $\lim\limits_{n\to\infty} b_n=b\neq 0$,根据收敛数列的保号性,存在正数 N_3,使得当 $n>N_3$ 时,有 $|b_n|>\dfrac{1}{2}|b|$.取 $N'=\max\{N_2,N_3\}$,则当 $n>N'$时,有

$$\left|\frac{1}{b_n}-\frac{1}{b}\right|=\frac{|b_n-b|}{|b_nb|}<\frac{2|b_n-b|}{b^2}<\frac{2\varepsilon}{b^2}.$$

由 ε 的任意性,这就证得 $\lim\limits_{n\to\infty}\dfrac{1}{b_n}=\dfrac{1}{b}$. □

例4 求

$$\lim_{n\to\infty}\frac{a_mn^m+a_{m-1}n^{m-1}+\cdots+a_1n+a_0}{b_kn^k+b_{k-1}n^{k-1}+\cdots+b_1n+b_0},$$

其中 $m\leqslant k$, $a_m\neq 0$, $b_k\neq 0$.

解 以 n^{-k}同乘分子、分母后,所求极限式化为

$$\lim_{n\to\infty}\frac{a_mn^{m-k}+a_{m-1}n^{m-1-k}+\cdots+a_1n^{1-k}+a_0n^{-k}}{b_k+b_{k-1}n^{-1}+\cdots+b_1n^{1-k}+b_0n^{-k}}.$$

由§1例2知,当 $\alpha>0$ 时,有 $\lim\limits_{n\to\infty} n^{-\alpha}=0$.于是,当 $m=k$ 时,上式除了分子、分母的第一项分别为 a_m 与 b_k 外,其余各项的极限皆为0,故此时所求的极限等于$\dfrac{a_m}{b_k}$;当 $m<k$ 时,由于 $n^{m-k}\to 0\ (n\to\infty)$,故此时所求的极限等于0.综上所述,得到

$$\lim_{n\to\infty}\frac{a_mn^m+a_{m-1}n^{m-1}+\cdots+a_1n+a_0}{b_kn^k+b_{k-1}n^{k-1}+\cdots+b_1n+b_0}=\begin{cases}\dfrac{a_m}{b_m}, & m=k,\\ 0, & m<k.\end{cases}$$ □

例5 求 $\lim\limits_{n\to\infty}\dfrac{a^n}{a^n+1}$,其中 $a\neq -1$.

解 若 $a=1$,则显然有 $\lim\limits_{n\to\infty}\dfrac{a^n}{a^n+1}=\dfrac{1}{2}$;

若 $|a|<1$,则由 $\lim\limits_{n\to\infty} a^n=0$ 得

$$\lim_{n\to\infty}\frac{a^n}{a^n+1}=\lim_{n\to\infty}a^n\Big/\left(\lim_{n\to\infty}a^n+1\right)=0;$$

若 $|a|>1$,则

$$\lim_{n\to\infty}\frac{a^n}{a^n+1}=\lim_{n\to\infty}\frac{1}{1+\dfrac{1}{a^n}}=\frac{1}{1+0}=1.$$ □

例 6 求 $\lim\limits_{n\to\infty}\sqrt{n}\left(\sqrt{n+1}-\sqrt{n}\right)$.

解 $$\sqrt{n}\left(\sqrt{n+1}-\sqrt{n}\right)=\frac{\sqrt{n}}{\sqrt{n+1}+\sqrt{n}}=\frac{1}{\sqrt{1+\dfrac{1}{n}}+1},$$

由 $1+\dfrac{1}{n}\to1\ (n\to\infty)$ 及例 1 得

$$\lim_{n\to\infty}\sqrt{n}\left(\sqrt{n+1}-\sqrt{n}\right)=\lim_{n\to\infty}\frac{1}{\sqrt{1+\dfrac{1}{n}}+1}=\frac{1}{2}.$$ □

最后,我们给出数列的子列概念和关于子列的一个重要定理.

定义 设 $\{a_n\}$ 为数列,$\{n_k\}$ 为正整数集 $\mathbf{N}_+$ 的无限子集,且 $n_1<n_2<\cdots<n_k<\cdots$,则数列

$$a_{n_1},a_{n_2},\cdots,a_{n_k},\cdots$$

称为数列 $\{a_n\}$ 的一个**子列**,记为 $\{a_{n_k}\}$.

注 由上述定义可见,$\{a_n\}$ 的子列 $\{a_{n_k}\}$ 的各项都选自 $\{a_n\}$,且保持这些项在 $\{a_n\}$ 中的先后次序. $\{a_{n_k}\}$ 中的第 k 项是 $\{a_n\}$ 中的第 n_k 项,故总有 $n_k\geqslant k$.实际上 $\{n_k\}$ 本身也是正整数列 $\{n\}$ 的子列.

例如,子列 $\{a_{2k}\}$ 由数列 $\{a_n\}$ 的所有偶数项所组成,而子列 $\{a_{2k-1}\}$ 则由 $\{a_n\}$ 的所有奇数项所组成.又 $\{a_n\}$ 本身也是 $\{a_n\}$ 的一个子列,此时 $n_k=k,k=1,2,\cdots$.

定理 2.8 数列 $\{a_n\}$ 收敛的充要条件是:$\{a_n\}$ 的任何子列都收敛.

证 充分性 因为 $\{a_n\}$ 也是自身的一个子列,所以结论是显然的.

必要性 设 $\lim\limits_{n\to\infty}a_n=a$,$\{a_{n_k}\}$ 是 $\{a_n\}$ 的任一个子列.对任给的正数 ε,存在正数 N,当 $k>N$ 时,有 $|a_k-a|<\varepsilon$.又因为 $n_k\geqslant k$,所以当 $k>N$ 时,有 $|a_{n_k}-a|<\varepsilon$.这就证明了 $\{a_{n_k}\}$ 收敛(且与 $\{a_n\}$ 有相同的极限). □

由定理 2.8 的证明可见,若数列 $\{a_n\}$ 的任何子列都收敛,则所有这些子列与 $\{a_n\}$ 必收敛于同一个极限.于是,若数列 $\{a_n\}$ 有一个子列发散,或有两个子列收敛而极限不相等,则数列 $\{a_n\}$ 一定发散.例如数列 $\{(-1)^n\}$,其偶数项组成的子列 $\{(-1)^{2k}\}$ 收敛于 1,而奇数项组成的子列 $\{(-1)^{2k-1}\}$ 收敛于 -1,从而 $\{(-1)^n\}$ 发散.再如数列 $\left\{\sin\dfrac{n\pi}{2}\right\}$,它的奇数项组成的子列 $\left\{\sin\dfrac{2k-1}{2}\pi\right\}$ 即为 $\{(-1)^{k-1}\}$,由于这个子列发散,故数列 $\left\{\sin\dfrac{n\pi}{2}\right\}$ 发散.由此可见,定理 2.8 是判断数列发散的有力工具.

这里应该注意:若数列$\{a_n\}$满足$\lim\limits_{n\to\infty} a_{2n-1}=\lim\limits_{n\to\infty} a_{2n}=a$,由本章§1例8可知$\lim\limits_{n\to\infty} a_n=a$.

习 题 2.2

1. 求下列极限:

(1) $\lim\limits_{n\to\infty}\dfrac{n^3+3n^2+1}{4n^3+2n+3}$;　(2) $\lim\limits_{n\to\infty}\dfrac{1+2n}{n^2}$;

(3) $\lim\limits_{n\to\infty}\dfrac{(-2)^n+3^n}{(-2)^{n+1}+3^{n+1}}$;　(4) $\lim\limits_{n\to\infty}(\sqrt{n^2+n}-n)$;

(5) $\lim\limits_{n\to\infty}(\sqrt[n]{1}+\sqrt[n]{2}+\cdots+\sqrt[n]{10})$;　(6) $\lim\limits_{n\to\infty}\dfrac{\dfrac{1}{2}+\dfrac{1}{2^2}+\cdots+\dfrac{1}{2^n}}{\dfrac{1}{3}+\dfrac{1}{3^2}+\cdots+\dfrac{1}{3^n}}$.

2. 设$\{a_n\}$为无穷小数列,$\{b_n\}$为有界数列,证明:$\{a_nb_n\}$为无穷小数列.

3. 求下列极限:

(1) $\lim\limits_{n\to\infty}\left(\dfrac{1}{1\cdot 2}+\dfrac{1}{2\cdot 3}+\cdots+\dfrac{1}{n(n+1)}\right)$;　(2) $\lim\limits_{n\to\infty}(\sqrt{2}\sqrt[4]{2}\sqrt[8]{2}\cdots\sqrt[2^n]{2})$;

(3) $\lim\limits_{n\to\infty}\left(\dfrac{1}{2}+\dfrac{3}{2^2}+\cdots+\dfrac{2n-1}{2^n}\right)$;　(4) $\lim\limits_{n\to\infty}\sqrt[n]{1-\dfrac{1}{n}}$;

(5) $\lim\limits_{n\to\infty}\left(\dfrac{1}{n^2}+\dfrac{1}{(n+1)^2}+\cdots+\dfrac{1}{(2n)^2}\right)$;

(6) $\lim\limits_{n\to\infty}\left(\dfrac{1}{\sqrt{n^2+1}}+\dfrac{1}{\sqrt{n^2+2}}+\cdots+\dfrac{1}{\sqrt{n^2+n}}\right)$.

4. 设$\{a_n\}$与$\{b_n\}$中一个是收敛数列,另一个是发散数列.证明$\{a_n\pm b_n\}$是发散数列.又问$\{a_nb_n\}$和$\left\{\dfrac{a_n}{b_n}\right\}$$(b_n\neq 0)$是否必为发散数列?

5. 证明以下数列发散:

(1) $\left\{(-1)^n\dfrac{n}{n+1}\right\}$;　(2) $\{n^{(-1)^n}\}$;　(3) $\left\{\cos\dfrac{n\pi}{4}\right\}$.

---

6. 判断以下结论是否成立(若成立,说明理由;若不成立,举出反例):

(1) 若$\{a_{2k-1}\}$和$\{a_{2k}\}$都收敛,则$\{a_n\}$收敛;

(2) 若$\{a_{3k-2}\}$,$\{a_{3k-1}\}$和$\{a_{3k}\}$都收敛,且有相同极限,则$\{a_n\}$收敛.

7. 求下列极限:

(1) $\lim\limits_{n\to\infty}\dfrac{1}{2}\cdot\dfrac{3}{4}\cdot\cdots\cdot\dfrac{2n-1}{2n}$;　(2) $\lim\limits_{n\to\infty}\dfrac{\sum\limits_{p=1}^{n}p!}{n!}$;

(3) $\lim\limits_{n\to\infty}((n+1)^\alpha-n^\alpha)$,　$0<\alpha<1$;

(4) $\lim\limits_{n\to\infty}(1+\alpha)(1+\alpha^2)\cdots(1+\alpha^{2^n})$,　$|\alpha|<1$.

8. 设 $a_1,a_2,\cdots,a_m$ 为 m 个正数，证明：

$$\lim_{n\to\infty}\sqrt[n]{a_1^n+a_2^n+\cdots+a_m^n}=\max\{a_1,a_2,\cdots,a_m\}.$$

9. 设 $\lim\limits_{n\to\infty}a_n=a$. 证明：

（1）$\lim\limits_{n\to\infty}\dfrac{[na_n]}{n}=a$；　　（2）若 $a>0,a_n>0$，则 $\lim\limits_{n\to\infty}\sqrt[n]{a_n}=1$.

§3　数列极限存在的条件

在研究比较复杂的数列极限问题时，通常先考察该数列是否有极限（极限的存在性问题）；若有极限，再考虑如何计算此极限（极限值的计算问题）. 这是极限理论的两个基本问题. 在实际应用中，解决了数列 $\{a_n\}$ 极限的存在性问题之后，即使极限值的计算较为困难，但由于当 n 充分大时，a_n 能充分接近其极限 a，故可用 a_n 作为 a 的近似值. 本节将重点讨论极限的存在性问题.

为了确定某个数列是否存在极限，当然不可能将每个实数依定义一一验证，根本的办法是直接从数列本身的特征来作出判断.

首先讨论单调数列，其定义与单调函数相仿. 若数列 $\{a_n\}$ 的各项满足关系式

$$a_n\leqslant a_{n+1}\quad(a_n\geqslant a_{n+1}),$$

则称 $\{a_n\}$ 为**递增（递减）数列**. 递增数列和递减数列统称为**单调数列**. 如 $\left\{\dfrac{1}{n}\right\}$ 为递减数列；$\left\{\dfrac{n}{n+1}\right\}$ 与 $\{n^2\}$ 为递增数列；而 $\left\{\dfrac{(-1)^n}{n}\right\}$ 则不是单调数列，但 $\left\{\dfrac{(-1)^n}{n}\right\}$ 的奇数项子列与偶数项子列分别是单调的.

定理 2.9（单调有界定理）　在实数系中，有界的单调数列必有极限.

证　不妨设 $\{a_n\}$ 为有上界的递增数列. 由确界原理，数列 $\{a_n\}$ 有上确界，记 $a=\sup\{a_n\}$. 下面证明 a 就是 $\{a_n\}$ 的极限. 事实上，任给 $\varepsilon>0$，按上确界的定义，存在数列 $\{a_n\}$ 中某一项 a_N，使得 $a-\varepsilon<a_N$. 又由 $\{a_n\}$ 的递增性，当 $n\geqslant N$ 时，有

$$a-\varepsilon<a_N\leqslant a_n.$$

另一方面，由于 a 是 $\{a_n\}$ 的一个上界，故对一切 a_n，都有 $a_n\leqslant a<a+\varepsilon$. 所以当 $n\geqslant N$ 时，有

$$a-\varepsilon<a_n<a+\varepsilon,$$

这就证得 $\lim\limits_{n\to\infty}a_n=a$. 同理可证有下界的递减数列必有极限，且其极限即为它的下确界. □

例 1　设 $a_n=1+\dfrac{1}{2^\alpha}+\cdots+\dfrac{1}{n^\alpha},\alpha>1$. 证明：$\{a_n\}$ 收敛.

证　显然 $\{a_n\}$ 是递增数列. 因为当 $n\geqslant 2$ 时，

$$a_{2n}=1+\frac{1}{2^\alpha}+\cdots+\frac{1}{(2n)^\alpha}=\left(1+\frac{1}{3^\alpha}+\cdots+\frac{1}{(2n-1)^\alpha}\right)+\left(\frac{1}{2^\alpha}+\cdots+\frac{1}{(2n)^\alpha}\right)$$

$$<\left(1+\frac{1}{3^\alpha}+\cdots+\frac{1}{(2n+1)^\alpha}\right)+\left(\frac{1}{2^\alpha}+\cdots+\frac{1}{(2n)^\alpha}\right)<1+2\frac{a_n}{2^\alpha}=1+\frac{a_n}{2^{\alpha-1}},$$

以及 $a_n < a_{2n}$，所以

$$a_n < \frac{1}{1-\frac{1}{2^{\alpha-1}}},$$

故 $\{a_n\}$ 是有界的. 根据单调有界定理可知数列 $\{a_n\}$ 是收敛的. □

例 2　证明数列

$$\sqrt{2},\quad \sqrt{2+\sqrt{2}},\quad \cdots,\quad \underbrace{\sqrt{2+\sqrt{2+\cdots+\sqrt{2}}}}_{n\text{个根号}},\quad \cdots$$

收敛，并求其极限.

证　记 $a_n = \underbrace{\sqrt{2+\sqrt{2+\cdots+\sqrt{2}}}}_{n\text{个根号}}$，易见数列 $\{a_n\}$ 是递增的. 现用数学归纳法来证明 $\{a_n\}$ 有上界.

显然 $a_1 = \sqrt{2} < 2$. 假设 $a_n < 2$，则有 $a_{n+1} = \sqrt{2+a_n} < \sqrt{2+2} = 2$，从而对一切 n，有 $a_n < 2$，即 $\{a_n\}$ 有上界.

由单调有界定理，数列 $\{a_n\}$ 有极限，记为 a. 由于

$$a_{n+1}^2 = 2 + a_n,$$

对上式两边取极限得 $a^2 = 2 + a$，即有

$$(a+1)(a-2) = 0，解得 a = -1 或 a = 2.$$

由数列极限的保不等式性，$a = -1$ 是不可能的，故有

$$\lim_{n\to\infty} \sqrt{2+\sqrt{2+\cdots+\sqrt{2}}} = 2.$$ □

例 3　设 S 为有界数集. 证明：若 $\sup S = a \notin S$，则存在严格递增数列 $\{x_n\} \subset S$，使得 $\lim\limits_{n\to\infty} x_n = a$.

证　因 a 是 S 的上确界，故对任给的 $\varepsilon > 0$，存在 $x \in S$，使得 $x > a - \varepsilon$. 又因 $a \notin S$，故 $x < a$，从而有

$$a - \varepsilon < x < a.$$

现取 $\varepsilon_1 = 1$，则存在 $x_1 \in S$，使得

$$a - \varepsilon_1 < x_1 < a.$$

再取 $\varepsilon_2 = \min\left\{\frac{1}{2}, a - x_1\right\} > 0$，则存在 $x_2 \in S$，使得

$$a - \varepsilon_2 < x_2 < a,$$

且有 $x_2 > a - \varepsilon_2 \geqslant a - (a - x_1) = x_1$.

一般地，按上述步骤得到 $x_{n-1} \in S$ 之后，取 $\varepsilon_n = \min\left\{\frac{1}{n}, a - x_{n-1}\right\}$，则存在 $x_n \in S$，使得

$$a - \varepsilon_n < x_n < a,$$

且有 $x_n > a - \varepsilon_n \geqslant a - (a - x_{n-1}) = x_{n-1}$.

上述过程无限地进行下去,得到数列 $\{x_n\}\subset S$,它是严格递增数列,且满足

$$a-\varepsilon_n<x_n<a<a+\varepsilon_n\Rightarrow |x_n-a|<\varepsilon_n\leqslant\frac{1}{n},\quad n=1,2,\cdots.$$

这就证明了 $\lim\limits_{n\to\infty}x_n=a$. □

例 4 证明:极限 $\lim\limits_{n\to\infty}\left(1+\frac{1}{n}\right)^n$ 存在.

证 设 $a_n=\left(1+\frac{1}{n}\right)^n$,$n=1,2,\cdots$.由二项式定理

$$\begin{aligned}a_n&=\left(1+\frac{1}{n}\right)^n=1+\mathrm{C}_n^1\frac{1}{n}+\cdots+\mathrm{C}_n^k\frac{1}{n^k}+\cdots+\mathrm{C}_n^n\frac{1}{n^n}\\&=1+1+\frac{n(n-1)}{2!}\frac{1}{n^2}+\cdots+\frac{n(n-1)\cdots(n-k+1)}{k!}\frac{1}{n^k}+\cdots+\frac{1}{n^n}\\&=2+\frac{1}{2!}\left(1-\frac{1}{n}\right)+\cdots+\frac{1}{k!}\left(1-\frac{1}{n}\right)\left(1-\frac{2}{n}\right)\cdots\left(1-\frac{k-1}{n}\right)+\cdots+\\&\quad\frac{1}{n!}\left(1-\frac{1}{n}\right)\left(1-\frac{2}{n}\right)\cdots\left(1-\frac{n-1}{n}\right)\\&<2+\frac{1}{2!}\left(1-\frac{1}{n+1}\right)+\cdots+\frac{1}{k!}\left(1-\frac{1}{n+1}\right)\left(1-\frac{2}{n+1}\right)\cdots\left(1-\frac{k-1}{n+1}\right)+\cdots+\\&\quad\frac{1}{(n+1)!}\left(1-\frac{1}{n+1}\right)\left(1-\frac{2}{n+1}\right)\cdots\left(1-\frac{n}{n+1}\right)\\&=a_{n+1},\end{aligned}$$

故 $\{a_n\}$ 是严格递增的.由上式可推得

$$\begin{aligned}a_n&<2+\frac{1}{2!}+\cdots+\frac{1}{k!}+\cdots+\frac{1}{n!}<2+\frac{1}{1\cdot 2}+\cdots+\frac{1}{(k-1)k}+\cdots+\frac{1}{(n-1)n}\\&=2+\left(1-\frac{1}{2}\right)+\cdots+\left(\frac{1}{k-1}-\frac{1}{k}\right)+\cdots+\left(\frac{1}{n-1}-\frac{1}{n}\right)=3-\frac{1}{n}<3,\end{aligned}$$

这表明 $\{a_n\}$ 又是有界的.由单调有界定理推知 $\lim\limits_{n\to\infty}\left(1+\frac{1}{n}\right)^n$ 存在. □

通常用拉丁字母 e 代表该数列的极限,即

$$\lim_{n\to\infty}\left(1+\frac{1}{n}\right)^n=\mathrm{e},$$

它是一个无理数(待证),其前十三位数字是

$$\mathrm{e}\approx 2.718\ 281\ 828\ 459.$$

以 e 为底的对数称为**自然对数**,通常记

$$\ln x=\log_{\mathrm{e}}x.$$

例 5 证明:任何数列都存在单调子列.

证 设数列为 $\{a_n\}$.下面分两种情形来讨论:

1) 若对任何正整数 k,数列 $\{a_{k+n}\}$ 有最大项.设 $\{a_{1+n}\}$ 的最大项为 a_{n_1},因 $\{a_{n_1+n}\}$

亦有最大项，设其最大项为 a_{n_2}，显然有 $n_2>n_1$，且因 $\{a_{n_1+n}\}$ 是 $\{a_{1+n}\}$ 的一个子列，故

$$a_{n_2}\leqslant a_{n_1};$$

同理存在 $n_3>n_2$，使得

$$a_{n_3}\leqslant a_{n_2};$$

……

这样就得到一个单调递减的子列 $\{a_{n_k}\}$.

2）至少存在某正整数 k，数列 $\{a_{k+n}\}$ 没有最大项.先取 $n_1=k+1$，因 $\{a_{k+n}\}$ 没有最大项，故 a_{n_1} 后面总存在项 $a_{n_2}(n_2>n_1)$，使得

$$a_{n_2}>a_{n_1};$$

同理存在 a_{n_2} 后面的项 $a_{n_3}(n_3>n_2)$，使得

$$a_{n_3}>a_{n_2};$$

……

这样就得到一个严格递增的子列 $\{a_{n_k}\}$. □

定理 2.10（致密性定理） 任何有界数列必定有收敛的子列.

证 设数列 $\{a_n\}$ 有界，由例 5 可知：$\{a_n\}$ 存在单调且有界的子列 $\{a_{n_k}\}$.再由单调有界定理，证得此子列是收敛的. □

例 6 设数列 $\{a_n\}$ 无上界. 证明：存在 $\{a_n\}$ 的子列 $\{a_{n_k}\}$，$\lim\limits_{k\to\infty} a_{n_k}=+\infty$.

证 因为 $\{a_n\}$ 无上界，所以对于任意正数 M，存在 a_{n_0}，使得 $a_{n_0}>M$.据此分别取

$M_1=1$，存在 a_{n_1}，$a_{n_1}>1$；

$M_2=\max\{2,|a_1|,|a_2|,\cdots,|a_{n_1}|\}$，存在 $a_{n_2}(n_2>n_1)$，使得 $a_{n_2}>M_2$；

……

$M_k=\max\{k,|a_1|,|a_2|,\cdots,|a_{n_{k-1}}|\}$，存在 $a_{n_k}(n_k>n_{k-1})$，使得 $a_{n_k}>M_k$；

……

由此得到 $\{a_n\}$ 的一个子列 $\{a_{n_k}\}$，满足 $a_{n_k}>M_k\geqslant k$，推得

$$\lim_{k\to\infty} a_{n_k}=+\infty. \qquad \square$$

单调有界定理只是数列收敛的充分条件.下面给出在实数系中数列收敛的充要条件.

定义 设数列 $\{a_n\}$ 满足：对任给的 $\varepsilon>0$，存在正整数 N，使得当 $n,m>N$ 时有

$$|a_n-a_m|<\varepsilon,$$

则称数列 $\{a_n\}$ 是一个**柯西**（Cauchy）**数列**，简称柯西列.

定理 2.11（柯西收敛准则） 数列 $\{a_n\}$ 收敛的充要条件是：$\{a_n\}$ 是柯西数列.

这个定理从理论上完全解决了数列极限的存在性问题.

证 必要性 设 $\lim\limits_{n\to\infty} a_n=A$.由数列极限定义，对任给的 $\varepsilon>0$，存在 $N>0$，当 $m,n>N$ 时，有

$$|a_m-A|<\frac{\varepsilon}{2},\quad |a_n-A|<\frac{\varepsilon}{2},$$

因而 $|a_m-a_n|\leqslant|a_m-A|+|a_n-A|<\dfrac{\varepsilon}{2}+\dfrac{\varepsilon}{2}=\varepsilon$.

充分性　先证明该数列必定有界. 取 $\varepsilon_0=1$，因为 $\{a_n\}$ 是柯西列，所以存在 $N_0>0$，当 $n>N_0$ 时，有

$$|a_n-a_{N_0+1}|<1.$$

令 $M=\max\{|a_1|,|a_2|,\cdots,|a_{N_0}|,|a_{N_0+1}|+1\}$，则对一切 n，成立

$$|a_n|\leqslant M.$$

由致密性定理，在 $\{a_n\}$ 中必有收敛子列

$$\lim_{k\to\infty}a_{n_k}=\xi.$$

由条件，对任给的 $\varepsilon>0$，存在 $N>0$，当 $n,m>N$ 时，有

$$|a_n-a_m|<\frac{\varepsilon}{2}.$$

在上式中取 $a_m=a_{n_k}$，其中 $k>N$. 令 $k\to\infty$，于是得到

$$|a_n-\xi|\leqslant\frac{\varepsilon}{2}<\varepsilon,$$

即数列 $\{a_n\}$ 收敛. □

柯西收敛准则反映这样的事实：收敛数列各项的值愈到后面，彼此愈接近，以至充分后面的任何两项之差的绝对值可小于预先给定的任意小正数. 或者形象地说，收敛数列的各项越到后面越是“挤”在一起. 另外，柯西收敛准则的好处在于无须借助数列以外的数 a，只要根据数列本身的特征就可以鉴别其(收)敛(发)散性.

例 7　证明：任一无限十进小数 $\alpha=0.b_1b_2\cdots b_n\cdots$ 的 n 位不足近似值($n=1,2,\cdots$)所组成的数列

$$\frac{b_1}{10},\quad \frac{b_1}{10}+\frac{b_2}{10^2},\quad \cdots,\quad \frac{b_1}{10}+\frac{b_2}{10^2}+\cdots+\frac{b_n}{10^n},\quad \cdots \tag{1}$$

是柯西列(从而必收敛)，其中 b_k 为 $0,1,2,\cdots,9$ 中的一个数，$k=1,2,\cdots$.

证　记 $a_n=\dfrac{b_1}{10}+\dfrac{b_2}{10^2}+\cdots+\dfrac{b_n}{10^n}$. 不妨设 $n>m$，则有

$$\begin{aligned}|a_n-a_m|&=\frac{b_{m+1}}{10^{m+1}}+\frac{b_{m+2}}{10^{m+2}}+\cdots+\frac{b_n}{10^n}\leqslant\frac{9}{10^{m+1}}\left(1+\frac{1}{10}+\cdots+\frac{1}{10^{n-m-1}}\right)\\&=\frac{1}{10^m}\left(1-\frac{1}{10^{n-m}}\right)<\frac{1}{10^m}<\frac{1}{m}.\end{aligned}$$

对任给的 $\varepsilon>0$，取 $N=\dfrac{1}{\varepsilon}$，则对一切 $n>m>N$，有

$$|a_n-a_m|<\varepsilon.$$

这就证明了数列(1)是柯西列. □

循环小数 $0.\dot{9}$ 的不足近似值组成的数列为

$$a_n = \frac{9}{10} + \frac{9}{10^2} + \cdots + \frac{9}{10^n}, \quad n = 1,2,\cdots.$$

由§1例4可知 $\lim\limits_{n\to\infty} a_n = \lim\limits_{n\to\infty} \frac{9}{10} \cdot \frac{1-\left(\frac{1}{10}\right)^n}{1-\frac{1}{10}} = 1$.这就是可以将无限小数 $0.\dot{9}$ 表示为1的一个原因.

习 题 2.3

1. 利用 $\lim\limits_{n\to\infty}\left(1+\frac{1}{n}\right)^n = \mathrm{e}$ 求下列极限：

（1）$\lim\limits_{n\to\infty}\left(1-\frac{1}{n}\right)^n$；（2）$\lim\limits_{n\to\infty}\left(1+\frac{1}{n}\right)^{n+1}$；（3）$\lim\limits_{n\to\infty}\left(1+\frac{1}{n+1}\right)^n$；

（4）$\lim\limits_{n\to\infty}\left(1+\frac{1}{2n}\right)^n$；（5）$\lim\limits_{n\to\infty}\left(1+\frac{1}{n^2}\right)^n$.

2. 试问下面的解题方法是否正确：

求 $\lim\limits_{n\to\infty} 2^n$.

解　设 $a_n = 2^n$ 及 $\lim\limits_{n\to\infty} a_n = a$.由于 $a_n = 2a_{n-1}$，两边取极限（$n\to\infty$）得 $a = 2a$，所以 $a = 0$.

3. 证明下列数列极限存在并求其值：

（1）设 $a_1 = \sqrt{2}$，$a_{n+1} = \sqrt{2a_n}$，$n = 1,2,\cdots$；

（2）设 $a_1 = \sqrt{c}$ $(c>0)$，$a_{n+1} = \sqrt{c+a_n}$，$n = 1,2,\cdots$；

（3）$a_n = \frac{c^n}{n!}$ $(c>0)$，$n = 1,2,\cdots$.

4. 利用 $\left\{\left(1+\frac{1}{n}\right)^n\right\}$ 为递增数列的结论，证明：$\left\{\left(1+\frac{1}{n+1}\right)^n\right\}$ 为递增数列.

5. 应用柯西收敛准则，证明以下数列 $\{a_n\}$ 收敛：

（1）$a_n = \frac{\sin 1}{2} + \frac{\sin 2}{2^2} + \cdots + \frac{\sin n}{2^n}$；（2）$a_n = 1 + \frac{1}{2^2} + \frac{1}{3^2} + \cdots + \frac{1}{n^2}$.

6. 证明：若单调数列 $\{a_n\}$ 含有一个收敛子列，则 $\{a_n\}$ 收敛.

7. 证明：若 $a_n > 0$，且 $\lim\limits_{n\to\infty} \frac{a_n}{a_{n+1}} = l > 1$，则 $\lim\limits_{n\to\infty} a_n = 0$.

8. 证明：若 $\{a_n\}$ 为递增（递减）有界数列，则

$$\lim_{n\to\infty} a_n = \sup\{a_n\}\ (\inf\{a_n\}).$$

又问逆命题成立否？

9. 利用不等式

$$b^{n+1}-a^{n+1}>(n+1)a^n(b-a),\quad b>a>0,$$

证明：$\left\{\left(1+\frac{1}{n}\right)^{n+1}\right\}$为递减数列，并由此推出$\left\{\left(1+\frac{1}{n}\right)^{n}\right\}$为有界数列.

10. 证明：$\left|\mathrm{e}-\left(1+\frac{1}{n}\right)^{n}\right|<\frac{3}{n}$.

提示：利用上题可知 $\mathrm{e}<\left(1+\frac{1}{n}\right)^{n+1}$，又易证$\left(1+\frac{1}{n}\right)^{n+1}<\frac{3}{n}+\left(1+\frac{1}{n}\right)^{n}$.

11. 给定两正数 a_1 与 $b_1(a_1>b_1)$，作出其等差中项 $a_2=\frac{a_1+b_1}{2}$ 与等比中项 $b_2=\sqrt{a_1b_1}$，一般地令

$$a_{n+1}=\frac{a_n+b_n}{2},\quad b_{n+1}=\sqrt{a_nb_n},\quad n=1,2,\cdots.$$

证明：$\lim\limits_{n\to\infty}a_n$ 与 $\lim\limits_{n\to\infty}b_n$ 皆存在且相等.

12. 设$\{a_n\}$为有界数列，记

$$\overline{a}_n=\sup\{a_n,a_{n+1},\cdots\},\quad \underline{a}_n=\inf\{a_n,a_{n+1},\cdots\}.$$

证明：

(1) 对任何正整数 n，$\overline{a}_n\geqslant\underline{a}_n$；

(2) $\{\overline{a}_n\}$为递减有界数列，$\{\underline{a}_n\}$为递增有界数列，且对任何正整数 n,m，有 $\overline{a}_n\geqslant\underline{a}_m$；

(3) 设$\overline{a}$和 $\underline{a}$ 分别是$\{\overline{a}_n\}$和$\{\underline{a}_n\}$的极限，则$\overline{a}\geqslant\underline{a}$；

(4) $\{a_n\}$收敛的充要条件是$\overline{a}=\underline{a}$.

第二章总练习题

1. 求下列数列的极限：

(1) $\lim\limits_{n\to\infty}\sqrt[n]{n^3+3^n}$；　　(2) $\lim\limits_{n\to\infty}\frac{n^5}{\mathrm{e}^n}$；

(3) $\lim\limits_{n\to\infty}(\sqrt{n+2}-2\sqrt{n+1}+\sqrt{n})$.

2. 证明：

(1) $\lim\limits_{n\to\infty}n^2q^n=0\ (|q|<1)$；　　(2) $\lim\limits_{n\to\infty}\frac{\lg n}{n^\alpha}=0\ (\alpha\geqslant1)$.

3. (施托尔茨(Stolz)定理)　设数列$\{b_n\}$严格递增且$\lim\limits_{n\to\infty}b_n=+\infty$，$\{a_n\}$是任一数列且满足

$$\lim_{n\to\infty}\frac{a_n-a_{n-1}}{b_n-b_{n-1}}=a\in\mathbf{R}\cup\{+\infty,-\infty\},$$

证明：$\lim\limits_{n\to\infty}\dfrac{a_n}{b_n}=a$.

4. 设$\lim\limits_{n\to\infty}a_n=a\in\mathbf{R}\cup\{+\infty,-\infty\}$，运用施托尔茨定理证明：

(1) $\lim\limits_{n\to\infty}\dfrac{a_1+a_2+\cdots+a_n}{n}=a$（又问由此等式能否反过来推出$\lim\limits_{n\to\infty}a_n=a$）；

(2) 若$a_n>0\ (n=1,2,\cdots)$，则$\lim\limits_{n\to\infty}\sqrt[n]{a_1a_2\cdots a_n}=a$.

5. 应用上题的结论证明下列各题：

(1) $\lim\limits_{n\to\infty}\dfrac{1+\dfrac{1}{2}+\dfrac{1}{3}+\cdots+\dfrac{1}{n}}{n}=0$； (2) $\lim\limits_{n\to\infty}\sqrt[n]{a}=1\ (a>0)$；

(3) $\lim\limits_{n\to\infty}\sqrt[n]{n}=1$； (4) $\lim\limits_{n\to\infty}\dfrac{1}{\sqrt[n]{n!}}=0$；

(5) $\lim\limits_{n\to\infty}\dfrac{n}{\sqrt[n]{n!}}=\mathrm{e}$； (6) $\lim\limits_{n\to\infty}\dfrac{1+\sqrt{2}+\sqrt[3]{3}+\cdots+\sqrt[n]{n}}{n}=1$；

(7) 若$\lim\limits_{n\to\infty}\dfrac{b_{n+1}}{b_n}=a\ (b_n>0)$，则$\lim\limits_{n\to\infty}\sqrt[n]{b_n}=a$；

(8) 若$\lim\limits_{n\to\infty}(a_n-a_{n-1})=d$，则$\lim\limits_{n\to\infty}\dfrac{a_n}{n}=d$；

(9) $\lim\limits_{n\to\infty}\dfrac{\ln(n!)}{n}=+\infty$.

6. 证明：若$\{a_n\}$为递增数列，$\{b_n\}$为递减数列，且

$$\lim_{n\to\infty}(a_n-b_n)=0,$$

则$\lim\limits_{n\to\infty}a_n$与$\lim\limits_{n\to\infty}b_n$都存在且相等.

7. 设数列$\{a_n\}$满足：存在正数M，对一切n有

$$A_n=|a_2-a_1|+|a_3-a_2|+\cdots+|a_{n+1}-a_n|\leqslant M.$$

证明：数列$\{a_n\}$与$\{A_n\}$都收敛.

8. 设$a>0,\sigma>0,a_1=\dfrac{1}{2}\left(a+\dfrac{\sigma}{a}\right),a_{n+1}=\dfrac{1}{2}\left(a_n+\dfrac{\sigma}{a_n}\right),n=1,2,\cdots$. 证明：数列$\{a_n\}$收敛，且其极限为$\sqrt{\sigma}$.

9. 设$a_1>b_1>0$，记

$$a_n=\frac{a_{n-1}+b_{n-1}}{2},\quad b_n=\frac{2a_{n-1}b_{n-1}}{a_{n-1}+b_{n-1}},\quad n=2,3,\cdots.$$

证明：数列$\{a_n\}$与$\{b_n\}$的极限都存在且等于$\sqrt{a_1b_1}$.

10. 按柯西收敛准则叙述数列$\{a_n\}$发散的充要条件，并用它证明下列数列$\{a_n\}$是发散的：

(1) $a_n=(-1)^n n$； (2) $a_n=\sin\dfrac{n\pi}{2}$； (3) $a_n=1+\dfrac{1}{2}+\cdots+\dfrac{1}{n}$.

11. 设 $\lim\limits_{n\to\infty} a_n = a$，$\lim\limits_{n\to\infty} b_n = b$. 记

$$S_n = \max\{a_n, b_n\},\quad T_n = \min\{a_n, b_n\},\quad n = 1,2,\cdots.$$

证明：(1) $\lim\limits_{n\to\infty} S_n = \max\{a,b\}$；(2) $\lim\limits_{n\to\infty} T_n = \min\{a,b\}$.

提示：参考第一章总练习题 1.

12. 证明：若数列 $\{a_n\}$ 满足下列条件之一，则 $\{a_n\}$ 是无穷大数列：

(i) $\lim\limits_{n\to\infty} \sqrt[n]{|a_n|} = r > 1$；

(ii) $\lim\limits_{n\to\infty} \left|\dfrac{a_{n+1}}{a_n}\right| = s > 1\,(a_n \neq 0, n = 1,2,\cdots)$.

并用 (i) 的结论求极限：

(1) $\lim\limits_{n\to\infty} \left(1+\dfrac{1}{n}\right)^{n^2}$；　(2) $\lim\limits_{n\to\infty} \left(1-\dfrac{1}{n}\right)^{n^2}$.

13. 设 $\{a_n\}$ 是无界数列，$\{b_n\}$ 是无穷大数列. 证明：$\{a_nb_n\}$ 必为无界数列.

14. 倘若 $\{a_n\}$，$\{b_n\}$ 都是无界数列，试问 $\{a_nb_n\}$ 是否必为无界数列？（若是，需作证明；若否，需给出反例.）

第二章自测题　　　第二章重难点精讲

第三章 函数极限

§1 函数极限概念

一、x 趋于 ∞ 时函数的极限

设函数 f 定义在 $[a,+\infty)$ 上,类似于数列情形,我们研究当自变量 x 趋于 $+\infty$ 时,对应的函数值能否无限地接近于某个定数 A.例如,对于函数 $f(x)=\dfrac{1}{x}$,从图像上可见,当 x 无限增大时,函数值无限地接近于 0;而对于函数 $g(x)=\arctan x$,则当 x 趋于 $+\infty$ 时函数值无限地接近于 $\dfrac{\pi}{2}$.我们称这两个函数当 x 趋于 $+\infty$ 时有极限.一般地,当 x 趋于 $+\infty$ 时函数极限的精确定义如下:

定义 1 设 f 为定义在 $[a,+\infty)$ 上的函数,A 为定数.若对任给的 $\varepsilon>0$,存在正数 $M\ (\geqslant a)$,使得当 $x>M$ 时,有

$$|f(x)-A|<\varepsilon,$$

则称**函数 f 当 x 趋于 $+\infty$ 时以 A 为极限**,记作

$$\lim_{x\to+\infty}f(x)=A \quad 或 \quad f(x)\to A\ (x\to+\infty).$$

在定义 1 中正数 M 的作用与数列极限定义中的 N 相类似,表明 x 充分大的程度;但这里所考虑的是比 M 大的所有实数 x,而不仅仅是正整数 n.因此,当 $x\to+\infty$ 时函数 f 以 A 为极限意味着:A 的任意小邻域内必含有 f 在 $+\infty$ 的某邻域上的全部函数值.

定义 1 的几何意义如图 3-1 所示,对任给的 $\varepsilon>0$,在坐标平面上平行于 x 轴的两条直线 $y=A+\varepsilon$ 与 $y=A-\varepsilon$,围成以直线 $y=A$ 为中心线、宽为 2ε 的带形区域;定义中的"当 $x>M$ 时,有 $|f(x)-A|<\varepsilon$"表示:在直线 $x=M$ 的右方,曲线 $y=f(x)$ 全部落在这个带形区域之内.如果正数 ε 给得小一点,即当带形区域更窄一点时,直线 $x=M$ 一般要往右平移;但无论带形区域如何窄,总存在这样的正数 M,使得曲线 $y=f(x)$ 在直线 $x=M$ 的右边部分全部落在这更窄的带形区域内.

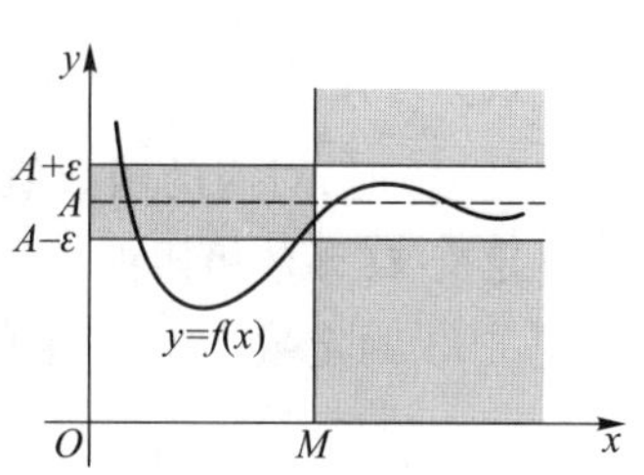

图 3-1

现设 f 为定义在 $U(-\infty)$ 或 $U(\infty)$ 上的函数,当

$x\to-\infty$ 或 $x\to\infty$ 时,若函数值 $f(x)$ 能无限地接近某定数 A,则称 f 当 $x\to-\infty$ 或 $x\to\infty$ 时以 A 为极限,分别记作

$$\lim_{x\to-\infty} f(x)=A \quad 或 \quad f(x)\to A\ (x\to-\infty);$$

$$\lim_{x\to\infty} f(x)=A \quad 或 \quad f(x)\to A\ (x\to\infty).$$

这两种函数极限的精确定义与定义 1 相仿,只需把定义 1 中的"$x>M$"分别改为"$x<-M$"或"$|x|>M$"即可.

读者不难证明:若 f 为定义在 $U(\infty)$ 上的函数,则

$$\lim_{x\to\infty} f(x)=A \Leftrightarrow \lim_{x\to+\infty} f(x)=\lim_{x\to-\infty} f(x)=A. \tag{1}$$

例 1　证明:$\lim\limits_{x\to\infty}\dfrac{1}{x}=0$.

证　任给 $\varepsilon>0$,取 $M=\dfrac{1}{\varepsilon}$,则当 $|x|>M$ 时,有

$$\left|\frac{1}{x}-0\right|=\frac{1}{|x|}<\frac{1}{M}=\varepsilon,$$

所以 $\lim\limits_{x\to\infty}\dfrac{1}{x}=0$. □

例 2　证明:1) $\lim\limits_{x\to-\infty}\arctan x=-\dfrac{\pi}{2}$; 2) $\lim\limits_{x\to+\infty}\arctan x=\dfrac{\pi}{2}$.

证　任给 $\varepsilon>0$,由于

$$\left|\arctan x-\left(-\frac{\pi}{2}\right)\right|<\varepsilon \tag{2}$$

等价于 $-\varepsilon-\dfrac{\pi}{2}<\arctan x<\varepsilon-\dfrac{\pi}{2}$,而此不等式的左半部分对任何 x 都成立,所以只需考察其右半部分 x 的变化范围.为此,先限制 $\varepsilon<\dfrac{\pi}{2}$,则有

$$x<\tan\left(\varepsilon-\frac{\pi}{2}\right)=-\tan\left(\frac{\pi}{2}-\varepsilon\right).$$

故对任给的正数 $\varepsilon\left(<\dfrac{\pi}{2}\right)$,只需取 $M=\tan\left(\dfrac{\pi}{2}-\varepsilon\right)$,则当 $x<-M$ 时,便有(2)式成立.这就证明了 1).类似地可证 2). □

注　由例 2 可知,当 $x\to\infty$ 时 $\arctan x$ 不存在极限.

二、x 趋于 x_0 时函数的极限

设 f 为定义在点 x_0 的某个空心邻域 $U^\circ(x_0)$ 上的函数.现在讨论当 x 趋于 $x_0(x\neq x_0)$ 时,对应的函数值能否趋于某个定数 A.这类函数极限的精确定义如下.

定义 2(函数极限的 $\varepsilon-\delta$ 定义)　设函数 f 在点 x_0 的某个空心邻域 $U^\circ(x_0;\delta')$ 内有定义,A 为定数.若对任给的 $\varepsilon>0$,存在正数 $\delta(<\delta')$,使得当 $0<|x-x_0|<\delta$ 时,有

$$|f(x)-A|<\varepsilon,$$

则称函数 f 当 x 趋于 x_0 时以 A 为极限,记作

$$\lim_{x\to x_0} f(x)=A \quad 或 \quad f(x)\to A\ (x\to x_0).$$

下面我们举例说明如何应用 $\varepsilon-\delta$ 定义来验证这种类型的函数极限.请读者特别注意以下各例中 δ 的值是怎样确定的.

例 3 设 $f(x)=\dfrac{x^2-4}{x-2}$,证明:$\lim\limits_{x\to 2} f(x)=4$.

证 由于当 $x\neq 2$ 时,

$$|f(x)-4|=\left|\frac{x^2-4}{x-2}-4\right|=|x+2-4|=|x-2|,$$

故对给定的 $\varepsilon>0$,只要取 $\delta=\varepsilon$,则当 $0<|x-2|<\delta$ 时,有 $|f(x)-4|<\varepsilon$.这就证明了 $\lim\limits_{x\to 2} f(x)=4$. □

例 4 证明:1) $\lim\limits_{x\to x_0}\sin x=\sin x_0$; 2) $\lim\limits_{x\to x_0}\cos x=\cos x_0$.

证 先建立一个不等式:当 $0<x<\dfrac{\pi}{2}$ 时,有

$$\sin x<x<\tan x. \tag{3}$$

事实上,在如图 3-2 所示的单位圆内,当 $0<x<\dfrac{\pi}{2}$ 时,若用 S 表示面积,则显然有

$$S_{\triangle OAD}<S_{扇形OAD}<S_{\triangle OAB},$$

即 $\dfrac{1}{2}\sin x<\dfrac{1}{2}x<\dfrac{1}{2}\tan x$,由此立得(3)式.

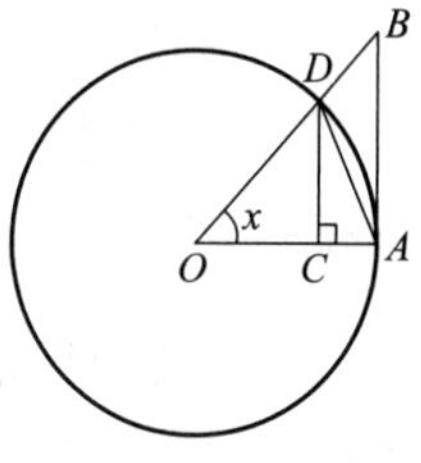

图 3-2

又当 $x\geqslant\dfrac{\pi}{2}$ 时,有 $|\sin x|\leqslant 1<|x|$,故对一切 $x>0$,都有 $|\sin x|<|x|$;当 $x<0$ 时,有 $|\sin x|=|\sin(-x)|<|-x|=|x|$.综上,我们又得到不等式

$$|\sin x|\leqslant|x|,\ x\in\mathbf{R}, \tag{4}$$

其中等号仅当 $x=0$ 时成立.

现证 1).由(4)式得

$$|\sin x-\sin x_0|=2\left|\cos\frac{x+x_0}{2}\right|\left|\sin\frac{x-x_0}{2}\right|\leqslant|x-x_0|.$$

对任给的 $\varepsilon>0$,只要取 $\delta=\varepsilon$,则当 $0<|x-x_0|<\delta$ 时,就有

$$|\sin x-\sin x_0|<\varepsilon.$$

所以 $\lim\limits_{x\to x_0}\sin x=\sin x_0$. 2) 的证明留给读者作为练习. □

例 5 证明:$\lim\limits_{x\to 1}\dfrac{x^2-1}{2x^2-x-1}=\dfrac{2}{3}$.

证 当 $x\neq 1$ 时,有

$$\left|\frac{x^2-1}{2x^2-x-1}-\frac{2}{3}\right|=\left|\frac{x+1}{2x+1}-\frac{2}{3}\right|=\frac{|x-1|}{3|2x+1|}.$$

若限制 x 于 $0<|x-1|<1$(此时 $x>0$),则 $|2x+1|>1$.于是,对任给的 $\varepsilon>0$,只要取 $\delta=\min\{3\varepsilon,1\}$,则当 $0<|x-1|<\delta$ 时,便有

$$\left|\frac{x^2-1}{2x^2-x-1}-\frac{2}{3}\right|<\frac{|x-1|}{3}<\varepsilon.$$　□

例6　证明：$\lim\limits_{x\to x_0}\sqrt{1-x^2}=\sqrt{1-x_0^2}\ (|x_0|<1)$.

证　由于 $|x|\leqslant 1$，$|x_0|<1$，因此

$$|\sqrt{1-x^2}-\sqrt{1-x_0^2}|=\frac{|x_0^2-x^2|}{\sqrt{1-x^2}+\sqrt{1-x_0^2}}\leqslant\frac{|x+x_0|\,|x-x_0|}{\sqrt{1-x_0^2}}\leqslant\frac{2|x-x_0|}{\sqrt{1-x_0^2}}.$$

于是，对任给的 $\varepsilon>0$（不妨设 $0<\varepsilon<1$），取

$$\delta=\min\left\{|x_0-1|,\ |x_0+1|,\ \frac{\sqrt{1-x_0^2}}{2}\varepsilon\right\},$$

则当 $0<|x-x_0|<\delta$ 时，就有 $|\sqrt{1-x^2}-\sqrt{1-x_0^2}|<\varepsilon$.　□

应用 $\varepsilon-\delta$ 定义还立刻可得

$$\lim_{x\to x_0}c=c,\quad \lim_{x\to x_0}x=x_0,$$

这里 c 为常数，x_0 为给定实数.

通过以上各个例子，读者对函数极限的 $\varepsilon-\delta$ 定义应能体会到下面几点：

1. 定义 2 中的正数 δ，相当于数列极限 $\varepsilon-N$ 定义中的 N，它依赖于 ε，但也不是由 ε 所唯一确定的. 一般来说，ε 愈小，δ 也相应地要小一些，而且把 δ 取得更小些也无妨. 如在例 3 中可取 $\delta=\frac{\varepsilon}{2}$ 或 $\delta=\frac{\varepsilon}{3}$，等等.

2. 定义中只要求函数 f 在 x_0 的某一空心邻域上有定义，而一般不考虑 f 在点 x_0 处的函数值是否有定义，或者取什么值. 这是因为，对于函数极限我们所研究的是当 x 趋于 x_0 过程中函数值的变化趋势. 如在例 3 中，函数 f 在点 $x=2$ 是没有定义的，但当 $x\to 2$ 时 f 的函数值趋于一个定数.

3. 定义 2 中的不等式 $0<|x-x_0|<\delta$ 等价于 $x\in U^{\circ}(x_0;\delta)$，而不等式 $|f(x)-A|<\varepsilon$ 等价于 $f(x)\in U(A;\varepsilon)$. 于是，$\varepsilon-\delta$ 定义又可写成

任给 $\varepsilon>0$，存在 $\delta>0$，使得对一切 $x\in U^{\circ}(x_0;\delta)$，有 $f(x)\in U(A;\varepsilon)$.

或更简单地表述为

任给 $\varepsilon>0$，存在 $\delta>0$，使得 $f(U^{\circ}(x_0;\delta))\subset U(A;\varepsilon)$.

4. $\varepsilon-\delta$ 定义的几何意义如图 3-3 所示. 对任给的 $\varepsilon>0$，在坐标平面上画一条以直线 $y=A$ 为中心线、宽为 2ε 的横带，则必存在以直线 $x=x_0$ 为中心线、宽为 2δ 的竖带，使函数 $y=f(x)$ 的图像在该竖带中的部分全部落在横带内，但点 $(x_0,f(x_0))$ 可能例外（或无意义）.

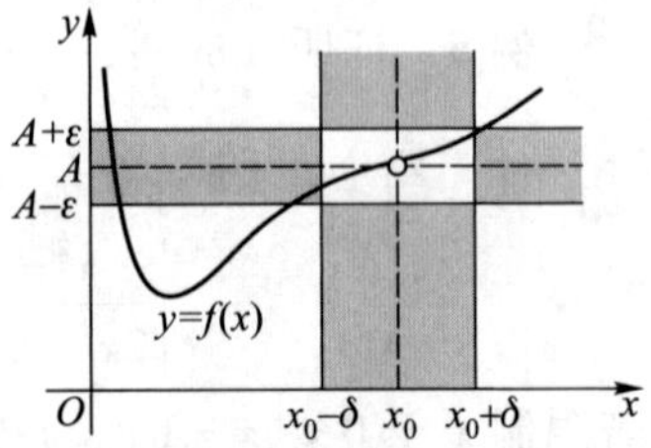

图 3-3

下面我们讨论单侧极限.

有些函数在其定义域上某些点左侧与右侧的解析式不同（如分段函数定义域上的某些点），或函数在某

些点仅在其一侧有定义(如在定义区间端点处),这时函数在那些点上的极限只能单侧地给出定义.

例如,函数

$$f(x)=\begin{cases}x^2, & x\geqslant 0,\\ x, & x<0\end{cases}\tag{5}$$

当 $x>0$ 而趋于 0 时,应按 $f(x)=x^2$ 来考察函数值的变化趋势;当 $x<0$ 而趋于 0 时,则应按 $f(x)=x$ 来考察.又如函数 $\sqrt{1-x^2}$ 在其定义区间 $[-1,1]$ 端点 $x=\pm 1$ 处的极限,也只能在点 $x=-1$ 的右侧和点 $x=1$ 的左侧来分别讨论.

定义 3 设函数 f 在 $U_{+}^{\circ}(x_0;\delta')$ (或 $U_{-}^{\circ}(x_0;\delta')$) 上有定义,$A$ 为定数.若对任给的 $\varepsilon>0$,存在正数 $\delta\ (<\delta')$,使得当 $x_0<x<x_0+\delta$ (或 $x_0-\delta<x<x_0$)时,有

$$|f(x)-A|<\varepsilon,$$

则称数 A 为函数 f 当 x 趋于 x_0^+(或 x_0^-)时的**右(左)极限**,记作

$$\lim_{x\to x_0^+}f(x)=A\quad\left(\lim_{x\to x_0^-}f(x)=A\right)$$

或

$$f(x)\to A(x\to x_0^+)\quad (f(x)\to A(x\to x_0^-)).$$

右极限与左极限统称为**单侧极限**. f 在点 x_0 的右极限与左极限又分别记为

$$f(x_0+0)=\lim_{x\to x_0^+}f(x)\quad 与\quad f(x_0-0)=\lim_{x\to x_0^-}f(x).$$

按定义 3 容易验证函数(5)在 $x=0$ 处的左、右极限分别为

$$f(0-0)=\lim_{x\to 0^-}f(x)=\lim_{x\to 0^-}x=0,$$

$$f(0+0)=\lim_{x\to 0^+}f(x)=\lim_{x\to 0^+}x^2=0.$$

同样还可验证符号函数 $\operatorname{sgn} x$ 在 $x=0$ 处的左、右极限分别为

$$\lim_{x\to 0^-}\operatorname{sgn} x=\lim_{x\to 0^-}(-1)=-1,\qquad \lim_{x\to 0^+}\operatorname{sgn} x=\lim_{x\to 0^+}1=1.$$

例 7 讨论函数 $\sqrt{1-x^2}$ 在定义区间端点 ± 1 处的单侧极限.

解 由于 $|x|\leqslant 1$,故有

$$1-x^2=(1+x)(1-x)\leqslant 2(1-x).$$

任给 $0<\varepsilon<1$,当 $2(1-x)<\varepsilon^2$ 时,就有

$$\sqrt{1-x^2}<\varepsilon.\tag{6}$$

于是取 $\delta=\dfrac{\varepsilon^2}{2}$,则当 $0<1-x<\delta$ 即 $1-\delta<x<1$ 时,(6)式成立.这就推出 $\lim\limits_{x\to 1^-}\sqrt{1-x^2}=0$.

类似地可得 $\lim\limits_{x\to(-1)^+}\sqrt{1-x^2}=0$. □

关于函数极限 $\lim\limits_{x\to x_0}f(x)$ 与相应的左、右极限之间的关系,有下述定理:

定理 3.1 $\lim\limits_{x\to x_0}f(x)=A\Leftrightarrow\lim\limits_{x\to x_0^+}f(x)=\lim\limits_{x\to x_0^-}f(x)=A.$

这个定理的证明留给读者.

应用定理 3.1,除了可验证函数极限的存在(如对函数(5)有 $\lim\limits_{x\to 0}f(x)=0$),还常可

说明某些函数极限的不存在,如前面提到的符号函数 sgn x,由于它在 $x=0$ 处的左、右极限不相等,所以$\lim\limits_{x\to0}\operatorname{sgn}x$ 不存在.

习题 3.1

1. 按定义证明下列极限:

(1) $\lim\limits_{x\to+\infty}\dfrac{6x+5}{x}=6$; (2) $\lim\limits_{x\to2}(x^2-6x+10)=2$; (3) $\lim\limits_{x\to\infty}\dfrac{x^2-5}{x^2-1}=1$;

(4) $\lim\limits_{x\to2^-}\sqrt{4-x^2}=0$; (5) $\lim\limits_{x\to x_0}\cos x=\cos x_0$.

2. 根据定义 2 叙述$\lim\limits_{x\to x_0}f(x)\neq A$.

3. 设$\lim\limits_{x\to x_0}f(x)=A$,证明:$\lim\limits_{h\to0}f(x_0+h)=A$.

4. 证明:若$\lim\limits_{x\to x_0}f(x)=A$,则$\lim\limits_{x\to x_0}|f(x)|=|A|$.当且仅当 A 为何值时反之也成立?

5. 证明定理 3.1.

6. 讨论下列函数在 $x\to0$ 时的极限或左、右极限:

(1) $f(x)=\dfrac{|x|}{x}$; (2) $f(x)=[x]$; (3) $f(x)=\begin{cases}2^x, & x>0,\\ 0, & x=0,\\ 1+x^2, & x<0.\end{cases}$

7. 设 $\lim\limits_{x\to+\infty}f(x)=A$,证明:$\lim\limits_{x\to0^+}f\left(\dfrac{1}{x}\right)=A$.

---

8. 证明:对黎曼函数 $R(x)$ 有$\lim\limits_{x\to x_0}R(x)=0,x_0\in[0,1]$(当 $x_0=0$ 或 1 时,考虑单侧极限).

§2 函数极限的性质

在 §1 中我们引入了下述六种类型的函数极限:

1) $\lim\limits_{x\to+\infty}f(x)$; 2) $\lim\limits_{x\to-\infty}f(x)$; 3) $\lim\limits_{x\to\infty}f(x)$;

4) $\lim\limits_{x\to x_0}f(x)$; 5) $\lim\limits_{x\to x_0^+}f(x)$; 6) $\lim\limits_{x\to x_0^-}f(x)$.

它们具有与数列极限相类似的一些性质,下面以第 4)种类型的极限为代表来叙述并证明这些性质.至于其他类型极限的性质及其证明,只要相应地作些修改即可.

定理 3.2(唯一性) 若极限$\lim\limits_{x\to x_0}f(x)$存在,则此极限是唯一的.

证 设 A,B 都是 f 当 $x\to x_0$ 时的极限,则对任给的 $\varepsilon>0$,分别存在正数 δ_1 与 δ_2,使得当 $0<|x-x_0|<\delta_1$ 时,有

$$|f(x)-A|<\varepsilon,\tag{1}$$

当 $0<|x-x_0|<\delta_2$ 时,有

$$|f(x)-B|<\varepsilon. \tag{2}$$

取 $\delta=\min\{\delta_1,\delta_2\}$，则当 $0<|x-x_0|<\delta$ 时，(1)式与(2)式同时成立，故有

$$|A-B|=|(f(x)-A)-(f(x)-B)|\leqslant|f(x)-A|+|f(x)-B|<2\varepsilon.$$

由 ε 的任意性得 $A=B$.这就证明了极限是唯一的. □

定理 3.3（局部有界性） 若 $\lim\limits_{x\to x_0}f(x)$ 存在，则 f 在 x_0 的某空心邻域 $U^\circ(x_0)$ 上有界.

证 设 $\lim\limits_{x\to x_0}f(x)=A$.取 $\varepsilon=1$，则存在 $\delta>0$，使得对一切 $x\in U^\circ(x_0;\delta)$，有

$$|f(x)-A|<1\Rightarrow|f(x)|<|A|+1.$$

这就证明了 f 在 $U^\circ(x_0;\delta)$ 上有界. □

定理 3.4（局部保号性） 若 $\lim\limits_{x\to x_0}f(x)=A>0$（或 <0），则对任何正数 $r<A$（或 $r<-A$），存在 $U^\circ(x_0)$，使得对一切 $x\in U^\circ(x_0)$，有

$$f(x)>r>0\ (\text{或}\ f(x)<-r<0).$$

证 设 $A>0$，对任何 $r\in(0,A)$，取 $\varepsilon=A-r$，则存在 $\delta>0$，使得对一切 $x\in U^\circ(x_0;\delta)$，有

$$f(x)>A-\varepsilon=r,$$

这就证得结论.对于 $A<0$ 的情形可类似地证明. □

注 在以后应用局部保号性时，常取 $r=\dfrac{A}{2}$.

定理 3.5（保不等式性） 设 $\lim\limits_{x\to x_0}f(x)$ 与 $\lim\limits_{x\to x_0}g(x)$ 都存在，且在某邻域 $U^\circ(x_0;\delta')$ 上有 $f(x)\leqslant g(x)$，则

$$\lim_{x\to x_0}f(x)\leqslant\lim_{x\to x_0}g(x). \tag{3}$$

证 设 $\lim\limits_{x\to x_0}f(x)=A$，$\lim\limits_{x\to x_0}g(x)=B$，则对任给的 $\varepsilon>0$，分别存在正数 δ_1 与 δ_2，使得当 $0<|x-x_0|<\delta_1$ 时，有

$$A-\varepsilon<f(x), \tag{4}$$

当 $0<|x-x_0|<\delta_2$ 时，有

$$g(x)<B+\varepsilon. \tag{5}$$

令 $\delta=\min\{\delta',\delta_1,\delta_2\}$，则当 $0<|x-x_0|<\delta$ 时，不等式 $f(x)\leqslant g(x)$ 与(4)、(5)两式同时成立，于是有

$$A-\varepsilon<f(x)\leqslant g(x)<B+\varepsilon,$$

从而 $A<B+2\varepsilon$.由 ε 的任意性推出 $A\leqslant B$，即(3)式成立. □

定理 3.6（迫敛性） 设 $\lim\limits_{x\to x_0}f(x)=\lim\limits_{x\to x_0}g(x)=A$，且在某 $U^\circ(x_0;\delta')$ 上有

$$f(x)\leqslant h(x)\leqslant g(x), \tag{6}$$

则 $\lim\limits_{x\to x_0}h(x)=A$.

证 按假设，对任给的 $\varepsilon>0$，分别存在正数 δ_1 与 δ_2，使得当 $0<|x-x_0|<\delta_1$ 时，有

$$A-\varepsilon<f(x), \tag{7}$$

当 $0<|x-x_0|<\delta_2$ 时，有

$$g(x)<A+\varepsilon. \tag{8}$$

令 $\delta=\min\{\delta',\delta_1,\delta_2\}$，则当 $0<|x-x_0|<\delta$ 时，不等式(6)、(7)、(8)同时成立，故有

$$A-\varepsilon<f(x)\leqslant h(x)\leqslant g(x)<A+\varepsilon,$$

由此得 $|h(x)-A|<\varepsilon$，所以 $\lim\limits_{x\to x_0}h(x)=A$. □

定理 3.7（四则运算法则） 若极限 $\lim\limits_{x\to x_0}f(x)$ 与 $\lim\limits_{x\to x_0}g(x)$ 都存在，则函数 $f\pm g$，$f\cdot g$ 当 $x\to x_0$ 时极限也存在，且

(i) $\lim\limits_{x\to x_0}(f(x)\pm g(x))=\lim\limits_{x\to x_0}f(x)\pm\lim\limits_{x\to x_0}g(x)$；

(ii) $\lim\limits_{x\to x_0}(f(x)g(x))=\lim\limits_{x\to x_0}f(x)\cdot\lim\limits_{x\to x_0}g(x)$；

又若 $\lim\limits_{x\to x_0}g(x)\neq 0$，则 f/g 当 $x\to x_0$ 时极限存在，且有

(iii) $\lim\limits_{x\to x_0}\dfrac{f(x)}{g(x)}=\lim\limits_{x\to x_0}f(x)\Big/\lim\limits_{x\to x_0}g(x)$.

这个定理的证明类似于数列极限中的相应定理，留给读者作为练习.

利用函数极限的迫敛性与四则运算法则，我们可从一些简单的函数极限出发，计算较复杂的函数极限.

例 1 求 $\lim\limits_{x\to 0}x\left[\dfrac{1}{x}\right]$.

解 由第一章 §3 习题 12，当 $x>0$ 时，有

$$1-x<x\left[\frac{1}{x}\right]\leqslant 1,$$

而 $\lim\limits_{x\to 0^+}(1-x)=1$，故由迫敛性得

$$\lim_{x\to 0^+}x\left[\frac{1}{x}\right]=1.$$

另一方面，当 $x<0$ 时，有 $1\leqslant x\left[\dfrac{1}{x}\right]<1-x$，故由迫敛性又可得

$$\lim_{x\to 0^-}x\left[\frac{1}{x}\right]=1.$$

综上，我们求得 $\lim\limits_{x\to 0}x\left[\dfrac{1}{x}\right]=1$. □

例 2 求 $\lim\limits_{x\to\frac{\pi}{4}}(x\tan x-1)$.

解 由 $x\tan x=x\dfrac{\sin x}{\cos x}$ 及 §1 例 4 所得的

$$\lim_{x\to\frac{\pi}{4}}\sin x=\sin\frac{\pi}{4}=\frac{\sqrt{2}}{2}=\lim_{x\to\frac{\pi}{4}}\cos x,$$

并按四则运算法则有

$$\lim_{x\to\frac{\pi}{4}}(x\tan x-1)=\lim_{x\to\frac{\pi}{4}}x\cdot\frac{\lim\limits_{x\to\frac{\pi}{4}}\sin x}{\lim\limits_{x\to\frac{\pi}{4}}\cos x}-\lim_{x\to\frac{\pi}{4}}1=\frac{\pi}{4}-1.$$ □

例 3 求极限 $\lim\limits_{x\to 1}\dfrac{x+x^2+\cdots+x^n-n}{x-1}$，$n\in\mathbf{N}_+$.

解 对任意正整数 k，当 $x\neq 1$ 时，有

$$\frac{x^k-1}{x-1}=\frac{(x-1)(1+x+\cdots+x^{k-1})}{x-1}=1+x+\cdots+x^{k-1},$$

故

$$\lim_{x\to 1}\frac{x+x^2+\cdots+x^n-n}{x-1}=\lim_{x\to 1}\sum_{k=1}^{n}\frac{x^k-1}{x-1}$$

$$=\sum_{k=1}^{n}\lim_{x\to 1}(1+x+\cdots+x^{k-1})=\sum_{k=1}^{n}k=\frac{n(n+1)}{2}.\qquad\square$$

例 4 证明：$\lim\limits_{x\to 0}a^x=1\ (a>1)$.

证 任给 $\varepsilon>0$，因为 $\lim\limits_{n\to\infty}a^{\frac{1}{n}}=1$，$\lim\limits_{n\to\infty}a^{-\frac{1}{n}}=1$，所以存在 N，使得

$$a^{\frac{1}{N}}-1<\varepsilon,\quad 1-a^{-\frac{1}{N}}<\varepsilon.$$

取 $\delta=\dfrac{1}{N}$，当 $0<|x|<\delta$ 时，

$$-\varepsilon<a^{-\frac{1}{N}}-1<a^x-1<a^{\frac{1}{N}}-1<\varepsilon,$$

即 $|a^x-1|<\varepsilon$，从而 $\lim\limits_{x\to 0}a^x=1$. $\square$

定理 3.8（复合函数极限） 设 $\lim\limits_{x\to x_0}f(x)=u_0$，$\lim\limits_{u\to u_0}g(u)=A$，且存在 x_0 的某空心邻域 $U^\circ(x_0;\delta)$，使得对任意 $x\in U^\circ(x_0;\delta)$，$f(x)\neq u_0$. 则

$$\lim_{x\to x_0}g(f(x))=A.$$

这个定理的证明留给读者作为练习.

习 题 3.2

1. 求下列极限：

(1) $\lim\limits_{x\to\frac{\pi}{2}}2(\sin x-\cos x-x^2)$；

(2) $\lim\limits_{x\to 0}\dfrac{x^2-1}{2x^2-x-1}$；

(3) $\lim\limits_{x\to 1}\dfrac{x^2-1}{2x^2-x-1}$；

(4) $\lim\limits_{x\to 0}\dfrac{(x-1)^3+(1-3x)}{x^2+2x^3}$；

(5) $\lim\limits_{x\to 1}\dfrac{x^n-1}{x^m-1}$（$n,m$ 为正整数）；

(6) $\lim\limits_{x\to 4}\dfrac{\sqrt{1+2x}-3}{\sqrt{x}-2}$；

(7) $\lim\limits_{x\to 0}\dfrac{\sqrt{a^2+x}-a}{x}\ (a>0)$；

(8) $\lim\limits_{x\to+\infty}\dfrac{(3x+6)^{70}(8x-5)^{20}}{(5x-1)^{90}}$.

2. 利用迫敛性求极限：

(1) $\lim\limits_{x\to-\infty}\dfrac{x-\cos x}{x}$；

(2) $\lim\limits_{x\to+\infty}\dfrac{x\sin x}{x^2-4}$.

3. 设 $\lim\limits_{x\to x_0}f(x)=A$，$\lim\limits_{x\to x_0}g(x)=B$. 证明：

(1) $\lim\limits_{x\to x_0}(f(x)\pm g(x))=A\pm B$；

(2) $\lim\limits_{x \to x_0} (f(x)g(x)) = AB$;

(3) $\lim\limits_{x \to x_0} \dfrac{f(x)}{g(x)} = \dfrac{A}{B}$ (当 $B \neq 0$ 时).

4. 设

$$f(x) = \frac{a_m x^m + a_{m-1}x^{m-1} + \cdots + a_1 x + a_0}{b_n x^n + b_{n-1}x^{n-1} + \cdots + b_1 x + b_0},\ a_m \neq 0, b_n \neq 0, m \leqslant n,$$

试求 $\lim\limits_{x \to +\infty} f(x)$.

5. 设 $f(x) > 0$, $\lim\limits_{x \to x_0} f(x) = A$. 证明:

$$\lim_{x \to x_0} \sqrt[n]{f(x)} = \sqrt[n]{A},$$

其中 $n \geqslant 2$ 为正整数.

6. 证明 $\lim\limits_{x \to 0} a^x = 1\ (0 < a < 1)$.

7. 设 $\lim\limits_{x \to x_0} f(x) = A$, $\lim\limits_{x \to x_0} g(x) = B$.

(1) 若在某 $U^\circ(x_0)$ 上有 $f(x) < g(x)$, 问是否必有 $A < B$? 为什么?

(2) 证明: 若 $A > B$, 则在某 $U^\circ(x_0)$ 上有 $f(x) > g(x)$.

---

8. 求下列极限(其中 n 皆为正整数):

(1) $\lim\limits_{x \to 0^-} \dfrac{|x|}{x} \dfrac{1}{1 + x^n}$;　　(2) $\lim\limits_{x \to 0^+} \dfrac{|x|}{x} \dfrac{1}{1 + x^n}$;

(3) $\lim\limits_{x \to -1} \left(\dfrac{1}{x + 1} - \dfrac{3}{x^3 + 1}\right)$;　　(4) $\lim\limits_{x \to 0} \dfrac{\sqrt[n]{1 + x} - 1}{x}$;

(5) $\lim\limits_{x \to \infty} \dfrac{[x]}{x}$ (提示: 参照例 1).

9. (1) 证明: 若 $\lim\limits_{x \to 0} f(x^3)$ 存在, 则 $\lim\limits_{x \to 0} f(x) = \lim\limits_{x \to 0} f(x^3)$.

(2) 若 $\lim\limits_{x \to 0} f(x^2)$ 存在, 试问是否成立 $\lim\limits_{x \to 0} f(x) = \lim\limits_{x \to 0} f(x^2)$?

10. 证明定理 3.8.

§ 3　函数极限存在的条件

与讨论数列极限存在的条件一样,我们将从函数值的变化趋势来判断其极限的存在性.下面的定理只对 $x \to x_0$ 这种类型的函数极限进行论述,但其结论对其他类型的函数极限也是成立的.下述归结原则有时称为**海涅(Heine)定理**.

定理 3.9(归结原则)　设 f 在 $U^\circ(x_0;\delta')$ 上有定义. $\lim\limits_{x \to x_0} f(x)$ 存在的充要条件是: 对任何含于 $U^\circ(x_0;\delta')$ 且以 x_0 为极限的数列 $\{x_n\}$, 极限 $\lim\limits_{n \to \infty} f(x_n)$ 都存在且相等.

证　必要性　设 $\lim\limits_{x \to x_0} f(x) = A$, 则对任给的 $\varepsilon > 0$, 存在正数 $\delta\ (\leqslant \delta')$, 使得当

$0<|x-x_0|<\delta$ 时，有 $|f(x)-A|<\varepsilon$.

另一方面，设数列 $\{x_n\}\subset U^\circ(x_0;\delta')$ 且 $\lim\limits_{n\to\infty}x_n=x_0$，则对上述的 $\delta>0$，存在 $N>0$，使得当 $n>N$ 时，有 $0<|x_n-x_0|<\delta$，从而有 $|f(x_n)-A|<\varepsilon$. 这就证明了 $\lim\limits_{n\to\infty}f(x_n)=A$.

充分性　设对任何数列 $\{x_n\}\subset U^\circ(x_0;\delta')$ 且 $\lim\limits_{n\to\infty}x_n=x_0$，有 $\lim\limits_{n\to\infty}f(x_n)=A$，则可用反证法推出 $\lim\limits_{x\to x_0}f(x)=A$. 事实上，倘若当 $x\to x_0$ 时 f 不以 A 为极限，则存在某 $\varepsilon_0>0$，对任何 $\delta>0$(不论多么小)，总存在一点 x，尽管 $0<|x-x_0|<\delta$，但有 $|f(x)-A|\geqslant\varepsilon_0$ (§1 习题 2). 现依次取 $\delta=\delta',\dfrac{\delta'}{2},\dfrac{\delta'}{3},\cdots,\dfrac{\delta'}{n},\cdots$，则存在相应的点 $x_1,x_2,x_3,\cdots,x_n,\cdots$，使得

$$0<|x_n-x_0|<\frac{\delta'}{n},\quad 而\quad |f(x_n)-A|\geqslant\varepsilon_0,\quad n=1,2,\cdots.$$

显然数列 $\{x_n\}\subset U^\circ(x_0;\delta')$ 且 $\lim\limits_{n\to\infty}x_n=x_0$，但当 $n\to\infty$ 时 $f(x_n)$ 不趋于 A. 这与假设相矛盾，所以必有 $\lim\limits_{x\to x_0}f(x)=A$. □

注 1　归结原则可简述为：

$$\lim_{x\to x_0}f(x)=A\Leftrightarrow 对任何\ x_n\to x_0(n\to\infty)有\lim_{n\to\infty}f(x_n)=A.$$

注 2　归结原则也可简述为：

$$\lim_{x\to x_0}f(x)存在\Leftrightarrow 对任何\ x_n\to x_0(n\to\infty)有\lim_{n\to\infty}f(x_n)存在.$$

(证明留作习题.)

注 3　若可找到一个以 x_0 为极限的数列 $\{x_n\}$，使 $\lim\limits_{n\to\infty}f(x_n)$ 不存在，或找到两个都以 x_0 为极限的数列 $\{x_n'\}$ 与 $\{x_n''\}$，使 $\lim\limits_{n\to\infty}f(x_n')$ 与 $\lim\limits_{n\to\infty}f(x_n'')$ 都存在而不相等，则 $\lim\limits_{x\to x_0}f(x)$ 不存在.

例 1　证明：极限 $\lim\limits_{x\to 0}\sin\dfrac{1}{x}$ 不存在.

证　设 $x_n'=\dfrac{1}{n\pi},x_n''=\dfrac{1}{2n\pi+\dfrac{\pi}{2}}\ (n=1,2,\cdots)$，则显然有

$$x_n'\to 0,\quad x_n''\to 0\ (n\to\infty),$$

$$\sin\frac{1}{x_n'}=0\to 0,\quad \sin\frac{1}{x_n''}=1\to 1\ (n\to\infty).$$

故由归结原则即得结论. □

函数 $y=\sin\dfrac{1}{x}$ 的图像如图 3-4 所示. 由图像可见，当 $x\to 0$ 时，其函数值无限次地在 -1 与 1 的范围内振荡，而不趋于任何确定的数.

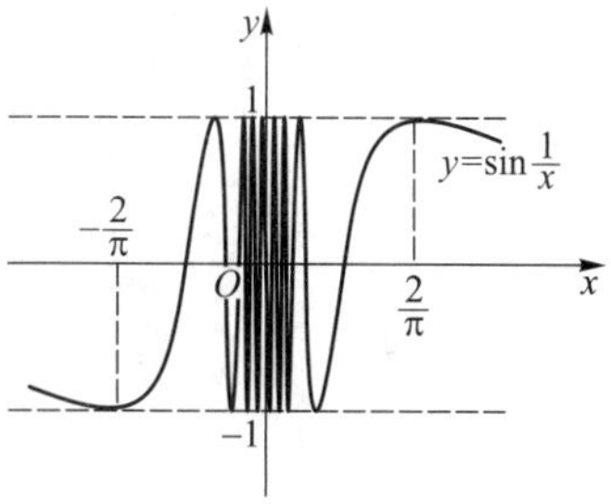

图 3-4

归结原则的意义在于把函数极限归结为数列极限问题来处理. 从而，我们能应用归结原则和数列极限的有关性质来证明上一节中所述的函数极限的所有性质.

对于 $x\to x_0^+,x\to x_0^-,x\to+\infty$ 和 $x\to-\infty$ 这四种类型

的单侧极限，相应的归结原则可表示为更强的形式.现以 $x\to x_0^+$ 这种类型为例阐述如下：

定理 3.10　设函数 f 在点 x_0 的某空心右邻域 $U_+^\circ(x_0)$ 上有定义. $\lim\limits_{x\to x_0^+}f(x)=A$ 的充要条件是：对任何以 x_0 为极限的递减数列 $\{x_n\}\subset U_+^\circ(x_0)$，有 $\lim\limits_{n\to\infty}f(x_n)=A$.

这个定理的证明可仿照定理 3.9 进行，但在运用反证法证明充分性时，对 δ 的取法要作适当的修改，以保证所找到的数列 $\{x_n\}$ 能递减地趋于 x_0. 证明的细节留给读者作为练习.

相应于数列极限的单调有界定理，关于上述四类单侧极限也有相应的定理. 现以 $x\to x_0^+$ 这种类型为例叙述如下.

定理 3.11　设 f 为定义在 $U_+^\circ(x_0)$ 上的单调有界函数，则右极限 $\lim\limits_{x\to x_0^+}f(x)$ 存在.

证　不妨设 f 在 $U_+^\circ(x_0)$ 上递增. 因 f 在 $U_+^\circ(x_0)$ 上有界，由确界原理，$\inf\limits_{x\in U_+^\circ(x_0)}f(x)$ 存在，记为 A. 下证 $\lim\limits_{x\to x_0^+}f(x)=A$.

事实上，任给 $\varepsilon>0$，按下确界定义，存在 $x'\in U_+^\circ(x_0)$，使得 $f(x')<A+\varepsilon$. 取 $\delta=x'-x_0>0$，则由 f 的递增性，对一切 $x\in(x_0,x')=U_+^\circ(x_0;\delta)$，有

$$f(x)\leqslant f(x')<A+\varepsilon.$$

另一方面，由 $A\leqslant f(x)$，更有 $A-\varepsilon<f(x)$. 从而对一切 $x\in U_+^\circ(x_0;\delta)$，有

$$A-\varepsilon<f(x)<A+\varepsilon,$$

这就证得 $\lim\limits_{x\to x_0^+}f(x)=A$. □

最后，我们叙述并证明关于函数极限的柯西准则.

定理 3.12（柯西准则）　设函数 f 在 $U^\circ(x_0;\delta')$ 上有定义. $\lim\limits_{x\to x_0}f(x)$ 存在的充要条件是：任给 $\varepsilon>0$，存在正数 $\delta\ (<\delta')$，使得对任何 $x',x''\in U^\circ(x_0;\delta)$，有 $|f(x')-f(x'')|<\varepsilon$.

证　必要性　设 $\lim\limits_{x\to x_0}f(x)=A$，则对任给的 $\varepsilon>0$，存在正数 $\delta\ (<\delta')$，使得对任何 $x\in U^\circ(x_0;\delta)$，有 $|f(x)-A|<\dfrac{\varepsilon}{2}$. 于是对任何 $x',x''\in U^\circ(x_0;\delta)$，有

$$|f(x')-f(x'')|\leqslant|f(x')-A|+|f(x'')-A|<\frac{\varepsilon}{2}+\frac{\varepsilon}{2}=\varepsilon.$$

充分性　设数列 $\{x_n\}\subset U^\circ(x_0;\delta')$ 且 $\lim\limits_{n\to\infty}x_n=x_0$. 按假设，对任给的 $\varepsilon>0$，存在正数 $\delta\ (<\delta')$，使得对任何 $x',x''\in U^\circ(x_0;\delta)$，有 $|f(x')-f(x'')|<\varepsilon$. 由于 $x_n\to x_0(n\to\infty)$，对上述的 $\delta>0$，存在 $N>0$，使得当 $n,m>N$ 时，有 $x_n,x_m\in U^\circ(x_0;\delta)$，从而有

$$|f(x_n)-f(x_m)|<\varepsilon.$$

故 $\{f(x_n)\}$ 是柯西列. 按数列的柯西收敛准则，数列 $\{f(x_n)\}$ 的极限存在，记为 A，即 $\lim\limits_{n\to\infty}f(x_n)=A$.

对任意 $x\in U^\circ(x_0;\delta)$，当 $n>N$ 时，有

$$|f(x)-f(x_n)|<\varepsilon.$$

令 $n\to\infty$，则

$$|f(x)-A|\leqslant\varepsilon.$$

这就证明了 $\lim\limits_{x\to x_0}f(x)=A$. □

按照函数极限的柯西准则，我们能写出极限$\lim\limits_{x \to x_0} f(x)$不存在的充要条件：存在$\varepsilon_0>0$，对任何$\delta>0$(无论$\delta$多么小)，总可找到$x', x'' \in U^\circ(x_0;\delta)$，使得$|f(x')-f(x'')| \geqslant \varepsilon_0$.

如在例1中我们可取$\varepsilon_0=1$，对任何$\delta>0$，设正整数$n>\frac{1}{\delta}$，令

$$x'=\frac{1}{n\pi},\quad x''=\frac{1}{n\pi+\frac{\pi}{2}},$$

则有$x', x'' \in U^\circ(0;\delta)$，而$\left|\sin\frac{1}{x'}-\sin\frac{1}{x''}\right|=1=\varepsilon_0$.于是按柯西准则，极限$\lim\limits_{x \to 0} \sin\frac{1}{x}$不存在.

习　题　3.3

1. 叙述函数极限$\lim\limits_{x \to +\infty} f(x)$的归结原则，并应用它证明$\lim\limits_{x \to +\infty} \cos x$不存在.

2. 设f为定义在$[a,+\infty)$上的增(减)函数.证明：$\lim\limits_{x \to +\infty} f(x)$存在的充要条件是$f$在$[a,+\infty)$上有上(下)界.

3. (1) 叙述极限$\lim\limits_{x \to -\infty} f(x)$的柯西准则；

　(2) 根据柯西准则叙述$\lim\limits_{x \to -\infty} f(x)$不存在的充要条件，并应用它证明$\lim\limits_{x \to -\infty} \sin x$不存在.

4. 设f在$U^\circ(x_0)$上有定义.证明：若对任何数列$\{x_n\} \subset U^\circ(x_0)$且$\lim\limits_{n \to \infty} x_n=x_0$，极限$\lim\limits_{n \to \infty} f(x_n)$都存在，则所有这些极限都相等.

---

5. 设f为$U^\circ(x_0)$上的递增函数.证明：$f(x_0-0)$和$f(x_0+0)$都存在，且

$$f(x_0-0)=\sup_{x \in U_-^\circ(x_0)} f(x),\quad f(x_0+0)=\inf_{x \in U_+^\circ(x_0)} f(x).$$

6. 设$D(x)$为狄利克雷函数，$x_0 \in \mathbf{R}$.证明：$\lim\limits_{x \to x_0} D(x)$不存在.

7. 证明：若f为周期函数，且$\lim\limits_{x \to +\infty} f(x)=0$，则$f(x) \equiv 0$.

8. 证明定理3.10.

§4　两个重要的极限

一、证明 $\lim\limits_{x \to 0} \frac{\sin x}{x}=1$

证　在§1例4中我们已导出如下不等式：

$$\sin x<x<\tan x \quad \left(0<x<\frac{\pi}{2}\right),$$

除以 $\sin x$,得到 $1<\dfrac{x}{\sin x}<\dfrac{1}{\cos x}$,由此得

$$\cos x<\frac{\sin x}{x}<1. \tag{1}$$

在(1)式中用 $-x$ 代替 x 时,(1)式不变,故(1)式当 $-\dfrac{\pi}{2}<x<0$ 时也成立,从而它对一切满足不等式 $0<|x|<\dfrac{\pi}{2}$ 的 x 都成立.由 $\lim\limits_{x\to0}\cos x=1$ 及函数极限的迫敛性,即得 $\lim\limits_{x\to0}\dfrac{\sin x}{x}=1$. □

函数 $y=\dfrac{\sin x}{x}$ 的图像如图 3-5 所示.

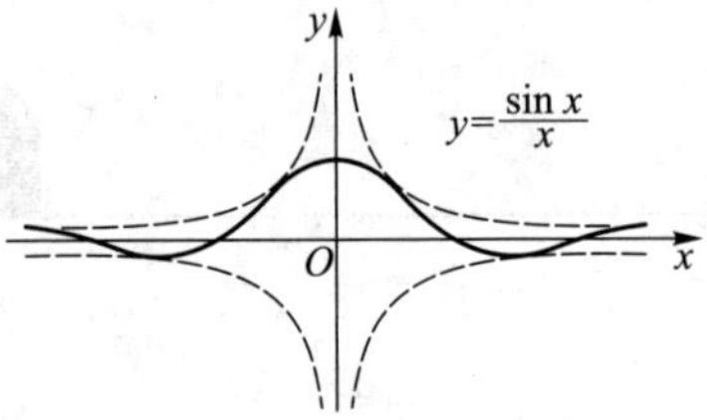

图 3-5

例 1 求 $\lim\limits_{x\to\pi}\dfrac{\sin x}{\pi-x}$.

解 令 $t=\pi-x$,则 $\sin x=\sin(\pi-t)=\sin t$,且当 $x\to\pi$ 时 $t\to0$.所以由复合函数极限性质有

$$\lim_{x\to\pi}\frac{\sin x}{\pi-x}=\lim_{t\to0}\frac{\sin t}{t}=1.$$ □

例 2 求 $\lim\limits_{x\to0}\dfrac{1-\cos x}{x^2}$.

解

$$\lim_{x\to0}\frac{1-\cos x}{x^2}=\lim_{x\to0}\frac{1}{2}\left(\frac{\sin\frac{x}{2}}{\frac{x}{2}}\right)^2=\frac{1}{2}.$$ □

二、证明 $\lim\limits_{x\to\infty}\left(1+\dfrac{1}{x}\right)^x=e$

证 所求证的极限等价于同时成立以下两个极限:

$$\lim_{x\to+\infty}\left(1+\frac{1}{x}\right)^x=e, \tag{2}$$

$$\lim_{x\to-\infty}\left(1+\frac{1}{x}\right)^x=e. \tag{3}$$

先利用数列极限 $\lim\limits_{n\to\infty}\left(1+\dfrac{1}{n}\right)^n=e$ 证明(2)式成立.

因为 $\lim\limits_{n\to\infty}\left(1+\dfrac{1}{n+1}\right)^n=\lim\limits_{n\to\infty}\left(1+\dfrac{1}{n}\right)^{n+1}=e$,所以对任意正数 ε,存在正整数 N,当 $n\geqslant N$ 时,有

$$e-\varepsilon<\left(1+\frac{1}{n+1}\right)^n<\left(1+\frac{1}{n}\right)^{n+1}<e+\varepsilon. \tag{4}$$

取 $X=N$,当 $x>X$ 时,令 $n=[x]$,那么

$$\left(1+\frac{1}{n+1}\right)^{n}<\left(1+\frac{1}{x}\right)^{x}<\left(1+\frac{1}{n}\right)^{n+1}.$$

由(4)式有

$$\mathrm{e}-\varepsilon<\left(1+\frac{1}{x}\right)^{x}<\mathrm{e}+\varepsilon,$$

这就证明了 $\lim\limits_{x\to+\infty}\left(1+\frac{1}{x}\right)^{x}=\mathrm{e}$.

现证(3)式.为此作代换 $x=-y$,则

$$\left(1+\frac{1}{x}\right)^{x}=\left(1-\frac{1}{y}\right)^{-y}=\left(1+\frac{1}{y-1}\right)^{y},$$

且当 $x\to-\infty$ 时 $y\to+\infty$,从而有

$$\lim_{x\to-\infty}\left(1+\frac{1}{x}\right)^{x}=\lim_{y\to+\infty}\left(1+\frac{1}{y-1}\right)^{y-1}\cdot\left(1+\frac{1}{y-1}\right)=\mathrm{e}.$$ □

以后还常用到 e 的另一种极限形式:

$$\lim_{\alpha\to0}(1+\alpha)^{\frac{1}{\alpha}}=\mathrm{e}. \tag{5}$$

事实上,令 $\alpha=\frac{1}{x}$,则 $x\to\infty\Leftrightarrow\alpha\to0$,所以

$$\mathrm{e}=\lim_{x\to\infty}\left(1+\frac{1}{x}\right)^{x}=\lim_{\alpha\to0}(1+\alpha)^{\frac{1}{\alpha}}.$$

例 3 求 $\lim\limits_{x\to0}(1+2x)^{\frac{1}{x}}$.

解 $\lim\limits_{x\to0}(1+2x)^{\frac{1}{x}}=\lim\limits_{x\to0}\left((1+2x)^{\frac{1}{2x}}\cdot(1+2x)^{\frac{1}{2x}}\right)=\mathrm{e}^{2}$. □

例 4 求 $\lim\limits_{x\to0}(1-x)^{\frac{1}{x}}$.

解 令 $u=-x$,则当 $x\to0$ 时 $u\to0$.因此

$$\lim_{x\to0}(1-x)^{\frac{1}{x}}=\lim_{u\to0}(1+u)^{-\frac{1}{u}}=\frac{1}{\mathrm{e}}.$$ □

例 5 求 $\lim\limits_{n\to\infty}\left(1+\frac{1}{n}-\frac{1}{n^{2}}\right)^{n}$.

解 $\left(1+\frac{1}{n}-\frac{1}{n^{2}}\right)^{n}<\left(1+\frac{1}{n}\right)^{n}\to\mathrm{e}\ (n\to\infty)$.另一方面,当 $n>1$ 时有

$$\left(1+\frac{1}{n}-\frac{1}{n^{2}}\right)^{n}=\left(1+\frac{n-1}{n^{2}}\right)^{\frac{n^{2}}{n-1}-\frac{n}{n-1}}\geqslant\left(1+\frac{n-1}{n^{2}}\right)^{\frac{n^{2}}{n-1}-2},$$

而由归结原则$\left(\text{取 } x_{n}=\frac{n^{2}}{n-1},n=2,3,\cdots\right)$,

$$\lim_{n\to\infty}\left(1+\frac{n-1}{n^2}\right)^{\frac{n^2}{n-1}-2}=\lim_{n\to\infty}\left(1+\frac{n-1}{n^2}\right)^{\frac{n^2}{n-1}}=\lim_{x\to+\infty}\left(1+\frac{1}{x}\right)^x=\mathrm{e}.$$

于是,由数列极限的迫敛性得

$$\lim_{n\to\infty}\left(1+\frac{1}{n}-\frac{1}{n^2}\right)^n=\mathrm{e}.$$

□

习 题 3.4

1. 求下列极限:

(1) $\lim\limits_{x\to0}\frac{\sin 2x}{x}$; (2) $\lim\limits_{x\to0}\frac{\sin x^3}{(\sin x)^2}$;

(3) $\lim\limits_{x\to\frac{\pi}{2}}\frac{\cos x}{x-\frac{\pi}{2}}$; (4) $\lim\limits_{x\to0}\frac{\tan x}{x}$;

(5) $\lim\limits_{x\to0}\frac{\tan x-\sin x}{x^3}$; (6) $\lim\limits_{x\to0}\frac{\arctan x}{x}$;

(7) $\lim\limits_{x\to+\infty}x\sin\frac{1}{x}$; (8) $\lim\limits_{x\to a}\frac{\sin^2x-\sin^2a}{x-a}$;

(9) $\lim\limits_{x\to0}\frac{\sin 4x}{\sqrt{x+1}-1}$; (10) $\lim\limits_{x\to0}\frac{\sqrt{1-\cos x^2}}{1-\cos x}$.

2. 求下列极限:

(1) $\lim\limits_{x\to\infty}\left(1-\frac{2}{x}\right)^{-x}$; (2) $\lim\limits_{x\to0}(1+\alpha x)^{\frac{1}{x}}$ (α 为给定实数);

(3) $\lim\limits_{x\to0}(1+\tan x)^{\cot x}$; (4) $\lim\limits_{x\to0}\left(\frac{1+x}{1-x}\right)^{\frac{1}{x}}$;

(5) $\lim\limits_{x\to+\infty}\left(\frac{3x+2}{3x-1}\right)^{2x-1}$; (6) $\lim\limits_{x\to+\infty}\left(1+\frac{\alpha}{x}\right)^{\beta x}$ (α,β 为给定实数).

3. 证明: $\lim\limits_{x\to0}\left(\lim\limits_{n\to\infty}\left(\cos x\cos\frac{x}{2}\cos\frac{x}{2^2}\cdots\cos\frac{x}{2^n}\right)\right)=1$.

4. 利用归结原则计算下列极限:

(1) $\lim\limits_{n\to\infty}\sqrt{n}\sin\frac{\pi}{n}$; (2) $\lim\limits_{n\to\infty}\left(1+\frac{1}{n}+\frac{1}{n^2}\right)^n$.

§5 无穷小量与无穷大量

一、无穷小量

与无穷小数列的概念相类似，我们给出关于函数为无穷小量的定义.

定义 1 设 f 在某 $U^\circ(x_0)$ 上有定义.若

$$\lim_{x\to x_0} f(x)=0,$$

则称 f 为**当 $x\to x_0$ 时的无穷小量**.

若函数 g 在某 $U^\circ(x_0)$ 上有界，则称 g 为**当 $x\to x_0$ 时的有界量**.

类似地，定义当 $x\to x_0^+$，$x\to x_0^-$，$x\to+\infty$，$x\to-\infty$ 以及 $x\to\infty$ 时的无穷小量与有界量.

例如，x^2，$\sin x$ 与 $1-\cos x$ 都是当 $x\to 0$ 时的无穷小量，$\sqrt{1-x}$ 是当 $x\to 1^-$ 时的无穷小量，而 $\dfrac{1}{x^2}$，$\dfrac{\sin x}{x}$ 为 $x\to\infty$ 时的无穷小量.又如 $\sin x$ 是当 $x\to\infty$ 时的有界量，$\sin\dfrac{1}{x}$ 是当 $x\to 0$ 时的有界量.特别地，任何无穷小量也必都是有界量.

由无穷小量的定义可立刻推得如下性质：

1. 两个(相同类型的)无穷小量之和、差、积仍为无穷小量.
2. 无穷小量与有界量的乘积为无穷小量.

例如，当 $x\to 0$ 时，x^2 是无穷小量，$\sin\dfrac{1}{x}$ 为有界量，故由性质 2 即得

$$\lim_{x\to 0} x^2\sin\frac{1}{x}=0.$$

函数 $y=x^2\sin\dfrac{1}{x}$ 的图像如图 3-6 所示.

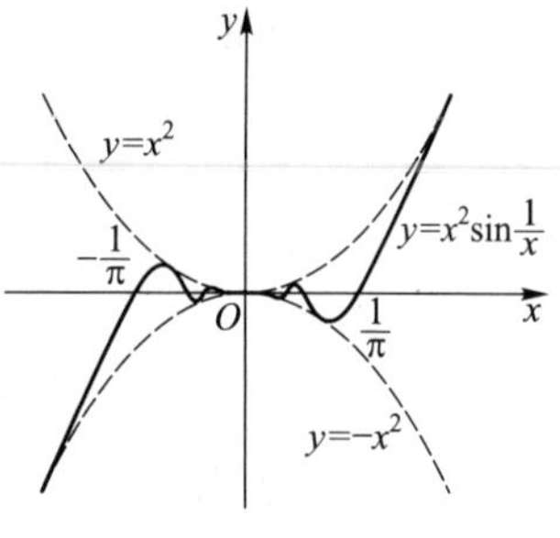

图 3-6

由函数极限与无穷小量的定义可立即推出如下结论：

$$\lim_{x\to x_0} f(x)=A \Leftrightarrow f(x)-A \text{ 是当 } x\to x_0 \text{ 时的无穷小量.}$$

二、无穷小量阶的比较

无穷小量是以 0 为极限的函数，而不同的无穷小量收敛于 0 的速度有快有慢.为此，我们考察两个无穷小量的比，以便对它们的收敛速度作出判断.

设当 $x\to x_0$ 时，f 与 g 均为无穷小量.

若无穷小量 f 与 g 满足关系式

$$\left|\frac{f(x)}{g(x)}\right|\leqslant L,\quad x\in U^\circ(x_0),$$

则记作

$$f(x)=O(g(x))\ (x\to x_0).$$

特别地，若 f 在某 $U^{\circ}(x_0)$ 上有界，则记为

$$f(x)=O(1)\ (x\to x_0).$$

例如，

$$1-\cos x=O(x^2)\ (x\to 0),$$

$$x\left(2+\sin\frac{1}{x}\right)=O(x)\ (x\to 0),$$

$$\sin x=O(1)\ (x\to\infty).$$

常见的无穷小量阶的比较还有以下两种：

1. 若 $\lim\limits_{x\to x_0}\dfrac{f(x)}{g(x)}=0$，则称当 $x\to x_0$ 时 f 为 g 的**高阶无穷小量**，或称 g 为 f 的**低阶无穷小量**，记作

$$f(x)=o(g(x))\ (x\to x_0).$$

特别地，f 为当 $x\to x_0$ 时的无穷小量记作

$$f(x)=o(1)\ (x\to x_0).$$

例如，当 $x\to 0$ 时，$x,x^2,\cdots,x^n$（n 为正整数）等都是无穷小量，因而有

$$x^k=o(1)\ (x\to 0),k=1,2,\cdots,$$

而且它们中后一个为前一个的高阶无穷小量，即有

$$x^{k+1}=o(x^k)\ (x\to 0).$$

又如，由于 $\lim\limits_{x\to 0}\dfrac{1-\cos x}{\sin x}=\lim\limits_{x\to 0}\tan\dfrac{x}{2}=0$，故有

$$1-\cos x=o(\sin x)\ (x\to 0).$$

2. 若存在正数 K 和 L，使得在某 $U^{\circ}(x_0)$ 上有

$$K\leqslant\left|\frac{f(x)}{g(x)}\right|\leqslant L,$$

则称 f 与 g 为当 $x\to x_0$ 时的**同阶无穷小量**. 特别当

$$\lim_{x\to x_0}\frac{f(x)}{g(x)}=c\neq 0$$

时，f 与 g 必为同阶无穷小量.

例如，当 $x\to 0$ 时，$1-\cos x$ 与 x^2 皆为无穷小量. 由于

$$\lim_{x\to 0}\frac{1-\cos x}{x^2}=\frac{1}{2},$$

所以 $1-\cos x$ 与 x^2 为当 $x\to 0$ 时的同阶无穷小量. 又如，当 $x\to 0$ 时，x 与 $x\left(2+\sin\dfrac{1}{x}\right)$ 都是无穷小量，由于它们之比的绝对值满足

$$1\leqslant\left|2+\sin\frac{1}{x}\right|\leqslant 3,$$

所以 x 与 $x\left(2+\sin\dfrac{1}{x}\right)$ 为当 $x\to 0$ 时的同阶无穷小量.

特别的，若$\lim\limits_{x\to x_0}\dfrac{f(x)}{g(x)}=1$，则称$f$与$g$是当$x\to x_0$时的**等价无穷小量**.记作

$$f(x)\sim g(x)\ (x\to x_0).$$

例如，由于$\lim\limits_{x\to 0}\dfrac{\sin x}{x}=1$，故有$\sin x\sim x\ (x\to 0)$.又由于$\lim\limits_{x\to 0}\dfrac{\arctan x}{x}=1$（上节习题1(6)），故有$\arctan x\sim x\ (x\to 0)$.

注 本段中的等式$f(x)=o(g(x))\ (x\to x_0)$与$f(x)=O(g(x))\ (x\to x_0)$等，与通常等式的含义是不同的.这里等式左边是一个函数，右边是一个函数类，而中间的等号的含义是"属于".例如，前面已经得到

$$1-\cos x=o(\sin x)\ (x\to 0),\tag{1}$$

其中

$$o(\sin x)=\left\{f\,\middle|\,\lim_{x\to 0}\frac{f(x)}{\sin x}=0\right\},$$

等式(1)表示函数$1-\cos x$属于此函数类.

以上讨论了两个无穷小量阶的比较.但应指出，并不是任何两个无穷小量都可以进行这种阶的比较.例如，当$x\to 0$时，$x\sin\dfrac{1}{x}$和x^2都是无穷小量，但它们的比

$$\frac{x\sin\frac{1}{x}}{x^2}=\frac{1}{x}\sin\frac{1}{x}\quad\text{或}\quad\frac{x^2}{x\sin\frac{1}{x}}=\frac{x}{\sin\frac{1}{x}}$$

当$x\to 0$时都不是有界量，所以这两个无穷小量不能进行阶的比较.

下述定理显示了等价无穷小量在求极限问题中的作用.

定理 3.13 设函数f,g,h在$U^\circ(x_0)$上有定义，且有

$$f(x)\sim g(x)\ (x\to x_0).$$

(i) 若$\lim\limits_{x\to x_0}f(x)h(x)=A$，则$\lim\limits_{x\to x_0}g(x)h(x)=A$；

(ii) 若$\lim\limits_{x\to x_0}\dfrac{h(x)}{f(x)}=B$，则$\lim\limits_{x\to x_0}\dfrac{h(x)}{g(x)}=B$.

证 (i) $\lim\limits_{x\to x_0}g(x)h(x)=\lim\limits_{x\to x_0}\dfrac{g(x)}{f(x)}\cdot\lim\limits_{x\to x_0}f(x)h(x)=1\cdot A=A$.

(ii) 可类似地证明. □

例 1 求$\lim\limits_{x\to 0}\dfrac{\arctan x}{\sin 4x}$.

解 由于$\arctan x\sim x\ (x\to 0)$，$\sin 4x\sim 4x\ (x\to 0)$，故由定理3.13得

$$\lim_{x\to 0}\frac{\arctan x}{\sin 4x}=\lim_{x\to 0}\frac{x}{4x}=\frac{1}{4}.$$ □

例 2 利用等价无穷小量代换求极限

$$\lim_{x\to 0}\frac{\tan x-\sin x}{\sin x^3}.$$

解　由于 $\tan x-\sin x=\dfrac{\sin x}{\cos x}(1-\cos x)$，而

$$\sin x\sim x(x\to 0),\quad 1-\cos x\sim\frac{x^2}{2}\ (x\to 0),\quad \sin x^3\sim x^3(x\to 0),$$

故有

$$\lim_{x\to 0}\frac{\tan x-\sin x}{\sin x^3}=\lim_{x\to 0}\frac{1}{\cos x}\cdot\frac{x\cdot\frac{x^2}{2}}{x^3}=\frac{1}{2}.$$ □

注　在利用等价无穷小量代换求极限时，应注意：只有对所求极限式中相乘或相除的因式才能用等价无穷小量来替代，而对极限式中的相加或相减部分则不能随意替代.如在例 2 中，若因有

$$\tan x\sim x\ (x\to 0),\quad \sin x\sim x\ (x\to 0),$$

而推出

$$\lim_{x\to 0}\frac{\tan x-\sin x}{\sin x^3}=\lim_{x\to 0}\frac{x-x}{\sin x^3}=0,$$

则得到的是错误的结果.

三、无穷大量

定义 2　设函数 f 在某 $U^\circ(x_0)$ 上有定义.若对任给的 $G>0$，存在 $\delta>0$，使得当 $x\in U^\circ(x_0;\delta)(\subset U^\circ(x_0))$ 时，有

$$|f(x)|>G, \tag{2}$$

则称函数 f 当 $x\to x_0$ 时有**非正常极限∞**，记作

$$\lim_{x\to x_0}f(x)=\infty.$$

若(2)式换成“$f(x)>G$”或“$f(x)<-G$”，则分别称 f 当 $x\to x_0$ 时有非正常极限 $+\infty$ 或 $-\infty$，记作

$$\lim_{x\to x_0}f(x)=+\infty\quad\text{或}\quad\lim_{x\to x_0}f(x)=-\infty.$$

关于函数 f 在自变量 x 的其他不同趋向的非正常极限的定义，都可类似地给出.例如：

$\lim\limits_{x\to+\infty}f(x)=-\infty$ 的定义：任给 $G>0$，存在 $M>0$，使得当 $x>M$ 时，有 $f(x)<-G$.

定义3　对于自变量 x 的某种趋向，所有以 ∞，$+\infty$ 或 $-\infty$ 为非正常极限的函数，都称为当 x 是该种趋向时的**无穷大量**.

例 3　证明：$\lim\limits_{x\to 0}\dfrac{1}{x^2}=+\infty$.

证　任给 $G>0$，要使 $\dfrac{1}{x^2}>G$，只要 $|x|<\dfrac{1}{\sqrt{G}}$，因此令 $\delta=\dfrac{1}{\sqrt{G}}$，则对一切 $x\in U^\circ(0;\delta)$，有 $\dfrac{1}{x^2}>G$.这就证明了 $\lim\limits_{x\to 0}\dfrac{1}{x^2}=+\infty$. □

例 4　证明：当 $a>1$ 时，$\lim\limits_{x\to+\infty}a^x=+\infty$.

证 任给 $G>0$(不妨设 $G>1$),要使 $a^x>G$,由对数函数的严格增性,只要 $x>\log_a G$,因此令 $M=\log_a G$,则对一切 $x>M$,有 $a^x>G$.这就证得 $\lim\limits_{x\to+\infty}a^x=+\infty$. □

顺便指出,容易证明:当 $a>1$ 时,$\lim\limits_{x\to-\infty}a^x=0$;当 $0<a<1$ 时,有

$$\lim_{x\to+\infty}a^x=0,\quad \lim_{x\to-\infty}a^x=+\infty.$$

注 1 无穷大量不是很大的数,而是具有非正常极限的函数.如由例 3 知 $\frac{1}{x^2}$ 是当 $x\to0$ 时的无穷大量,由例 4 知 $a^x(a>1)$ 是当 $x\to+\infty$ 时的无穷大量.

注 2 若 f 为 $x\to x_0$ 时的无穷大量,则易见 f 为 $U^\circ(x_0)$ 上的无界函数.但无界函数却不一定是无穷大量.如 $f(x)=x\sin x$ 在 $U(+\infty)$ 上无界,因对任给的 $G>0$,取 $x_n=2n\pi+\frac{\pi}{2}$,这里正整数 $n>\frac{G}{2\pi}$,则有

$$f(x_n)=\left(2n\pi+\frac{\pi}{2}\right)\sin\left(2n\pi+\frac{\pi}{2}\right)=2n\pi+\frac{\pi}{2}>G.$$

但 $\lim\limits_{x\to+\infty}f(x)\neq\infty$,因若取数列 $x_n^*=2n\pi(n=1,2,\cdots)$,则 $x_n^*\to+\infty\ (n\to\infty)$,而

$$\lim_{n\to\infty}f(x_n^*)=0.$$

例 5 设 $f(x)$ 为 $x\to x_0$ 时的无穷大量,$g(x)$ 在 $U^\circ(x_0)$ 上满足 $|g(x)|\geqslant K>0$.证明:$f(x)g(x)$ 为 $x\to x_0$ 时的无穷大量.

证 因为 $\lim\limits_{x\to x_0}f(x)=\infty$,则对任给 $G>0$,存在 $\delta>0$,当 $0<|x-x_0|<\delta$ 时,有

$$|f(x)|>\frac{G}{K}.$$

那么

$$|f(x)g(x)|>\frac{G}{K}\cdot K=G,$$

这就说明 $\lim\limits_{x\to x_0}f(x)g(x)=\infty$. □

如同对无穷小量进行阶的比较的讨论一样,对两个无穷大量也可定义高阶无穷大量、同阶无穷大量等概念.这里就不再详述了.

由无穷大量与无穷小量的定义,可推得它们之间有如下关系:

定理 3.14 (i) 设 f 在 $U^\circ(x_0)$ 上有定义且不等于 0.若 f 为 $x\to x_0$ 时的无穷小量,则 $\frac{1}{f}$ 为 $x\to x_0$ 时的无穷大量.

(ii) 若 g 为 $x\to x_0$ 时的无穷大量,则 $\frac{1}{g}$ 为 $x\to x_0$ 时的无穷小量.

定理的证明留给读者.根据这个定理,对无穷大量的研究可归结为对无穷小量的讨论.

四、曲线的渐近线

作为函数极限的一个应用,我们讨论曲线的渐近线问题.由平面解析几何知道,双

曲线$\dfrac{x^2}{a^2}-\dfrac{y^2}{b^2}=1$有两条渐近线$\dfrac{x}{a}\pm\dfrac{y}{b}=0$(图3-7).一般地,曲线的渐近线定义如下.

定义4　若曲线C上的动点P沿着曲线无限地远离原点时,点P与某定直线L的距离趋于0,则称直线L为曲线C的**渐近线**(图3-8).

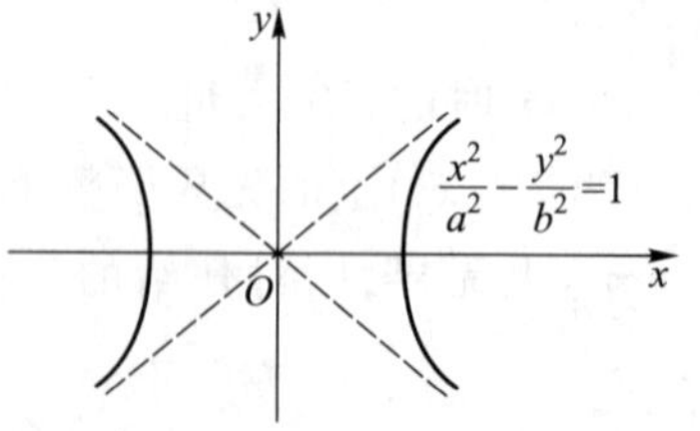

图3-7

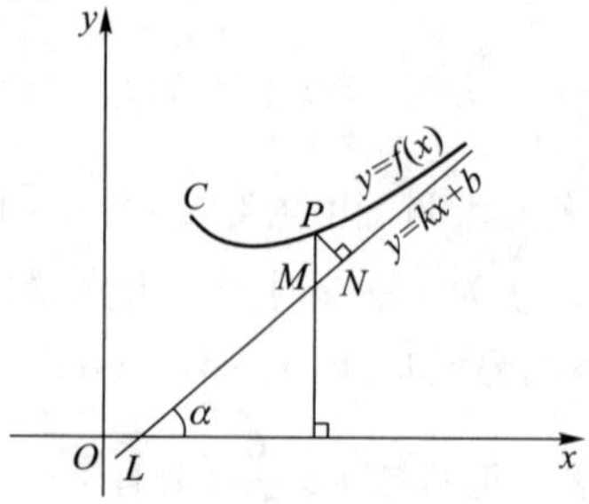

图3-8

下面我们讨论曲线$y=f(x)$在什么条件下存在**斜渐近线**$y=kx+b$与**垂直渐近线**$x=x_0$,以及怎样求出渐近线方程.

现假设曲线$y=f(x)$有斜渐近线$y=kx+b$.如图3-8所示,曲线上动点P到渐近线的距离为

$$|PN|=|PM\cos\alpha|=|f(x)-(kx+b)|\frac{1}{\sqrt{1+k^2}}.$$

按渐近线的定义,当$x\to+\infty$时①,$|PN|\to0$,即有

$$\lim_{x\to+\infty}(f(x)-(kx+b))=0,$$

或

$$\lim_{x\to+\infty}(f(x)-kx)=b. \tag{3}$$

又由

$$\lim_{x\to+\infty}\left(\frac{f(x)}{x}-k\right)=\lim_{x\to+\infty}\frac{1}{x}(f(x)-kx)=0\cdot b=0,$$

得到

$$\lim_{x\to+\infty}\frac{f(x)}{x}=k. \tag{4}$$

由上面的讨论可知,若曲线$y=f(x)$有斜渐近线$y=kx+b$,则常数k与b可相继由(4)式和(3)式来确定;反之,若由(4)、(3)两式求得k与b,则可知$|PN|\to0$ $(x\to+\infty)$,从而$y=kx+b$为曲线$y=f(x)$的渐近线.

若函数f满足

$$\lim_{x\to x_0}f(x)=\infty\quad\left(\text{或}\lim_{x\to x_0^+}f(x)=\infty,\lim_{x\to x_0^-}f(x)=\infty\right),$$

则按渐近线的定义可知,曲线$y=f(x)$有垂直于x轴的渐近线$x=x_0$,称为**垂直渐近线**.

---

①　对于$x\to-\infty$或$x\to\infty$的情形,也有相应的结果.

例 6 求曲线 $f(x)=\dfrac{x^3}{x^2+2x-3}$ 的渐近线.

解 由(4)式,

$$\frac{f(x)}{x}=\frac{x^3}{x^3+2x^2-3x}\to 1\quad(x\to\infty),$$

得 $k=1$.再由(3)式,

$$f(x)-kx=\frac{x^3}{x^2+2x-3}-x\to -2\quad(x\to\infty),$$

得 $b=-2$.从而求得此曲线的斜渐近线方程为 $y=x-2$.

又由 $f(x)=\dfrac{x^3}{(x+3)(x-1)}$ 易见

$$\lim_{x\to-3}f(x)=\infty,\quad \lim_{x\to1}f(x)=\infty,$$

所以此曲线有垂直渐近线 $x=-3$ 和 $x=1$(图 3-9). □

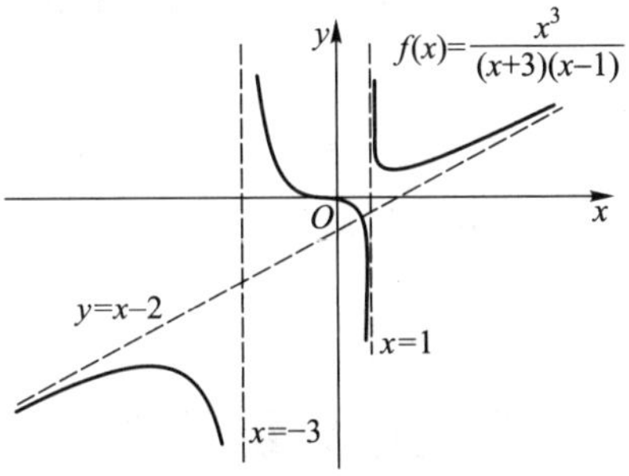

图 3-9

习题 3.5

1. 证明下列各式:

(1) $2x-x^2=O(x)\ (x\to0)$;　(2) $x\sin\sqrt{x}=O(x^{\frac{3}{2}})\ (x\to0^+)$;

(3) $\sqrt{1+x}-1=o(1)\ (x\to0)$;

(4) $(1+x)^n=1+nx+o(x)\ (x\to0)$ (n 为正整数);

(5) $2x^3+x^2=O(x^3)\ (x\to\infty)$;

(6) $o(g(x))\pm o(g(x))=o(g(x))\ (x\to x_0)$①;

(7) $o(g_1(x))\cdot o(g_2(x))=o(g_1(x)g_2(x))\ (x\to x_0)$.

2. 应用定理 3.13 求下列极限:

(1) $\lim\limits_{x\to\infty}\dfrac{x\arctan\dfrac{1}{x}}{x-\cos x}$;　(2) $\lim\limits_{x\to0}\dfrac{\sqrt{1+x^2}-1}{1-\cos x}$.

3. 证明定理 3.14.

---

① 这里等式的含义是:两个比 g 高阶的无穷小量的和或差仍是一个比 g 高阶的无穷小量.后一小题类似.

4. 求下列函数所表示曲线的渐近线：

（1）$y=\dfrac{1}{x}$；（2）$y=\arctan x$；（3）$y=\dfrac{3x^3+4}{x^2-2x}$.

5. 试确定 α 的值，使下列函数与 x^α 当 $x\to 0$ 时为同阶无穷小量：

（1）$\sin 2x-2\sin x$；（2）$\dfrac{1}{1+x}-(1-x)$；

（3）$\sqrt{1+\tan x}-\sqrt{1-\sin x}$；（4）$\sqrt[5]{3x^2-4x^3}$.

6. 试确定 α 的值，使下列函数与 x^α 当 $x\to\infty$ 时为同阶无穷大量：

（1）$\sqrt{x^2+x^5}$；（2）$x+x^2(2+\sin x)$；

（3）$(1+x)(1+x^2)\cdots(1+x^n)$.

---

7. 证明：若 S 为无上界数集，则存在一递增数列 $\{x_n\}\subset S$，使得 $x_n\to+\infty\ (n\to\infty)$.

8. 设 $\lim\limits_{x\to x_0}f(x)=\infty$，$\lim\limits_{x\to x_0}g(x)=b\neq 0$. 证明：$\lim\limits_{x\to x_0}f(x)g(x)=\infty$.

9. 设 $f(x)\sim g(x)\ (x\to x_0)$，证明：

$$f(x)-g(x)=o(f(x))\quad 或\quad f(x)-g(x)=o(g(x)).$$

10. 写出并证明 $\lim\limits_{x\to+\infty}f(x)=+\infty$ 的归结原则.

第三章总练习题

1. 求下列极限：

（1）$\lim\limits_{x\to 3^-}(x-[x])$；（2）$\lim\limits_{x\to 1^+}([x]+1)^{-1}$；

（3）$\lim\limits_{x\to+\infty}\left(\sqrt{(a+x)(b+x)}-\sqrt{(a-x)(b-x)}\right)$；

（4）$\lim\limits_{x\to+\infty}\dfrac{x}{\sqrt{x^2-a^2}}$；（5）$\lim\limits_{x\to-\infty}\dfrac{x}{\sqrt{x^2-a^2}}$；

（6）$\lim\limits_{x\to 0}\dfrac{\sqrt{1+x}-\sqrt{1-x}}{\sqrt[3]{1+x}-\sqrt[3]{1-x}}$；（7）$\lim\limits_{x\to 1}\left(\dfrac{m}{1-x^m}-\dfrac{n}{1-x^n}\right)$，$m,n$ 为正整数.

2. 分别求出满足下述条件的常数 a 与 b：

（1）$\lim\limits_{x\to+\infty}\left(\dfrac{x^2+1}{x+1}-ax-b\right)=0$；（2）$\lim\limits_{x\to-\infty}\left(\sqrt{x^2-x+1}-ax-b\right)=0$；

（3）$\lim\limits_{x\to+\infty}\left(\sqrt{x^2-x+1}-ax-b\right)=0$.

3. 试分别举出符合下列要求的函数 f：

（1）$\lim\limits_{x\to 2}f(x)\neq f(2)$；（2）$\lim\limits_{x\to 2}f(x)$ 不存在.

4. 试给出函数 f 的例子，使 $f(x)>0$ 恒成立，而在某一点 x_0 处有 $\lim\limits_{x\to x_0}f(x)=0$. 这同极限的局部保号性有矛盾吗？

5. 设 $\lim\limits_{x\to a}f(x)=A$，$\lim\limits_{u\to A}g(u)=B$，在何种条件下能由此推出

$$\lim_{x\to a}g(f(x))=B?$$

6. 设 $f(x)=x\cos x$. 试作数列

(1) $\{x_n\}$ 使得 $x_n\to\infty\ (n\to\infty)$，$f(x_n)\to 0\ (n\to\infty)$；

(2) $\{y_n\}$ 使得 $y_n\to\infty\ (n\to\infty)$，$f(y_n)\to+\infty\ (n\to\infty)$；

(3) $\{z_n\}$ 使得 $z_n\to\infty\ (n\to\infty)$，$f(z_n)\to-\infty\ (n\to\infty)$.

7. 设 f 为 $U_-^\circ(x_0)$ 上的递增函数. 证明：若存在数列 $\{x_n\}\subset U_-^\circ(x_0)$ 且 $x_n\to x_0(n\to\infty)$，使得 $\lim\limits_{n\to\infty}f(x_n)=A$，则有

$$f(x_0-0)=\sup_{x\in U_-^\circ(x_0)}f(x)=A.$$

8. 设函数 f 在 $(0,+\infty)$ 上满足方程 $f(2x)=f(x)$，且 $\lim\limits_{x\to+\infty}f(x)=A$. 证明：$f(x)\equiv A$，$x\in(0,+\infty)$.

9. 设函数 f 在 $(0,+\infty)$ 上满足方程 $f(x^2)=f(x)$，且

$$\lim_{x\to 0^+}f(x)=\lim_{x\to+\infty}f(x)=f(1).$$

证明：$f(x)\equiv f(1)$，$x\in(0,+\infty)$.

10. 设函数 f 定义在 $(a,+\infty)$ 上，f 在每一个有限区间 (a,b) 上有界，并满足 $\lim\limits_{x\to+\infty}(f(x+1)-f(x))=A$. 证明：

$$\lim_{x\to+\infty}\frac{f(x)}{x}=A.$$

第三章自测题　　**第三章重难点精讲**

第四章 函数的连续性

§1 连续性概念

连续函数是数学分析中着重讨论的一类函数.

从几何形象上粗略地说,连续函数在坐标平面上的图像是一条连绵不断的曲线.当然我们不能满足于这种直观的认识,而应给出函数连续性的精确定义,并由此出发研究连续函数的性质.本节中先定义函数在一点的连续性和在区间上的连续性.

一、函数在一点的连续性

定义 1 设函数 f 在某 $U(x_0)$ 上有定义.若

$$\lim_{x \to x_0} f(x) = f(x_0), \tag{1}$$

则称 **f 在点 x_0 连续**.

例如,函数 $f(x) = 2x + 1$ 在点 $x = 2$ 连续,因为

$$\lim_{x \to 2} f(x) = \lim_{x \to 2} (2x + 1) = 5 = f(2).$$

又如,函数

$$f(x) = \begin{cases} x\sin\dfrac{1}{x}, & x \neq 0, \\ 0, & x = 0 \end{cases}$$

在点 $x = 0$ 连续,因为

$$\lim_{x \to 0} f(x) = \lim_{x \to 0} x\sin\frac{1}{x} = 0 = f(0).$$

为引入函数 $y = f(x)$ 在点 x_0 连续的另一种表述,记 $\Delta x = x - x_0$,称为**自变量** x(在点 x_0)**的增量**或**改变量**.设 $y_0 = f(x_0)$,相应的**函数** y(在点 x_0)**的增量**记为

$$\Delta y = f(x) - f(x_0) = f(x_0 + \Delta x) - f(x_0) = y - y_0.$$

注 自变量的增量 Δx 或函数的增量 Δy 可以是正数,也可以是 0 或负数.

引进了增量的概念之后,易见"函数 $y = f(x)$ 在点 x_0 连续"等价于

$$\lim_{\Delta x \to 0} \Delta y = 0.$$

由于函数在一点的连续性是通过极限来定义的,因而也可直接用 $\varepsilon - \delta$ 方式来叙

述,即:若对任给的 $\varepsilon>0$,存在 $\delta>0$,使得当 $|x-x_0|<\delta$ 时,有

$$|f(x)-f(x_0)|<\varepsilon, \tag{2}$$

则称函数 f 在点 x_0 连续.

由上述定义,我们可得出函数 f 在点 x_0 有极限与 f 在 x_0 连续这两个概念之间的联系.首先,f 在点 x_0 有极限是 f 在 x_0 连续的必要条件;进一步说,“f 在点 x_0 连续”不仅要求 f 在点 x_0 有极限,而且要求其极限值应等于 f 在 x_0 的函数值 $f(x_0)$.其次,在讨论极限时,我们假定 f 在点 x_0 的某空心邻域 $U^\circ(x_0)$ 上有定义(f 在点 x_0 可以没有定义),而“f 在点 x_0 连续”则要求 f 在某 $U(x_0)$ 上(包括点 x_0)有定义,此时由于(2)式当 $x=x_0$ 时总是成立的,所以在极限定义中的“$0<|x-x_0|<\delta$”换成了在连续定义中的“$|x-x_0|<\delta$”.最后,(1)式又可表示为

$$\lim_{x\to x_0} f(x)=f\left(\lim_{x\to x_0} x\right),$$

可见“f 在点 x_0 连续”意味着极限运算 $\lim\limits_{x\to x_0}$ 与对应法则 f 的可交换性.

例 1 证明:函数 $f(x)=xD(x)$ 在点 $x=0$ 连续,其中 $D(x)$ 为狄利克雷函数.

证 由 $f(0)=0$ 及 $|D(x)|\leqslant 1$,对任给的 $\varepsilon>0$,为使

$$|f(x)-f(0)|=|xD(x)|\leqslant|x|<\varepsilon,$$

只要取 $\delta=\varepsilon$,即可按 $\varepsilon-\delta$ 定义推得 f 在点 $x=0$ 连续. □

相应于 f 在点 x_0 的左、右极限的概念,我们给出左、右连续的定义如下.

定义 2 设函数 f 在某 $U_+(x_0)$ $(U_-(x_0))$ 有定义.若

$$\lim_{x\to x_0^+} f(x)=f(x_0)\quad\left(\lim_{x\to x_0^-} f(x)=f(x_0)\right),$$

则称 f 在点 x_0 **右(左)连续**.

根据上述定义 1 与定义 2,不难推出如下定理.

定理 4.1 函数 f 在点 x_0 连续的充要条件是:f 在点 x_0 既是右连续,又是左连续.

例 2 讨论函数

$$f(x)=\begin{cases} x+2, & x\geqslant 0,\\ x-2, & x<0\end{cases}$$

在点 $x=0$ 的连续性.

解 因为

$$\lim_{x\to 0^+} f(x)=\lim_{x\to 0^+}(x+2)=2,$$
$$\lim_{x\to 0^-} f(x)=\lim_{x\to 0^-}(x-2)=-2,$$

而 $f(0)=2$,所以 f 在点 $x=0$ 右连续,但不左连续,从而它在 $x=0$ 不连续(见图 4-1). □

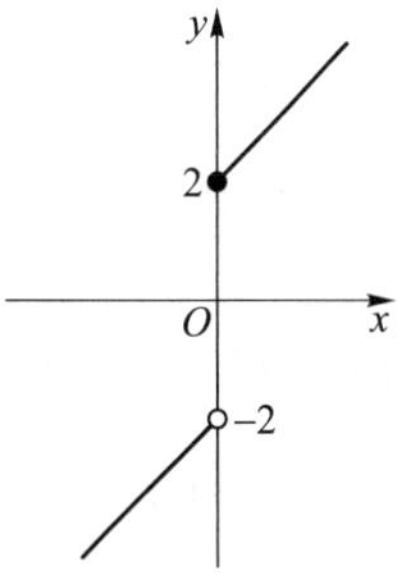

图 4-1

二、间断点及其分类

定义 3 设函数 f 在某 $U^\circ(x_0)$ 上有定义.若 f 在点 x_0 无定义,或 f 在点 x_0 有定义而不连续,则称点 x_0 为函数 f 的**间断点**或**不连续点**.

按此定义以及上一段中关于极限与连续性之间联系的讨论,可知若 x_0 为函数 f 的间断点,则必出现下列情形之一:

(i) $\lim\limits_{x \to x_0} f(x)$存在①，且 f 在点 x_0 无定义或有定义但$\lim\limits_{x \to x_0} f(x) \neq f(x_0)$；

(ii) $\lim\limits_{x \to x_0} f(x)$不存在.

据此，我们对函数的间断点作如下分类.

1. 可去间断点　若

$$\lim_{x \to x_0} f(x) = A,$$

而 f 在点 x_0 无定义，或有定义但 $f(x_0) \neq A$，则称点 x_0 为 f 的**可去间断点**.

例如，对于函数 $f(x) = |\operatorname{sgn} x|$，因 $f(0) = 0$，而

$$\lim_{x \to 0} f(x) = 1 \neq f(0),$$

故点 $x = 0$ 为 $f(x) = |\operatorname{sgn} x|$ 的可去间断点. 又如函数 $g(x) = \dfrac{\sin x}{x}$，由于$\lim\limits_{x \to 0} g(x) = 1$，而 g 在 $x = 0$ 无定义，所以点 $x = 0$ 是函数 g 的可去间断点.

设点 x_0 为函数 f 的可去间断点，且$\lim\limits_{x \to x_0} f(x) = A$. 我们按如下方法定义一个函数 $\hat{f}$：当 $x \neq x_0$ 时，$\hat{f}(x) = f(x)$；当 $x = x_0$ 时，$\hat{f}(x_0) = A$. 易见，对于函数 $\hat{f}$，点 x_0 是它的连续点. 例如，对上述的 $g(x) = \dfrac{\sin x}{x}$，我们定义

$$\hat{g}(x) = \begin{cases} \dfrac{\sin x}{x}, & x \neq 0, \\ 1, & x = 0, \end{cases}$$

则 $\hat{g}$ 在点 $x = 0$ 连续.

2. 跳跃间断点　若函数 f 在点 x_0 的左、右极限都存在，但

$$\lim_{x \to x_0^+} f(x) \neq \lim_{x \to x_0^-} f(x),$$

则称点 x_0 为函数 f 的**跳跃间断点**.

例如，对函数 $f(x) = [x]$（图 1－5），当 $x = n$（n 为整数）时，有

$$\lim_{x \to n^-} [x] = n - 1, \quad \lim_{x \to n^+} [x] = n,$$

所以在整数点上函数 f 的左、右极限不相等，从而整数点都是函数 $f(x) = [x]$ 的跳跃间断点. 又如符号函数 $\operatorname{sgn} x$ 在 $x = 0$ 处的左、右极限分别为 -1 和 1，故 $x = 0$ 是 $\operatorname{sgn} x$ 的跳跃间断点（图 1－1）.

可去间断点和跳跃间断点统称为**第一类间断点**. 第一类间断点的特点是函数在该点处的左、右极限都存在.

3. 函数的所有其他形式的间断点，即使得函数至少有一侧极限不存在的那些点，称为**第二类间断点**.

例如，函数 $y = \dfrac{1}{x}$当 $x \to 0$ 时不存在有限的极限，故 $x = 0$ 是 $y = \dfrac{1}{x}$的第二类间断点. 函数 $\sin \dfrac{1}{x}$在 $x = 0$ 处左、右极限都不存在，故 $x = 0$ 是 $\sin \dfrac{1}{x}$的第二类间断点. 又如，对于狄利克雷函数 $D(x)$，其定义域 $\mathbf{R}$ 上每一点 x 都是第二类间断点.

---

① 这里所说的极限存在是指存在有限极限，即不包括非正常极限.

三、区间上的连续函数

若函数 f 在区间 I 上的每一点都连续，则称 f 为 I 上的**连续函数**. 对于闭区间或半开半闭区间的端点，函数在这些点上连续是指**左连续**或**右连续**.

例如，函数 $y=c, y=x, y=\sin x$ 和 $y=\cos x$ 都是 $\mathbf{R}$ 上的连续函数. 又如函数 $y=\sqrt{1-x^2}$ 在 $(-1,1)$ 上的每一点都连续，在 $x=1$ 为左连续，在 $x=-1$ 为右连续，因而它在 $[-1,1]$ 上连续.

若函数 f 在区间 $[a,b]$ 上仅有有限个第一类间断点，则称 f 在 $[a,b]$ 上**分段连续**. 例如，函数 $y=[x]$ 和 $y=x-[x]$ 在区间 $[-3,3]$ 上是分段连续的.

在 §3 中我们将证明任何初等函数在其定义区间上为连续函数. 同时，也存在着在其定义区间上每一点都不连续的函数，如前面已提到的狄利克雷函数.

例 3 证明：黎曼函数

$$R(x)=\begin{cases}\dfrac{1}{q}, & x=\dfrac{p}{q}\left(p,q \text{ 为正整数}, \dfrac{p}{q} \text{ 为既约真分数}\right),\\ 0, & x=0,1 \text{ 及 } (0,1) \text{ 上的无理数}\end{cases}$$

在 $(0,1)$ 上任何无理点都连续，任何有理点都不连续.

证 设 $\xi\in(0,1)$ 为无理数. 任给 $\varepsilon>0\left(\text{不妨设 } \varepsilon<\dfrac{1}{2}\right)$，满足 $\dfrac{1}{q}\geqslant\varepsilon$ 的正整数 q 显然只有有限个（但至少有一个，如 $q=2$），从而使 $R(x)\geqslant\varepsilon$ 的有理数 $x\in(0,1)$ 只有有限个 $\left(\text{至少有一个，如 } \dfrac{1}{2}\right)$，设为 $x_1,\cdots,x_n$. 取

$$\delta=\min\{|x_1-\xi|,\cdots,|x_n-\xi|,\xi,1-\xi\},$$

则对任何 $x\in U(\xi;\delta)\ (\subset(0,1))$，当 x 为有理数时，有 $R(x)<\varepsilon$，当 x 为无理数时，有 $R(x)=0$. 于是，对任何 $x\in U(\xi;\delta)$，总有

$$|R(x)-R(\xi)|=R(x)<\varepsilon.$$

这就证明了 $R(x)$ 在无理点 ξ 连续.

现设 $\dfrac{p}{q}$ 为 $(0,1)$ 上任一有理数. 取 $\varepsilon_0=\dfrac{1}{2q}$，对任何正数 δ（无论多么小），在 $U\left(\dfrac{p}{q};\delta\right)$ 内总可取到无理数 $x\ (\in(0,1))$，使得

$$\left|R(x)-R\left(\frac{p}{q}\right)\right|=\frac{1}{q}>\varepsilon_0.$$

所以 $R(x)$ 在任何有理点都不连续. □

习 题 4.1

1. 按定义证明下列函数在其定义域内连续：

(1) $f(x)=\dfrac{1}{x}$； (2) $f(x)=|x|$.

2. 指出下列函数的间断点并说明其类型：

(1) $f(x)=x+\dfrac{1}{x}$；　(2) $f(x)=\dfrac{\sin x}{|x|}$；

(3) $f(x)=[\,|\cos x|\,]$；　(4) $f(x)=\operatorname{sgn}|x|$；

(5) $f(x)=\operatorname{sgn}(\cos x)$；　(6) $f(x)=\begin{cases}x, & x\text{ 为有理数},\\ -x, & x\text{ 为无理数};\end{cases}$

(7) $f(x)=\begin{cases}\dfrac{1}{x+7}, & -\infty<x<-7,\\ x, & -7\leqslant x\leqslant 1,\\ (x-1)\sin\dfrac{1}{x-1}, & 1<x<+\infty.\end{cases}$

3. 延拓下列函数，使其在 $\mathbf{R}$ 上连续：

(1) $f(x)=\dfrac{x^3-8}{x-2}$；　(2) $f(x)=\dfrac{1-\cos x}{x^2}$；　(3) $f(x)=x\cos\dfrac{1}{x}$.

4. 证明：若 f 在点 x_0 连续，则 $|f|$ 与 f^2 也在点 x_0 连续. 又问：如果 $|f|$ 或 f^2 在 I 上连续，那么 f 在 I 上是否必连续？

5. 设当 $x\neq 0$ 时，$f(x)\equiv g(x)$，而 $f(0)\neq g(0)$. 证明：f 与 g 两者中至多有一个在 $x=0$ 连续.

---

6. 设 f 为区间 I 上的单调函数. 证明：若 $x_0\in I$ 为 f 的间断点，则 x_0 必是 f 的第一类间断点.

7. 设函数 f 只有可去间断点，定义

$$g(x)=\lim_{y\to x}f(y).$$

证明：g 为连续函数.

8. 设 f 为 $\mathbf{R}$ 上的单调函数，定义

$$g(x)=f(x+0).$$

证明：g 在 $\mathbf{R}$ 上每一点都右连续.

9. 举出定义在 $[0,1]$ 上分别符合下述要求的函数：

(1) 只在 $\dfrac{1}{2},\dfrac{1}{3}$ 和 $\dfrac{1}{4}$ 三点不连续的函数；

(2) 只在 $\dfrac{1}{2},\dfrac{1}{3}$ 和 $\dfrac{1}{4}$ 三点连续的函数；

(3) 只在 $\dfrac{1}{n}\ (n=1,2,3,\cdots)$ 上间断的函数；

(4) 只在 $x=0$ 右连续，而在其他点都不连续的函数.

§2 连续函数的性质

一、连续函数的局部性质

若函数 f 在点 x_0 连续,则 f 在点 x_0 有极限,且极限值等于函数值 $f(x_0)$.从而,根据函数极限的性质能推断出函数 f 在 $U(x_0)$ 的性态.

定理 4.2(局部有界性) 若函数 f 在点 x_0 连续,则 f 在某 $U(x_0)$ 上有界.

定理 4.3(局部保号性) 若函数 f 在点 x_0 连续,且 $f(x_0)>0$(或 <0),则对任何正数 $r<f(x_0)$ (或 $r<-f(x_0)$),存在某 $U(x_0)$,使得对一切 $x\in U(x_0)$,有

$$f(x)>r \ (\text{或} f(x)<-r).$$

注 在具体应用局部保号性时,常取 $r=\frac{1}{2}f(x_0)$,则(当 $f(x_0)>0$ 时)存在某 $U(x_0)$,使在其上有 $f(x)>\frac{1}{2}f(x_0)$.

定理 4.4(四则运算) 若函数 f 和 g 在点 x_0 连续,则 $f\pm g$, $f\cdot g$, f/g(这里 $g(x_0)\neq 0$)也都在点 x_0 连续.

以上三个定理的证明,都可从函数极限的有关定理直接推得.

对常量函数 $y=c$ 和函数 $y=x$ 反复应用定理 4.4,能推出多项式函数

$$P(x)=a_nx^n+a_{n-1}x^{n-1}+\cdots+a_1x+a_0$$

和有理函数 $R(x)=\dfrac{P(x)}{Q(x)}$ (P,Q 为多项式)在其定义域的每一点都是连续的.同样,由 $\sin x$ 和 $\cos x$ 在 $\mathbf{R}$ 上的连续性,可推得 $\tan x$ 与 $\cot x$ 在其定义域的每一点都连续.

关于复合函数的连续性,有如下定理.

定理 4.5 若函数 f 在点 x_0 连续,$u_0=f(x_0)$,g 在点 u_0 连续,则复合函数 $g\circ f$ 在点 x_0 连续.

证 由于 g 在 u_0 连续,对任给的 $\varepsilon>0$,存在 $\delta_1>0$,使得当 $|u-u_0|<\delta_1$ 时,有

$$|g(u)-g(u_0)|<\varepsilon. \tag{1}$$

又由 $u_0=f(x_0)$ 及 $u=f(x)$ 在点 x_0 连续,故对上述 $\delta_1>0$,存在 $\delta>0$,使得当 $|x-x_0|<\delta$ 时,有 $|u-u_0|=|f(x)-f(x_0)|<\delta_1$.联系(1)式得:对任给的 $\varepsilon>0$,存在 $\delta>0$,当 $|x-x_0|<\delta$ 时,有

$$|g(f(x))-g(f(x_0))|<\varepsilon.$$

这就证明了 $g\circ f$ 在点 x_0 连续. □

注 根据连续性的定义,上述定理的结论可表示为

$$\lim_{x\to x_0}g(f(x))=g(\lim_{x\to x_0}f(x))=g(f(x_0)). \tag{2}$$

例 1 求 $\lim\limits_{x\to 1}\sin(1-x^2)$.

解 $\sin(1-x^2)$ 可看作函数 $g(u)=\sin u$ 与 $f(x)=1-x^2$ 的复合.由(2)式得

$$\lim_{x\to 1}\sin(1-x^2)=\sin(\lim_{x\to 1}(1-x^2))=\sin 0=0.$$ □

注　若复合函数 $g\circ f$ 的内函数 f 当 $x\to x_0$ 时极限为 a，而 $a\neq f(x_0)$ 或 f 在 x_0 无定义（即 x_0 为 f 的可去间断点），又外函数 g 在 $u=a$ 连续，则我们仍可用上述定理来求复合函数的极限，即有

$$\lim_{x\to x_0} g(f(x))=g(\lim_{x\to x_0} f(x)). \tag{3}$$

读者还可证明：(3) 式不仅对于 $x\to x_0$ 这种类型的极限成立，而且对于 $x\to+\infty$，$x\to-\infty$，$x\to\infty$，$x\to x_0^+$，$x\to x_0^-$ 等类型的极限也是成立的.

例 2　求极限：

(1) $\lim\limits_{x\to 0}\sqrt{2-\dfrac{\sin x}{x}}$；　(2) $\lim\limits_{x\to\infty}\sqrt{2-\dfrac{\sin x}{x}}$.

解　(1) $\lim\limits_{x\to 0}\sqrt{2-\dfrac{\sin x}{x}}=\sqrt{2-\lim\limits_{x\to 0}\dfrac{\sin x}{x}}=\sqrt{2-1}=1$；

(2) $\lim\limits_{x\to\infty}\sqrt{2-\dfrac{\sin x}{x}}=\sqrt{2-\lim\limits_{x\to\infty}\dfrac{\sin x}{x}}=\sqrt{2-0}=\sqrt{2}$. □

二、闭区间上连续函数的基本性质

设 f 为闭区间 $[a,b]$ 上的连续函数，本段中我们讨论 f 在 $[a,b]$ 上的整体性质.

定义 1　设 f 为定义在数集 D 上的函数. 若存在 $x_0\in D$，使得对一切 $x\in D$，有

$$f(x_0)\geqslant f(x)\quad (f(x_0)\leqslant f(x)),$$

则称 f 在 D 上有最大（最小）值，并称 $f(x_0)$ 为 f 在 D 上的**最大（最小）值**.

例如，$\sin x$ 在 $[0,\pi]$ 上有最大值 1、最小值 0. 但一般而言，函数 f 在其定义域 D 上不一定有最大值或最小值（即使 f 在 D 上有界）. 如 $f(x)=x$ 在 $(0,1)$ 上既无最大值也无最小值. 又如

$$g(x)=\begin{cases}\dfrac{1}{x}, & x\in(0,1),\\ 2, & x=0 \text{ 与 } 1,\end{cases} \tag{4}$$

它在闭区间 $[0,1]$ 上也无最大、最小值. 下述定理给出了函数能取得最大、最小值的充分条件.

定理 4.6（最大、最小值定理）　若函数 f 在闭区间 $[a,b]$ 上连续，则 f 在 $[a,b]$ 上有最大值与最小值.

为了更好地证明这个定理，我们先证明一个引理.

引理（有界性定理）　若函数 $f(x)$ 在闭区间 $[a,b]$ 上连续，则 $f(x)$ 在闭区间 $[a,b]$ 上有界.

证　若不然，不妨假设 $f(x)$ 在 $[a,b]$ 上无上界. 那么存在 $x_n\in[a,b]$，使得

$$f(x_n)>n,\quad n=1,2,\cdots.$$

由此得 $\lim\limits_{n\to\infty} f(x_n)=+\infty$. 另一方面，因为 $\{x_n\}(\subset[a,b])$ 是有界数列，所以由致密性定理，$\{x_n\}$ 有收敛的子列 $\{x_{n_k}\}$，设 $\lim\limits_{k\to\infty} x_{n_k}=x_0$.

由于

$$a \leqslant x_{n_k} \leqslant b,$$

由极限的不等式性质推得

$$a \leqslant x_0 \leqslant b,$$

故 $f(x)$ 在点 x_0 连续. 由归结原则导出

$$+\infty = \lim_{k\to\infty} f(x_{n_k}) = \lim_{x\to x_0} f(x) = f(x_0),$$

矛盾. □

定理 4.6 的证明 由引理和确界原理, f 在 $[a,b]$ 上存在上确界. 记

$$M = \sup_{x\in[a,b]} f(x).$$

下面来证明: 存在 $\xi\in[a,b]$, 使 $f(\xi)=M$. 倘若不然, 对一切 $x\in[a,b]$, 都有 $f(x)<M$. 令

$$g(x)=\frac{1}{M-f(x)},\quad x\in[a,b].$$

易见函数 g 在 $[a,b]$ 上连续, 且取正值, 故 g 在 $[a,b]$ 上有正上界, 记为 G. 则有

$$0<g(x)=\frac{1}{M-f(x)}\leqslant G,\quad x\in[a,b].$$

从而推得

$$f(x)\leqslant M-\frac{1}{G},\quad x\in[a,b].$$

但这与 M 为 $f([a,b])$ 的上确界相矛盾. 所以必有 $\xi\in[a,b]$, 使 $f(\xi)=M$, 即 f 在 $[a,b]$ 上有最大值.

同理可证 f 在 $[a,b]$ 上有最小值. □

注 函数 $f(x)=x, x\in(0,1)$ 既没有最大值也没有最小值.

定理 4.7 (介值性定理) 设函数 f 在闭区间 $[a,b]$ 上连续, 且 $f(a)\neq f(b)$. 若 μ 为介于 $f(a)$ 与 $f(b)$ 之间的任何实数 ($f(a)<\mu<f(b)$ 或 $f(a)>\mu>f(b)$), 则至少存在一点 $x_0\in(a,b)$, 使得

$$f(x_0)=\mu.$$

这个定理表明, 若 f 在 $[a,b]$ 上连续, 又不妨设 $f(a)<f(b)$, 则 f 在 $[a,b]$ 上必能取得区间 $[f(a), f(b)]$ 上的一切值, 即有

$$[f(a), f(b)]\subset f([a,b]),$$

其几何意义如图 4-2 所示. 下面的推论是定理 4.7 的等价命题.

推论 (根的存在性定理) 若函数 f 在闭区间 $[a,b]$ 上连续, 且 $f(a)$ 与 $f(b)$ 异号 (即 $f(a)f(b)<0$), 则至少存在一点 $x_0\in(a,b)$, 使得

$$f(x_0)=0,$$

即方程 $f(x)=0$ 在 (a,b) 内至少有一个根.

这个推论的几何解释如图 4-3 所示: 若点 $A(a, f(a))$ 与 $B(b, f(b))$ 分别在 x 轴的两侧, 则连接 A,B 的连续曲线 $y=f(x)$ 与 x 轴至少有一个交点.

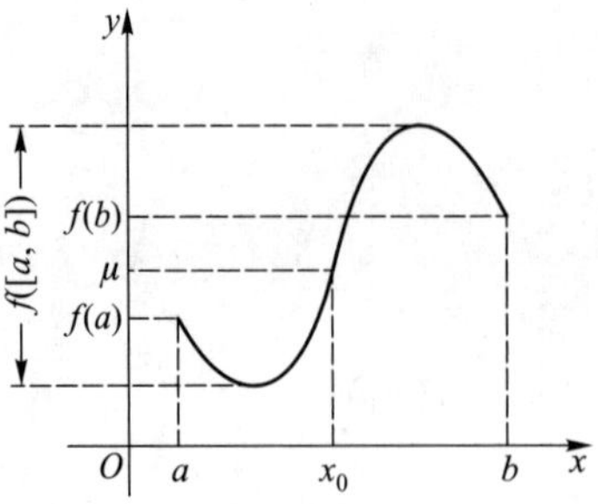

图 4－2

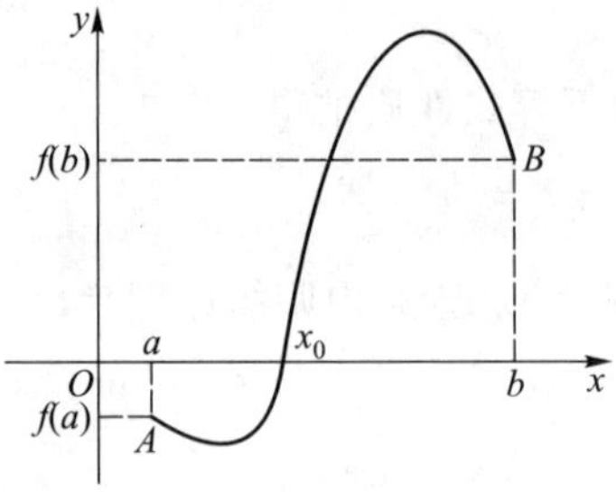

图 4－3

应用介值性定理,我们还容易推得连续函数的下述性质:若 f 在区间 I 上连续且不是常量函数,则值域 $f(I)$ 也是一个区间;特别地,若 I 为闭区间 $[a,b]$, f 在 $[a,b]$ 上的最大值为 M,最小值为 m,则 $f([a,b])=[m,M]$;又若 f 为 $[a,b]$ 上的递增(递减)连续函数且不为常数,则

$$f([a,b])=[f(a),f(b)]\ ([f(b),f(a)]).$$

定理 4.7 的证明　不妨设 $f(a)<\mu<f(b)$.令 $g(x)=f(x)-\mu$,则 g 也是 $[a,b]$ 上的连续函数,且 $g(a)<0, g(b)>0$.于是定理的结论转化为:存在 $x_0\in(a,b)$,使得 $g(x_0)=0$(即上述推论).设集合(见图 4－4)

$$E=\{x\mid g(x)<0,x\in[a,b]\}.$$

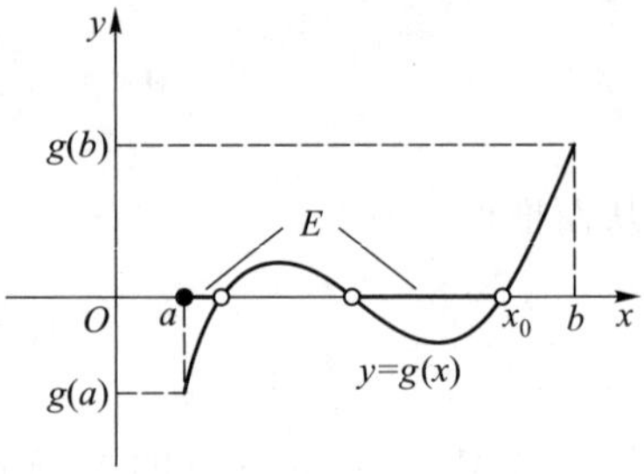

图 4－4

显然 E 为非空有界数集($E\subset[a,b]$,且 $a\in E$),故由确界原理,存在上确界 $x_0=\sup E$.另一方面,因 $g(a)<0, g(b)>0$,由连续函数的局部保号性,存在 $\delta>0$,使得

$$g(x)<0,x\in[a,a+\delta);\quad g(x)>0,x\in(b-\delta,b].$$

由此易见 $x_0\neq a, x_0\neq b$,即 $x_0\in(a,b)$.

下证 $g(x_0)=0$.倘若 $g(x_0)\neq 0$,不妨设 $g(x_0)<0$.再由局部保号性,存在 $U(x_0;\eta)(\subset(a,b))$,使在其上 $g(x)<0$,特别有 $g\left(x_0+\dfrac{\eta}{2}\right)<0\Rightarrow x_0+\dfrac{\eta}{2}\in E$.但这与 $x_0=\sup E$ 相矛盾,故必有 $g(x_0)=0$.　□

例 3　设 $a>0$, n 是正整数.证明:方程 $x^n=a$ 有唯一的正数解.

在第一章 §3 例 2 中给出了该题 $n=2$ 情形的证明,现在用介值性定理来证明一般的情形.

证　先证存在性.由于当 $x\to+\infty$ 时,有 $x^n\to+\infty$,故必存在正数 b,使得 $b^n>a$.因 $f(x)=x^n$ 在 $[0,b]$ 上连续,并有 $f(0)<a<f(b)$,故由介值性定理,至少存在一点 $x_0\in(0,b)$,使得 $f(x_0)=x_0^n=a$.

再证唯一性.设正数 x_1 使得 $x_1^n=a$,则有

$$x_0^n-x_1^n=(x_0-x_1)(x_0^{n-1}+x_0^{n-2}x_1+\cdots+x_1^{n-1})=0,$$

由于第二个括号内的数为正,所以只能 $x_0-x_1=0$,即 $x_1=x_0$.　□

例 4　设 f 在 $[a,b]$ 上连续,满足

$$f([a,b])\subset[a,b]. \tag{5}$$

证明:存在 $x_0\in[a,b]$,使得

$$f(x_0)=x_0. \tag{6}$$

证 条件(5)意味着:对任何 $x\in[a,b]$,有 $a\leqslant f(x)\leqslant b$,特别有

$$a\leqslant f(a)\quad 以及\quad f(b)\leqslant b.$$

若 $a=f(a)$ 或 $f(b)=b$,则取 $x_0=a$ 或 b,从而(6)式成立.现设 $a<f(a)$ 与 $f(b)<b$.令

$$F(x)=f(x)-x,$$

则 $F(a)=f(a)-a>0$,$F(b)=f(b)-b<0$.故由根的存在性定理,存在 $x_0\in(a,b)$,使得 $F(x_0)=0$,即 $f(x_0)=x_0$. □

从本例的证明过程可见,在应用介值性定理或根的存在性定理证明某些问题时,选取合适的辅助函数(如在本例中令 $F(x)=f(x)-x$),可收到事半功倍的效果.

三、反函数的连续性

定理 4.8 若函数 f 在 $[a,b]$ 上严格单调并连续,则反函数 f^{-1} 在其定义域 $[f(a),f(b)]$ 或 $[f(b),f(a)]$ 上连续.

证 不妨设 f 在 $[a,b]$ 上严格增.此时 f 的值域即反函数 f^{-1} 的定义域为 $[f(a),f(b)]$.任取 $y_0\in(f(a),f(b))$,设 $x_0=f^{-1}(y_0)$,则 $x_0\in(a,b)$.于是对任给的 $\varepsilon>0$,可在 (a,b) 上 x_0 的两侧各取异于 x_0 的点 x_1,x_2 $(x_1<x_0<x_2)$,使它们与 x_0 的距离小于 ε(图 4-5).

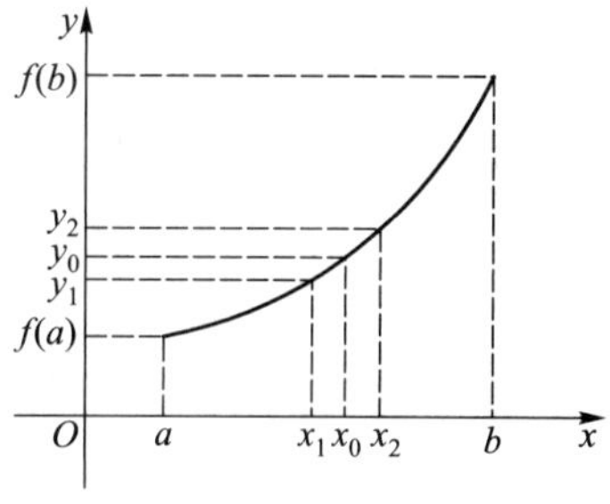

图 4-5

设与 x_1,x_2 对应的函数值分别为 y_1,y_2,由 f 的严格增性知 $y_1<y_0<y_2$.令

$$\delta=\min\{y_2-y_0,y_0-y_1\},$$

则当 $y\in U(y_0;\delta)$ 时,对应的 $x=f^{-1}(y)$ 的值都落在 x_1 与 x_2 之间,故有

$$|f^{-1}(y)-f^{-1}(y_0)|=|x-x_0|<\varepsilon,$$

这就证明了 f^{-1} 在点 y_0 连续,从而 f^{-1} 在 $(f(a),f(b))$ 上连续.

类似地可证 f^{-1} 在其定义区间的端点 $f(a)$ 与 $f(b)$ 分别为右连续与左连续.所以 f^{-1} 在 $[f(a),f(b)]$ 上连续. □

例 5 由于 $y=\sin x$ 在区间 $\left[-\dfrac{\pi}{2},\dfrac{\pi}{2}\right]$ 上严格单调且连续,故其反函数 $y=\arcsin x$ 在区间 $[-1,1]$ 上连续.

同理可得其他反三角函数也在相应的定义区间上连续.如 $y=\arccos x$ 在 $[-1,1]$ 上连续,$y=\arctan x$ 在 $(-\infty,+\infty)$ 上连续等. □

例 6 由于 $y=x^n$(n 为正整数)在 $[0,+\infty)$ 上严格单调且连续,其值域为 $[0,+\infty)$,故 $y=x^{\frac{1}{n}}$ 在 $[0,+\infty)$ 上连续.又若把 $y=x^{-\frac{1}{n}}$(n 为正整数)看作由 $y=u^{\frac{1}{n}}$ 与 $u=\dfrac{1}{x}$ 复合而成的函数,则由复合函数的连续性,$y=x^{-\frac{1}{n}}$ 在 $(0,+\infty)$ 上连续.

综上可知,若 q 为非零整数,则 $y=x^{\frac{1}{q}}$ 是其定义区间上的连续函数. □

例 7 证明:有理幂函数 $y=x^{\alpha}$ 在其定义区间上连续.

证　设有理数 $\alpha=\dfrac{p}{q}$，这里 $p,q\ (\neq 0)$ 为整数.因为 $y=u^{\frac{1}{q}}$ 与 $u=x^p$ 均在其定义区间上连续，所以复合函数

$$y=(x^p)^{\frac{1}{q}}=x^{\alpha}$$

也是其定义区间上的连续函数. □

四、一致连续性

函数 f 在区间上连续，是指 f 在该区间上每一点都连续.本段中讨论的一致连续性概念反映了函数在区间上更强的连续性.

定义 2　设 f 为定义在区间 I 上的函数.若对任给的 $\varepsilon>0$，存在 $\delta=\delta(\varepsilon)>0$，使得对任何 $x',x''\in I$，只要 $|x'-x''|<\delta$，就有

$$|f(x')-f(x'')|<\varepsilon,$$

则称函数 f 在区间 I 上**一致连续**.

直观地说，f 在 I 上一致连续意味着：不论两点 x' 与 x'' 在 I 中处于什么位置，只要它们的距离小于 δ，就可使 $|f(x')-f(x'')|<\varepsilon$.

例 8　证明：$f(x)=ax+b$ 在 $(-\infty,+\infty)$ 上一致连续.

证　任给 $\varepsilon>0$，由于

$$|f(x')-f(x'')|=|a|\,|x'-x''|,$$

故可选取 $\delta=\dfrac{\varepsilon}{|a|+1}$，则对任何 $x',x''\in(-\infty,+\infty)$，只要 $|x'-x''|<\delta$，就有

$$|f(x')-f(x'')|<\varepsilon.$$

这就证得 $f(x)=ax+b$ 在 $(-\infty,+\infty)$ 上一致连续. □

例 9　证明：函数 $y=\dfrac{1}{x}$ 在 $(0,1)$ 上不一致连续（尽管它在 $(0,1)$ 上每一点都连续）.

证　按一致连续性的定义，为证函数 f 在某区间 I 上不一致连续，只需证明：存在某 $\varepsilon_0>0$，对任何正数 δ（不论 δ 多么小），总存在两点 $x',x''\in I$，尽管 $|x'-x''|<\delta$，但有 $|f(x')-f(x'')|\geqslant\varepsilon_0$.

对于本例中函数 $y=\dfrac{1}{x}$，可取 $\varepsilon_0=1$，对无论多么小的正数 $\delta\left(<\dfrac{1}{2}\right)$，只要取 $x'=\delta$ 与 $x''=\dfrac{\delta}{2}$（图 4－6），则虽有

$$|x'-x''|=\frac{\delta}{2}<\delta,$$

但

$$\left|\frac{1}{x'}-\frac{1}{x''}\right|=\frac{1}{\delta}>1,$$

所以 $y=\dfrac{1}{x}$ 在 $(0,1)$ 上不一致连续. □

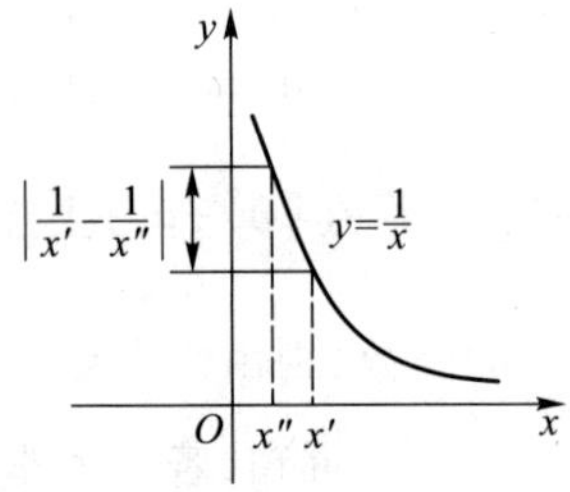

图 4－6

例 10　函数 $f(x)$ 定义在区间 I 上，试证 $f(x)$ 在 I 上一

致连续的充要条件为：对任何数列$\{x_n'\}$，$\{x_n''\}\subset I$，若$\lim\limits_{n\to\infty}(x_n'-x_n'')=0$，则

$$\lim_{n\to\infty}(f(x_n')-f(x_n''))=0.$$

证 必要性 若$f(x)$在I上一致连续，则任给$\varepsilon>0$，存在$\delta(\varepsilon)>0$，对任意的$x',x''\in I$，$|x'-x''|<\delta$，有$|f(x')-f(x'')|<\varepsilon$.设$I$上两个数列$\{x_n'\}$，$\{x_n''\}$满足$\lim\limits_{n\to\infty}(x_n'-x_n'')=0$，于是对上述$\delta>0$，存在$N>0$，当$n>N$时，$|x_n'-x_n''|<\delta$，由一致连续性条件，有

$$|f(x_n')-f(x_n'')|<\varepsilon,$$

即

$$\lim_{n\to\infty}(f(x_n')-f(x_n''))=0.$$

充分性 设对I上任意两个数列$\{x_n'\}$与$\{x_n''\}$，若$\lim\limits_{n\to\infty}(x_n'-x_n'')=0$，则有$\lim\limits_{n\to\infty}(f(x_n')-f(x_n''))=0$.现证$f(x)$在$I$上一致连续.

用反证法.若$f(x)$在I上不一致连续，则

存在$\varepsilon_0>0$，对任意的$\delta>0$，存在x',x''，满足$|x'-x''|<\delta$，但有$|f(x')-f(x'')|\geqslant\varepsilon_0$.

取$\delta_1=1$，则存在$x_1',x_1''\in I$，满足$|x_1'-x_1''|<1$，但有$|f(x_1')-f(x_1'')|\geqslant\varepsilon_0$，

取$\delta_2=\dfrac{1}{2}$，则存在$x_2',x_2''\in I$，满足$|x_2'-x_2''|<\dfrac{1}{2}$，但有$|f(x_2')-f(x_2'')|\geqslant\varepsilon_0$，

……

取$\delta_n=\dfrac{1}{n}$，则存在$x_n',x_n''\in I$，满足$|x_n'-x_n''|<\dfrac{1}{n}$，但有$|f(x_n')-f(x_n'')|\geqslant\varepsilon_0$，

……

于是$\lim\limits_{n\to\infty}(x_n'-x_n'')=0$，但是$\{f(x_n')-f(x_n'')\}$不以0为极限，与所设条件矛盾.所以$f(x)$在$I$上一致连续. □

例 11 证明：$f(x)=\sin\dfrac{1}{x}$在区间$(0,1)$上不一致连续.

证 取$x_n=\dfrac{1}{2n\pi}$，$y_n=\dfrac{1}{2n\pi+\dfrac{\pi}{2}}$，$n=1,2,\cdots$.虽然

$$\lim_{n\to\infty}(x_n-y_n)=0,$$

但是

$$\left|\sin\frac{1}{x_n}-\sin\frac{1}{y_n}\right|=1\not\to 0,$$

故由例10的结论推得$\sin\dfrac{1}{x}$在$(0,1)$上不一致连续. □

函数在区间上的连续与一致连续这两个概念有着重要的差别.f在区间I上连续，是指任给$\varepsilon>0$，对每一点$x\in I$，都存在相应的正数$\delta=\delta(\varepsilon,x)$，只要$x'\in I$且$|x-x'|<\delta$，就有$|f(x)-f(x')|<\varepsilon$.一般来说，对于$I$上不同的点，相应的正数$\delta$是不同的.换句话说，$\delta$的取值除依赖于$\varepsilon$之外，还与点$x$有关，由此我们写$\delta=\delta(\varepsilon,x)$以表示$\delta$与$\varepsilon$和$x$的依赖关系.如果能做到$\delta$只与$\varepsilon$有关，而与$x$无关，或者说存在适合于$I$上所有点$x$

的公共的 δ，即 $\delta=\delta(\varepsilon)$，那么函数就不仅在 I 上连续，而且是一致连续了.

所以，f 在区间 I 上一致连续是 f 的又一个整体性质，由它可推出 f 在 I 上每一点都连续的这一局部性质（只要在定义 2 中把 x' 看作定点，把 x'' 看作动点，即得 f 在点 x' 连续）. 而从例 9 可见，由 f 在区间 I 上每一点都连续，并不能推出 f 在 I 上一致连续. 然而，对于定义在闭区间上的函数来说，由它在每一点都连续却可推出在区间上的一致连续性，即有如下重要定理：

定理 4.9（一致连续性定理）　若函数 f 在闭区间 $[a,b]$ 上连续，则 f 在 $[a,b]$ 上一致连续.

证　若不然，则存在 $\varepsilon_0>0$，以及区间 $[a,b]$ 上的点列 $\{x_n\}$，$\{y_n\}$，虽然 $\lim\limits_{n\to\infty}(x_n-y_n)=0$，但是

$$|f(x_n)-f(y_n)|\geqslant\varepsilon_0,\quad n=1,2,\cdots. \tag{7}$$

因为 $\{x_n\}$ 有界，所以由致密性定理，$\{x_n\}$ 有一个收敛的子列 $\{x_{n_k}\}$. 设 $\lim\limits_{k\to\infty}x_{n_k}=x_0$，从而

$$\lim_{k\to\infty}y_{n_k}=\lim_{k\to\infty}((y_{n_k}-x_{n_k})+x_{n_k})=x_0,$$

又 $a\leqslant x_{n_k}\leqslant b$，由极限的不等式性质推得 $a\leqslant x_0\leqslant b$，故 $f(x)$ 在点 x_0 连续. 由归结原则与(7)式得

$$\varepsilon_0\leqslant\lim_{k\to\infty}|f(x_{n_k})-f(y_{n_k})|=|f(x_0)-f(x_0)|=0,$$

矛盾.　□

例 12　设区间 I_1 的右端点为 $c\in I_1$，区间 I_2 的左端点也为 $c\in I_2$（I_1，I_2 可分别为有限或无限区间）. 试按一致连续性的定义证明：若 f 分别在 I_1 和 I_2 上一致连续，则 f 在 $I=I_1\cup I_2$ 上也一致连续.

证　任给 $\varepsilon>0$，由 f 在 I_1 和 I_2 上的一致连续性，分别存在正数 δ_1 和 δ_2，使得对任何 $x',x''\in I_1$，只要 $|x'-x''|<\delta_1$，就有

$$|f(x')-f(x'')|<\varepsilon; \tag{8}$$

又对任何 $x',x''\in I_2$，只要 $|x'-x''|<\delta_2$，也有(8)式成立.

点 $x=c$ 作为 I_1 的右端点，f 在点 c 为左连续，作为 I_2 的左端点，f 在点 c 为右连续，所以 f 在点 c 连续. 故对上述 $\varepsilon>0$，存在 $\delta_3>0$，当 $|x-c|<\delta_3$ 时，有

$$|f(x)-f(c)|<\frac{\varepsilon}{2}. \tag{9}$$

令 $\delta=\min\{\delta_1,\delta_2,\delta_3\}$，对任何 $x',x''\in I$，$|x'-x''|<\delta$，分别讨论以下两种情形：

1）x',x'' 同时属于 I_1 或同时属于 I_2，则(8)式成立.

2）x',x'' 分属 I_1 与 I_2，设 $x'\in I_1$，$x''\in I_2$，则

$$|x'-c|=c-x'<x''-x'<\delta\leqslant\delta_3,$$

故由(9)式得 $|f(x')-f(c)|<\dfrac{\varepsilon}{2}$. 同理得 $|f(x'')-f(c)|<\dfrac{\varepsilon}{2}$. 从而也有(8)式成立. 这就证明了 f 在 I 上一致连续.　□

习 题 4.2

1. 讨论复合函数 $f\circ g$ 与 $g\circ f$ 的连续性,设

(1) $f(x)=\operatorname{sgn} x, g(x)=1+x^2$;

(2) $f(x)=\operatorname{sgn} x, g(x)=(1-x^2)x$.

2. 设 f,g 在点 x_0 连续,证明:

(1) 若 $f(x_0)>g(x_0)$,则存在 $U(x_0;\delta)$,使在其上有 $f(x)>g(x)$;

(2) 若在某 $U^\circ(x_0)$ 上有 $f(x)>g(x)$,则 $f(x_0)\geqslant g(x_0)$.

3. 设 f,g 在区间 I 上连续.记

$$F(x)=\max\{f(x),g(x)\},\quad G(x)=\min\{f(x),g(x)\}.$$

证明:F 和 G 也都在 I 上连续.

提示:利用第一章总练习题 1.

4. 设 f 为 $\mathbf{R}$ 上连续函数,常数 $c>0$.记

$$F(x)=\begin{cases}-c, & f(x)<-c,\\ f(x), & |f(x)|\leqslant c,\\ c, & f(x)>c.\end{cases}$$

证明:F 在 $\mathbf{R}$ 上连续.

提示:$F(x)=\max\{-c,\min\{c,f(x)\}\}$.

5. 设 $f(x)=\sin x, g(x)=\begin{cases}x-\pi, & x\leqslant 0,\\ x+\pi, & x>0.\end{cases}$ 证明:复合函数 $f\circ g$ 在 $x=0$ 连续,但 g 在 $x=0$ 不连续.

6. 设 f 在 $[a,+\infty)$ 上连续,且 $\lim\limits_{x\to+\infty}f(x)$ 存在.证明:f 在 $[a,+\infty)$ 上有界.又问 f 在 $[a,+\infty)$ 上必有最大值或最小值吗?

7. 若对任何充分小的 $\varepsilon>0$, f 在 $[a+\varepsilon,b-\varepsilon]$ 上连续,能否由此推出 f 在 (a,b) 上连续?

8. 求极限:

(1) $\lim\limits_{x\to\frac{\pi}{4}}(\pi-x)\tan x$;　　(2) $\lim\limits_{x\to 1^+}\dfrac{x\sqrt{1+2x}-\sqrt{x^2-1}}{x+1}$.

9. 证明:若 f 在 $[a,b]$ 上连续,且对任何 $x\in[a,b]$, $f(x)\neq 0$,则 f 在 $[a,b]$ 上恒正或恒负.

10. 证明:任一实系数奇次方程至少有一个实根.

11. (1) 试用一致连续的定义证明:若 f,g 都在区间 I 上一致连续,则 $f\pm g$ 也在 I 上一致连续;

(2) 请举例说明,f,g 都在区间 I 上一致连续,但 $f\cdot g\left(\dfrac{f}{g},g\neq 0\right)$ 在 I 上不一致连续.

12. 证明:$f(x)=\sqrt{x}$ 在 $[0,+\infty)$ 上一致连续.

提示：$[0,+\infty)=[0,1]\cup[1,+\infty)$，利用定理 4.9 和例 12 的结论.

13. 证明：$f(x)=x^2$ 在 $[a,b]$ 上一致连续，但在 $(-\infty,+\infty)$ 上不一致连续.

14. 设函数 f 在区间 I 上满足**利普希茨**(Lipschitz)**条件**，即存在常数 $L>0$，使得对 I 上任意两点 x',x''，都有

$$|f(x')-f(x'')|\leqslant L|x'-x''|.$$

证明：f 在 I 上一致连续.

15. 证明：$\sin x$ 在 $(-\infty,+\infty)$ 上一致连续.

提示：利用不等式 $|\sin x'-\sin x''|\leqslant|x'-x''|$（见第三章 §1 例 4）.

---

16. 设函数 f 满足第 6 题的条件. 证明：f 在 $[a,+\infty)$ 上一致连续.

17. 设函数 f 在 $[0,2a]$ 上连续，且 $f(0)=f(2a)$. 证明：存在点 $x_0\in[0,a]$，使得 $f(x_0)=f(x_0+a)$.

18. 设 f 为 $[a,b]$ 上的增函数，其值域为 $[f(a),f(b)]$. 证明：f 在 $[a,b]$ 上连续.

19. 设 f 在 $[a,b]$ 上连续，$x_1,x_2,\cdots,x_n\in[a,b]$. 证明：存在 $\xi\in[a,b]$，使得

$$f(\xi)=\frac{1}{n}(f(x_1)+f(x_2)+\cdots+f(x_n)).$$

20. 证明：$f(x)=\cos\sqrt{x}$ 在 $[0,+\infty)$ 上一致连续.

提示：$[0,+\infty)=[0,1]\cup[1,+\infty)$. 在 $[1,+\infty)$ 上成立不等式

$$\left|\cos\sqrt{x'}-\cos\sqrt{x''}\right|\leqslant\left|\sqrt{x'}-\sqrt{x''}\right|\leqslant|x'-x''|.$$

21. 设函数 $f(x)$ 在有限开区间 (a,b) 上连续，证明：$f(x)$ 在 (a,b) 上一致连续的充要条件是 $f(a+0)$，$f(b-0)$ 都存在.

§3　初等函数的连续性

从前面两节知道，在基本初等函数中，三角函数、反三角函数以及有理数指数幂函数都是其定义域上的连续函数. 本节将讨论指数函数、对数函数与实数指数幂函数的连续性，以及初等函数的连续性.

一、指数函数的连续性

在第一章中，我们已定义了实数指数幂，并证明了指数函数 $y=a^x(0<a\neq1)$ 在 $\mathbf{R}$ 上是严格单调的. 下面先把关于有理数指数幂的一个重要性质推广到实数指数幂，然后证明指数函数的连续性.

定理 4.10　设 $a>0$，α,β 为任意两个实数，则有

$$a^\alpha\cdot a^\beta=a^{\alpha+\beta},\quad(a^\alpha)^\beta=a^{\alpha\beta}.$$

证　不妨设 $a>1$，由 a^x 的定义（第一章 §3 定义 2），即有

$$a^x=\sup_{r\leqslant x}\{a^r\mid r\text{ 为有理数}\}.$$

依据上确界定义，任给 $\varepsilon>0$，存在有理数 $r<\alpha$ 和 $s<\beta$，使得

$$a^{\alpha}-\varepsilon<a^{r},\quad a^{\beta}-\varepsilon<a^{s}.$$

由 a^x 的严格递增性,得

$$a^{r+s}\leqslant a^{\alpha+\beta}.$$

而由有理数指数幂的性质,有 $a^r\cdot a^s=a^{r+s}$,故得

$$(a^{\alpha}-\varepsilon)(a^{\beta}-\varepsilon)<a^{r+s}\leqslant a^{\alpha+\beta}.$$

由 ε 的任意性,可得

$$a^{\alpha}\cdot a^{\beta}\leqslant a^{\alpha+\beta}.$$

为证相反的不等式,同理存在有理数 $p<\alpha+\beta$,使得

$$a^{\alpha+\beta}-\varepsilon<a^{p}.$$

再取有理数 $r\leqslant\alpha$ 和 $s\leqslant\beta$,并使 $p\leqslant r+s$,则有

$$a^{p}\leqslant a^{r+s}=a^{r}\cdot a^{s}\leqslant a^{\alpha}\cdot a^{\beta}.$$

由此得到 $a^{\alpha+\beta}-\varepsilon<a^p\leqslant a^{\alpha}\cdot a^{\beta}$,并由 ε 的任意性,推得

$$a^{\alpha+\beta}\leqslant a^{\alpha}\cdot a^{\beta}.$$

这就证得 $a^{\alpha}\cdot a^{\beta}=a^{\alpha+\beta}$.后一等式的证明留给读者. □

定理 4.11 指数函数 $a^x(a>0,a\neq1)$ 在 $\mathbf{R}$ 上是连续的.

证 先设 $a>1$.由第三章 §2 例 4 知

$$\lim_{x\to0}a^{x}=1=a^{0},$$

这表明 a^x 在 $x=0$ 连续.现任取 $x_0\in\mathbf{R}$.由定理 4.10 得

$$a^{x}=a^{x_0+(x-x_0)}=a^{x_0}\cdot a^{x-x_0}.$$

令 $t=x-x_0$,则当 $x\to x_0$ 时有 $t\to0$,从而有

$$\lim_{x\to x_0}a^{x}=\lim_{x\to x_0}a^{x_0}a^{x-x_0}=a^{x_0}\lim_{t\to0}a^{t}=a^{x_0}.$$

这就证明了 a^x 在任一点 x_0 连续.

当 $0<a<1$ 时,令 $b=\dfrac{1}{a}$,则有 $b>1$,而

$$a^{x}=\left(\frac{1}{b}\right)^{x}=b^{-x}$$

可看作函数 b^u 与 $u=-x$ 的复合,所以此时 a^x 亦在 $\mathbf{R}$ 上连续. □

利用指数函数 a^x 的连续性,以及第三章 §5 例 4 中已证明的

$$\lim_{x\to-\infty}a^{x}=0,\quad \lim_{x\to+\infty}a^{x}=+\infty\ \ (a>1),$$

可知 a^x 的值域为 $(0,+\infty)$ ($0<a<1$ 时也是如此).于是,a^x 的反函数——对数函数 $\log_a x$ 在其定义域 $(0,+\infty)$ 上也连续.

例 1 设 $\lim\limits_{x\to x_0}u(x)=a>0$,$\lim\limits_{x\to x_0}v(x)=b$.证明:

$$\lim_{x\to x_0}u(x)^{v(x)}=a^{b}.$$

证 补充定义 $u(x_0)=a$,$v(x_0)=b$,则 $u(x)$,$v(x)$ 在点 x_0 连续,从而 $v(x)\ln u(x)$ 在 x_0 连续,所以 $u(x)^{v(x)}=\mathrm{e}^{v(x)\ln u(x)}$ 在 x_0 连续.由此得

$$\lim_{x\to x_0}u(x)^{v(x)}=\lim_{x\to x_0}\mathrm{e}^{v(x)\ln u(x)}=\mathrm{e}^{b\ln a}=a^{b}.$$ □

二、初等函数的连续性

由于幂函数 x^α(α 为实数)可表示为 $x^\alpha = e^{\alpha\ln x}$,它是函数 e^u 与 $u=\alpha\ln x$ 的复合,故由指数函数与对数函数的连续性以及复合函数的连续性,推得幂函数 $y=x^\alpha$ 在其定义域 $(0,+\infty)$ 上连续.

前面已经指出,常量函数、三角函数、反三角函数都是其定义域上的连续函数,因此我们有下述定理:

定理 4.12　一切基本初等函数都是其定义域上的连续函数.

由于任何初等函数都是由基本初等函数经过有限次四则运算与复合运算所得到,所以有

定理 4.13　任何初等函数都是在其定义区间上的连续函数.

下面举两个利用函数的连续性求极限的例子.

例 2　求 $\lim\limits_{x\to0}\dfrac{\ln(1+x)}{x}$.

解　由对数函数的连续性有

$$\text{原式}=\lim_{x\to0}\ln(1+x)^{\frac{1}{x}}=\ln\left(\lim_{x\to0}(1+x)^{\frac{1}{x}}\right)=\ln e=1. \qquad □$$

例 3　求 $\lim\limits_{x\to0}\dfrac{\ln(1+x^2)}{\cos x}$.

解　由于 $x=0$ 在初等函数 $f(x)=\dfrac{\ln(1+x^2)}{\cos x}$ 的定义域内,故由 f 的连续性得

$$\lim_{x\to0}\frac{\ln(1+x^2)}{\cos x}=f(0)=0. \qquad □$$

习　题　4.3

1. 求下列极限:

(1) $\lim\limits_{x\to0}\dfrac{e^x\cos x+5}{1+x^2+\ln(1-x)}$;　　(2) $\lim\limits_{x\to+\infty}\left(\sqrt{x+\sqrt{x+\sqrt{x}}}-\sqrt{x}\right)$;

(3) $\lim\limits_{x\to0^+}\left(\sqrt{\dfrac{1}{x}+\sqrt{\dfrac{1}{x}+\sqrt{\dfrac{1}{x}}}}-\sqrt{\dfrac{1}{x}-\sqrt{\dfrac{1}{x}+\sqrt{\dfrac{1}{x}}}}\right)$;

(4) $\lim\limits_{x\to+\infty}\dfrac{\sqrt{x+\sqrt{x+\sqrt{x}}}}{\sqrt{x+1}}$;　　(5) $\lim\limits_{x\to0}(1+\sin x)^{\cot x}$.

2. 设 $\lim\limits_{n\to\infty}a_n=a>0$, $\lim\limits_{n\to\infty}b_n=b$. 证明: $\lim\limits_{n\to\infty}(a_n)^{b_n}=a^b$.

提示: $(a_n)^{b_n}=e^{b_n\ln a_n}$.

第四章总练习题

1. 设函数 f 在 (a,b) 上连续，且 $f(a+0)$ 与 $f(b-0)$ 为有限值. 证明：

(1) f 在 (a,b) 上有界；

(2) 若存在 $\xi\in(a,b)$，使得 $f(\xi)\geqslant\max\{f(a+0),f(b-0)\}$，则 f 在 (a,b) 上能取到最大值.

2. 设函数 f 在 (a,b) 上连续，且 $f(a+0)=f(b-0)=+\infty$. 证明：f 在 (a,b) 上能取到最小值.

3. 设函数 f 在区间 I 上连续，证明：

(1) 若对任何有理数 $r\in I$，有 $f(r)=0$，则在 I 上 $f(x)\equiv 0$；

(2) 若对任意两个有理数 $r_1,r_2,r_1<r_2$，有 $f(r_1)<f(r_2)$，则 f 在 I 上严格增.

4. 设 a_1,a_2,a_3 为正数，$\lambda_1<\lambda_2<\lambda_3$. 证明：方程

$$\frac{a_1}{x-\lambda_1}+\frac{a_2}{x-\lambda_2}+\frac{a_3}{x-\lambda_3}=0$$

在区间 (λ_1,λ_2) 与 (λ_2,λ_3) 上各有一个根.

提示：考虑 $f(x)=a_1(x-\lambda_2)(x-\lambda_3)+a_2(x-\lambda_1)(x-\lambda_3)+a_3(x-\lambda_1)(x-\lambda_2)$.

5. 设 f 在 $[a,b]$ 上连续，且对任何 $x\in[a,b]$，存在 $y\in[a,b]$，使得

$$|f(y)|\leqslant\frac{1}{2}|f(x)|.$$

证明：存在 $\xi\in[a,b]$，使得 $f(\xi)=0$.

提示：函数 $|f|$ 在 $[a,b]$ 上有最小值 $m=f(\xi)$，若 $m=0$，则已得证；若 $m>0$，可得矛盾.

6. 设 f 在 $[a,b]$ 上连续，$x_1,x_2,\cdots,x_n\in[a,b]$，另有一组正数 $\lambda_1,\lambda_2,\cdots,\lambda_n$ 满足 $\lambda_1+\lambda_2+\cdots+\lambda_n=1$. 证明：存在一点 $\xi\in[a,b]$，使得

$$f(\xi)=\lambda_1f(x_1)+\lambda_2f(x_2)+\cdots+\lambda_nf(x_n).$$

注：本章 §2 习题 19 是本题的特例，其中 $\lambda_1=\lambda_2=\cdots=\lambda_n=\frac{1}{n}$.

7. 设 f 在 $[0,+\infty)$ 上连续，满足 $0\leqslant f(x)\leqslant x,x\in[0,+\infty)$. 设 $a_1\geqslant 0,a_{n+1}=f(a_n),n=1,2,\cdots$. 证明：

(1) $\{a_n\}$ 为收敛数列；

(2) 设 $\lim\limits_{n\to\infty}a_n=t$，则有 $f(t)=t$；

(3) 若条件改为 $0\leqslant f(x)<x,x\in(0,+\infty)$，则 $t=0$.

8. 设 f 在 $[0,1]$ 上连续，$f(0)=f(1)$. 证明：对任何正整数 n，存在 $\xi\in[0,1]$，使得

$$f\left(\xi+\frac{1}{n}\right)=f(\xi).$$

提示：$n=1$ 时取 $\xi=0$. $n>1$ 时令 $F(x)=f\left(x+\frac{1}{n}\right)-f(x)$，则有

$$F(0)+F\left(\frac{1}{n}\right)+\cdots+F\left(\frac{n-1}{n}\right)=0.$$

9. 设 f 在 $x=0$ 连续,且对任何 $x,y\in\mathbf{R}$,有

$$f(x+y)=f(x)+f(y).$$

证明:(1) f 在 $\mathbf{R}$ 上连续;(2) $f(x)=f(1)x$.

提示:(1) 易见 $\lim\limits_{x\to0}f(x)=f(0)=0\Rightarrow\lim\limits_{x\to x_0}f(x)=\lim\limits_{x\to x_0}(f(x-x_0)+f(x_0))=f(x_0)$;

(2) 对整数 $p,q\ (\neq0)$ 有 $f(p)=pf(1)$, $f\left(\frac{1}{q}\right)=\frac{1}{q}f(1)\Rightarrow$ 对有理数 r 有 $f(r)=rf(1)\Rightarrow$ 结论.

10. 设定义在 $\mathbf{R}$ 上的函数 f 在 0,1 两点连续,且对任何 $x\in\mathbf{R}$,有 $f(x^2)=f(x)$.证明:f 为常量函数.

提示:易见 f 是偶函数;对任何 $x\in\mathbf{R}_+$, $f(x)=f(x^{\frac{1}{2^n}})\to f(1)\ (n\to\infty)$,从而得 $x\neq0$ 时 $f(x)=f(1)$; $f(0)=\lim\limits_{x\to0}f(x)=f(1)$.

11. (1) 设 $0\leqslant\alpha\leqslant1$.证明:$f(x)=x^\alpha$ 在区间 $[0,+\infty)$ 上一致连续;

(2) 设 $\alpha>1$,证明:$f(x)=x^\alpha$ 在区间 $[0,+\infty)$ 上不一致连续.

12. 设 $f(x)$ 是区间 $[a,b]$ 上的一个非常数的连续函数,M,m 分别是最大、最小值.证明:存在 $[\alpha,\beta]\subset[a,b]$,使得

(1) $m<f(x)<M,x\in(\alpha,\beta)$;

(2) $f(\alpha)$, $f(\beta)$ 恰好是 $f(x)$ 在 $[a,b]$ 上的最大、最小值(最小、最大值).

第四章自测题　　**第四章重难点精讲**

第五章 导数和微分

§1 导数的概念

一、导数的定义

导数的思想最初是由法国数学家费马(Fermat)为研究极值问题而引入的,但与导数概念直接相联系的是以下两个问题:已知运动规律求速度和已知曲线求它的切线.这是由英国数学家牛顿(Newton)和德国数学家莱布尼茨(Leibniz)分别在研究力学和几何学过程中建立起来的.

下面我们以这两个问题为背景引入导数的概念.

1. 瞬时速度　设一质点作直线运动,其运动规律为 $s=s(t)$.若 t_0 为某一确定的时刻,t 为邻近于 t_0 的时刻,则

$$\bar{v}=\frac{s(t)-s(t_0)}{t-t_0}$$

是质点在时间段 $[t_0,t]$(或 $[t,t_0]$)上的平均速度.若 $t\to t_0$ 时平均速度 $\bar{v}$ 的极限存在,则称极限

$$v=\lim_{t\to t_0}\frac{s(t)-s(t_0)}{t-t_0} \tag{1}$$

为质点在时刻 t_0 的瞬时速度.以后我们将会发现,在计算诸如物质比热容、电流强度、线密度等问题中,尽管它们的物理背景各不相同,但最终都归结于讨论形如(1)式的极限.

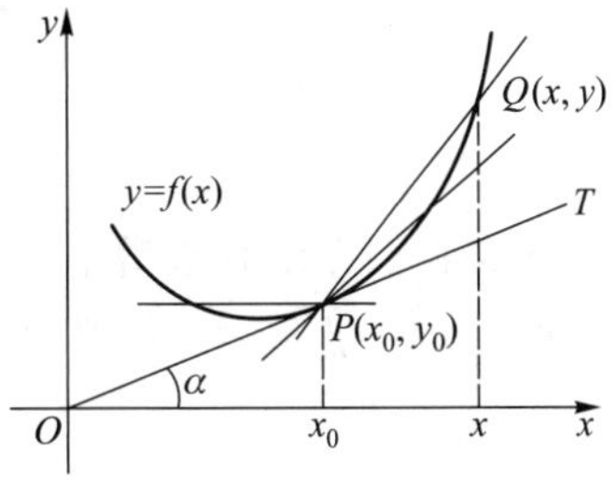

图 5-1

2. 切线的斜率　如图 5-1 所示,曲线 $y=f(x)$ 在其上一点 $P(x_0,y_0)$ 处的切线 PT 是割线 PQ 当动点 Q 沿此曲线无限接近于点 P 时的极限位置.由于割线 PQ 的斜率为

$$\bar{k}=\frac{f(x)-f(x_0)}{x-x_0},$$

因此当 $x\to x_0$ 时,若 $\bar{k}$ 的极限存在,则极限

$$k=\lim_{x\to x_0}\frac{f(x)-f(x_0)}{x-x_0} \tag{2}$$

即为切线 PT 的斜率.

上述两个问题中,前一个是运动学的问题,后一个是几何学的问题,但是它们都可以归结为形如(1)式、(2)式这种类型的极限.

下面我们给出导数的定义.

定义 1　设函数 $y=f(x)$ 在点 x_0 的某邻域内有定义.若极限

$$\lim_{x\to x_0}\frac{f(x)-f(x_0)}{x-x_0} \tag{3}$$

存在,则称函数 f **在点** x_0 **可导**,并称该极限为函数 f **在点** x_0 **的导数**,记作 $f'(x_0)$.

令 $x=x_0+\Delta x,\Delta y=f(x_0+\Delta x)-f(x_0)$,则(3)式可改写为

$$\lim_{\Delta x\to 0}\frac{\Delta y}{\Delta x}=\lim_{\Delta x\to 0}\frac{f(x_0+\Delta x)-f(x_0)}{\Delta x}=f'(x_0). \tag{4}$$

所以导数是函数增量 Δy 与自变量增量 Δx 之比 $\frac{\Delta y}{\Delta x}$ 的极限.这个增量比称为函数关于自变量的平均变化率(又称**差商**),而导数 $f'(x_0)$ 则为 f 在 x_0 处关于 x 的**变化率**.

若(3)(或(4))式极限不存在,则称 f **在点** x_0 **不可导**.

例 1　求函数 $f(x)=x^2$ 在点 $x=1$ 的导数,并求曲线在点(1,1)的切线方程.

解　由定义求得

$$f'(1)=\lim_{\Delta x\to 0}\frac{f(1+\Delta x)-f(1)}{\Delta x}=\lim_{\Delta x\to 0}\frac{(1+\Delta x)^2-1}{\Delta x}$$
$$=\lim_{\Delta x\to 0}\frac{2\Delta x+\Delta x^2}{\Delta x}=\lim_{\Delta x\to 0}(2+\Delta x)=2.$$

由此知道抛物线 $y=x^2$ 在点(1,1)的切线斜率为

$$k=f'(1)=2,$$

所以切线方程为

$$y-1=2(x-1)\quad 即\quad y=2x-1.$$

□

例 2　证明:函数 $f(x)=|x|$ 在点 $x_0=0$ 不可导.

证　因为

$$\frac{f(x)-f(0)}{x-0}=\frac{|x|}{x}=\begin{cases}1, & x>0,\\ -1, & x<0\end{cases}$$

当 $x\to 0$ 时极限不存在,所以 f 在点 $x=0$ 不可导.　□

例 3　显然常量函数 $f(x)=C$ 在任何一点 x 的导数都等于零,即

$$f'(x)=0.$$

下面我们介绍有限增量公式.

设 $f(x)$ 在点 x_0 可导,那么

$$\varepsilon=\frac{\Delta y}{\Delta x}-f'(x_0)$$

是当 $\Delta x\to 0$ 时的无穷小量,于是 $\varepsilon\cdot\Delta x=o(\Delta x)$,即

$$\Delta y=f'(x_0)\Delta x+o(\Delta x). \tag{5}$$

我们称(5)式为$f(x)$在点x_0的**有限增量公式**.注意,此公式对$\Delta x=0$仍旧成立.

由公式(5)立即推得如下定理.

定理 5.1 若函数f在点x_0可导,则f在点x_0连续.

注 可导仅是函数在该点连续的充分条件,而不是必要条件.如例 2 中的函数$f(x)=|x|$在点$x=0$连续,但不可导.

例 4 证明:函数$f(x)=x^2D(x)$仅在点$x_0=0$可导,其中$D(x)$为狄利克雷函数.

证 当$x_0\neq 0$时,由归结原则可得$f(x)$在点$x=x_0$不连续,所以由定理 5.1,$f(x)$在点$x=x_0$不可导.

当$x_0=0$时,由于$D(x)$为有界函数,因此得到

$$f'(0)=\lim_{x\to 0}\frac{f(x)-f(0)}{x-0}=\lim_{x\to 0}xD(x)=0.$$ □

若只讨论函数在点x_0的右邻域(左邻域)上的变化率,我们需引进单侧导数的概念.

定义 2 设函数$y=f(x)$在点x_0的某右邻域$[x_0,x_0+\delta)$上有定义,若右极限

$$\lim_{\Delta x\to 0^+}\frac{\Delta y}{\Delta x}=\lim_{\Delta x\to 0^+}\frac{f(x_0+\Delta x)-f(x_0)}{\Delta x}\qquad(0<\Delta x<\delta)$$

存在,则称该极限值为f在点x_0的**右导数**,记作$f'_+(x_0)$.

类似地,我们可定义**左导数**

$$f'_-(x_0)=\lim_{\Delta x\to 0^-}\frac{f(x_0+\Delta x)-f(x_0)}{\Delta x}.$$

右导数和左导数统称为**单侧导数**.

如同左、右极限与极限之间的关系,我们有

定理 5.2 若函数$y=f(x)$在点x_0的某邻域上有定义,则$f'(x_0)$存在的充要条件是$f'_+(x_0)$与$f'_-(x_0)$都存在,且

$$f'_+(x_0)=f'_-(x_0).$$

例 5 设$f(x)=\begin{cases}1-\cos x, & x\geqslant 0,\\ x, & x<0.\end{cases}$讨论$f(x)$在点$x=0$的左、右导数与导数.

解 由于

$$\frac{f(0+\Delta x)-f(0)}{\Delta x}=\begin{cases}\dfrac{1-\cos\Delta x}{\Delta x}, & \Delta x>0,\\ 1, & \Delta x<0,\end{cases}$$

因此

$$f'_+(0)=\lim_{\Delta x\to 0^+}\frac{1-\cos\Delta x}{\Delta x}=0,$$

$$f'_-(0)=\lim_{\Delta x\to 0^-}1=1.$$

因为$f'_+(0)\neq f'_-(0)$,所以f在点$x=0$不可导.

二、导函数

若函数在区间I上每一点都可导(对区间端点,仅考虑相应的单侧导数),则称f

为 I 上的**可导函数**.此时对每一个 $x\in I$,都有 f 的一个导数 $f'(x)$(或单侧导数)与之对应.这样就定义了一个在 I 上的函数,称为 f 在 I 上的**导函数**,也简称为**导数**.记作 f',y' 或 $\dfrac{\mathrm{d}y}{\mathrm{d}x}$,即

$$f'(x)=\lim_{\Delta x\to 0}\frac{f(x+\Delta x)-f(x)}{\Delta x},\quad x\in I.$$

在物理学中,导数 y' 也常用牛顿记号 $\dot{y}$ 表示,而记号 $\dfrac{\mathrm{d}y}{\mathrm{d}x}$ 是莱布尼茨首先引用的.目前我们把 $\dfrac{\mathrm{d}y}{\mathrm{d}x}$ 看作一个整体,也可把它理解为 $\dfrac{\mathrm{d}}{\mathrm{d}x}$ 施加于 y 的求导运算,待到学过"微分"之后,我们将说明这个记号实际上是一个"商".相应于上述各种表示导数的形式,$f'(x_0)$ 有时也写作

$$y'\Big|_{x=x_0}\quad 或\quad \frac{\mathrm{d}y}{\mathrm{d}x}\Big|_{x=x_0}.$$

例 6　证明:

1) $(x^n)'=nx^{n-1}$,n 为正整数;

2) $(\sin x)'=\cos x$,$(\cos x)'=-\sin x$;

3) $(\log_a x)'=\dfrac{1}{x}\log_a \mathrm{e}\ (a>0,a\neq 1,x>0)$,特别 $(\ln x)'=\dfrac{1}{x}$.

证　1) 对于 $y=x^n$,由于

$$\frac{\Delta y}{\Delta x}=\frac{(x+\Delta x)^n-x^n}{\Delta x}=\mathrm{C}_n^1x^{n-1}+\mathrm{C}_n^2x^{n-2}\Delta x+\cdots+\mathrm{C}_n^n\Delta x^{n-1},$$

因此

$$y'=\lim_{\Delta x\to 0}\frac{\Delta y}{\Delta x}=\lim_{\Delta x\to 0}\left(\mathrm{C}_n^1x^{n-1}+\mathrm{C}_n^2x^{n-2}\Delta x+\cdots+\mathrm{C}_n^n\Delta x^{n-1}\right)=\mathrm{C}_n^1x^{n-1}=nx^{n-1}.$$

2) 下面证第一个等式,类似地可证第二个等式.由于

$$\frac{\sin(x+\Delta x)-\sin x}{\Delta x}=\frac{2\sin\dfrac{\Delta x}{2}\cos\left(x+\dfrac{\Delta x}{2}\right)}{\Delta x}=\frac{\sin\dfrac{\Delta x}{2}}{\dfrac{\Delta x}{2}}\cos\left(x+\frac{\Delta x}{2}\right),$$

以及 $\cos x$ 是 $(-\infty,+\infty)$ 上的连续函数,因此得到

$$(\sin x)'=\lim_{\Delta x\to 0}\frac{\sin\dfrac{\Delta x}{2}}{\dfrac{\Delta x}{2}}\cdot\lim_{\Delta x\to 0}\cos\left(x+\frac{\Delta x}{2}\right)=\cos x.$$

3) 由于

$$\frac{\log_a(x+\Delta x)-\log_a x}{\Delta x}=\frac{1}{\Delta x}\log_a\left(1+\frac{\Delta x}{x}\right)=\frac{1}{x}\log_a\left(1+\frac{\Delta x}{x}\right)^{\frac{x}{\Delta x}},$$

所以

$$(\log_a x)' = \lim_{\Delta x\to 0} \frac{1}{x}\log_a\left(1+\frac{\Delta x}{x}\right)^{\frac{x}{\Delta x}} = \frac{1}{x}\log_a e. \tag{6}$$

若 $a = e$,则由 $\ln e = 1$ 及(6)式有

$$(\ln x)' = \frac{1}{x}.$$

□

三、导数的几何意义

我们已经知道,$f(x)$ 在点 $x = x_0$ 的切线斜率 k 正是割线斜率在 $x\to x_0$ 时的极限,即

$$k = \lim_{x\to x_0}\frac{f(x)-f(x_0)}{x-x_0}.$$

由导数的定义,$k = f'(x_0)$,所以曲线 $y = f(x)$ 在点 (x_0, y_0) 的切线方程是

$$y - y_0 = f'(x_0)(x - x_0). \tag{7}$$

这就是说:函数 f 在点 x_0 的导数 $f'(x_0)$ 是曲线 $y = f(x)$ 在点 (x_0, y_0) 的切线斜率.若 α 表示这条切线与 x 轴正向的夹角,则 $f'(x_0) = \tan\alpha$.从而 $f'(x_0) > 0$ 意味着切线与 x 轴正向的夹角为锐角;$f'(x_0) < 0$ 意味着切线与 x 轴正向的夹角为钝角;$f'(x_0) = 0$ 表示切线与 x 轴平行(图 5 - 2).

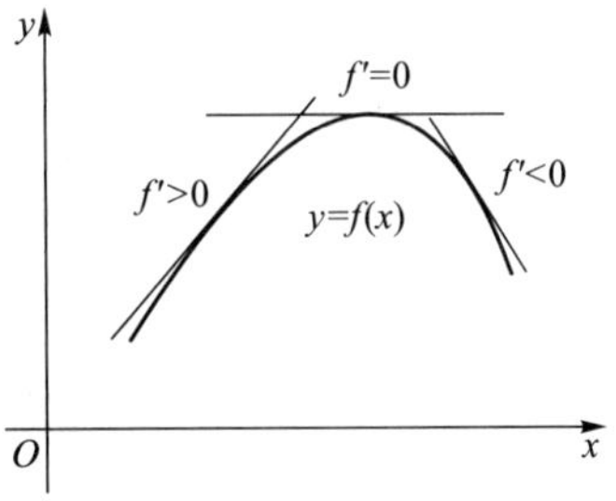

图 5 - 2

例 7　求曲线 $y = x^3$ 在其上一点 $P(x_0, y_0)$ 的切线方程与法线方程.

解　由于

$$\frac{\Delta y}{\Delta x} = 3x_0^2 + 3x_0\Delta x + \Delta x^2,$$

$$f'(x_0) = \lim_{\Delta x\to 0}(3x_0^2 + 3x_0\Delta x + \Delta x^2) = 3x_0^2.$$

所以根据(7)式,曲线 $y = x^3$ 在点 P 的切线方程为

$$y - y_0 = 3x_0^2(x - x_0).$$

由解析几何知道,若切线斜率为 k,则法线斜率为 $-\frac{1}{k}$.从而过点 P 的法线方程为

$$y - y_0 = -\frac{1}{f'(x_0)}(x - x_0). \tag{8}$$

因此曲线 $y = x^3$ 过点 $P(x_0 \neq 0)$ 的法线方程为

$$y - x_0^3 = -\frac{1}{3x_0^2}(x - x_0).$$

若 $x_0 = 0$,则法线方程为 $x = 0$.　□

顺便说一下,对于曲线 $y = x^3$,可把它在点 $P(x_0, y_0)$ 的切线斜率 $f'(x_0)$ 改写成如下形式:

$$f'(x_0) = 3x_0^2 = \frac{x_0^3}{\frac{x_0}{3}} = \frac{y_0}{\frac{x_0}{3}}.$$

因此，为了作过点 P 的切线，如图 5-3 所示，只需对 x 轴上从原点 O 到点 x_0 的线段三等分，取靠近 x_0 的分点 Q，那么直线 PQ 就是所求的切线.

定义 3　若函数 f 在点 x_0 的某邻域 $U(x_0)$ 上对一切 $x\in U(x_0)$ 有

$$f(x_0)\geqslant f(x)\qquad (f(x_0)\leqslant f(x)),\tag{9}$$

则称函数 f 在点 x_0 取得**极大(小)值**，称点 x_0 为**极大(小)值点**. 极大值、极小值统称为**极值**，极大值点、极小值点统称为**极值点**.

设函数 f 如图 5-4 所示，它在点 $x=x_1,x_3$ 取极大值，在点 $x=x_2$ 取极小值.

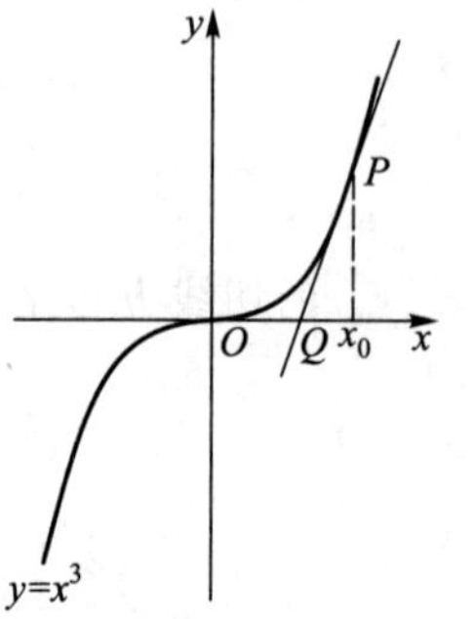

图 5-3

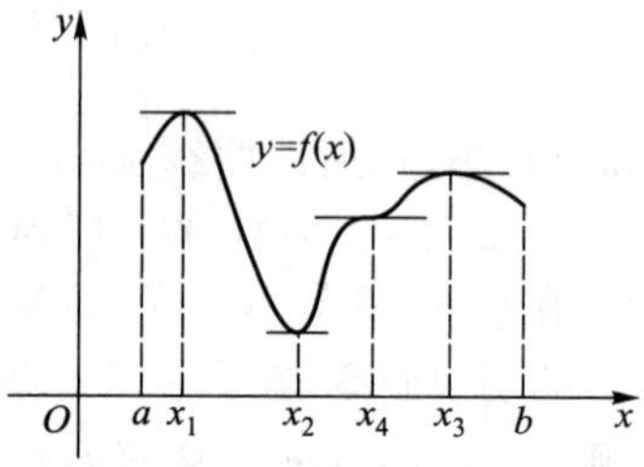

图 5-4

例 8　证明：若 $f'_+(x_0)>0$，则存在 $\delta>0$，对任何 $x\in(x_0,x_0+\delta)$，有

$$f(x_0)<f(x).\tag{10}$$

证　因为

$$f'_+(x_0)=\lim_{x\to x_0^+}\frac{f(x)-f(x_0)}{x-x_0}>0,$$

所以由保号性可知，存在正数 δ，对一切 $x\in(x_0,x_0+\delta)$，有

$$\frac{f(x)-f(x_0)}{x-x_0}>0,$$

从而不难推得，当 $0<x-x_0<\delta$ 时，(10)式成立. □

用类似的方法可讨论 $f'_+(x_0)<0$，$f'_-(x_0)>0$ 和 $f'_-(x_0)<0$ 的情况. 例如，若 $f'_-(x_0)>0$，则存在 $\delta>0$，对任何 $x\in(x_0-\delta,x_0)$，有 $f(x_0)>f(x)$.

注　例 8 告诉我们：若 $f'(x_0)$ 存在且不为零，则 x_0 不是 $f(x)$ 的极值点.

这样我们就得到了著名的费马定理.

定理 5.3(费马定理)　设函数 f 在点 x_0 的某邻域上有定义，且在点 x_0 可导. 若点 x_0 为 f 的极值点，则必有

$$f'(x_0)=0.$$

费马定理的几何意义非常明确：若函数 $f(x)$ 在极值点 $x=x_0$ 可导，则在该点的切线平行于 x 轴.

我们称满足方程 $f'(x)=0$ 的点为**稳定点**(也称为驻点). 对于函数 $f(x)=x^3$，点 $x=0$ 是稳定点，但却不是极值点.

习 题 5.1

1. 已知直线运动方程为

$$s=10t+5t^2,$$

分别令 $\Delta t=1,0.1,0.01$，求从 $t=4$ 至 $t=4+\Delta t$ 这一段时间内运动的平均速度及 $t=4$ 时的瞬时速度.

2. 等速旋转的角速度等于旋转角与对应时间的比，试由此给出变速旋转的角速度的定义.

3. 设 $f(x_0)=0$, $f'(x_0)=4$，试求极限

$$\lim_{\Delta x\to 0}\frac{f(x_0+\Delta x)}{\Delta x}.$$

4. 设 $f(x)=\begin{cases}x^2, & x\geqslant 3,\\ ax+b, & x<3,\end{cases}$ 试确定 a,b 的值，使 f 在 $x=3$ 处可导.

5. 试确定曲线 $y=\ln x$ 上哪些点的切线平行于下列直线：

(1) $y=x-1$； (2) $y=2x-3$.

6. 求下列曲线在指定点 P 的切线方程与法线方程：

(1) $y=\dfrac{x^2}{4}$, $P(2,1)$； (2) $y=\cos x$, $P(0,1)$.

7. 求下列函数的导函数：

(1) $f(x)=|x|^3$； (2) $f(x)=\begin{cases}x+1, & x\geqslant 0,\\ 1, & x<0.\end{cases}$

8. 设函数

$$f(x)=\begin{cases}x^m\sin\dfrac{1}{x}, & x\neq 0,\\ 0, & x=0\end{cases}\quad (m\text{ 为正整数}).$$

试问：(1) 当 m 等于何值时，f 在 $x=0$ 连续？

(2) 当 m 等于何值时，f 在 $x=0$ 可导？

9. 求下列函数的稳定点：

(1) $f(x)=\sin x-\cos x$； (2) $f(x)=x-\ln x$.

---

10. 设函数 f 在点 x_0 存在左、右导数，试证 f 在点 x_0 连续.

11. 设 $g(0)=g'(0)=0$,

$$f(x)=\begin{cases}g(x)\sin\dfrac{1}{x}, & x\neq 0,\\ 0, & x=0.\end{cases}$$

求 $f'(0)$.

12. 设 f 是定义在 $\mathbf{R}$ 上的函数，且对任何 $x_1,x_2\in\mathbf{R}$，都有

$$f(x_1+x_2)=f(x_1)\cdot f(x_2).$$

若 $f'(0)=1$，证明：对任何 $x\in\mathbf{R}$，都有

$$f'(x)=f(x).$$

13. 证明：若 $f'(x_0)$ 存在，则

$$\lim_{\Delta x\to 0}\frac{f(x_0+\Delta x)-f(x_0-\Delta x)}{\Delta x}=2f'(x_0).$$

14. 证明：若函数 f 在 $[a,b]$ 上连续，且 $f(a)=f(b)=K$，$f'_+(a)f'_-(b)>0$，则至少有一点 $\xi\in(a,b)$，使 $f(\xi)=K$.

15. 设 $f(x)=x^n+a_{n-1}x^{n-1}+\cdots+a_0$ 的最大零点为 x_0. 证明：$f'(x_0)\geqslant 0$.

16. 设有一吊桥，其铁链呈抛物线形，两端系于相距 100 m 高度相同的支柱上，铁链之最低点在悬点下 10 m 处，求铁链与支柱所成之角.

17. 在曲线 $y=x^3$ 上取一点 P，过 P 的切线与该曲线交于 Q，证明：曲线在 Q 处的切线斜率正好是在 P 处切线斜率的四倍.

§2 求导法则

上一节我们从定义出发求出了一些简单函数的导数，对于一般函数的导数，虽然也可以用定义来求，但通常极为烦琐. 本节将引入一些求导法则，利用这些法则，能较简便地求出初等函数的导数.

一、导数的四则运算

定理 5.4　若函数 $u(x)$ 和 $v(x)$ 在点 x_0 可导，则函数 $f(x)=u(x)\pm v(x)$ 在点 x_0 也可导，且

$$f'(x_0)=u'(x_0)\pm v'(x_0). \tag{1}$$

证

$$\begin{aligned} f'(x_0)&=\lim_{\Delta x\to 0}\frac{(u(x_0+\Delta x)\pm v(x_0+\Delta x))-(u(x_0)\pm v(x_0))}{\Delta x}\\ &=\lim_{\Delta x\to 0}\frac{u(x_0+\Delta x)-u(x_0)}{\Delta x}\pm\lim_{\Delta x\to 0}\frac{v(x_0+\Delta x)-v(x_0)}{\Delta x}\\ &=u'(x_0)\pm v'(x_0). \end{aligned}$$

□

定理 5.5　若函数 $u(x)$ 和 $v(x)$ 在点 x_0 可导，则函数 $f(x)=u(x)v(x)$ 在点 x_0 也可导，且

$$f'(x_0)=u'(x_0)v(x_0)+u(x_0)v'(x_0). \tag{2}$$

证

$$\begin{aligned} f'(x_0)&=\lim_{\Delta x\to 0}\frac{u(x_0+\Delta x)v(x_0+\Delta x)-u(x_0)v(x_0)}{\Delta x}\\ &=\lim_{\Delta x\to 0}\frac{u(x_0+\Delta x)v(x_0+\Delta x)-u(x_0)v(x_0+\Delta x)+u(x_0)v(x_0+\Delta x)-u(x_0)v(x_0)}{\Delta x}\\ &=\lim_{\Delta x\to 0}\frac{u(x_0+\Delta x)-u(x_0)}{\Delta x}v(x_0+\Delta x)+\lim_{\Delta x\to 0}u(x_0)\frac{v(x_0+\Delta x)-v(x_0)}{\Delta x} \end{aligned}$$

$$= u'(x_0)v(x_0) + u(x_0)v'(x_0).$$ □

利用数学归纳法可以把这个法则推广到任意有限个函数乘积的情形.例如：

$$(uvw)' = u'vw + uv'w + uvw'.$$

推论 若函数 $v(x)$ 在点 x_0 可导，c 为常数，则

$$(cv(x))'\big|_{x=x_0} = cv'(x_0). \tag{3}$$

例 1 设 $f(x) = x^3 + 5x^2 - 9x + \pi$，求 $f'(x)$.

解 由公式(1)、(3)，

$$f'(x) = (x^3)' + 5(x^2)' - 9(x)' + (\pi)'$$
$$= 3x^2 + 10x - 9.$$ □

一般地说：多项式函数

$$f(x) = a_n x^n + a_{n-1}x^{n-1} + \cdots + a_1 x + a_0$$

的导数为

$$f'(x) = na_n x^{n-1} + (n-1)a_{n-1}x^{n-2} + \cdots + a_1,$$

它比 f 低一个幂次.

例 2 设 $y = \cos x \ln x$，求 $y'\big|_{x=\pi}$.

解 由公式(2)，

$$y' = (\cos x)'\ln x + \cos x(\ln x)' = -\sin x \ln x + \frac{1}{x}\cos x.$$

所以

$$y'\big|_{x=\pi} = -\frac{1}{\pi}.$$ □

定理 5.6 若函数 $u(x)$ 和 $v(x)$ 在点 x_0 都可导，且 $v(x_0) \neq 0$，则 $f(x) = \dfrac{u(x)}{v(x)}$ 在点 x_0 也可导，且

$$f'(x_0) = \frac{u'(x_0)v(x_0) - u(x_0)v'(x_0)}{(v(x_0))^2}. \tag{4}$$

证 设 $f(x) = u(x)g(x)$，其中 $g(x) = \dfrac{1}{v(x)}$，现证 $g(x)$ 在点 x_0 可导.由于

$$\frac{g(x_0+\Delta x) - g(x_0)}{\Delta x} = \frac{\dfrac{1}{v(x_0+\Delta x)} - \dfrac{1}{v(x_0)}}{\Delta x}$$
$$= -\frac{v(x_0+\Delta x) - v(x_0)}{\Delta x} \cdot \frac{1}{v(x_0+\Delta x)v(x_0)},$$

而 $v(x)$ 在点 x_0 可导，从而在点 x_0 连续，且 $v(x_0) \neq 0$，因此

$$\left(\frac{1}{v(x)}\right)'\bigg|_{x=x_0} = g'(x_0) = \lim_{\Delta x \to 0}\frac{g(x_0+\Delta x) - g(x_0)}{\Delta x} = -\frac{v'(x_0)}{(v(x_0))^2}. \tag{5}$$

应用公式(2)、(5)便证得

$$f'(x_0) = \left(\frac{u(x)}{v(x)}\right)'\bigg|_{x=x_0} = u'(x_0)\frac{1}{v(x_0)} + u(x_0)\left(-\frac{v'(x_0)}{(v(x_0))^2}\right)$$

$$=\frac{u'(x_0)v(x_0)-u(x_0)v'(x_0)}{(v(x_0))^2}.$$ □

例 3　证明：$(x^{-n})'=-nx^{-n-1}$，其中 n 为正整数.

证　由公式(5)可得

$$(x^{-n})'=\left(\frac{1}{x^n}\right)'=-\frac{nx^{n-1}}{x^{2n}}=-nx^{-n-1}.$$ □

例 4　证明：$(\tan x)'=\sec^2 x$，$(\cot x)'=-\csc^2 x$.

证　由 $\tan x=\frac{\sin x}{\cos x}$ 及公式(4)可推得

$$(\tan x)'=\left(\frac{\sin x}{\cos x}\right)'=\frac{(\sin x)'\cos x-\sin x(\cos x)'}{\cos^2 x}$$

$$=\frac{\cos^2 x+\sin^2 x}{\cos^2 x}=\frac{1}{\cos^2 x}=\sec^2 x.$$

同理可证 $(\cot x)'=-\csc^2 x$. □

例 5　证明：$(\sec x)'=\sec x\tan x$，$(\csc x)'=-\csc x\cot x$.

证　我们仍只证第一式，第二式请读者自证.由 $\sec x=\frac{1}{\cos x}$ 及公式(5)有

$$(\sec x)'=\left(\frac{1}{\cos x}\right)'=-\frac{(\cos x)'}{\cos^2 x}=\frac{\sin x}{\cos^2 x}=\sec x\tan x.$$ □

二、反函数的导数

我们已经求得对数函数与三角函数的导数，为求得它们的反函数的导数，下面先证明反函数求导公式.

定理 5.7　设 $y=f(x)$ 为 $x=\varphi(y)$ 的反函数.若 $\varphi(y)$ 在点 y_0 的某邻域上连续，严格单调且 $\varphi'(y_0)\neq 0$，则 $f(x)$ 在点 $x_0(x_0=\varphi(y_0))$ 可导，且

$$f'(x_0)=\frac{1}{\varphi'(y_0)}. \tag{6}$$

证　设 $\Delta x=\varphi(y_0+\Delta y)-\varphi(y_0)$，$\Delta y=f(x_0+\Delta x)-f(x_0)$.因为 φ 在 y_0 的某邻域上连续且严格单调，故 $f=\varphi^{-1}$ 在 x_0 的某邻域上连续且严格单调.从而当且仅当 $\Delta y=0$ 时 $\Delta x=0$，并且当且仅当 $\Delta y\to 0$ 时 $\Delta x\to 0$.由 $\varphi'(y_0)\neq 0$，可得

$$f'(x_0)=\lim_{\Delta x\to 0}\frac{\Delta y}{\Delta x}=\lim_{\Delta y\to 0}\frac{\Delta y}{\Delta x}=\frac{1}{\lim\limits_{\Delta y\to 0}\frac{\Delta x}{\Delta y}}=\frac{1}{\varphi'(y_0)}.$$ □

例 6　证明：

1) $(a^x)'=a^x\ln a$（其中 $a>0,a\neq 1$），特别地，$(\mathrm{e}^x)'=\mathrm{e}^x$.

2) $(\arcsin x)'=\frac{1}{\sqrt{1-x^2}}$，　$(\arccos x)'=-\frac{1}{\sqrt{1-x^2}}$.

3) $(\arctan x)'=\frac{1}{1+x^2}$，　$(\operatorname{arccot} x)'=-\frac{1}{1+x^2}$.

证 1）由于 $y=a^x, x\in\mathbf{R}$ 为对数函数 $x=\log_a y, y\in(0,+\infty)$ 的反函数，故由公式(6)得到

$$(a^x)'=\frac{1}{(\log_a y)'}=\frac{y}{\log_a \mathrm{e}}=a^x\ln a.$$

2）由于 $y=\arcsin x, x\in(-1,1)$ 是 $x=\sin y, y\in\left(-\frac{\pi}{2},\frac{\pi}{2}\right)$ 的反函数，故由公式(6)得到

$$(\arcsin x)'=\frac{1}{(\sin y)'}=\frac{1}{\cos y}=\frac{1}{\sqrt{1-\sin^2 y}}=\frac{1}{\sqrt{1-x^2}},\quad x\in(-1,1).$$

同理可证：$(\arccos x)'=-\frac{1}{\sqrt{1-x^2}}, x\in(-1,1)$.

3）由于 $y=\arctan x, x\in\mathbf{R}$ 是 $x=\tan y, y\in\left(-\frac{\pi}{2},\frac{\pi}{2}\right)$ 的反函数，因此

$$(\arctan x)'=\frac{1}{(\tan y)'}=\frac{1}{\sec^2 y}=\frac{1}{1+\tan^2 y}=\frac{1}{1+x^2},\quad x\in(-\infty,+\infty).$$

同理可证：$(\operatorname{arccot} x)'=-\frac{1}{1+x^2}, x\in(-\infty,+\infty)$. □

三、复合函数的导数

为了证明复合函数的求导公式，我们先证明一个引理.

引理 $f(x)$ 在点 x_0 可导的充要条件是：在 x_0 的某邻域 $U(x_0)$ 上，存在一个在点 x_0 连续的函数 $H(x)$，使得

$$f(x)-f(x_0)=H(x)(x-x_0).$$

进一步可知 $f'(x_0)=H(x_0)$.

证 设 $f(x)$ 在点 x_0 可导，令

$$H(x)=\begin{cases}\dfrac{f(x)-f(x_0)}{x-x_0}, & x\in U^\circ(x_0),\\ f'(x_0), & x=x_0,\end{cases}$$

则因

$$\lim_{x\to x_0}H(x)=\lim_{x\to x_0}\frac{f(x)-f(x_0)}{x-x_0}=f'(x_0)=H(x_0),$$

所以 $H(x)$ 在点 x_0 连续，且 $f(x)-f(x_0)=H(x)(x-x_0), x\in U(x_0)$.

反之，设存在 $H(x), x\in U(x_0)$，它在点 x_0 连续，且

$$f(x)-f(x_0)=H(x)(x-x_0),\quad x\in U(x_0).$$

因存在极限

$$\lim_{x\to x_0}\frac{f(x)-f(x_0)}{x-x_0}=\lim_{x\to x_0}H(x)=H(x_0),$$

所以 $f(x)$ 在点 x_0 可导，且 $f'(x_0)=H(x_0)$. □

注 引理说明了点 x_0 是函数 $g(x)=\dfrac{f(x)-f(x_0)}{x-x_0}$ 的可去间断点的充要条件是 $f(x)$ 在点 x_0 可导.这个结论可推广到向量函数的导数(第二十三章).

定理 5.8 设 $u=\varphi(x)$ 在点 x_0 可导,$y=f(u)$ 在点 $u_0=\varphi(x_0)$ 可导,则复合函数 $f\circ\varphi$ 在点 x_0 可导,且

$$(f\circ\varphi)'(x_0)=f'(u_0)\varphi'(x_0)=f'(\varphi(x_0))\varphi'(x_0). \tag{7}$$

证 由 $f(u)$ 在点 u_0 可导,由引理必要性部分,存在一个在点 u_0 连续的函数 $F(u)$,使得 $f'(u_0)=F(u_0)$,且

$$f(u)-f(u_0)=F(u)(u-u_0),\quad u\in U(u_0).$$

又由 $u=\varphi(x)$ 在点 x_0 可导,同理存在一个在点 x_0 连续的函数 $\Phi(x)$,使得 $\varphi'(x_0)=\Phi(x_0)$,且

$$\varphi(x)-\varphi(x_0)=\Phi(x)(x-x_0),\quad x\in U(x_0).$$

于是就有

$$\begin{aligned}f(\varphi(x))-f(\varphi(x_0))&=F(\varphi(x))(\varphi(x)-\varphi(x_0))\\&=F(\varphi(x))\Phi(x)(x-x_0).\end{aligned}$$

因为 φ,Φ 在点 x_0 连续,F 在点 $u_0=\varphi(x_0)$ 连续,因此 $H(x)=F(\varphi(x))\Phi(x)$ 在点 x_0 连续.由引理充分性部分证得 $f\circ\varphi$ 在点 x_0 可导,且

$$(f\circ\varphi)'(x_0)=H(x_0)=F(\varphi(x_0))\Phi(x_0)=f'(u_0)\varphi'(x_0).$$ □

注 1 复合函数的求导公式(7)亦称为**链式法则**.函数 $y=f(u)$,$u=\varphi(x)$ 的复合函数在点 x 的求导公式一般也写作

$$\frac{\mathrm{d}y}{\mathrm{d}x}=\frac{\mathrm{d}y}{\mathrm{d}u}\cdot\frac{\mathrm{d}u}{\mathrm{d}x}. \tag{8}$$

对于由多个函数复合而得到的复合函数,其导数公式可反复应用(8)式而得.

注 2 $f'(\varphi(x))=f'(u)\big|_{u=\varphi(x)}$ 与 $(f(\varphi(x)))'=f'(\varphi(x))\varphi'(x)$ 的含义不可混淆.

例 7 设 $y=\sin x^2$,求 y'.

解 将 $\sin x^2$ 看作 $y=\sin u$ 与 $u=x^2$ 的复合函数,故

$$(\sin x^2)'=\cos u\cdot 2x=2x\cos x^2.$$ □

注 必须指出:$(\sin x^2)'\neq\cos x^2$.

例 8 设 α 为实数,求幂函数 $y=x^{\alpha}(x>0)$ 的导数.

解 因为 $y=x^{\alpha}=\mathrm{e}^{\alpha\ln x}$ 可看作 $y=\mathrm{e}^{u}$ 与 $u=\alpha\ln x$ 的复合函数,故

$$(x^{\alpha})'=(\mathrm{e}^{\alpha\ln x})'=\mathrm{e}^{\alpha\ln x}\cdot\frac{\alpha}{x}=\alpha x^{\alpha-1}.$$ □

例 9 设 $f(x)=\sqrt{x^2+1}$,求 $f'(0)$,$f'(1)$.

解 由于

$$f'(x)=\left(\sqrt{x^2+1}\right)'=\frac{1}{2\sqrt{x^2+1}}(x^2+1)'=\frac{x}{\sqrt{x^2+1}},$$

因此 $f'(0)=0$, $f'(1)=\dfrac{1}{\sqrt{2}}$. □

例 10 求下列函数的导函数:

(1) $f(x)=\ln(x+\sqrt{1+x^2})$;　　(2) $f(x)=\tan^2\dfrac{1}{x}$.

解 (1) $$(\ln(x+\sqrt{1+x^2}))'=\frac{1}{x+\sqrt{1+x^2}}(x+\sqrt{1+x^2})'$$

$$=\frac{1}{x+\sqrt{1+x^2}}\left(1+\frac{x}{\sqrt{1+x^2}}\right)=\frac{1}{\sqrt{1+x^2}}.$$

(2) $$\left(\tan^2\frac{1}{x}\right)'=2\tan\frac{1}{x}\left(\tan\frac{1}{x}\right)'=2\tan\frac{1}{x}\sec^2\frac{1}{x}\left(\frac{1}{x}\right)'$$

$$=-\frac{2}{x^2}\tan\frac{1}{x}\sec^2\frac{1}{x}.$$ □

例 11(对数求导法)　设 $y=\dfrac{(x+5)^2(x-4)^{\frac{1}{3}}}{(x+2)^5(x+4)^{\frac{1}{2}}}\ (x>4)$,求 y'.

解 先对函数式取对数,得

$$\ln y=\ln\frac{(x+5)^2(x-4)^{\frac{1}{3}}}{(x+2)^5(x+4)^{\frac{1}{2}}}$$

$$=2\ln(x+5)+\frac{1}{3}\ln(x-4)-5\ln(x+2)-\frac{1}{2}\ln(x+4).$$

再对上式两边分别求导数,得

$$\frac{y'}{y}=\frac{2}{x+5}+\frac{1}{3(x-4)}-\frac{5}{x+2}-\frac{1}{2(x+4)}.$$

整理后得到

$$y'=\frac{(x+5)^2(x-4)^{\frac{1}{3}}}{(x+2)^5(x+4)^{\frac{1}{2}}}\left(\frac{2}{x+5}+\frac{1}{3(x-4)}-\frac{5}{x+2}-\frac{1}{2(x+4)}\right).$$ □

注 虽然我们可用导数的乘积和商的公式来求例 11 中的导数,但用对数求导法显得更为清晰、简便.

例 12 设 $y=u(x)^{v(x)}$,其中 $u(x)>0$,且 $u(x)$ 和 $v(x)$ 均可导,试求此幂指函数的导数.

解 $$y'=(u(x)^{v(x)})'=(\mathrm{e}^{v(x)\ln u(x)})'=\mathrm{e}^{v(x)\ln u(x)}(v(x)\ln u(x))'$$

$$=u(x)^{v(x)}\left(v'(x)\ln u(x)+v(x)\frac{u'(x)}{u(x)}\right)$$

$$=u(x)^{v(x)}v'(x)\ln u(x)+u(x)^{v(x)-1}u'(x)v(x).$$ □

四、基本求导法则与公式

现在把前面得到的基本求导法则与基本初等函数的导数公式列出如下:

基本求导法则

1. $(u\pm v)'=u'\pm v'$.
2. $(uv)'=u'v+uv'$,　$(cu)'=cu'$　(c 为常数).

3. $\left(\dfrac{u}{v}\right)' = \dfrac{u'v - uv'}{v^2}$，$\left(\dfrac{1}{v}\right)' = -\dfrac{v'}{v^2}$　$(v \neq 0)$.

4. 反函数的导数　$\dfrac{\mathrm{d}y}{\mathrm{d}x} = \dfrac{1}{\dfrac{\mathrm{d}x}{\mathrm{d}y}}$.

5. 复合函数的导数　$\dfrac{\mathrm{d}y}{\mathrm{d}x} = \dfrac{\mathrm{d}y}{\mathrm{d}u} \cdot \dfrac{\mathrm{d}u}{\mathrm{d}x}$.

基本初等函数的导数公式

1. $(c)' = 0$　（c 为常数）.

2. $(x^{\alpha})' = \alpha x^{\alpha - 1}$　（α 为任意实数）.

3. $(\sin x)' = \cos x$，$(\cos x)' = -\sin x$，$(\tan x)' = \sec^2 x$，
$(\cot x)' = -\csc^2 x$，$(\sec x)' = \sec x \tan x$，$(\csc x)' = -\csc x \cot x$.

4. $(\arcsin x)' = \dfrac{1}{\sqrt{1 - x^2}}$，$(\arccos x)' = -\dfrac{1}{\sqrt{1 - x^2}}$，
$(\arctan x)' = \dfrac{1}{1 + x^2}$，$(\operatorname{arccot} x)' = -\dfrac{1}{1 + x^2}$.

5. $(a^x)' = a^x \ln a$（$a > 0$ 且 $a \neq 1$），$(\mathrm{e}^x)' = \mathrm{e}^x$.

6. $(\log_a |x|)' = \dfrac{1}{x \ln a}$（$a > 0$ 且 $a \neq 1$），$(\ln |x|)' = \dfrac{1}{x}$.

习　题　5.2

1. 求下列函数在指定点的导数：

（1）设 $f(x) = 3x^4 + 2x^3 + 5$，求 $f'(0)$，$f'(1)$；

（2）设 $f(x) = \dfrac{x}{\cos x}$，求 $f'(0)$，$f'(\pi)$；

（3）设 $f(x) = \sqrt{1 + \sqrt{x}}$，求 $f'(0)$，$f'(1)$，$f'(4)$.

2. 求下列函数的导数：

（1）$y = 3x^2 + 2$；

（2）$y = \dfrac{1 - x^2}{1 + x + x^2}$；

（3）$y = x^n + nx$；

（4）$y = \dfrac{x}{m} + \dfrac{m}{x} + 2\sqrt{x} + \dfrac{2}{\sqrt{x}}$；

（5）$y = x^3 \log_3 x$；

（6）$y = \mathrm{e}^x \cos x$；

（7）$y = (x^2 + 1)(3x - 1)(1 - x^3)$；

（8）$y = \dfrac{\tan x}{x}$；

（9）$y = \dfrac{x}{1 - \cos x}$；

（10）$y = \dfrac{1 + \ln x}{1 - \ln x}$；

（11）$y = (\sqrt{x} + 1) \arctan x$；

（12）$y = \dfrac{1 + x^2}{\sin x + \cos x}$.

3. 求下列函数的导数：

(1) $y=x\sqrt{1-x^2}$；　(2) $y=(x^2-1)^3$；

(3) $y=\left(\dfrac{1+x^2}{1-x}\right)^3$；　(4) $y=\ln(\ln x)$；

(5) $y=\ln(\sin x)$；　(6) $y=\lg(x^2+x+1)$；

(7) $y=\ln(x+\sqrt{1+x^2})$；　(8) $y=\ln\dfrac{\sqrt{1+x}-\sqrt{1-x}}{\sqrt{1+x}+\sqrt{1-x}}$；

(9) $y=(\sin x+\cos x)^3$；　(10) $y=\cos^3 4x$；

(11) $y=\sin\sqrt{1+x^2}$；　(12) $y=(\sin x^2)^3$；

(13) $y=\arcsin\dfrac{1}{x}$；　(14) $y=(\arctan x^3)^2$；

(15) $y=\operatorname{arccot}\dfrac{1+x}{1-x}$；　(16) $y=\arcsin(\sin^2 x)$；

(17) $y=\mathrm{e}^{x+1}$；　(18) $y=2^{\sin x}$；

(19) $y=x^{\sin x}$；　(20) $y=x^{x^x}$；

(21) $y=\mathrm{e}^{-x}\sin 2x$；　(22) $y=\sqrt{x+\sqrt{x+\sqrt{x}}}$；

(23) $y=\sin(\sin(\sin x))$；　(24) $y=\sin\left(\dfrac{x}{\sin\left(\dfrac{x}{\sin x}\right)}\right)$；

(25) $y=(x-a_1)^{\alpha_1}(x-a_2)^{\alpha_2}\cdots(x-a_n)^{\alpha_n}$；　(26) $y=\dfrac{1}{\sqrt{a^2-b^2}}\arcsin\dfrac{a\sin x+b}{a+b\sin x}$.

4. 对下列各函数计算 $f'(x)$，$f'(x+1)$，$f'(x-1)$.

(1) $f(x)=x^3$；　(2) $f(x+1)=x^3$；

(3) $f(x-1)=x^3$.

---

5. 已知 g 为可导函数，a 为实数，试求下列函数 f 的导数：

(1) $f(x)=g(x+g(a))$；　(2) $f(x)=g(x+g(x))$；

(3) $f(x)=g(xg(a))$；　(4) $f(x)=g(xg(x))$.

6. 设 f 为可导函数，证明：若 $x=1$ 时有

$$\frac{\mathrm{d}}{\mathrm{d}x}f(x^2)=\frac{\mathrm{d}}{\mathrm{d}x}f^2(x),$$

则必有 $f'(1)=0$ 或 $f(1)=1$.

7. 定义**双曲函数**如下：

双曲正弦函数 $\sinh x=\dfrac{\mathrm{e}^x-\mathrm{e}^{-x}}{2}$，双曲余弦函数 $\cosh x=\dfrac{\mathrm{e}^x+\mathrm{e}^{-x}}{2}$；

双曲正切函数 $\tanh x=\dfrac{\sinh x}{\cosh x}$，双曲余切函数 $\coth x=\dfrac{\cosh x}{\sinh x}$.

证明：

(1) $(\sinh x)'=\cosh x$；　(2) $(\cosh x)'=\sinh x$；

(3) $(\tanh x)'=\dfrac{1}{\cosh^2 x}$;　　(4) $(\coth x)'=-\dfrac{1}{\sinh^2 x}$.

8. 求下列函数的导数:

(1) $y=\sinh^3 x$;　　(2) $y=\cosh(\sinh x)$;

(3) $y=\ln(\cosh x)$;　　(4) $y=\arctan(\tanh x)$.

9. 以 $\operatorname{arsinh} x,\operatorname{arcosh} x,\operatorname{artanh} x,\operatorname{arcoth} x$ 分别表示各双曲函数的反函数.试求下列函数的导数:

(1) $y=\operatorname{arsinh} x$;　　(2) $y=\operatorname{arcosh} x$;

(3) $y=\operatorname{artanh} x$;　　(4) $y=\operatorname{arcoth} x$;

(5) $y=\operatorname{artanh} x-\operatorname{arcoth}\dfrac{1}{x}$;　　(6) $y=\operatorname{arsinh}(\tan x)$.

§3　参变量函数的导数

平面曲线 C 的一般表达形式是用参变量(参数)方程

$$\begin{cases}x=\varphi(t),\\ y=\psi(t),\end{cases}\quad \beta\leqslant t\leqslant\gamma \tag{1}$$

表示.设 $t=t_0$ 对应曲线 C 上的点 P.如果在点 P 有切线,那么切线的斜率可由割线的斜率取极限而得,为此设 φ,ψ 在点 t_0 可导,且 $\varphi'(t_0)\neq 0$. 若 $t_0+\Delta t$ 对应 C 上的点 Q(图 5-5),则割线 PQ 的斜率为

$$\frac{\Delta y}{\Delta x}=\frac{\psi(t_0+\Delta t)-\psi(t_0)}{\varphi(t_0+\Delta t)-\varphi(t_0)}.$$

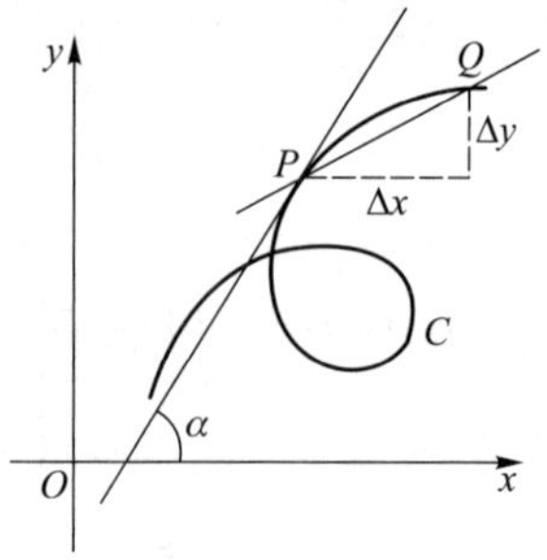

图 5-5

于是曲线 C 在点 P 的切线斜率是

$$\tan\alpha=\lim_{\Delta t\to 0}\frac{\Delta y}{\Delta x}=\frac{\displaystyle\lim_{\Delta t\to 0}\frac{\psi(t_0+\Delta t)-\psi(t_0)}{\Delta t}}{\displaystyle\lim_{\Delta t\to 0}\frac{\varphi(t_0+\Delta t)-\varphi(t_0)}{\Delta t}}=\frac{\psi'(t_0)}{\varphi'(t_0)},$$

其中 α 为切线与 x 轴正向的夹角.若 $\varphi'(t_0)=0$,但 $\psi'(t_0)\neq 0$,同样可得

$$\cot\alpha=\lim_{\Delta t\to 0}\frac{\Delta x}{\Delta y}=\frac{\varphi'(t_0)}{\psi'(t_0)}.$$

若 φ,ψ 在 $[\beta,\gamma]$ 上都存在连续的导函数,且 $\varphi'^2+\psi'^2\neq 0$,这时称 C 为**光滑曲线**.其特点是在曲线 C 上不仅每一点都有切线,且切线与 x 轴正向的夹角 $\alpha(t)$ 是 t 的连续函数.

若 $x=\varphi(t)$ 具有反函数 $t=\varphi^{-1}(x)$,则它与 $y=\psi(t)$ 构成一个复合函数

$$y=\psi\circ\varphi^{-1}(x).$$

这时只要函数 φ,ψ 可导，$\varphi'(t)\neq 0$(因而当 $\Delta x\to 0$ 时，也有 $\Delta t\to 0$ 和 $\Delta y\to 0$)，就可由复合函数和反函数的求导法则得到

$$\frac{\mathrm{d}y}{\mathrm{d}x}=\frac{\mathrm{d}y}{\mathrm{d}t}\cdot\frac{\mathrm{d}t}{\mathrm{d}x}=\frac{\mathrm{d}y}{\mathrm{d}t}\bigg/\frac{\mathrm{d}x}{\mathrm{d}t}=\frac{\psi'(t)}{\varphi'(t)}. \tag{2}$$

例 1 试求由上半椭圆的参数方程

$$\begin{cases}x=a\cos t,\\ y=b\sin t,\end{cases}\quad 0<t<\pi$$

所确定的函数 $y=y(x)$ 的导数.

解 按公式(2)求得

$$\frac{\mathrm{d}y}{\mathrm{d}x}=\frac{\mathrm{d}y}{\mathrm{d}t}\bigg/\frac{\mathrm{d}x}{\mathrm{d}t}=\frac{(b\sin t)'}{(a\cos t)'}=-\frac{b}{a}\cot t.$$ □

若曲线 C 由极坐标 $r=r(\theta)$ 表示，则可转化为以极角 θ 为参数的参数方程：

$$\begin{cases}x=r\cos\theta=r(\theta)\cos\theta,\\ y=r\sin\theta=r(\theta)\sin\theta.\end{cases}$$

这时在相应的条件下可得

$$\frac{\mathrm{d}y}{\mathrm{d}x}=\frac{(r(\theta)\sin\theta)'}{(r(\theta)\cos\theta)'}=\frac{r'(\theta)\sin\theta+r(\theta)\cos\theta}{r'(\theta)\cos\theta-r(\theta)\sin\theta}=\frac{r'(\theta)\tan\theta+r(\theta)}{r'(\theta)-r(\theta)\tan\theta}. \tag{3}$$

(3)式表示在曲线 $r=r(\theta)$ 上的点 $M(r,\theta)$ 的切线 MT 与极轴 Ox 轴的夹角的正切(图 5-6).

过点 M 的射线 OH 与切线 MT 的夹角 φ 的正切则是

$$\tan\varphi=\tan(\alpha-\theta)=\frac{\tan\alpha-\tan\theta}{1+\tan\alpha\tan\theta}. \tag{4}$$

将(3)式代入(4)式则得向径与切线夹角的正切

$$\tan\varphi=\frac{r(\theta)}{r'(\theta)}. \tag{5}$$

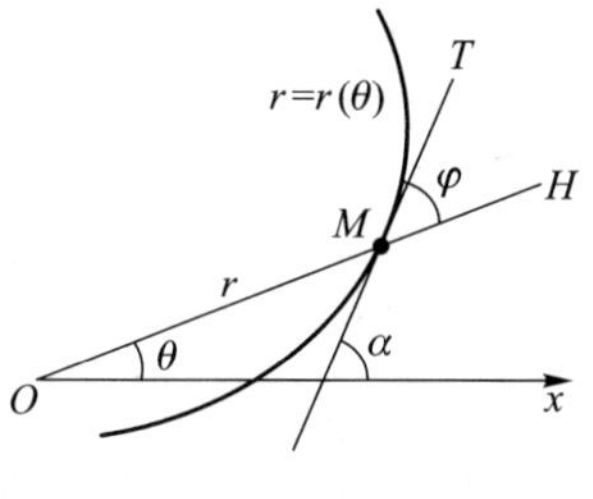

图 5-6

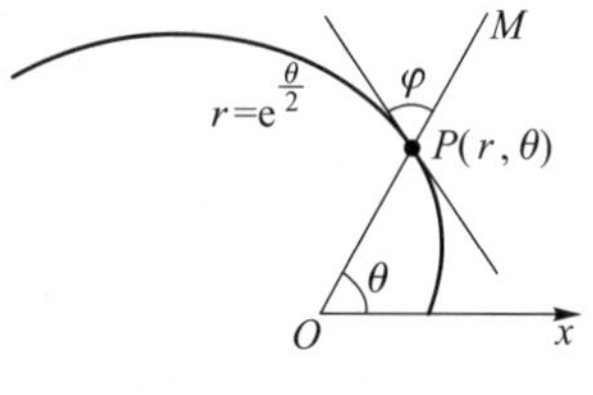

图 5-7

例 2 证明：对数螺线 $r=\mathrm{e}^{\frac{\theta}{2}}$(图 5-7)上所有点的切线与向径的夹角 φ 为常量.

证 由(5)式得，对每一 θ 值都有

$$\tan\varphi=\frac{r(\theta)}{r'(\theta)}=\frac{\mathrm{e}^{\frac{\theta}{2}}}{\frac{1}{2}\mathrm{e}^{\frac{\theta}{2}}}=2,$$

即在对数螺线上任一点的切线与向径的夹角等于 arctan 2. □

习 题 5.3

1. 求下列由参数方程所确定的导数$\frac{\mathrm{d}y}{\mathrm{d}x}$:

(1) $\begin{cases}x=\cos^4 t,\\ y=\sin^4 t\end{cases}$ 在 $t=\frac{\pi}{3}$处;　　(2) $\begin{cases}x=\frac{t}{1+t},\\ y=\frac{1-t}{1+t}\end{cases}$ 在 $t>0$ 处.

2. 设$\begin{cases}x=a(t-\sin t),\\ y=a(1-\cos t).\end{cases}$求$\left.\frac{\mathrm{d}y}{\mathrm{d}x}\right|_{t=\frac{\pi}{2}}$, $\left.\frac{\mathrm{d}y}{\mathrm{d}x}\right|_{t=\pi}$.

3. 设曲线方程为$\begin{cases}x=1-t^2,\\ y=t-t^2.\end{cases}$求它在下列点处的切线方程与法线方程:

(1) $t=1$;　　(2) $t=\frac{\sqrt{2}}{2}$.

---

4. 设 $a>0$. 证明:曲线

$$\begin{cases}x=a(\cos t+t\sin t),\\ y=a(\sin t-t\cos t)\end{cases}$$

上任一点的法线到原点距离等于 a.

5. 证明:圆 $r=2a\sin\theta\ (a>0)$上任一点的切线与向径的夹角等于向径的极角.

6. 求心形线 $r=a(1+\cos\theta)$的切线与切点向径之间的夹角.

§4 高阶导数

设物体的运动方程为 $s=s(t)$,则物体的运动速度为 $v(t)=s'(t)$,而速度在时刻 t_0 的变化率

$$\lim_{\Delta t\to 0}\frac{v(t_0+\Delta t)-v(t_0)}{\Delta t}=\lim_{t\to t_0}\frac{v(t)-v(t_0)}{t-t_0}$$

就是运动物体在时刻 t_0 的加速度.因此,加速度是速度函数的导数,也就是路程 $s(t)$的导函数的导数,这就产生了高阶导数的概念.

定义 若函数f的导函数f'在点 x_0 可导,则称f'在点 x_0 的导数为f在点 x_0 的**二阶导数**,记作$f''(x_0)$,即

$$\lim_{x\to x_0}\frac{f'(x)-f'(x_0)}{x-x_0}=f''(x_0),$$

同时称f在点 x_0 为**二阶可导**.

若f在区间I上每一点都二阶可导，则得到一个定义在I上的函数，这个函数称为f的二阶导函数，记作$f''(x)$，$x\in I$，或者简单记为f''.

一般地，可由f的$n-1$阶导函数定义f的n**阶导函数**（或简称n**阶导数**）. 二阶以及二阶以上的导数都称为**高阶导数**，函数f在点x_0处的n阶导数记作

$$f^{(n)}(x_0),\quad y^{(n)}\Big|_{x=x_0}\quad 或\quad \left.\frac{d^n y}{dx^n}\right|_{x=x_0}.$$

相应地，n阶导函数记作

$$f^{(n)},\quad y^{(n)}\quad 或\quad \frac{d^n y}{dx^n}.$$

这里$\frac{d^n y}{dx^n}$亦可写作$\frac{d^n}{dx^n}y$，它是对y相继进行n次求导运算"$\frac{d}{dx}$"的结果.

例 1 求幂函数$y=x^n$（n为正整数）的各阶导数.

解 由幂函数的求导公式得

$$\begin{aligned}
&y'=nx^{n-1},\\
&y''=n(n-1)x^{n-2},\\
&\cdots,\\
&y^{(n-1)}=\left(y^{(n-2)}\right)'=n(n-1)\cdots 2x,\\
&y^{(n)}=\left(y^{(n-1)}\right)'=(n(n-1)\cdots 2x)'=n!,\\
&y^{(n+1)}=y^{(n+2)}=\cdots=0.
\end{aligned}$$

由此可见，对于正整数幂函数x^n，每求导一次，其幂次降低1，第n阶导数为一常数，大于n阶的导数都等于0. □

例 2 求$y=\sin x$和$y=\cos x$的各阶导数.

解 对于$y=\sin x$，由三角函数的求导公式得

$$y'=\cos x,\quad y''=-\sin x,\quad y'''=-\cos x,\quad y^{(4)}=\sin x.$$

继续求导，将出现周而复始的现象. 为了得到一般n阶导数公式，可将上述导数公式改写为

$$\begin{aligned}
&y'=\cos x=\sin\left(x+\frac{\pi}{2}\right),\\
&y''=-\sin x=\sin\left(x+2\cdot\frac{\pi}{2}\right),\\
&y'''=-\cos x=\sin\left(x+3\cdot\frac{\pi}{2}\right),\\
&y^{(4)}=\sin x=\sin\left(x+4\cdot\frac{\pi}{2}\right).
\end{aligned}$$

一般地，可推得

$$y^{(n)}=\sin\left(x+n\cdot\frac{\pi}{2}\right),\quad n\in\mathbf{N}_+.$$

类似地有

$$\cos^{(n)} x = \cos\left(x + n \cdot \frac{\pi}{2}\right), \quad n \in \mathbf{N}_+. \qquad \square$$

例 3 求 $y = e^x$ 的各阶导数.

解 因为 $(e^x)' = e^x$,所以 $(e^x)^{(n)} = e^x, n \in \mathbf{N}_+$. $\square$

指数函数 e^x 的各阶导数仍旧是 e^x.

一阶导数的运算法则可直接移植到高阶导数.容易看出:

$$(u \pm v)^{(n)} = u^{(n)} \pm v^{(n)}. \tag{1}$$

对于乘法求导法则较为复杂一些.设 $y = uv$,则

$$y' = u'v + uv',$$
$$y'' = (u'v + uv')' = u''v + 2u'v' + uv'',$$
$$y''' = (u''v + 2u'v' + uv'')' = u'''v + 3u''v' + 3u'v'' + uv'''.$$

如此下去,读者不难看到,计算结果与二项式 $(u+v)^n$ 展开式极为相似.用数学归纳法,可得

$$\begin{aligned}(uv)^{(n)} &= u^{(n)}v^{(0)} + C_n^1 u^{(n-1)}v^{(1)} + C_n^2 u^{(n-2)}v^{(2)} + \cdots + C_n^k u^{(n-k)}v^{(k)} + \cdots + u^{(0)}v^{(n)} \\ &= \sum_{k=0}^{n} C_n^k u^{(n-k)} v^{(k)},\end{aligned} \tag{2}$$

其中 $u^{(0)} = u, v^{(0)} = v$.这个公式称为**莱布尼茨公式**.

例 4 设 $y = x^2 e^x$,求 $y^{(n)}$.

解 令 $u(x) = e^x, v(x) = x^2$,应用莱布尼茨公式得

$$\begin{aligned}y^{(n)} &= \sum_{k=0}^{n} C_n^k u^{(n-k)} v^{(k)} = \sum_{k=0}^{n} C_n^k v^{(k)} e^x \\ &= x^2 e^x + 2nxe^x + n(n-1)e^x = e^x(x^2 + 2nx + n(n-1)).\end{aligned} \qquad \square$$

例 5 设 $y = e^x \sin x$,求 $y^{(n)}$.

解 因为

$$y' = e^x \sin x + e^x \cos x = \sqrt{2} e^x \sin\left(x + \frac{\pi}{4}\right),$$

$$y'' = \sqrt{2}\left(e^x \sin\left(x + \frac{\pi}{4}\right) + e^x \cos\left(x + \frac{\pi}{4}\right)\right) = (\sqrt{2})^2 e^x \sin\left(x + 2 \cdot \frac{\pi}{4}\right), \cdots,$$

所以由数学归纳法可证

$$y^{(n)} = (\sqrt{2})^n e^x \sin\left(x + n \cdot \frac{\pi}{4}\right). \qquad \square$$

例 6 讨论函数

$$f(x) = \begin{cases} x^2, & x \geqslant 0, \\ -x^2, & x < 0 \end{cases}$$

的高阶导数.

解 当 $x > 0$ 时, $f'(x) = 2x$, $f''(x) = 2$, $f^{(k)}(x) \equiv 0\ (k \geqslant 3)$.

当 $x < 0$ 时, $f'(x) = -2x$, $f''(x) = -2$, $f^{(k)}(x) \equiv 0\ (k \geqslant 3)$.

当 $x = 0$ 时,由左、右导数定义不难求得 $f'_+(0) = f'_-(0) = f'(0) = 0$,而当 $k \geqslant 2$ 时, $f^{(k)}(0)$ 不存在.

整理后得

$$f'(x)=\begin{cases}2x, & x>0,\\ 0, & x=0,\\ -2x, & x<0,\end{cases}$$

$$f''(x)=\begin{cases}2, & x>0,\\ \text{不存在}, & x=0,\\ -2, & x<0,\end{cases}$$

当 $k\geqslant 3$ 时,

$$f^{(k)}(x)=0\ (x\neq 0),\quad f^{(k)}(0)\text{不存在}.$$ □

设 φ,ψ 都在 $[\alpha,\beta]$ 上二阶可导,则由参数方程

$$\begin{cases}x=\varphi(t),\\ y=\psi(t)\end{cases}$$

所确定的函数的一阶导数 $\frac{\mathrm{d}y}{\mathrm{d}x}=\frac{\psi'(t)}{\varphi'(t)}$,它的参数方程是

$$\begin{cases}x=\varphi(t),\\ \dfrac{\mathrm{d}y}{\mathrm{d}x}=\dfrac{\psi'(t)}{\varphi'(t)}.\end{cases}$$

因此由§3公式(2)得

$$\frac{\mathrm{d}^2y}{\mathrm{d}x^2}=\frac{\mathrm{d}}{\mathrm{d}x}\left(\frac{\mathrm{d}y}{\mathrm{d}x}\right)=\frac{\dfrac{\mathrm{d}}{\mathrm{d}t}\left(\dfrac{\psi'}{\varphi'}\right)}{\dfrac{\mathrm{d}x}{\mathrm{d}t}}=\frac{\left(\dfrac{\psi'(t)}{\varphi'(t)}\right)'}{\varphi'(t)}$$

$$=\frac{\psi''(t)\varphi'(t)-\psi'(t)\varphi''(t)}{(\varphi'(t))^3}.\tag{3}$$

例 7 试求由摆线参数方程

$$\begin{cases}x=a(t-\sin t),\\ y=a(1-\cos t)\end{cases}$$

所确定的函数 $y=y(x)$ 的二阶导数.

解 由§3公式(2)得

$$\frac{\mathrm{d}y}{\mathrm{d}x}=\frac{(a(1-\cos t))'}{(a(t-\sin t))'}=\frac{\sin t}{1-\cos t}=\cot\frac{t}{2}.$$

再由公式(3),

$$\frac{\mathrm{d}^2y}{\mathrm{d}x^2}=\frac{\left(\cot\dfrac{t}{2}\right)'}{(a(t-\sin t))'}=\frac{-\dfrac{1}{2}\csc^2\dfrac{t}{2}}{a(1-\cos t)}=-\frac{1}{4a}\csc^4\frac{t}{2}.$$ □

习　题　5.4

1. 求下列函数在指定点的高阶导数：

(1) $f(x)=3x^3+4x^2-5x-9$，求 $f''(1)$，$f'''(1)$，$f^{(4)}(1)$；

(2) $f(x)=\dfrac{x}{\sqrt{1+x^2}}$，求 $f''(0)$，$f''(1)$，$f''(-1)$.

2. 设函数 f 在 $x=1$ 处二阶可导. 证明：若 $f'(1)=0$，$f''(1)=0$，则在 $x=1$ 处有 $\dfrac{\mathrm{d}}{\mathrm{d}x}f(x^2)=\dfrac{\mathrm{d}^2}{\mathrm{d}x^2}f^2(x)$.

3. 求下列函数的高阶导数：

(1) $f(x)=x\ln x$，求 $f''(x)$；　(2) $f(x)=\mathrm{e}^{-x^2}$，求 $f'''(x)$；

(3) $f(x)=\ln(1+x)$，求 $f^{(5)}(x)$；　(4) $f(x)=x^3\mathrm{e}^x$，求 $f^{(10)}(x)$.

4. 设 f 为二阶可导函数，求下列各函数的二阶导数：

(1) $y=f(\ln x)$；　(2) $y=f(x^n)$，$n\in\mathbf{N}_+$；

(3) $y=f(f(x))$.

5. 求下列函数的 n 阶导数：

(1) $y=\ln x$；　(2) $y=a^x\ (a>0, a\neq 1)$；

(3) $y=\dfrac{1}{x(1-x)}$；　(4) $y=\dfrac{\ln x}{x}$；

(5) $y=\dfrac{x^n}{1-x}$；　(6) $y=\mathrm{e}^{ax}\sin bx$（a,b 均为实数）.

6. 求由下列参数方程所确定的函数的二阶导数 $\dfrac{\mathrm{d}^2y}{\mathrm{d}x^2}$：

(1) $\begin{cases}x=a\cos^3t,\\ y=a\sin^3t;\end{cases}$　(2) $\begin{cases}x=\mathrm{e}^t\cos t,\\ y=\mathrm{e}^t\sin t.\end{cases}$

---

7. 研究函数 $f(x)=|x^3|$ 在 $x=0$ 处的各阶导数.

8. 设函数 $y=f(x)$ 在点 x 三阶可导，且 $f'(x)\neq 0$. 若 $f(x)$ 存在反函数 $x=f^{-1}(y)$，试用 $f'(x)$，$f''(x)$ 以及 $f'''(x)$ 表示 $(f^{-1})'''(y)$.

9. 设 $y=\arctan x$.

(1) 证明它满足方程 $(1+x^2)y''+2xy'=0$；

(2) 求 $y^{(n)}\big|_{x=0}$.

10. 设 $y=\arcsin x$.

(1) 证明它满足方程 $(1-x^2)y^{(n+2)}-(2n+1)xy^{(n+1)}-n^2y^{(n)}=0\ (n\geqslant 0)$；

(2) 求 $y^{(n)}\big|_{x=0}$.

§5 微　　分

一、微分的概念

先考察一个具体问题.边长为 x 的正方形的面积

$$S = x^2$$

是 x 的函数,若边长由 x_0 增加 Δx,相应地正方形面积的增量

$$\Delta S = (x_0+\Delta x)^2 - x_0^2 = 2x_0\Delta x + (\Delta x)^2.$$

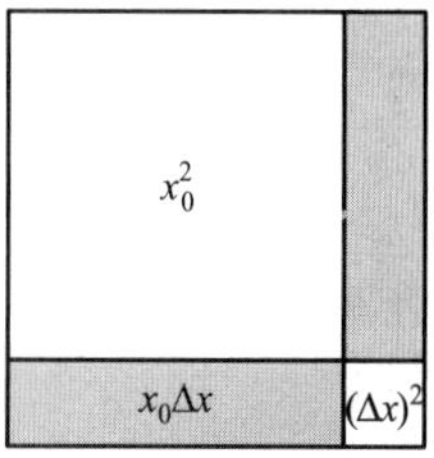

图 5－8

ΔS 由两部分组成:第一部分是 $2x_0\Delta x$(即图 5－8 中的阴影部分),第二部分 $(\Delta x)^2$ 是关于 Δx 的高阶无穷小量.由此可见,当给 x_0 一个微小增量 Δx 时,由此引起的正方形面积增量 ΔS 可以近似地用第一部分(Δx 的线性部分 $2x_0\Delta x$)来代替.由此产生的误差是一个关于 Δx 的高阶无穷小量,也就是以 Δx 为边长的小正方形面积.

定义 设函数 $y=f(x)$ 定义在点 x_0 的某邻域 $U(x_0)$ 上.当给 x_0 一个增量 Δx,$x_0+\Delta x\in U(x_0)$ 时,相应地得到函数的增量为

$$\Delta y = f(x_0+\Delta x) - f(x_0).$$

若存在常数 A,使得 Δy 能表示成

$$\Delta y = A\Delta x + o(\Delta x), \tag{1}$$

则称函数 f 在点 x_0 **可微**,并称(1)式中的第一项 $A\Delta x$ 为 f 在点 x_0 的**微分**,记作

$$\mathrm{d}y\big|_{x=x_0} = A\Delta x \quad \text{或} \quad \mathrm{d}f(x)\big|_{x=x_0} = A\Delta x. \tag{2}$$

由定义可见,函数的微分与增量仅相差一个关于 Δx 的高阶无穷小量.由于 $\mathrm{d}y$ 是 Δx 的线性函数,所以当 $A\neq 0$ 时,也说微分 $\mathrm{d}y$ 是增量 Δy 的**线性主部**.

容易看出,函数 f 在点 x_0 可导和可微是等价的.

定理 5.9 函数 f 在点 x_0 可微的充要条件是函数 f 在点 x_0 可导,而且(1)式中的 A 等于 $f'(x_0)$.

证 必要性 若 f 在点 x_0 可微,由(1)式有

$$\frac{\Delta y}{\Delta x} = A + o(1).$$

取极限后有

$$f'(x_0) = \lim_{\Delta x\to 0}\frac{\Delta y}{\Delta x} = \lim_{\Delta x\to 0}(A+o(1)) = A.$$

这就证明了 f 在点 x_0 可导且导数等于 A.

充分性 若 f 在点 x_0 可导,则 f 在点 x_0 的有限增量公式

$$\Delta y = f'(x_0)\Delta x + o(\Delta x)$$

表明函数增量 Δy 可表示为 Δx 的线性部分($f'(x_0)\Delta x$)与 Δx 的高阶无穷小量之和,所

以 f 在点 x_0 可微，且有

$$\mathrm{d}y\big|_{x=x_0}=f'(x_0)\Delta x.$$
□

微分的几何解释如图 5-9 所示. 当自变量由 x_0 增加到 $x_0+\Delta x$ 时，函数增量 $\Delta y=f(x_0+\Delta x)-f(x_0)=RQ$，而微分则是在点 P 处的切线上与 Δx 所对应的增量

$$\mathrm{d}y=f'(x_0)\Delta x=RQ',$$

并且

$$\lim_{x\to x_0}\frac{\Delta y-\mathrm{d}y}{\Delta x}=\lim_{x\to x_0}\frac{Q'Q}{PR}=f'(x_0)\lim_{x\to x_0}\frac{Q'Q}{RQ'}=0,$$

所以当 $f'(x_0)\neq 0$ 时，

$$\lim_{x\to x_0}\frac{Q'Q}{RQ'}=0.$$

这表明当 $x\to x_0$ 时线段 $Q'Q$ 的长度比 RQ' 的长度要小得多.

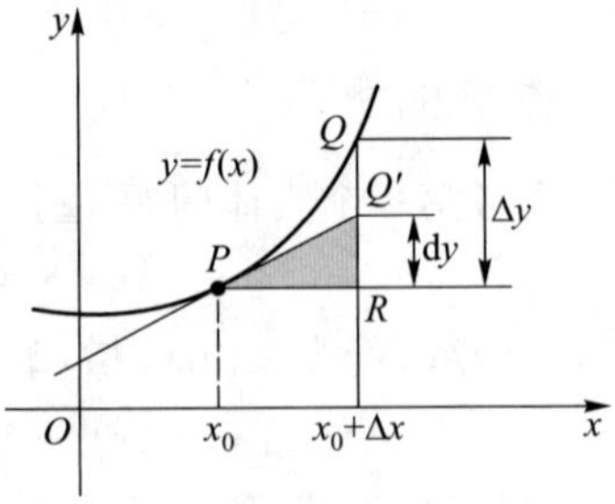

图 5-9

若函数 $y=f(x)$ 在区间上每一点都可微，则称 f 为 I 上的**可微函数**. 函数 $y=f(x)$ 在 I 上任一点 x 处的**微分**记作

$$\mathrm{d}y=f'(x)\Delta x,\quad x\in I, \tag{3}$$

它不仅依赖于 Δx，而且也依赖于 x.

特别当 $y=x$ 时，

$$\mathrm{d}y=\mathrm{d}x=\Delta x,$$

这表示自变量的微分 $\mathrm{d}x$ 就等于自变量的增量. 于是可将(3)式改写为

$$\mathrm{d}y=f'(x)\mathrm{d}x, \tag{4}$$

即函数的微分等于函数的导数与自变量微分的积. 比如

$$\mathrm{d}(x^\alpha)=\alpha x^{\alpha-1}\mathrm{d}x,$$

$$\mathrm{d}(\sin x)=\cos x\mathrm{d}x,$$

$$\mathrm{d}(\ln x)=\frac{\mathrm{d}x}{x}.$$

如果把(4)式写成

$$f'(x)=\frac{\mathrm{d}y}{\mathrm{d}x},$$

那么函数的导数就等于函数微分与自变量微分的商. 因此，导数也常称为**微商**. 在这以前，我们总把 $\frac{\mathrm{d}y}{\mathrm{d}x}$ 作为一个运算记号的整体来看待，有了微分概念之后，也不妨把它看作一个分式.

二、微分的运算法则

由导数与微分的关系，我们能立刻推出如下微分运算法则：

1. $\mathrm{d}(u(x)\pm v(x))=\mathrm{d}u(x)\pm\mathrm{d}v(x)$；
2. $\mathrm{d}(u(x)v(x))=v(x)\mathrm{d}u(x)+u(x)\mathrm{d}v(x)$；
3. $\mathrm{d}\left(\frac{u(x)}{v(x)}\right)=\frac{v(x)\mathrm{d}u(x)-u(x)\mathrm{d}v(x)}{v^2(x)}\quad(v(x)\neq 0)$；

4. $d(f\circ g(x))=f'(u)g'(x)dx$,其中 $u=g(x)$.

在上述复合函数的微分运算法则 4 中,由于 $du=g'(x)dx$,所以它也可写作

$$dy=f'(u)du.$$

这与(4)式在形式上完全相同,即(4)式不仅在 x 为自变量时成立,当它是另一可微函数的因变量时也成立.这个性质通常称为**一阶微分形式的不变性**.

例 1 求 $y=x^2\ln x+\cos x^2$ 的微分.

解 $$dy=d(x^2\ln x+\cos x^2)=d(x^2\ln x)+d(\cos x^2)$$
$$=\ln x\,d(x^2)+x^2d(\ln x)+d(\cos x^2)=x(2\ln x+1-2\sin x^2)dx.$$ □

例 2 求 $y=e^{\sin(ax+b)}$ 的微分.

解 由一阶微分形式的不变性,可得

$$dy=e^{\sin(ax+b)}d(\sin(ax+b))$$
$$=e^{\sin(ax+b)}\cos(ax+b)d(ax+b)=ae^{\sin(ax+b)}\cos(ax+b)dx.$$ □

三、高阶微分

我们知道函数 $y=f(x)$ 的一阶微分是

$$dy=f'(x)dx,$$

其中变量 x 和 dx 是相互独立的.现将一阶微分只作为 x 的函数,若 f 二阶可导,则 dy 对自变量 x 的微分

$$d(dy)=d(f'(x)dx)=f''(x)dx\cdot dx=f''(x)(dx)^2,$$

或写作

$$d^2y=f''(x)dx^2, \tag{5}$$

称它为函数 f 的**二阶微分**.

注 这里 dx^2 是指 $(dx)^2$,d^2x 表示 x 的二阶微分($d^2x=0$),而 $d(x^2)$ 则表示 x^2 的一阶微分($d(x^2)=2xdx$).三者不能混淆.

一般地,n **阶微分**是 $n-1$ 阶微分的微分,记作 d^ny,即

$$d^ny=d(d^{n-1}y)=d(f^{(n-1)}(x)dx^{n-1})=f^{(n)}(x)dx^n.$$

若将它写成

$$\frac{d^ny}{dx^n}=f^{(n)}(x)$$

时,就和 n 阶导数的记法一致了.

对 $n\geqslant 2$ 的 n 阶微分均称为**高阶微分**.

一阶微分具有形式不变性,而对于高阶微分来说已不具备这个性质了.以二阶微分为例,当 x 为 $y=f(x)$ 的自变量时,

$$d^2y=f''(x)dx^2. \tag{6}$$

当 x 为复合函数 $y=f(x)$,$x=\varphi(t)$ 的中间变量时,$y=f(\varphi(t))$ 作为 t 的函数,关于 t 的一阶微分可以写作

$$dy=f'(x)dx,$$

其中 $dx=\varphi'(t)dt$;而对 t 的二阶微分则为

$$\begin{aligned}d^2y &= (f(\varphi(t)))''dt^2 = (f'(\varphi(t))\varphi'(t))'dt^2\\ &= (f''(\varphi(t))(\varphi'(t))^2 + f'(\varphi(t))\varphi''(t))dt^2\\ &= f''(x)dx^2 + f'(x)d^2x,\end{aligned} \tag{7}$$

它比(5)式多了一项,这说明二阶微分已不再具有形式不变性.

例 3　设 $y = f(x) = \sin x, x = \varphi(t) = t^2$.分别依公式(6)和公式(7)求 d^2y.

解　由 $y = \sin t^2$ 得 $y' = 2t\cos t^2, y'' = 2\cos t^2 - 4t^2\sin t^2$,依公式(6)得

$$d^2y = (2\cos t^2 - 4t^2\sin t^2)dt^2.$$

类似地,依公式(7)可得

$$\begin{aligned}d^2y &= f''(x)dx^2 + f'(x)d^2x\\ &= -\sin x dx^2 + \cos x d^2x\\ &= -\sin t^2 \cdot (2t)^2dt^2 + \cos t^2 \cdot 2dt^2\\ &= (2\cos t^2 - 4t^2\sin t^2)dt^2.\end{aligned}$$

□

注　下面的解法是错误的:

$$d^2y = f''(x)dx^2 = -\sin x(2tdt)^2 = -4t^2\sin t^2dt^2.$$

四、微分在近似计算中的应用

微分在数学中有许多重要的应用.这里介绍它在近似计算方面的一些应用.

1. 函数的近似计算　由函数增量与微分关系

$$\Delta y = f'(x_0)\Delta x + o(\Delta x) = dy + o(\Delta x),$$

当 Δx 很小时,有 $\Delta y \approx dy$,由此即得

$$f(x_0 + \Delta x) \approx f(x_0) + f'(x_0)\Delta x, \tag{8}$$

或当 $x \approx x_0$ 时有

$$f(x) \approx f(x_0) + f'(x_0)(x - x_0). \tag{9}$$

注意到在点$(x_0, f(x_0))$的切线方程为

$$y = f(x_0) + f'(x_0)(x - x_0),$$

(9)式的几何意义就是当 x 充分接近 x_0 时,可用切线近似替代曲线(以直代曲).常用这种线性近似的思想来对复杂问题进行简化处理.

设$f(x)$分别是 $\sin x, \tan x, \ln(1+x)$ 和 e^x,令 $x_0 = 0$,则由(9)式可得这些函数在原点附近的近似公式:

$$\sin x \approx x, \qquad \tan x \approx x,$$
$$\ln(1+x) \approx x, \qquad e^x \approx 1 + x.$$

一般地,为求得$f(x)$的近似值,可找一邻近于 x 的点 x_0,只要$f(x_0)$和$f'(x_0)$易于计算,由(9)式可求得$f(x)$的近似值.

例 4　求 $\sin 33°$的近似值.

解　由于 $\sin 33° = \sin\left(\frac{\pi}{6} + \frac{\pi}{60}\right)$,因此取$f(x) = \sin x, x_0 = \frac{\pi}{6}, \Delta x = \frac{\pi}{60}$,由(9)式得到

$$\sin 33° \approx \sin\frac{\pi}{6} + \cos\frac{\pi}{6} \cdot \frac{\pi}{60} = \frac{1}{2} + \frac{\sqrt{3}}{2} \cdot \frac{\pi}{60} \approx 0.545.$$

($\sin 33°$的真值为 0.544 639⋯.)

□

例 5 设钟摆的周期是1 s，在冬季摆长至多缩短 0.01 cm，试问此钟每天大约快几秒？

解 由物理学知道，单摆周期 T 与摆长 l 的关系为

$$T = 2\pi\sqrt{\frac{l}{g}},$$

其中 g 是重力加速度.已知钟摆周期为 1 s，故此摆原长为

$$l_0 = \frac{g}{(2\pi)^2}.$$

当摆长最多缩短 0.01 cm 时，摆长的增量 $\Delta l = -0.01$，它引起单摆周期的增量

$$\Delta T \approx \left.\frac{\mathrm{d}T}{\mathrm{d}l}\right|_{l=l_0} \cdot \Delta l = \frac{\pi}{\sqrt{g}} \cdot \frac{1}{\sqrt{l_0}}\Delta l = \frac{2\pi^2}{g}\Delta l$$

$$= \frac{2\pi^2}{980}\times(-0.01) \approx -0.000\,2(\mathrm{s}).$$

这就是说，单摆在 1 个周期加快约 0.000 2 s，因此每天大约加快

$$60\times 60\times 24\times 0.000\,2 = 17.28(\mathrm{s}).$$ □

2\. 误差估计 设量 x 由测量得到，量 y 由函数 $y=f(x)$ 经过计算得到.在测量时，由于存在测量误差，实际测得的只是 x 的某一近似值 x_0，因此由 x_0 算得的 $y_0=f(x_0)$ 也只是 $y=f(x)$ 的一个近似值.若已知测量值 x_0 的误差限为 δ_x（它与测量工具的精度有关），即

$$|\Delta x| = |x-x_0| \leqslant \delta_x,$$

则当 δ_x 很小时，

$$|\Delta y| = |f(x)-f(x_0)| \approx |f'(x_0)\Delta x| \leqslant |f'(x_0)|\delta_x, \tag{10}$$

而**相对误差**限则为

$$\frac{\delta_y}{|y_0|} = \left|\frac{f'(x_0)}{f(x_0)}\right|\delta_x. \tag{11}$$

例 6 设测得一球体的直径为 42 cm，测量工具的精度为 0.05 cm.试求以此直径计算球体体积时所引起的误差.

解 由直径 d 计算球体体积的函数式为

$$V = \frac{1}{6}\pi d^3.$$

取 $d_0=42$，$\delta_d=0.05$，求得

$$V_0 = \frac{1}{6}\pi d_0^3 \approx 38\,792.39(\mathrm{cm}^3),$$

并由(10)、(11)两式得体积的绝对误差限和相对误差限分别为

$$\delta_V = \left|\frac{1}{2}\pi d_0^2\right| \cdot \delta_d = \frac{\pi}{2}\times 42^2\times 0.05 \approx 138.54(\mathrm{cm}^3),$$

$$\frac{\delta_V}{|V_0|}=\frac{\frac{1}{2}\pi d_0^2}{\frac{1}{6}\pi d_0^3}\cdot\delta_d=\frac{3}{d_0}\delta_d\approx 3.57‰.$$ □

习 题 5.5

1. 若 $x=1$，而 $\Delta x=0.1,0.01$. 问对于 $y=x^2$，Δy 与 $\mathrm{d}y$ 之差分别是多少？

2. 求下列函数的微分：

(1) $y=x+2x^2-\frac{1}{3}x^3+x^4$；　　(2) $y=x\ln x-x$；

(3) $y=x^2\cos 2x$；　　(4) $y=\frac{x}{1-x^2}$；

(5) $y=\mathrm{e}^{ax}\sin bx$；　　(6) $y=\arcsin\sqrt{1-x^2}$.

3. 求下列函数的高阶微分：

(1) 设 $u(x)=\ln x, v(x)=\mathrm{e}^x$，求 $\mathrm{d}^3(uv), \mathrm{d}^3\left(\frac{u}{v}\right)$；

(2) 设 $u(x)=\mathrm{e}^{\frac{x}{2}}, v(x)=\cos 2x$，求 $\mathrm{d}^3(uv), \mathrm{d}^3\left(\frac{u}{v}\right)$.

4. 利用微分求近似值：

(1) $\sqrt[3]{1.02}$；　　(2) $\ln 2.7$；

(3) $\tan 45°10'$；　　(4) $\sqrt{26}$.

5. 为了使计算出球的体积准确到 1%，问度量半径为 r 时允许发生的相对误差至多应为多少？

6. 检验一个半径为 2 m，中心角为 55°的工件面积(图 5-10)，现可直接测量其中心角或此角所对的弦长，设量角最大误差为 0.5°，量弦长最大误差为 3 mm，试问用哪一种方法检验的结果较为精确.

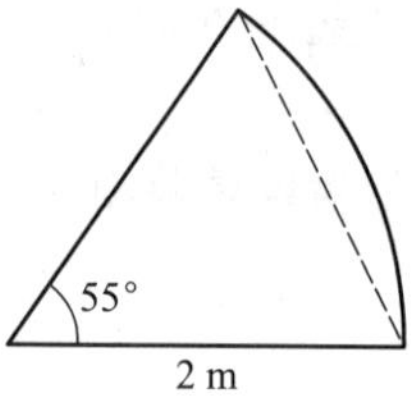

图 5-10

第五章总练习题

1. 设 $y=\frac{ax+b}{cx+d}$，证明：

(1) $y'=\frac{1}{(cx+d)^2}\begin{vmatrix}a & b\\ c & d\end{vmatrix}$；　　(2) $y^{(n)}=(-1)^{n+1}\frac{n!c^{n-1}}{(cx+d)^{n+1}}\begin{vmatrix}a & b\\ c & d\end{vmatrix}$.

2. 证明下列函数在 $x=0$ 处不可导：

(1) $f(x)=x^{\frac{2}{3}}$；　　(2) $f(x)=\left|\ln|x-1|\right|$.

3. (1) 举出一个连续函数,它仅在已知点 $a_1,a_2,\cdots,a_n$ 不可导;

(2) 举出一个函数,它仅在点 $a_1,a_2,\cdots,a_n$ 可导.

4. 证明:

(1) 可导的偶函数,其导函数为奇函数;

(2) 可导的奇函数,其导函数为偶函数;

(3) 可导的周期函数,其导函数仍为周期函数.

5. 对下列命题,若认为是正确的,请给予证明;若认为是错误的,请举一反例予以否定:

(1) 设 $f=\varphi+\psi$,若 f 在点 x_0 可导,则 φ,ψ 在点 x_0 可导;

(2) 设 $f=\varphi+\psi$,若 φ 在点 x_0 可导,ψ 在点 x_0 不可导,则 f 在点 x_0 一定不可导;

(3) 设 $f=\varphi\cdot\psi$,若 f 在点 x_0 可导,则 φ,ψ 在点 x_0 可导;

(4) 设 $f=\varphi\cdot\psi$,若 φ 在点 x_0 可导,ψ 在点 x_0 不可导,则 f 在点 x_0 一定不可导.

6. 设 $\varphi(x)$ 在点 a 连续,$f(x)=|x-a|\varphi(x)$,求 $f'_-(a)$ 和 $f'_+(a)$.问在什么条件下 $f'(a)$ 存在?

7. 设 f 为可导函数,求下列各函数的一阶导数:

(1) $y=f(\mathrm{e}^x)\mathrm{e}^{f(x)}$;　　(2) $y=f(f(f(x)))$.

8. 设 φ,ψ 为可导函数,求 y':

(1) $y=\sqrt{\varphi^2(x)+\psi^2(x)}$;　　(2) $y=\arctan\dfrac{\varphi(x)}{\psi(x)}$;

(3) $y=\log_{\varphi(x)}\psi(x)\ (\varphi,\psi>0,\varphi\neq1)$.

9. 设 $f_{ij}(x)\ (i,j=1,2,\cdots,n)$ 为可导函数,证明:

$$\frac{\mathrm{d}}{\mathrm{d}x}\begin{vmatrix} f_{11}(x) & f_{12}(x) & \cdots & f_{1n}(x)\\ f_{21}(x) & f_{22}(x) & \cdots & f_{2n}(x)\\ \vdots & \vdots & & \vdots\\ f_{n1}(x) & f_{n2}(x) & \cdots & f_{nn}(x)\end{vmatrix}=\sum_{k=1}^{n}\begin{vmatrix} f_{11}(x) & f_{12}(x) & \cdots & f_{1n}(x)\\ f_{21}(x) & f_{22}(x) & \cdots & f_{2n}(x)\\ \vdots & \vdots & & \vdots\\ f'_{k1}(x) & f'_{k2}(x) & \cdots & f'_{kn}(x)\\ \vdots & \vdots & & \vdots\\ f_{n1}(x) & f_{n2}(x) & \cdots & f_{nn}(x)\end{vmatrix}.$$

并利用这个结果求 $F'(x)$:

(1) $F(x)=\begin{vmatrix} x-1 & 1 & 2\\ -3 & x & 3\\ -2 & -3 & x+1\end{vmatrix}$;　　(2) $F(x)=\begin{vmatrix} x & x^2 & x^3\\ 1 & 2x & 3x^2\\ 0 & 2 & 6x\end{vmatrix}$.

第五章自测题

第六章 微分中值定理及其应用

§1　拉格朗日中值定理和函数的单调性

在这一章里,我们要讨论怎样由导数 f' 的已知性质来推断函数 f 所应具有的性质.微分中值定理(包括罗尔中值定理、拉格朗日中值定理、柯西中值定理、泰勒定理)正是进行这一讨论的有效工具.

本节首先介绍拉格朗日中值定理以及它的预备定理——罗尔中值定理,并用此讨论函数的单调性.

一、罗尔中值定理与拉格朗日中值定理

定理 6.1(罗尔(Rolle)中值定理)　若函数 f 满足如下条件:

(i) f 在闭区间 $[a,b]$ 上连续;

(ii) f 在开区间 (a,b) 上可导;

(iii) $f(a)=f(b)$,

则在 (a,b) 上至少存在一点 ξ,使得

$$f'(\xi)=0. \tag{1}$$

罗尔中值定理的几何意义是说:在每一点都可导的一段连续曲线上,若曲线的两端点高度相等,则至少存在一条水平切线(图 6-1).

证　因为 f 在 $[a,b]$ 上连续,所以有最大值与最小值,分别用 M 与 m 表示.现分两种情况来讨论:

(1) 若 $m=M$,则 f 在 $[a,b]$ 上必为常数,从而结论显然成立.

(2) 若 $m<M$,则因 $f(a)=f(b)$,使得最大值 M 与最小值 m 至少有一个在 (a,b) 上的某点 ξ 处取得,从而 ξ 是 f 的极值点.由条件(ii),f 在点 ξ 处可导,故由费马定理推知

$$f'(\xi)=0.$$ □

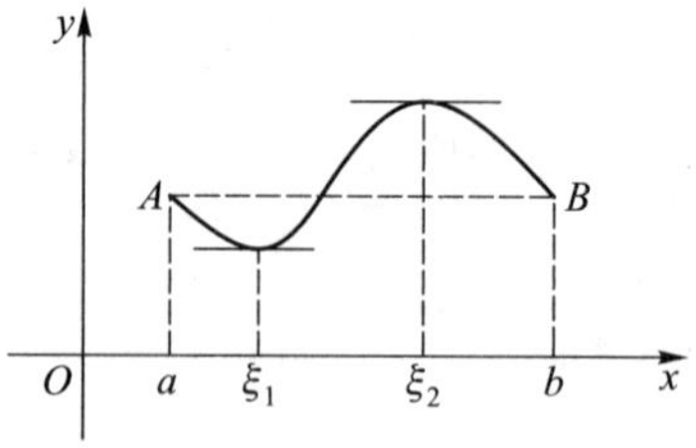

图 6-1

注　定理中的三个条件缺少任何一个,结论将不一定成立(见图 6-2).

作为罗尔中值定理的简单应用,请看下面的例子.

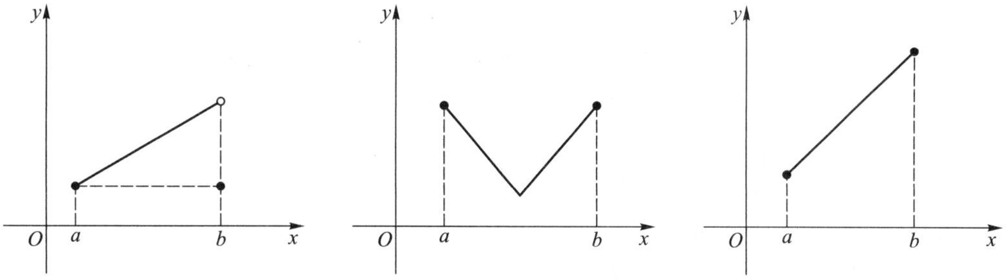

缺条件(i)　　缺条件(ii)　　缺条件(iii)

图 6-2

例 1　设 f 为 **R** 上的可导函数,证明:若方程 $f'(x)=0$ 没有实根,则方程 $f(x)=0$ 至多只有一个实根.

证　这可反证如下:倘若 $f(x)=0$ 有两个实根 x_1 和 x_2(设 $x_1<x_2$),则函数 f 在 $[x_1,x_2]$ 上满足罗尔中值定理的三个条件,从而存在 $\xi\in(x_1,x_2)$,使 $f'(\xi)=0$,这与 $f'(x)\neq 0$的假设相矛盾,命题得证. □

定理 6.2(拉格朗日(Lagrange)中值定理)　若函数 f 满足如下条件:

(i) f 在闭区间 $[a,b]$ 上连续;

(ii) f 在开区间 (a,b) 上可导,

则在 (a,b) 上至少存在一点 ξ,使得

$$f'(\xi)=\frac{f(b)-f(a)}{b-a}. \tag{2}$$

显然,特别当 $f(a)=f(b)$ 时,本定理的结论(2)式即为罗尔中值定理的结论(1)式.这表明罗尔中值定理是拉格朗日中值定理的一个特殊情形.

证　作辅助函数

$$F(x)=f(x)-f(a)-\frac{f(b)-f(a)}{b-a}(x-a).$$

显然,$F(a)=F(b)\ (=0)$,且 F 在 $[a,b]$ 上满足罗尔中值定理的另两个条件.故存在 $\xi\in(a,b)$,使

$$F'(\xi)=f'(\xi)-\frac{f(b)-f(a)}{b-a}=0,$$

移项后即得到所要证明的(2)式. □

拉格朗日中值定理的几何意义是:在满足定理条件的曲线 $y=f(x)$ 上至少存在一点 $P(\xi,f(\xi))$,曲线在该点处的切线平行于曲线两端点的连线 AB.我们在证明中引入的辅助函数 $F(x)$,正是曲线 $y=f(x)$ 与直线 $AB\left(y=f(a)+\dfrac{f(b)-f(a)}{b-a}(x-a)\right)$ 之差(如图 6-3 所示).

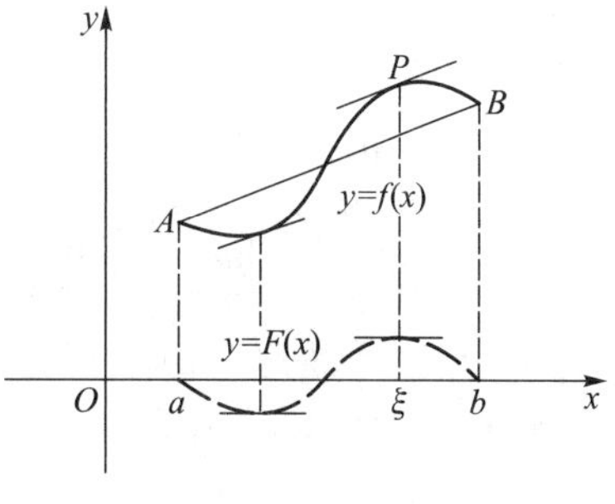

图 6-3

定理 6.2 的结论(公式(2))称为**拉格朗日**

公式.

拉格朗日公式还有下面几种等价表示形式，供读者在不同场合选用：

$$f(b)-f(a)=f'(\xi)(b-a),\quad a<\xi<b;\tag{3}$$

$$f(b)-f(a)=f'(a+\theta(b-a))(b-a),\quad 0<\theta<1;\tag{4}$$

$$f(a+h)-f(a)=f'(a+\theta h)h,\quad 0<\theta<1.\tag{5}$$

值得注意的是，拉格朗日公式无论对于 $a<b$，还是 $a>b$ 都成立，而 ξ 则是介于 a 与 b 之间的某一定数.而(4)、(5)两式的特点，在于把中值点 ξ 表示成了 $a+\theta(b-a)$，使得不论 a,b 为何值，θ 总可为小于 1 的某一正数.

例 2　证明：$\arctan b-\arctan a\leqslant b-a$，其中 $a<b$.

证　设 $f(x)=\arctan x$，则

$$f(b)-f(a)=f'(\xi)(b-a)=\frac{1}{1+\xi^2}(b-a),\quad a<\xi<b.$$

从而得

$$\arctan b-\arctan a\leqslant b-a.$$ □

推论 1　若函数 f 在区间 I 上可导，且 $f'(x)\equiv 0,x\in I$，则 f 为 I 上的一个常量函数.

证　任取两点 $x_1,x_2\in I$(设 $x_1<x_2$)，在区间 $[x_1,x_2]$ 上应用拉格朗日中值定理，存在 $\xi\in(x_1,x_2)\subset I$，使得

$$f(x_2)-f(x_1)=f'(\xi)(x_2-x_1)=0.$$

这就证得 f 在区间 I 上任何两点之值相等. □

由推论 1 又可进一步得到如下结论：

推论 2　若函数 f 和 g 均在区间 I 上可导，且 $f'(x)\equiv g'(x),x\in I$，则在区间 I 上 $f(x)$ 与 $g(x)$ 只相差某一常数，即

$$f(x)=g(x)+c\quad(c\text{ 为某一常数}).$$

推论 3(导数极限定理)　设函数 f 在点 x_0 的某邻域 $U(x_0)$ 上连续，在 $U^\circ(x_0)$ 上可导，且极限 $\lim\limits_{x\to x_0}f'(x)$ 存在，则 f 在点 x_0 可导，且

$$f'(x_0)=\lim_{x\to x_0}f'(x).\tag{6}$$

证　分别按左、右导数来证明(6)式成立.

(1) 任取 $x\in U_+^\circ(x_0)$，$f(x)$ 在 $[x_0,x]$ 上满足拉格朗日中值定理条件，则存在 $\xi\in(x_0,x)$，使得

$$\frac{f(x)-f(x_0)}{x-x_0}=f'(\xi).\tag{7}$$

由于 $x_0<\xi<x$，因此当 $x\to x_0^+$ 时，随之有 $\xi\to x_0^+$.对(7)式两边取极限，便得

$$\lim_{x\to x_0^+}\frac{f(x)-f(x_0)}{x-x_0}=\lim_{x\to x_0^+}f'(\xi)=f'(x_0+0).$$

(2) 同理可得 $f'_-(x_0)=f'(x_0-0)$.

因为 $\lim\limits_{x\to x_0}f'(x)=k$ 存在，所以 $f'(x_0+0)=f'(x_0-0)=k$，从而 $f'_+(x_0)=f'_-(x_0)=k$，即 $f'(x_0)=k$. □

导数极限定理适合于用来求分段函数的导数.

例 3 求分段函数

$$f(x)=\begin{cases}x+\sin x^2, & x\leqslant 0,\\ \ln(1+x), & x>0\end{cases}$$

的导数.

解 首先易得

$$f'(x)=\begin{cases}1+2x\cos x^2, & x<0,\\ \dfrac{1}{1+x}, & x>0.\end{cases}$$

进一步考虑 f 在 $x=0$ 处的导数. 在此之前, 我们只能依赖导数定义来处理, 现在则可以利用导数极限定理. 由于

$$\lim_{x\to0^+}f(x)=\lim_{x\to0^+}\ln(1+x)=0=f(0),$$

$$\lim_{x\to0^-}f(x)=\lim_{x\to0^-}(x+\sin x^2)=0=f(0),$$

因此 f 在 $x=0$ 处连续. 又因

$$f'(0-0)=\lim_{x\to0^-}(1+2x\cos x^2)=1,$$

$$f'(0+0)=\lim_{x\to0^+}\frac{1}{1+x}=1,$$

所以 $\lim\limits_{x\to0}f'(x)=1$. 依据导数极限定理推知 f 在 $x=0$ 处可导, 且 $f'(0)=1$. □

问题 若把例 3 中 $f(x)$ 在 $x\leqslant 0$ 时的函数表达式改为 $\sin x^2$, 有关 f 在 $x=0$ 处的导数(或左、右导数)能得出何种结论?

二、单调函数

定理 6.3 设 $f(x)$ 在区间 I 上可导, 则 $f(x)$ 在 I 上递增(减)的充要条件是

$$f'(x)\geqslant 0\ \ (\leqslant 0).$$

证 若 f 为递增函数, 则对每一 $x_0\in I$, 当 $x\neq x_0$ 时, 有

$$\frac{f(x)-f(x_0)}{x-x_0}\geqslant 0.$$

令 $x\to x_0$, 即得 $f'(x_0)\geqslant 0$.

反之, 若 $f(x)$ 在区间 I 上恒有 $f'(x)\geqslant 0$, 则对任意 $x_1,x_2\in I$(设 $x_1<x_2$), 应用拉格朗日中值定理, 存在 $\xi\in(x_1,x_2)\subset I$, 使得

$$f(x_2)-f(x_1)=f'(\xi)(x_2-x_1)\geqslant 0.$$

由此证得 f 在 I 上为递增函数. □

例 4 设 $f(x)=x^3-x$. 试讨论函数 f 的单调区间.

解 由于

$$f'(x)=3x^2-1=(\sqrt{3}x+1)(\sqrt{3}x-1),$$

因此

当 $x\in\left(-\infty,-\dfrac{1}{\sqrt{3}}\right]$ 时, $f'(x)\geqslant 0$, f 递增;

当 $x\in\left[-\frac{1}{\sqrt{3}},\frac{1}{\sqrt{3}}\right]$ 时，$f'(x)\leqslant 0$，f 递减；

当 $x\in\left[\frac{1}{\sqrt{3}},+\infty\right)$ 时，$f'(x)\geqslant 0$，f 递增.

其图像如图 6-4 所示. □

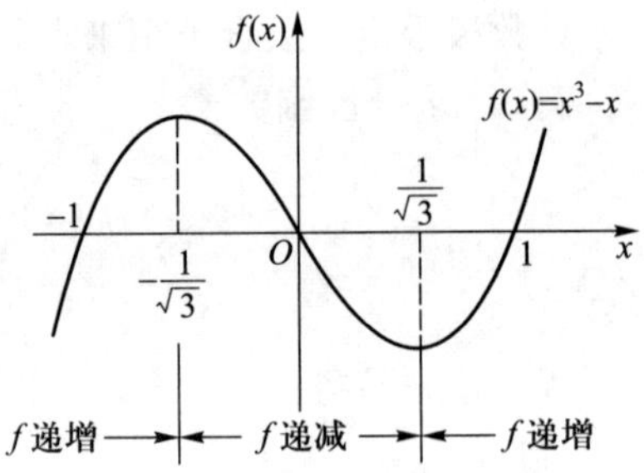

图 6-4

定理 6.4　若函数 f 在 (a,b) 上可导，则 f 在 (a,b) 上严格递增（递减）的充要条件是：

(i) 对一切 $x\in(a,b)$，有 $f'(x)\geqslant 0$ $(f'(x)\leqslant 0)$；

(ii) 在 (a,b) 的任何子区间上 $f'(x)\not\equiv 0$.

我们将这个定理的证明留给读者.此定理有以下一个简单的推论.

推论　设函数在区间 I 上可微.若 $f'(x)>0$ $(f'(x)<0)$，则 f 在 I 上严格递增（严格递减）.

注　若 f 在 (a,b) 上（严格）递增（减），且在点 a 右连续，则 f 在 $[a,b)$ 上亦为（严格）递增（减），对右端点 b 可类似讨论.

例 5　证明：不等式

$$e^x>1+x,\quad x\neq 0.$$

证　设 $f(x)=e^x-1-x$，则 $f'(x)=e^x-1$.故当 $x>0$ 时，$f'(x)>0$，f 严格递增；当 $x<0$ 时，$f'(x)<0$，f 严格递减.又由于 f 在点 $x=0$ 连续，则当 $x\neq 0$ 时，

$$f(x)>f(0)=0,$$

从而证得

$$e^x>1+x,\quad x\neq 0.$$ □

定理 6.5（达布（Darboux）定理）　若函数 f 在 $[a,b]$ 上可导，且 $f'_+(a)\neq f'_-(b)$，k 为介于 $f'_+(a)$，$f'_-(b)$ 之间的任一实数，则至少存在一点 $\xi\in(a,b)$，使得

$$f'(\xi)=k.$$

证　设 $F(x)=f(x)-kx$，则 $F(x)$ 在 $[a,b]$ 上可导，且

$$F'_+(a)\cdot F'_-(b)=(f'_+(a)-k)(f'_-(b)-k)<0.$$

不妨设 $F'_+(a)>0$，$F'_-(b)<0$.由第五章 §1 例 8，分别存在 $x_1\in U^\circ_+(a)$，$x_2\in U^\circ_-(b)$，且 $x_1<x_2$，使得

$$F(x_1)>F(a),\quad F(x_2)>F(b).\tag{8}$$

因为 F 在 $[a,b]$ 上可导，所以连续.根据最大、最小值定理（定理 4.6），存在一点 $\xi\in[a,b]$，使 F 在点 ξ 取得最大值.由 (8) 式可知 $\xi\neq a,b$.这就说明 ξ 是 F 的极大值点.由费马定理得 $F'(\xi)=0$，即

$$f'(\xi)=k,\quad \xi\in(a,b).$$ □

有时称上述定理为**导函数的介值定理**.

推论　设函数 $f(x)$ 在区间 I 上满足 $f'(x)\neq 0$，那么 $f(x)$ 在区间 I 上严格单调.

习 题 6.1

1. 试讨论下列函数在指定区间上是否存在一点 ξ,使 $f'(\xi)=0$:

(1) $f(x)=\begin{cases} x\sin\dfrac{1}{x}, & 0<x\leqslant\dfrac{1}{\pi}, \\ 0, & x=0; \end{cases}$ (2) $f(x)=|x|,-1\leqslant x\leqslant 1$.

2. 证明:

(1) 方程 $x^3-3x+c=0$(这里 c 为常数)在区间[0,1]上不可能有两个不同的实根;

(2) 方程 $x^n+px+q=0$(n 为大于 1 的正整数,p,q 为实数)当 n 为偶数时至多有两个实根,当 n 为奇数时至多有三个实根.

3. 证明定理 6.2 的推论 2.

4. 证明:

(1) 若函数 f 在 $[a,b]$ 上可导,且 $f'(x)\geqslant m$,则

$$f(b)\geqslant f(a)+m(b-a);$$

(2) 若函数 f 在 $[a,b]$ 上可导,且 $|f'(x)|\leqslant M$,则

$$|f(b)-f(a)|\leqslant M(b-a);$$

(3) 对任意实数 x_1,x_2,都有 $|\sin x_1-\sin x_2|\leqslant|x_1-x_2|$.

5. 应用拉格朗日中值定理证明下列不等式:

(1) $\dfrac{b-a}{b}<\ln\dfrac{b}{a}<\dfrac{b-a}{a}$,其中 $0<a<b$;

(2) $\dfrac{h}{1+h^2}<\arctan h<h$,其中 $h>0$.

6. 确定下列函数的单调区间:

(1) $f(x)=3x-x^2$; (2) $f(x)=2x^2-\ln x$;

(3) $f(x)=\sqrt{2x-x^2}$; (4) $f(x)=\dfrac{x^2-1}{x}$.

7. 应用函数的单调性证明下列不等式:

(1) $\tan x>x-\dfrac{x^3}{3},x\in\left(0,\dfrac{\pi}{2}\right)$;

(2) $\dfrac{2x}{\pi}<\sin x<x,x\in\left(0,\dfrac{\pi}{2}\right)$;

(3) $x-\dfrac{x^2}{2}<\ln(1+x)<x-\dfrac{x^2}{2(1+x)},x>0$.

---

8. 以 $S(x)$ 记由 $(a,f(a))$,$(b,f(b))$,$(x,f(x))$ 三点组成的三角形面积,试对 $S(x)$ 应用罗尔中值定理证明拉格朗日中值定理.

9. 设 f 为 $[a,b]$ 上二阶可导函数,$f(a)=f(b)=0$,并存在一点 $c\in(a,b)$,使得 $f(c)>0$.证明:至少存在一点 $\xi\in(a,b)$,使得 $f''(\xi)<0$.

10. 设函数 f 在 (a,b) 上可导，且 f' 单调. 证明：f' 在 (a,b) 上连续.

11. 设 $p(x)$ 为多项式，α 为 $p(x)=0$ 的 r 重实根. 证明：α 必定是 $p'(x)=0$ 的 $r-1$ 重实根.

12. 设 f 为 n 阶可导函数. 证明：若方程 $f(x)=0$ 有 $n+1$ 个相异的实根，则方程 $f^{(n)}(x)=0$ 至少有一个实根.

13. 设 $a>0$. 证明：函数 $f(x)=x^3+ax+b$ 存在唯一的零点.

14. 证明：$\dfrac{\tan x}{x}>\dfrac{x}{\sin x}, x\in\left(0,\dfrac{\pi}{2}\right)$.

15. 证明：若函数 f,g 在区间 $[a,b]$ 上可导，且 $f'(x)>g'(x)$，$f(a)=g(a)$，则在 $(a,b]$ 上有 $f(x)>g(x)$.

§2　柯西中值定理和不定式极限

一、柯西中值定理

现给出一个形式更一般的微分中值定理.

定理 6.6（柯西中值定理）　设函数 f 和 g 满足：

(i) 在 $[a,b]$ 上都连续；

(ii) 在 (a,b) 上都可导；

(iii) $f'(x)$ 和 $g'(x)$ 不同时为零；

(iv) $g(a)\neq g(b)$，

则存在 $\xi\in(a,b)$，使得

$$\frac{f'(\xi)}{g'(\xi)}=\frac{f(b)-f(a)}{g(b)-g(a)}. \tag{1}$$

证　作辅助函数

$$F(x)=f(x)-f(a)-\frac{f(b)-f(a)}{g(b)-g(a)}(g(x)-g(a)).$$

易见 F 在 $[a,b]$ 上满足罗尔中值定理条件，故存在 $\xi\in(a,b)$，使得

$$F'(\xi)=f'(\xi)-\frac{f(b)-f(a)}{g(b)-g(a)}g'(\xi)=0.$$

因为 $g'(\xi)\neq 0$（否则由上式 $f'(\xi)$ 也为零），所以可把上式改写成(1)式. □

柯西中值定理有与前两个中值定理相类似的几何意义. 只是现在要把 f,g 这两个函数写作以 x 为参数的参数方程

$$\begin{cases}u=g(x),\\ v=f(x),\end{cases}$$

它在 uOv 平面上表示一段曲线（图6－5）. 由于(1)式右边的 $\dfrac{f(b)-f(a)}{g(b)-g(a)}$ 表示连接该曲线两端的弦 AB 的斜率，而(1)式左边的

$$\frac{f'(\xi)}{g'(\xi)}=\left.\frac{\mathrm{d}v}{\mathrm{d}u}\right|_{x=\xi}$$

则表示该曲线上与 $x=\xi$ 相对应的一点 $C(g(\xi),f(\xi))$ 处的切线的斜率. 因此(1)式即表示上述切线与弦 AB 互相平行.

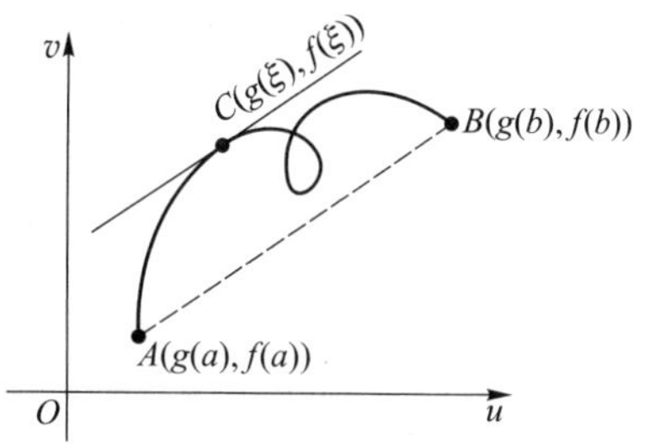

图 6-5

例 1 设函数 f 在 $[a,b]$ $(a>0)$ 上连续, 在 (a,b) 上可导, 证明: 存在 $\xi\in(a,b)$, 使得

$$f(b)-f(a)=\xi f'(\xi)\ln\frac{b}{a}. \qquad (2)$$

证 设 $g(x)=\ln x$, 显然它在 $[a,b]$ 上与 $f(x)$ 一起满足柯西中值定理条件, 于是存在 $\xi\in(a,b)$, 使得

$$\frac{f(b)-f(a)}{\ln b-\ln a}=\frac{f'(\xi)}{\frac{1}{\xi}}.$$

上式整理后便得到所要证明的(2)式. □

例 2 设 f 在区间 $(0,1]$ 上可导, $\lim\limits_{x\to 0^+}\sqrt{x}f'(x)=A$. 证明: f 在区间 $(0,1]$ 上一致连续.

证 设 $M=|A|+1$. 因为 $\lim\limits_{x\to 0^+}\sqrt{x}f'(x)=A$, 所以存在 $\delta_1(0<\delta_1<1)$, 当 $0<x<\delta_1$ 时, $\left|\sqrt{x}f'(x)\right|<M$. 那么对任意的 $x,y\in(0,\delta_1]$, $x<y$, 由柯西中值定理, 存在 ξ, 使

$$\left|\frac{f(x)-f(y)}{\sqrt{x}-\sqrt{y}}\right|=2\left|\sqrt{\xi}f'(\xi)\right|\leqslant 2M,\quad 0<x<\xi<y\leqslant\delta_1.$$

由此

$$\left|f(x)-f(y)\right|\leqslant 2M\left|\sqrt{x}-\sqrt{y}\right|.$$

因为函数 $\sqrt{x}$ 在区间 $(0,\delta_1]$ 上一致连续, 所以 $f(x)$ 亦在 $(0,\delta_1]$ 上一致连续. 又 $f(x)$ 在 $[\delta_1,1]$ 上连续, 从而为一致连续, 故函数 f 在区间 $(0,1]$ 上一致连续. □

二、不定式极限

我们在第三章学习无穷小(大)量阶的比较时, 已经遇到过两个无穷小(大)量之比的极限. 由于这种极限可能存在, 也可能不存在, 因此我们把两个无穷小量或两个无穷大量之比的极限统称为**不定式极限**, 分别记为 $\frac{0}{0}$ 型或 $\frac{\infty}{\infty}$ 型的不定式极限. 现在我们将以导数为工具研究不定式极限, 这个方法通常称为**洛必达**(L'Hospital)**法则**. 柯西中值定理则是建立洛必达法则的理论依据.

1. $\frac{0}{0}$ 型不定式极限

定理 6.7 若函数 f 和 g 满足:

(i) $\lim\limits_{x\to x_0}f(x)=\lim\limits_{x\to x_0}g(x)=0$;

(ii) 在点 x_0 的某空心邻域 $U^\circ(x_0)$ 上两者都可导, 且 $g'(x)\neq 0$;

(iii) $\lim\limits_{x\to x_0}\dfrac{f'(x)}{g'(x)}=A$($A$ 可为实数,也可为 $\pm\infty$ 或∞),

则

$$\lim_{x\to x_0}\frac{f(x)}{g(x)}=\lim_{x\to x_0}\frac{f'(x)}{g'(x)}=A.$$

证　补充定义 $f(x_0)=g(x_0)=0$,则 f 与 g 在点 x_0 连续.任取 $x\in U^\circ(x_0)$,在区间 $[x_0,x]$(或$[x,x_0]$)上应用柯西中值定理,有

$$\frac{f(x)-f(x_0)}{g(x)-g(x_0)}=\frac{f'(\xi)}{g'(\xi)},$$

即

$$\frac{f(x)}{g(x)}=\frac{f'(\xi)}{g'(\xi)}\quad(\xi\text{ 介于 }x_0\text{ 与 }x\text{ 之间}).$$

当令 $x\to x_0$ 时,也有 $\xi\to x_0$,故得

$$\lim_{x\to x_0}\frac{f(x)}{g(x)}=\lim_{x\to x_0}\frac{f'(\xi)}{g'(\xi)}=\lim_{x\to x_0}\frac{f'(x)}{g'(x)}=A.$$ □

注意　若将定理 6.7 中 $x\to x_0$ 换成 $x\to x_0^+,x\to x_0^-,x\to\pm\infty,x\to\infty$,只要相应地修正条件(ii)中的邻域,也可得到同样的结论.

例 3　求 $\lim\limits_{x\to\pi}\dfrac{1+\cos x}{\tan^2 x}$.

解　容易检验 $f(x)=1+\cos x$ 与 $g(x)=\tan^2 x$ 在点 $x_0=\pi$ 的邻域上满足定理 6.7 的条件(i)和(ii),又因

$$\lim_{x\to\pi}\frac{f'(x)}{g'(x)}=\lim_{x\to\pi}\frac{-\sin x}{2\tan x\sec^2 x}=-\lim_{x\to\pi}\frac{\cos^3 x}{2}=\frac{1}{2},$$

故由洛必达法则求得

$$\lim_{x\to\pi}\frac{f(x)}{g(x)}=\lim_{x\to\pi}\frac{f'(x)}{g'(x)}=\frac{1}{2}.$$ □

如果 $\lim\limits_{x\to x_0}\dfrac{f'(x)}{g'(x)}$ 仍是 $\dfrac{0}{0}$ 型不定式极限,只要有可能,我们可再次用洛必达法则,即考察极限 $\lim\limits_{x\to x_0}\dfrac{f'(x)}{g'(x)}$ 是否存在.当然这时 f' 和 g' 在点 x_0 的某邻域上必须满足定理 6.7 的条件.

例 4　求 $\lim\limits_{x\to 0}\dfrac{e^x-(1+2x)^{\frac{1}{2}}}{\ln(1+x^2)}$.

解　利用 $\ln(1+x^2)\sim x^2(x\to 0)$,则得

$$\lim_{x\to 0}\frac{e^x-(1+2x)^{\frac{1}{2}}}{\ln(1+x^2)}=\lim_{x\to 0}\frac{e^x-(1+2x)^{\frac{1}{2}}}{x^2}=\lim_{x\to 0}\frac{e^x-(1+2x)^{-\frac{1}{2}}}{2x}$$

$$=\lim_{x\to 0}\frac{e^x+(1+2x)^{-\frac{3}{2}}}{2}=\frac{2}{2}=1.$$ □

例 5 求 $\lim\limits_{x\to0^+}\dfrac{\sqrt{x}}{1-\mathrm{e}^{\sqrt{x}}}$.

解 这是 $\dfrac{0}{0}$ 型不定式极限,可直接运用洛必达法则求解.但若作适当变换,在计算上可方便些.为此,令 $t=\sqrt{x}$,当 $x\to0^+$ 时有 $t\to0^+$,于是有

$$\lim_{x\to0^+}\frac{\sqrt{x}}{1-\mathrm{e}^{\sqrt{x}}}=\lim_{t\to0^+}\frac{t}{1-\mathrm{e}^{t}}=\lim_{t\to0^+}\frac{1}{-\mathrm{e}^{t}}=-1.$$ □

2. $\dfrac{\bullet}{\infty}$ 型不定式极限

定理 6.8 若函数 f 和 g 满足:

(i) 在 x_0 的某个右邻域 $U_+^\circ(x_0)$ 上两者可导,且 $g'(x)\neq0$;

(ii) $\lim\limits_{x\to x_0^+}g(x)=\infty$;

(iii) $\lim\limits_{x\to x_0^+}\dfrac{f'(x)}{g'(x)}=A$($A$ 可为实数,也可为 $\pm\infty$,∞),

则

$$\lim_{x\to x_0^+}\frac{f(x)}{g(x)}=A.$$

证 先设 A 为实数,由(iii),对任意正数 ε,存在 $x_1\in U_+^\circ(x_0)$,对满足不等式 $x_0<x<x_1$ 的每一个 x,有

$$A-\frac{\varepsilon}{2}<\frac{f'(x)}{g'(x)}<A+\frac{\varepsilon}{2}. \tag{3}$$

由条件(ii),f 和 g 在区间 $[x,x_1]$ 上满足柯西中值定理,故存在 $\xi\in(x,x_1)\subset(x_0,x_1)$,使得

$$A-\frac{\varepsilon}{2}<\left(\frac{f(x)}{g(x)}-\frac{f(x_1)}{g(x)}\right)\frac{g(x)}{g(x)-g(x_1)}=\frac{f(x)-f(x_1)}{g(x)-g(x_1)}=\frac{f'(\xi)}{g'(\xi)}<A+\frac{\varepsilon}{2}. \tag{4}$$

因为 $\lim\limits_{x\to x_0^+}\dfrac{g(x)}{g(x)-g(x_1)}=1$,所以由保号性,存在正数 $\delta_1(<x_1-x_0)$,使得当 $x_0<x<x_0+\delta_1$ 时,$\dfrac{g(x)}{g(x)-g(x_1)}>0$.再根据(4)式可得

$$\left(1-\frac{g(x_1)}{g(x)}\right)\left(A-\frac{\varepsilon}{2}\right)+\frac{f(x_1)}{g(x)}<\frac{f(x)}{g(x)}<\left(1-\frac{g(x_1)}{g(x)}\right)\left(A+\frac{\varepsilon}{2}\right)+\frac{f(x_1)}{g(x)}. \tag{5}$$

又因为 $\lim\limits_{x\to x_0^+}g(x)=\infty$,所以

$$\lim_{x\to x_0^+}\left(\left(1-\frac{g(x_1)}{g(x)}\right)\left(A-\frac{\varepsilon}{2}\right)+\frac{f(x_1)}{g(x)}\right)=A-\frac{\varepsilon}{2},$$

$$\lim_{x\to x_0^+}\left(\left(1-\frac{g(x_1)}{g(x)}\right)\left(A+\frac{\varepsilon}{2}\right)+\frac{f(x_1)}{g(x)}\right)=A+\frac{\varepsilon}{2}.$$

再由保号性得知：存在正数 $\delta(<\delta_1)$，当 $x_0<x<x_0+\delta$ 时，有

$$A-\varepsilon<\frac{f(x)}{g(x)}<A+\varepsilon,$$

这样就证明了

$$\lim_{x\to x_0^+}\frac{f(x)}{g(x)}=A.$$

类似地可以证明当 $A=\pm\infty$ 或 ∞ 的情形，这里就不再赘述了. □

定理 6.8 对于 $x\to x_0^-$, $x\to x_0$ 或 $x\to\pm\infty$, $x\to\infty$ 等情形也有相同的结论.

如果 f', g', f'', g'' 满足相应条件，那么我们可以再次应用定理 6.8.

例 6　求 $\lim\limits_{x\to+\infty}\dfrac{\ln x}{x}$.

解　由定理 6.8，有

$$\lim_{x\to+\infty}\frac{\ln x}{x}=\lim_{x\to+\infty}\frac{(\ln x)'}{(x)'}=\lim_{x\to+\infty}\frac{1}{x}=0.$$ □

例 7　求 $\lim\limits_{x\to+\infty}\dfrac{e^x}{x^3}$.

解　$\lim\limits_{x\to+\infty}\dfrac{e^x}{x^3}=\lim\limits_{x\to+\infty}\dfrac{e^x}{3x^2}=\lim\limits_{x\to+\infty}\dfrac{e^x}{6x}=\lim\limits_{x\to+\infty}\dfrac{e^x}{6}=+\infty$. □

例 8　设 $f(x)$ 在区间 $[0,+\infty)$ 上可导，$\lim\limits_{x\to+\infty}(f(x)+f'(x))=A$. 证明：$\lim\limits_{x\to+\infty}f(x)=A$.

证　因为 $\lim\limits_{x\to+\infty}e^x=+\infty$，所以由定理 6.8 得

$$\lim_{x\to+\infty}f(x)=\lim_{x\to+\infty}\frac{e^xf(x)}{e^x}=\lim_{x\to+\infty}\frac{e^x(f(x)+f'(x))}{e^x}=\lim_{x\to+\infty}(f(x)+f'(x))=A.$$

□

注 1　若 $\lim\limits_{x\to x_0}\dfrac{f'(x)}{g'(x)}$ 不存在，并不能说明 $\lim\limits_{x\to x_0}\dfrac{f(x)}{g(x)}$ 不存在.（试想，这是为什么？）

注 2　不能对任何比式极限都按洛必达法则求解. 首先必须注意它是不是不定式极限，其次是否满足洛必达法则的其他条件.

下面这个简单的极限

$$\lim_{x\to\infty}\frac{x+\sin x}{x}=1$$

虽然是 $\dfrac{\infty}{\infty}$ 型，但若不顾条件随便使用洛必达法则：

$$\lim_{x\to+\infty}\frac{x+\sin x}{x}=\lim_{x\to+\infty}\frac{1+\cos x}{1},$$

就会因右式的极限不存在而推出原极限不存在的错误结论.

3. 其他类型不定式极限

不定式极限还有 $0\cdot\infty$, 1^∞, 0^0, ∞^0, $\infty-\infty$ 等类型. 经过简单变换，它们一般均可化为 $\dfrac{0}{0}$ 型或 $\dfrac{\infty}{\infty}$ 型的极限.

例 9 求$\lim\limits_{x\to 0^+} x\ln x$.

解 这是一个 $0\cdot\infty$ 型不定式极限.用恒等变形 $x\ln x=\dfrac{\ln x}{\dfrac{1}{x}}$将它转化为$\dfrac{\infty}{\infty}$型的不定式极限,并应用洛必达法则得到

$$\lim_{x\to 0^+} x\ln x=\lim_{x\to 0^+}\frac{\ln x}{\dfrac{1}{x}}=\lim_{x\to 0^+}\frac{\dfrac{1}{x}}{-\dfrac{1}{x^2}}=\lim_{x\to 0^+}(-x)=0.$$ □

例 10 求$\lim\limits_{x\to 0}(\cos x)^{\frac{1}{x^2}}$.

解 这是一个 1^∞ 型不定式极限.作恒等变形

$$(\cos x)^{\frac{1}{x^2}}=\mathrm{e}^{\frac{1}{x^2}\ln\cos x},$$

其指数部分的极限$\lim\limits_{x\to 0}\dfrac{1}{x^2}\ln\cos x$是$\dfrac{0}{0}$型不定式极限,可先求得

$$\lim_{x\to 0}\frac{\ln\cos x}{x^2}=\lim_{x\to 0}\frac{-\tan x}{2x}=-\frac{1}{2},$$

从而得到

$$\lim_{x\to 0}(\cos x)^{\frac{1}{x^2}}=\mathrm{e}^{-\frac{1}{2}}.$$ □

例 11 求$\lim\limits_{x\to 0^+}(\sin x)^{\frac{k}{1+\ln x}}$($k$ 为常数).

解 当 $k=0$ 时,所求极限显然为 1.

当 $k\neq 0$ 时,这是一个 0^0 型不定式极限,按上例变形的方法,先求$\dfrac{\infty}{\infty}$型极限:

$$\lim_{x\to 0^+}\frac{k\ln\sin x}{1+\ln x}=\lim_{x\to 0^+}\frac{\dfrac{k\cos x}{\sin x}}{\dfrac{1}{x}}=\lim_{x\to 0^+}k\cos x\cdot\frac{x}{\sin x}=k,$$

然后得到

$$\lim_{x\to 0^+}(\sin x)^{\frac{k}{1+\ln x}}=\mathrm{e}^k.$$ □

例 12 求$\lim\limits_{x\to+\infty}(x+\sqrt{1+x^2})^{\frac{1}{\ln x}}$.

解 这是一个∞^0型不定式极限.类似地先求其对数的极限$\left(\dfrac{\infty}{\infty}\text{型}\right)$:

$$\lim_{x\to+\infty}\frac{\ln(x+\sqrt{1+x^2})}{\ln x}=\lim_{x\to+\infty}\frac{\dfrac{1}{\sqrt{1+x^2}}}{\dfrac{1}{x}}=1,$$

于是有

$$\lim_{x\to+\infty}\left(x+\sqrt{1+x^2}\right)^{\frac{1}{\ln x}}=\mathrm{e}.$$ □

例 13　求 $\lim\limits_{x\to1}\left(\dfrac{1}{x-1}-\dfrac{1}{\ln x}\right)$.

解　这是一个 $\infty-\infty$ 型不定式极限，通分后化为 $\dfrac{0}{0}$ 型的极限，即

$$\lim_{x\to1}\left(\frac{1}{x-1}-\frac{1}{\ln x}\right)=\lim_{x\to1}\frac{\ln x-x+1}{(x-1)\ln x}=\lim_{x\to1}\frac{\dfrac{1}{x}-1}{\ln x+\dfrac{x-1}{x}}$$

$$=\lim_{x\to1}\frac{1-x}{x\ln x+x-1}=\lim_{x\to1}\frac{-1}{\ln x+2}=-\frac{1}{2}.$$ □

例 14　设

$$f(x)=\begin{cases}\dfrac{g(x)}{x}, & x\neq0,\\ 0, & x=0,\end{cases}$$

且已知 $g(0)=g'(0)=0, g''(0)=3$，试求 $f'(0)$.

解　因为

$$\frac{f(x)-f(0)}{x-0}=\frac{g(x)}{x^2},$$

所以由洛必达法则得

$$f'(0)=\lim_{x\to0}\frac{g(x)}{x^2}=\lim_{x\to0}\frac{g'(x)}{2x}$$

$$=\frac{1}{2}\lim_{x\to0}\frac{g'(x)-g'(0)}{x-0}=\frac{1}{2}g''(0)=\frac{3}{2}.$$ □

问题两则：

（1）上例解法中，已知条件 $g(0)=0$ 用在何处？

（2）如果用两次洛必达法则，得到

$$f'(0)=\cdots=\lim_{x\to0}\frac{g'(x)}{2x}=\lim_{x\to0}\frac{g''(x)}{2}=\frac{1}{2}g''(0)=\frac{3}{2}.$$

错在何处？

最后指出，对于数列的不定式极限，可利用函数极限的归结原则，通过先求相应形式的函数极限而得到结果.

例 15　求数列极限 $\lim\limits_{n\to\infty}\left(1+\dfrac{1}{n}+\dfrac{1}{n^2}\right)^n$.

解　先求函数极限 $\lim\limits_{x\to+\infty}\left(1+\dfrac{1}{x}+\dfrac{1}{x^2}\right)^x$（$1^\infty$ 型）.类似于例 10，取对数后的极限为

$$\lim_{x\to+\infty}x\ln\left(1+\frac{1}{x}+\frac{1}{x^2}\right)=\lim_{x\to+\infty}\frac{\ln(1+x+x^2)-\ln x^2}{\dfrac{1}{x}}$$

$$=\lim_{x\to+\infty}\frac{\dfrac{2x+1}{1+x+x^2}-\dfrac{2}{x}}{-\dfrac{1}{x^2}}=\lim_{x\to+\infty}\frac{x^2+2x}{x^2+x+1}=1,$$

所以由归结原则可得

$$\lim_{n\to\infty}\left(1+\frac{1}{n}+\frac{1}{n^2}\right)^n=\lim_{x\to+\infty}\left(1+\frac{1}{x}+\frac{1}{x^2}\right)^x=\mathrm{e}.$$ □

注意 不能在数列形式下直接用洛必达法则,因为对离散变量 $n\in\mathbf{N}_+$ 求导数是没有意义的.

习 题 6.2

1. 试问函数 $f(x)=x^2$,$g(x)=x^3$ 在区间$[-1,1]$上能否应用柯西中值定理得到相应的结论,为什么?

2. 设函数 f 在$[a,b]$上连续,在(a,b)上可导.证明:存在 $\xi\in(a,b)$,使得

$$2\xi(f(b)-f(a))=(b^2-a^2)f'(\xi).$$

3. 设函数 f 在点 a 处具有连续的二阶导数.证明:

$$\lim_{h\to0}\frac{f(a+h)+f(a-h)-2f(a)}{h^2}=f''(a).$$

4. 设 $0<\alpha<\beta<\dfrac{\pi}{2}$.证明:存在 $\theta\in(\alpha,\beta)$,使得

$$\frac{\sin\alpha-\sin\beta}{\cos\beta-\cos\alpha}=\cot\theta.$$

5. 求下列不定式极限:

(1) $\displaystyle\lim_{x\to0}\frac{\mathrm{e}^x-1}{\sin x}$;　　(2) $\displaystyle\lim_{x\to\frac{\pi}{6}}\frac{1-2\sin x}{\cos 3x}$;

(3) $\displaystyle\lim_{x\to0}\frac{\ln(1+x)-x}{\cos x-1}$;　　(4) $\displaystyle\lim_{x\to0}\frac{\tan x-x}{x-\sin x}$;

(5) $\displaystyle\lim_{x\to\frac{\pi}{2}}\frac{\tan x-6}{\sec x+5}$;　　(6) $\displaystyle\lim_{x\to0}\left(\frac{1}{x}-\frac{1}{\mathrm{e}^x-1}\right)$;

(7) $\displaystyle\lim_{x\to0^+}(\tan x)^{\sin x}$;　　(8) $\displaystyle\lim_{x\to1}x^{\frac{1}{1-x}}$;

(9) $\displaystyle\lim_{x\to0}(1+x^2)^{\frac{1}{x}}$;　　(10) $\displaystyle\lim_{x\to0^+}\sin x\ln x$;

(11) $\displaystyle\lim_{x\to0}\left(\frac{1}{x^2}-\frac{1}{\sin^2x}\right)$;　　(12) $\displaystyle\lim_{x\to0}\left(\frac{\tan x}{x}\right)^{\frac{1}{x^2}}$.

---

6. 设函数 f 在点 a 的某个邻域上具有二阶导数.证明:对充分小的 h,存在 θ,$0<\theta<1$,使得

$$\frac{f(a+h)+f(a-h)-2f(a)}{h^2}=\frac{f''(a+\theta h)+f''(a-\theta h)}{2}.$$

7. 求下列不定式极限：

(1) $\lim\limits_{x\to1}\dfrac{\ln\cos(x-1)}{1-\sin\dfrac{\pi x}{2}}$；　(2) $\lim\limits_{x\to+\infty}(\pi-2\arctan x)\ln x$；

(3) $\lim\limits_{x\to0^+}x^{\sin x}$；　(4) $\lim\limits_{x\to\frac{\pi}{4}}(\tan x)^{\tan 2x}$；

(5) $\lim\limits_{x\to0}\left(\dfrac{\ln(1+x)^{(1+x)}}{x^2}-\dfrac{1}{x}\right)$；　(6) $\lim\limits_{x\to0}\left(\cot x-\dfrac{1}{x}\right)$；

(7) $\lim\limits_{x\to0}\dfrac{(1+x)^{\frac{1}{x}}-\mathrm{e}}{x}$；　(8) $\lim\limits_{x\to+\infty}\left(\dfrac{\pi}{2}-\arctan x\right)^{\frac{1}{\ln x}}$.

8. 设 $f(0)=0$，f' 在原点的某邻域上连续，且 $f'(0)\neq0$. 证明：

$$\lim_{x\to0^+}x^{f(x)}=1.$$

9. 证明定理 6.7 中 $\lim\limits_{x\to+\infty}f(x)=0$，$\lim\limits_{x\to+\infty}g(x)=0$ 情形时的洛必达法则.

10. 证明：$f(x)=x^3\mathrm{e}^{-x^2}$ 为有界函数.

11. 证明：函数

$$f(x)=\begin{cases}\mathrm{e}^{-\frac{1}{x^2}}, & x\neq0,\\ 0, & x=0\end{cases}$$

在 $x=0$ 处 n 阶可导且 $f^{(n)}(0)=0$，其中 n 为任意正整数.

§3　泰勒公式

多项式函数是各类函数中最简单的一种，用多项式逼近函数是近似计算和理论分析的一个重要内容.

一、带有佩亚诺型余项的泰勒公式

我们在学习导数和微分概念时已经知道，如果函数 f 在点 x_0 可导，则有

$$f(x)=f(x_0)+f'(x_0)(x-x_0)+o(x-x_0).$$

即在点 x_0 附近，用一次多项式 $f(x_0)+f'(x_0)(x-x_0)$ 逼近函数 $f(x)$ 时，其误差为 $x-x_0$ 的高阶无穷小量. 然而在很多场合，取一次多项式逼近是不够的，往往需要用二次或高于二次的多项式去逼近，并要求误差为 $o((x-x_0)^n)$，其中 n 为多项式的次数. 为此，我们考察任一 n 次多项式

$$p_n(x)=a_0+a_1(x-x_0)+a_2(x-x_0)^2+\cdots+a_n(x-x_0)^n. \tag{1}$$

逐次求它在点 x_0 的各阶导数，得到

$$p_n(x_0)=a_0,\quad p_n'(x_0)=a_1,\quad p_n''(x_0)=2!\,a_2,\quad\cdots,\quad p_n^{(n)}(x_0)=n!\,a_n,$$

即

$$a_0=p_n(x_0),\quad a_1=\frac{p'_n(x_0)}{1!},\quad a_2=\frac{p''_n(x_0)}{2!},\quad \cdots,\quad a_n=\frac{p_n^{(n)}(x_0)}{n!}.$$

由此可见,多项式 $p_n(x)$ 的各项系数由其在点 x_0 的各阶导数值所唯一确定.

对于一般函数 f,设它在点 x_0 存在直到 n 阶的导数.由这些导数构造的一个 n 次多项式

$$T_n(x)=f(x_0)+\frac{f'(x_0)}{1!}(x-x_0)+\frac{f''(x_0)}{2!}(x-x_0)^2+\cdots+\frac{f^{(n)}(x_0)}{n!}(x-x_0)^n,\quad (2)$$

称为函数 f 在点 x_0 的**泰勒(Taylor)多项式**,$T_n(x)$ 的各项系数 $\dfrac{f^{(k)}(x_0)}{k!}(k=1,2,\cdots,n)$ 称为**泰勒系数**.由上面对多项式系数的讨论,易知 $f(x)$ 与其泰勒多项式 $T_n(x)$ 在点 x_0 有相同的函数值和相同的直至 n 阶导数值,即

$$f^{(k)}(x_0)=T_n^{(k)}(x_0),\quad k=0,1,2,\cdots,n.\quad (3)$$

下面将要证明 $f(x)-T_n(x)=o((x-x_0)^n)$,即以(2)式所示的泰勒多项式逼近 $f(x)$ 时,其误差为关于 $(x-x_0)^n$ 的高阶无穷小量.

定理 6.9 若函数 f 在点 x_0 存在直至 n 阶导数,则有 $f(x)=T_n(x)+o((x-x_0)^n)$,即

$$f(x)=f(x_0)+f'(x_0)(x-x_0)+\frac{f''(x_0)}{2!}(x-x_0)^2+\cdots+$$
$$\frac{f^{(n)}(x_0)}{n!}(x-x_0)^n+o((x-x_0)^n).\quad (4)$$

证 设

$$R_n(x)=f(x)-T_n(x),\quad Q_n(x)=(x-x_0)^n,$$

现在只要证

$$\lim_{x\to x_0}\frac{R_n(x)}{Q_n(x)}=0.$$

由关系式(3)可知,

$$R_n(x_0)=R'_n(x_0)=\cdots=R_n^{(n)}(x_0)=0,$$

并易知

$$Q_n(x_0)=Q'_n(x_0)=\cdots=Q_n^{(n-1)}(x_0)=0,\quad Q_n^{(n)}(x_0)=n!.$$

因为 $f^{(n)}(x_0)$ 存在,所以在点 x_0 的某邻域 $U(x_0)$ 上 f 存在 $n-1$ 阶导函数.于是,当 $x\in U^\circ(x_0)$ 且 $x\to x_0$ 时,允许接连使用洛必达法则 $n-1$ 次,得到

$$\begin{aligned}\lim_{x\to x_0}\frac{R_n(x)}{Q_n(x)}&=\lim_{x\to x_0}\frac{R'_n(x)}{Q'_n(x)}=\cdots=\lim_{x\to x_0}\frac{R_n^{(n-1)}(x)}{Q_n^{(n-1)}(x)}\\&=\lim_{x\to x_0}\frac{f^{(n-1)}(x)-f^{(n-1)}(x_0)-f^{(n)}(x_0)(x-x_0)}{n(n-1)\cdots2(x-x_0)}\\&=\frac{1}{n!}\lim_{x\to x_0}\left(\frac{f^{(n-1)}(x)-f^{(n-1)}(x_0)}{x-x_0}-f^{(n)}(x_0)\right)\\&=0.\end{aligned}$$

□

定理所证的(4)式称为函数 f 在 x_0 的**泰勒公式**，$R_n(x)=f(x)-T_n(x)$ 称为**泰勒公式的余项**，形如 $o((x-x_0)^n)$ 的余项称为**佩亚诺(Peano)型余项**. 所以(4)式又称为**带有佩亚诺型余项的泰勒公式**.

注 1 若 $f(x)$ 在 x_0 附近满足

$$f(x)=p_n(x)+o((x-x_0)^n), \tag{5}$$

其中 $p_n(x)$ 为(1)式所示的 n 次多项式，这时并不意味着 $p_n(x)$ 必定就是 f 的泰勒多项式 $T_n(x)$. 例如

$$f(x)=x^{n+1}D(x), \quad n\in\mathbf{N}_+,$$

其中 $D(x)$ 为狄利克雷函数. 不难知道，$f(x)$ 在 $x=0$ 处除了 $f'(0)=0$ 外不再存在其他任何阶导数(为什么?). 因此无法构造出一个高于一次的泰勒多项式 $T_n(x)$，但因

$$\lim_{x\to 0}\frac{f(x)}{x^n}=\lim_{x\to 0}xD(x)=0,$$

即 $f(x)=o(x^n)$，所以若取

$$p_n(x)=0+0\cdot x+0\cdot x^2+\cdots+0\cdot x^n\equiv 0$$

时，(5)式对任何 $n\in\mathbf{N}_+$ 恒成立.

注 2 满足(5)式要求(即带有佩亚诺型余项)的 n 次逼近多项式 $p_n(x)$ 是唯一的.

综合定理 6.9 和上述注 2，若函数 f 满足定理 6.9 的条件时，满足(5)式要求的逼近多项式 $p_n(x)$ 只可能是 f 的泰勒多项式 $T_n(x)$.

以后用得较多的是泰勒公式(4)在 $x_0=0$ 时的特殊形式：

$$f(x)=f(0)+f'(0)x+\frac{f''(0)}{2!}x^2+\cdots+\frac{f^{(n)}(0)}{n!}x^n+o(x^n). \tag{6}$$

它也称为(**带有佩亚诺型余项的**)**麦克劳林(Maclaurin)公式**.

例 1 验证下列函数的麦克劳林公式：

(1) $e^x=1+x+\dfrac{x^2}{2!}+\cdots+\dfrac{x^n}{n!}+o(x^n)$；

(2) $\sin x=x-\dfrac{x^3}{3!}+\dfrac{x^5}{5!}+\cdots+(-1)^{m-1}\dfrac{x^{2m-1}}{(2m-1)!}+o(x^{2m})$；

(3) $\cos x=1-\dfrac{x^2}{2!}+\dfrac{x^4}{4!}+\cdots+(-1)^m\dfrac{x^{2m}}{(2m)!}+o(x^{2m+1})$；

(4) $\ln(1+x)=x-\dfrac{x^2}{2}+\dfrac{x^3}{3}+\cdots+(-1)^{n-1}\dfrac{x^n}{n}+o(x^n)$；

(5) $(1+x)^\alpha=1+\alpha x+\dfrac{\alpha(\alpha-1)}{2!}x^2+\cdots+\dfrac{\alpha(\alpha-1)\cdots(\alpha-n+1)}{n!}x^n+o(x^n)$；

(6) $\dfrac{1}{1-x}=1+x+x^2+\cdots+x^n+o(x^n)$.

证 这里只验证其中两个公式，其余请读者自行证明.

(2) 设 $f(x)=\sin x$. 由于 $f^{(k)}(x)=\sin\left(x+\dfrac{k\pi}{2}\right)$，因此

$$f^{(2k)}(0)=0,\quad f^{(2k-1)}(0)=(-1)^{k-1},\quad k=1,2,\cdots,n.$$

把它们代入(6)式,便得到 $\sin x$ 的麦克劳林公式.需要说明的是:由于这里有 $T_{2m-1}(x)=T_{2m}(x)$,因此公式中的余项可以写作 $o(x^{2m-1})$,也可以写作$o(x^{2m})$.关于(3)小题中的余项可作同样说明.

(4) 设$f(x)=\ln(1+x)$.由于$f'(x)=\dfrac{1}{1+x},\cdots,f^{(k)}(x)=(-1)^{k-1}(k-1)!\ (1+x)^{-k}$, $k=1,2,\cdots,n$,因此

$$f^{(k)}(0)=(-1)^{k-1}(k-1)!,\quad k=1,2,\cdots,n.$$

把它们代入(6)式,便得 $\ln(1+x)$的麦克劳林公式. □

利用上述麦克劳林公式,可间接求得其他一些函数的麦克劳林公式或泰勒公式,还可用来求某种类型的极限.

例 2 写出$f(x)=\mathrm{e}^{-\frac{x^2}{2}}$的麦克劳林公式,并求$f^{(98)}(0)$与$f^{(99)}(0)$.

解 用$-\dfrac{x^2}{2}$替换例 1 的(1)小题公式中的 x,便得

$$\mathrm{e}^{-\frac{x^2}{2}}=1-\frac{x^2}{2}+\frac{x^4}{2^2\cdot 2!}+\cdots+(-1)^n\cdot\frac{x^{2n}}{2^n n!}+o(x^{2n}).$$

根据定理 6.9 注 2,知道上式即为所求的麦克劳林公式.

由泰勒公式系数的定义,在上述$f(x)$的麦克劳林公式中,x^{98}与 x^{99}的系数分别为

$$\frac{1}{98!}f^{(98)}(0)=(-1)^{49}\frac{1}{2^{49}\cdot 49!},\quad \frac{1}{99!}f^{(99)}(0)=0.$$

由此得到$f^{(98)}(0)=-\dfrac{98!}{2^{49}\cdot 49!},\quad f^{(99)}(0)=0.$ □

例 3 求 $\ln x$ 在 $x=2$ 处的泰勒公式.

解 由于 $\ln x=\ln(2+(x-2))=\ln 2+\ln\left(1+\dfrac{x-2}{2}\right)$,因此

$$\ln x=\ln 2+\frac{1}{2}(x-2)-\frac{1}{2\cdot 2^2}(x-2)^2+\cdots+(-1)^{n-1}\frac{1}{n\cdot 2^n}(x-2)^n+o\left(\left(\frac{x-2}{2}\right)^n\right).$$

根据与例 2 相同的理由,上式即为所求的泰勒公式. □

例 4 求极限$\lim\limits_{x\to 0}\dfrac{\cos x-\mathrm{e}^{-\frac{x^2}{2}}}{x^4}$.

解 本题可用洛必达法则求解(较烦琐),在这里应用泰勒公式求解.考虑到极限式的分母为 x^4,我们用麦克劳林公式表示极限的分子(取 $n=4$,并利用例 2):

$$\cos x=1-\frac{x^2}{2}+\frac{x^4}{24}+o(x^5),$$

$$\mathrm{e}^{-\frac{x^2}{2}}=1-\frac{x^2}{2}+\frac{x^4}{8}+o(x^5),$$

$$\cos x-\mathrm{e}^{-\frac{x^2}{2}}=-\frac{x^4}{12}+o(x^5).$$

因而求得

$$\lim_{x\to 0}\frac{\cos x-\mathrm{e}^{-\frac{x^2}{2}}}{x^4}=\lim_{x\to 0}\frac{-\frac{1}{12}x^4+o(x^5)}{x^4}=-\frac{1}{12}.$$ □

二、带有拉格朗日型余项的泰勒公式

上面我们从微分近似出发，推广得到用 n 次多项式逼近函数的泰勒公式(4).它的佩亚诺型余项只是**定性**地告诉我们：当 $x\to x_0$ 时，逼近误差是较 $(x-x_0)^n$ 高阶的无穷小量.现在我们将泰勒公式构造一个**定量**形式的余项，以便于对逼近误差进行具体的计算或估计.

定理 6.10(泰勒定理) 若函数 f 在 $[a,b]$ 上存在直至 n 阶的连续导函数，在 (a,b) 上存在 $n+1$ 阶导函数，则对任意给定的 $x,x_0\in[a,b]$，至少存在一点 $\xi\in(a,b)$，使得

$$f(x)=f(x_0)+f'(x_0)(x-x_0)+\frac{f''(x_0)}{2!}(x-x_0)^2+\cdots+\frac{f^{(n)}(x_0)}{n!}(x-x_0)^n+\frac{f^{(n+1)}(\xi)}{(n+1)!}(x-x_0)^{n+1}. \tag{7}$$

证 作辅助函数

$$F(t)=f(x)-\left(f(t)+f'(t)(x-t)+\cdots+\frac{f^{(n)}(t)}{n!}(x-t)^n\right),$$

$$G(t)=(x-t)^{n+1}.$$

所要证明的(7)式即为

$$F(x_0)=\frac{f^{(n+1)}(\xi)}{(n+1)!}G(x_0)\quad\text{或}\quad\frac{F(x_0)}{G(x_0)}=\frac{f^{(n+1)}(\xi)}{(n+1)!}.$$

不妨设 $x_0<x$，则 $F(t)$ 与 $G(t)$ 在 $[x_0,x]$ 上连续，在 (x_0,x) 上可导，且

$$F'(t)=-\frac{f^{(n+1)}(t)}{n!}(x-t)^n,$$

$$G'(t)=-(n+1)(x-t)^n\neq 0.$$

又因 $F(x)=G(x)=0$，所以由柯西中值定理证得

$$\frac{F(x_0)}{G(x_0)}=\frac{F(x_0)-F(x)}{G(x_0)-G(x)}=\frac{F'(\xi)}{G'(\xi)}=\frac{f^{(n+1)}(\xi)}{(n+1)!},$$

其中 $\xi\in(x_0,x)\subset(a,b)$. □

(7) 式同样称为**泰勒公式**，它的余项

$$\frac{f^{(n+1)}(\xi)}{(n+1)!}(x-x_0)^{n+1}$$

称为**拉格朗日型余项**，其中 ξ 也可以表示为 $\xi=x_0+\theta(x-x_0)\ (0<\theta<1)$.所以(7)式又称为**带有拉格朗日型余项的泰勒公式**.

注意到 $n=0$ 时,(7)式即为拉格朗日公式

$$f(x)-f(x_0)=f'(\xi)(x-x_0).$$

所以泰勒定理可以看作拉格朗日中值定理的推广.

当 $x_0=0$ 时,得到泰勒公式

$$f(x)=f(0)+f'(0)x+\frac{f''(0)}{2!}x^2+\cdots+\frac{f^{(n)}(0)}{n!}x^n+\frac{f^{(n+1)}(\theta x)}{(n+1)!}x^{n+1}\quad(0<\theta<1). \tag{8}$$

(8)式也称为(**带有拉格朗日型余项的**)**麦克劳林公式**.

例 5 把例1中六个麦克劳林公式改写为带有拉格朗日型余项的形式.

解 (1) $f(x)=e^x$,由 $f^{(n+1)}(x)=e^x$,得到

$$e^x=1+x+\frac{x^2}{2!}+\cdots+\frac{x^n}{n!}+\frac{e^{\theta x}}{(n+1)!}x^{n+1},\quad 0<\theta<1,\ x\in(-\infty,+\infty).$$

(2) $f(x)=\sin x$,由 $f^{(2m+1)}(x)=\sin\left(x+\frac{2m+1}{2}\pi\right)=(-1)^m\cos x$,得到

$$\sin x=x-\frac{x^3}{3!}+\frac{x^5}{5!}+\cdots+(-1)^{m-1}\frac{x^{2m-1}}{(2m-1)!}+(-1)^m\frac{\cos\theta x}{(2m+1)!}x^{2m+1},$$

$$0<\theta<1,\ x\in(-\infty,+\infty).$$

(3) 类似于 $\sin x$,可得

$$\cos x=1-\frac{x^2}{2!}+\frac{x^4}{4!}+\cdots+(-1)^m\frac{x^{2m}}{(2m)!}+(-1)^{m+1}\frac{\cos\theta x}{(2m+2)!}x^{2m+2},$$

$$0<\theta<1,\ x\in(-\infty,+\infty).$$

(4) $f(x)=\ln(1+x)$,由 $f^{(n+1)}(x)=(-1)^n n!\,(1+x)^{-n-1}$,得到

$$\ln(1+x)=x-\frac{x^2}{2}+\frac{x^3}{3}+\cdots+(-1)^{n-1}\frac{x^n}{n}+(-1)^n\frac{x^{n+1}}{(n+1)(1+\theta x)^{n+1}},$$

$$0<\theta<1,\ x>-1.$$

(5) $f(x)=(1+x)^\alpha$,由 $f^{(n+1)}(x)=\alpha(\alpha-1)\cdots(\alpha-n)(1+x)^{\alpha-n-1}$,得到

$$(1+x)^\alpha=1+\alpha x+\frac{\alpha(\alpha-1)}{2!}x^2+\cdots+\frac{\alpha(\alpha-1)\cdots(\alpha-n+1)}{n!}x^n+$$

$$\frac{\alpha(\alpha-1)\cdots(\alpha-n)}{(n+1)!}(1+\theta x)^{\alpha-n-1}x^{n+1},\quad 0<\theta<1,\ x>-1.$$

(6) $f(x)=\frac{1}{1-x}$,由 $f^{(n+1)}(x)=\frac{(n+1)!}{(1-x)^{n+2}}$,得到

$$\frac{1}{1-x}=1+x+x^2+\cdots+x^n+\frac{x^{n+1}}{(1-\theta x)^{n+2}},\quad 0<\theta<1,\ |x|<1.$$

□

三、在近似计算上的应用

这里只讨论泰勒公式在近似计算上的应用.在§4,§5两节里还要借助泰勒公式这一工具去研究函数的极值与凸性.

例 6 (1) 计算 e 的值,使其误差不超过 10^{-6};

(2) 证明:数 e 为无理数.

解 (1) 由例 5 公式(1),当 $x=1$ 时,有

$$e=1+1+\frac{1}{2!}+\frac{1}{3!}+\cdots+\frac{1}{n!}+\frac{e^{\theta}}{(n+1)!}\quad(0<\theta<1).\tag{9}$$

故 $R_n(1)=\dfrac{e^{\theta}}{(n+1)!}<\dfrac{3}{(n+1)!}$,当 $n=9$ 时,便有

$$R_9(1)<\frac{3}{10!}=\frac{3}{3\ 628\ 800}<10^{-6}.$$

从而略去 $R_9(1)$ 而求得 e 的近似值为

$$e\approx 1+1+\frac{1}{2!}+\frac{1}{3!}+\cdots+\frac{1}{9!}\approx 2.718\ 281\ 5.$$

(2) 由(9)式得

$$n!e-(n!+n!+3\cdot 4\cdot\cdots\cdot n+\cdots+n+1)=\frac{e^{\theta}}{n+1}.\tag{10}$$

倘若 $e=\dfrac{p}{q}$(p,q 为正整数),则当 $n>q$ 时,$n!e$ 为正整数,从而(10)式左边为整数.因为 $\dfrac{e^{\theta}}{n+1}<\dfrac{e}{n+1}<\dfrac{3}{n+1}$,所以当 $n\geqslant 2$ 时右边为非整数,矛盾.从而 e 只能是无理数. □

例 7 用泰勒多项式逼近正弦函数 $\sin x$(例 5 中的(2)),要求误差不超过 10^{-3}.试以 $m=1$ 和 $m=2$ 两种情形分别讨论 x 的取值范围.

解 (1) $m=1$ 时,$\sin x\approx x$,要使其误差满足

$$|R_2(x)|=\left|\frac{\cos\theta x}{3!}x^3\right|\leqslant\frac{|x|^3}{6}<10^{-3},$$

只需 $|x|<0.181\ 7$(弧度),即大约在原点左右 $10°24'40''$ 范围内以 x 近似 $\sin x$,其误差不超过 10^{-3}.

(2) $m=2$ 时,$\sin x\approx x-\dfrac{x^3}{6}$,要使其误差满足

$$|R_4(x)|=\left|\frac{\cos\theta x}{5!}x^5\right|\leqslant\frac{|x|^5}{5!}<10^{-3},$$

只需 $|x|<0.6543$(弧度),即大约在原点左右 $37°29'38''$ 范围内,上述三次多项式逼近的误差不超过 10^{-3}. □

如果进一步用更高次的多项式来逼近 $\sin x$, x 能在更大范围内满足同一误差.图 6-6 就是正弦函数与其泰勒多项式($m=1,2,3,4,5$)在原点附近的逼近差异情况.

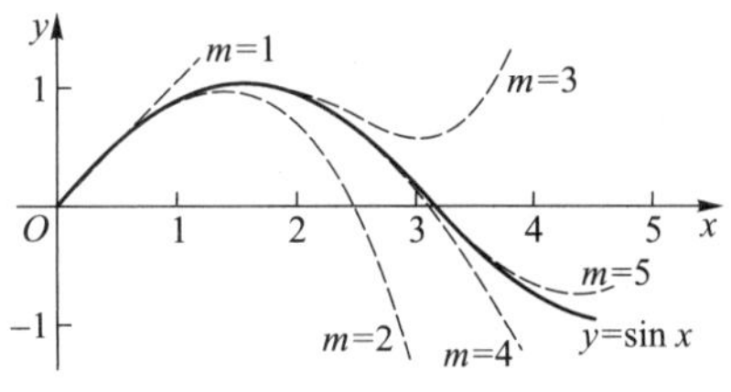

图 6-6

习题 6.3

1. 求下列函数带佩亚诺型余项的麦克劳林公式:

(1) $f(x)=\dfrac{1}{\sqrt{1+x}}$;

(2) $f(x)=\arctan x$ 到含 x^5 的项;

(3) $f(x)=\tan x$ 到含 x^5 的项.

2. 按例 4 的方法求下列极限:

(1) $\lim\limits_{x\to 0}\dfrac{e^x\sin x-x(1+x)}{x^3}$;　　(2) $\lim\limits_{x\to\infty}\left(x-x^2\ln\left(1+\dfrac{1}{x}\right)\right)$;

(3) $\lim\limits_{x\to 0}\dfrac{1}{x}\left(\dfrac{1}{x}-\cot x\right)$.

3. 求下列函数在指定点处带拉格朗日型余项的泰勒公式:

(1) $f(x)=x^3+4x^2+5$,在 $x=1$ 处;　　(2) $f(x)=\dfrac{1}{1+x}$,在 $x=0$ 处.

4. 估计下列近似公式的绝对误差:

(1) $\sin x\approx x-\dfrac{x^3}{6}, |x|\leqslant\dfrac{1}{2}$;　　(2) $\sqrt{1+x}\approx 1+\dfrac{x}{2}-\dfrac{x^2}{8}, x\in[0,1]$.

5. 计算:(1) 数 e 准确到 10^{-9};

(2) ln 2.7 准确到 10^{-5}.

§4 函数的极值与最大(小)值

一、极值判别

函数的极值不仅在实际问题中占有重要的地位,而且也是函数性态的一个重要特征.

费马定理(定理 5.3)已经告诉我们,若函数 f 在点 x_0 可导,且 x_0 为 f 的极值点,则

$f'(x_0)=0$.这就是说,可导函数在点 x_0 取极值的必要条件是 $f'(x_0)=0$.

下面讨论充分条件.

定理 6.11(极值的第一充分条件)　设 f 在点 x_0 连续,在某邻域 $U^{\circ}(x_0;\delta)$ 上可导.

(i) 若当 $x\in(x_0-\delta,x_0)$ 时 $f'(x)\leqslant 0$,当 $x\in(x_0,x_0+\delta)$ 时 $f'(x)\geqslant 0$,则 f 在点 x_0 取得极小值;

(ii) 若当 $x\in(x_0-\delta,x_0)$ 时 $f'(x)\geqslant 0$,当 $x\in(x_0,x_0+\delta)$ 时 $f'(x)\leqslant 0$,则 f 在点 x_0 取得极大值.

证　下面只证(ii),(i)的证明可类似地进行.

由定理的条件及定理 6.3 可知,f 在 $(x_0-\delta,x_0)$ 上递增,在 $(x_0,x_0+\delta)$ 上递减.又由 f 在点 x_0 连续,故对任意 $x\in U(x_0;\delta)$,恒有

$$f(x)\leqslant f(x_0).$$

即 f 在点 x_0 取得极大值.　□

若 f 是二阶可导函数,则有如下判别极值定理.

定理 6.12(极值的第二充分条件)　设 f 在 x_0 的某邻域 $U(x_0;\delta)$ 上一阶可导,在 $x=x_0$ 处二阶可导,且 $f'(x_0)=0, f''(x_0)\neq 0$.

(i) 若 $f''(x_0)<0$,则 f 在 x_0 取得极大值;

(ii) 若 $f''(x_0)>0$,则 f 在 x_0 取得极小值.

证　由条件,可得 f 在 x_0 处的二阶泰勒公式

$$f(x)=f(x_0)+f'(x_0)(x-x_0)+\frac{1}{2!}f''(x_0)(x-x_0)^2+o((x-x_0)^2).$$

由于 $f'(x_0)=0$,因此

$$f(x)-f(x_0)=\left(\frac{f''(x_0)}{2}+o(1)\right)(x-x_0)^2. \tag{1}$$

又因 $f''(x_0)\neq 0$,故存在正数 $\delta'\leqslant\delta$,当 $x\in U(x_0;\delta')$ 时,$\frac{1}{2}f''(x_0)$ 与 $\frac{1}{2}f''(x_0)+o(1)$ 同号.所以,当 $f''(x_0)<0$ 时,(1)式取负值,从而对任意 $x\in U^{\circ}(x_0;\delta')$,有

$$f(x)-f(x_0)<0,$$

即 f 在 x_0 取极大值.同样对 $f''(x_0)>0$,可得 f 在点 x_0 取极小值.　□

例 1　求 $f(x)=(2x-5)\sqrt[3]{x^2}$ 的极值点与极值.

解　$f(x)=(2x-5)\sqrt[3]{x^2}=2x^{\frac{5}{3}}-5x^{\frac{2}{3}}$ 在 $(-\infty,+\infty)$ 上连续,且当 $x\neq 0$ 时,有

$$f'(x)=\frac{10}{3}x^{\frac{2}{3}}-\frac{10}{3}x^{-\frac{1}{3}}=\frac{10}{3}\frac{x-1}{\sqrt[3]{x}}.$$

易见,$x=1$ 为 f 的稳定点,$x=0$ 为 f 的不可导点.这两点是否是极值点,需作进一步讨论.现列表如下(表中↗表示递增,↘表示递减):

x	$(-\infty,0)$	0	$(0,1)$	1	$(1,+\infty)$
y'	+	不存在	−	0	+
y	↗	0	↘	−3	↗

由上表可见：点 $x=0$ 为 f 的极大值点，极大值 $f(0)=0$；$x=1$ 为 f 的极小值点，极小值 $f(1)=-3$(图 6-7)． □

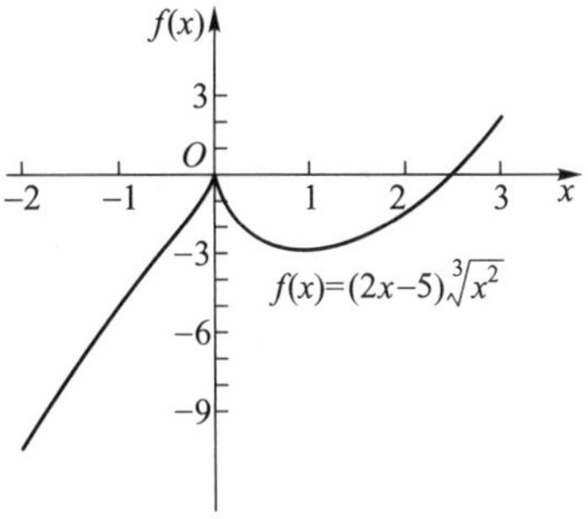

图 6-7

例 2 求 $f(x)=x^2+\dfrac{432}{x}$ 的极值点与极值．

解 当 $x\neq 0$ 时，

$$f'(x)=2x-\frac{432}{x^2}=\frac{2x^3-432}{x^2}.$$

令 $f'(x)=0$，求得稳定点 $x=6$．又因

$$f''(6)=\left(2+\frac{864}{x^3}\right)\bigg|_{x=6}=6>0,$$

依定理 6.12，$x=6$ 为 f 的极小值点，极小值 $f(6)=108$． □

对于应用二阶导数无法判别的问题，可借助更高阶的导数来判别．

定理 6.13(极值的第三充分条件) 设 f 在 x_0 的某邻域上存在直到 $n-1$ 阶导函数，在 x_0 处 n 阶可导，且 $f^{(k)}(x_0)=0$ $(k=1,2,\cdots,n-1)$，$f^{(n)}(x_0)\neq 0$，则

(i) 当 n 为偶数时，f 在 x_0 取得极值，且当 $f^{(n)}(x_0)<0$ 时取极大值，$f^{(n)}(x_0)>0$ 时取极小值；

(ii) 当 n 为奇数时，f 在 x_0 处不取极值．

该定理的证明类似于定理 6.12，我们将它留给读者．

例 3 试求函数 $f(x)=x^4(x-1)^3$ 的极值．

解 由于 $f'(x)=x^3(x-1)^2(7x-4)$，因此 $x=0,1,\dfrac{4}{7}$ 是函数的三个稳定点．f 的二阶导数为

$$f''(x)=6x^2(x-1)(7x^2-8x+2),$$

由此得，$f''(0)=f''(1)=0$ 及 $f''\left(\dfrac{4}{7}\right)>0$．所以 $f(x)$ 在 $x=\dfrac{4}{7}$ 时取得极小值．求三阶导数

$$f'''(x)=6x(35x^3-60x^2+30x-4),$$

有 $f'''(0)=0$，$f'''(1)>0$．由于 $n=3$ 为奇数，由定理 6.13 知 f 在 $x=1$ 不取极值．再求 f 的四阶导数

$$f^{(4)}(x)=24(35x^3-45x^2+15x-1),$$

有 $f^{(4)}(0)<0$．因为 $n=4$ 为偶数，故 f 在 $x=0$ 取得极大值．

综上所述，$f(0)=0$ 为极大值，

$$f\left(\frac{4}{7}\right)=-\left(\frac{4}{7}\right)^4\left(\frac{3}{7}\right)^3=-\frac{6\,912}{823\,543}$$

为极小值． □

注 定理 6.13 仍是判定极值的充分条件．读者可考察函数(图 6-8)

$$f(x)=\begin{cases}e^{-\frac{1}{x^2}}, & x\neq 0,\\ 0, & x=0.\end{cases}$$

很显然,它在 $x=0$ 处取极小值 0.但由习题 6.2 的第 11 题可知 $f^{(k)}(0)=0, k=1,2,\cdots$,所以无法用定理 6.13 对它作出判别.

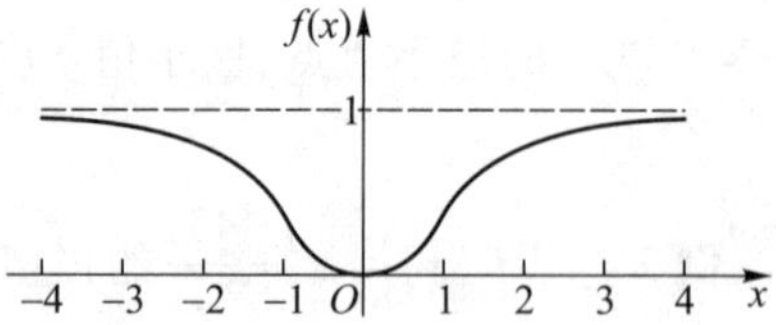

图 6-8

二、最大值与最小值

根据闭区间上连续函数的基本性质,若函数 f 在闭区间 $[a,b]$ 上连续,则 f 在 $[a,b]$ 上一定有最大、最小值.这就为我们求连续函数的最大、最小值提供了理论保证.本段将讨论怎样求出这个最大(小)值.

若函数 f 的最大(小)值点 x_0 在开区间 (a,b) 上,则 x_0 必定是 f 的极大(小)值点.又若 f 在 x_0 可导,则 x_0 还是一个稳定点.所以我们只要比较 f 在区间内部所有稳定点、不可导点和区间端点上的函数值,就能从中找到 f 在 $[a,b]$ 上的最大值与最小值.下面举例说明这个求解过程.

例 4　求函数 $f(x)=|2x^3-9x^2+12x|$ 在闭区间 $\left[-\dfrac{1}{4},\dfrac{5}{2}\right]$ 上的最大值与最小值.

解　函数 f 在闭区间 $\left[-\dfrac{1}{4},\dfrac{5}{2}\right]$ 上连续,故必存在最大、最小值.由于

$$f(x)=|2x^3-9x^2+12x|=|x(2x^2-9x+12)|$$

$$=\begin{cases}-x(2x^2-9x+12), & -\dfrac{1}{4}\leqslant x\leqslant 0,\\ x(2x^2-9x+12), & 0<x\leqslant\dfrac{5}{2},\end{cases}$$

因此

$$f'(x)=\begin{cases}-6(x-1)(x-2), & -\dfrac{1}{4}\leqslant x<0,\\ 6(x-1)(x-2), & 0<x\leqslant\dfrac{5}{2}.\end{cases}$$

又因 $f'(0-0)=-12, f'(0+0)=12$,所以由导数极限定理可知函数在 $x=0$ 处不可导.求出函数 f 在 $\left[-\dfrac{1}{4},\dfrac{5}{2}\right]$ 内部的稳定点 $x=1,2$,不可导点 $x=0$,以及端点 $x=-\dfrac{1}{4},\dfrac{5}{2}$ 的函数值

$$f(1)=5,\quad f(2)=4,\quad f(0)=0,\quad f\left(-\frac{1}{4}\right)=\frac{115}{32},\quad f\left(\frac{5}{2}\right)=5.$$

所以函数 f 在 $x=0$ 处取最小值 0,在 $x=1$ 和 $x=\dfrac{5}{2}$ 处取得最大值 5(图 6-9).　□

在生产实践和科学实验中,我们常会遇到求函数的最大值或最小值问题.

例 5　一艘轮船在航行中的燃料费和它的速度的立方成正比.已知当速度为 10 km/h,燃料费为每小时 6 元,而其他与速度无关的费用为每小时 96 元.问轮船的速

度为多少时,每航行 1 km 所消耗的费用最小?

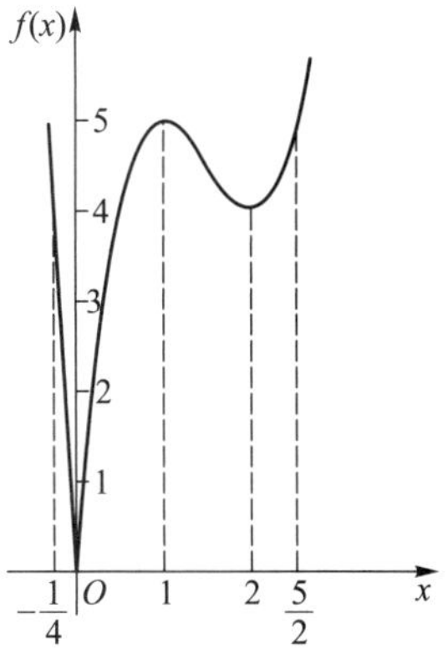

图 6-9

解 设船速为 x km/h,据题意每航行 1 km 的耗费为

$$y=\frac{1}{x}(kx^3+96).$$

由已知,当 $x=10$ 时,$k\cdot 10^3=6$,故得比例系数 $k=0.006$. 所以有

$$y=\frac{1}{x}(0.006x^3+96),\quad x\in(0,+\infty).$$

令

$$y'=\frac{0.012}{x^2}(x^3-8\ 000)=0,$$

求得稳定点 $x=20$. 由极值的第一充分条件检验得 $x=20$ 是极小值点. 由于在 $(0,+\infty)$ 上该函数处处可导,且只有唯一的极值点,当它为极小值点时必为最小值点. 所以求得当船速为 20 km/h 时,每航行 1 km 的耗费最少,其值为 $y_{\min}=0.006\times 20^2+\frac{96}{20}=7.2$(元). □

例 6 如图6-10所示,剪去正方形四角同样大小的正方形后制成一个无盖盒子,问剪去小方块的边长为何值时,可使盒子的容积最大?

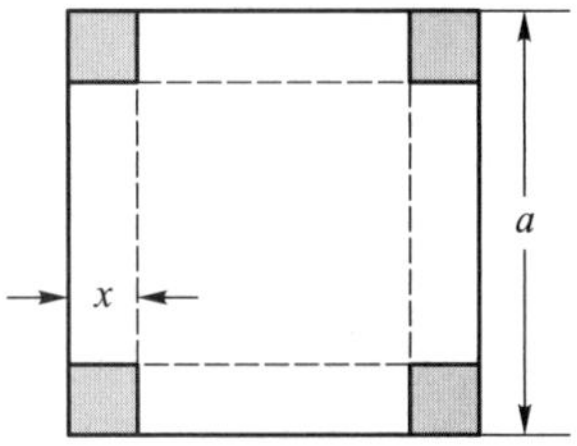

图 6-10

解 设每个小方块边长为 x,则盒子的容积为

$$V(x)=x(a-2x)^2,\quad x\in\left[0,\frac{a}{2}\right].$$

令

$$V'(x)=12\left(x-\frac{a}{6}\right)\left(x-\frac{a}{2}\right)=0,$$

在 $\left(0,\frac{a}{2}\right)$ 内解得稳定点 $x=\frac{a}{6}$,并由 $V''\left(\frac{a}{6}\right)=-4a<0$ 知 $V\left(\frac{a}{6}\right)=\frac{2a^3}{27}$ 为极大值. 由于 $V(x)$ 在 $\left(0,\frac{a}{2}\right)$ 上只有唯一一个极值点,且为极大值点,因此该极大值就是所求的最大值. 即正方形四个角各剪去一块边长为 $\frac{a}{6}$ 的小正方形后,能做成容积最大的盒子. □

习 题 6.4

1. 求下列函数的极值:

(1) $f(x)=2x^3-x^4$;　　(2) $f(x)=\frac{2x}{1+x^2}$;

(3) $f(x)=\frac{(\ln x)^2}{x}$;　　(4) $f(x)=\arctan x-\frac{1}{2}\ln(1+x^2)$.

2. 设

$$f(x)=\begin{cases}x^4\sin^2\dfrac{1}{x}, & x\neq 0,\\ 0, & x=0.\end{cases}$$

(1) 证明：$x=0$ 是极小值点；

(2) 说明 f 在极小值点 $x=0$ 是否满足极值的第一充分条件或第二充分条件.

3. 证明：若函数 f 在点 x_0 有 $f'_+(x_0)<0\ (>0)$，$f'_-(x_0)>0\ (<0)$，则 x_0 为 f 的极大(小)值点.

4. 求下列函数在给定区间上的最大、最小值：

(1) $f(x)=x^5-5x^4+5x^3+1,\ x\in[-1,2]$；

(2) $f(x)=2\tan x-\tan^2 x,\ x\in\left[0,\dfrac{\pi}{2}\right)$；

(3) $f(x)=\sqrt{x}\ln x, x\in(0,+\infty)$.

5. 设 $f(x)$ 在区间 I 上连续，并且在 I 上仅有唯一的极值点 x_0. 证明：若 x_0 是 f 的极大(小)值点，则 x_0 必是 $f(x)$ 在 I 上的最大(小)值点.

6. 把长为 l 的线段截为两段，问怎样截能使以这两段线为边所组成的矩形的面积最大？

7. 有一个无盖的圆柱形容器，当给定体积为 V 时，要使容器的表面积最小，问底的半径与容器高的比例应该怎样？

8. 设用某仪器进行测量时，读得 n 次实验数据为 $a_1,a_2,\cdots,a_n$. 问以怎样的数值 x 表达所要测量的真值，才能使它与这 n 个数之差的平方和最小？

9. 求一正数 a，使它与其倒数之和最小.

---

10. 求下列函数的极值：

(1) $f(x)=|x(x^2-1)|$；　　(2) $f(x)=\dfrac{x(x^2+1)}{x^4-x^2+1}$；

(3) $f(x)=(x-1)^2(x+1)^3$.

11. 设 $f(x)=a\ln x+bx^2+x$ 在 $x_1=1, x_2=2$ 处都取得极值，试求 a 与 b，并问这时 f 在 x_1 与 x_2 是取得极大值还是极小值？

12. 在抛物线 $y^2=2px$ 上哪一点的法线被抛物线所截之线段最短？

13. 要把货物从运河边上 A 城运往与运河相距为 $BC=a$ km 的 B 城(见图 6－11)，轮船运费的单价是 α 元/km，火车运费的单价是 β 元/km$(\beta>\alpha)$，试求运河边上的一点 M，修建铁路 MB，使得 $A\to M\to B$ 的总运费最省.

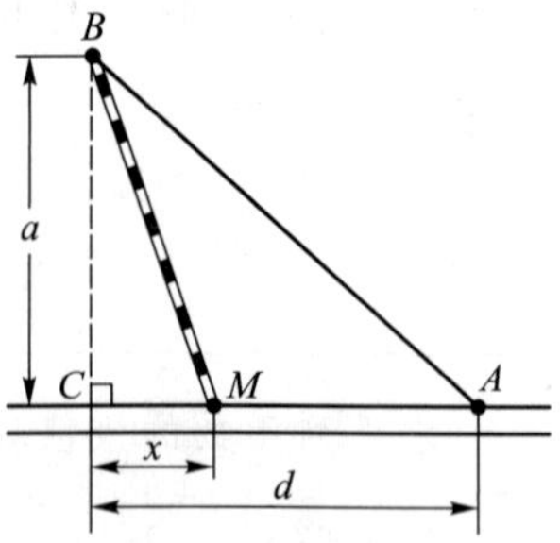

图 6－11

§5 函数的凸性与拐点

读者已经熟悉函数 $f(x)=x^2$ 和 $f(x)=\sqrt{x}$ 的图像.它们不同的特点是:曲线 $y=x^2$ 上任意两点间的弧段总在这两点连线的下方,而曲线 $y=\sqrt{x}$ 则相反,任意两点间的弧段总在这两点连线的上方.我们把具有前一种特性的曲线称为凸的,相应的函数称为凸函数;后一种曲线称为凹的,相应的函数称为凹函数.

定义 1 设 f 为定义在区间 I 上的函数,若对 I 上的任意两点 x_1,x_2 和任意实数 $\lambda\in(0,1)$,总有

$$f(\lambda x_1+(1-\lambda)x_2)\leqslant\lambda f(x_1)+(1-\lambda)f(x_2), \tag{1}$$

则称 f 为 I 上的**凸函数**.反之,若总有

$$f(\lambda x_1+(1-\lambda)x_2)\geqslant\lambda f(x_1)+(1-\lambda)f(x_2), \tag{2}$$

则称 f 为 I 上的**凹函数**.

若(1)、(2)两不等式改为严格不等式,则相应的函数称为**严格凸函数**和**严格凹函数**.

图 6-12 中的(a)和(b)分别是凸函数和凹函数的几何形状,其中 $x=\lambda x_1+(1-\lambda)x_2$,$A=f(x_1)$,$B=f(x_2)$,$C=\lambda A+(1-\lambda)B$.

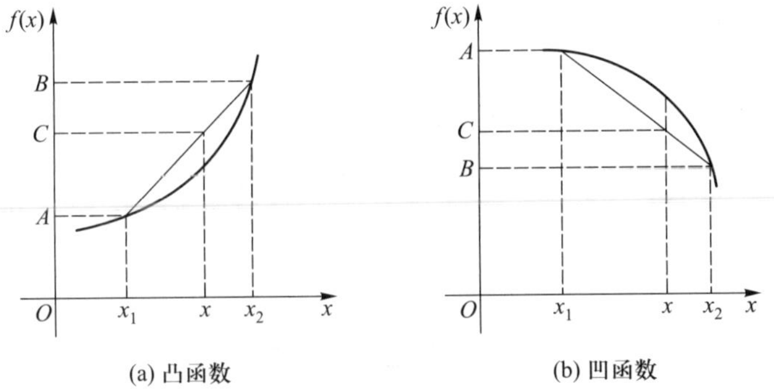

图 6-12

容易证明:若 $-f$ 为区间 I 上的凸函数,则 f 为区间 I 上的凹函数.因此,今后只需讨论凸函数的性质即可.

引理 f 为 I 上的凸函数的充要条件是:对于 I 上的任意三点 $x_1<x_2<x_3$,总有

$$\frac{f(x_2)-f(x_1)}{x_2-x_1}\leqslant\frac{f(x_3)-f(x_2)}{x_3-x_2}. \tag{3}$$

证 必要性 记 $\lambda=\dfrac{x_3-x_2}{x_3-x_1}$,则 $x_2=\lambda x_1+(1-\lambda)x_3$.由 f 的凸性知道

$$f(x_2)=f(\lambda x_1+(1-\lambda)x_3)\leqslant\lambda f(x_1)+(1-\lambda)f(x_3)$$

$$= \frac{x_3 - x_2}{x_3 - x_1} f(x_1) + \frac{x_2 - x_1}{x_3 - x_1} f(x_3),$$

从而有

$$(x_3 - x_1) f(x_2) \leqslant (x_3 - x_2) f(x_1) + (x_2 - x_1) f(x_3).$$

也即是

$$(x_3 - x_2) f(x_2) + (x_2 - x_1) f(x_2) \leqslant (x_3 - x_2) f(x_1) + (x_2 - x_1) f(x_3),$$

整理后即得(3)式.

充分性　如图 6-13 所示，在 I 上任取两点 $x_1, x_3 (x_1 < x_3)$，在 $[x_1, x_3]$ 上任取一点 $x_2 = \lambda x_1 + (1-\lambda) x_3, \lambda \in (0,1)$，即 $\lambda = \dfrac{x_3 - x_2}{x_3 - x_1}$. 由必要性的推导逆过程，可推得

$$f(\lambda x_1 + (1-\lambda) x_3) \leqslant \lambda f(x_1) + (1-\lambda) f(x_3),$$

故 f 为 I 上的凸函数. □

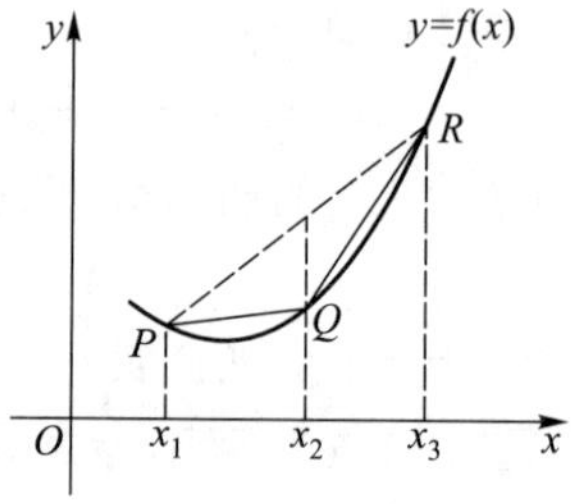

图 6-13

同理可证，f 为 I 上的凸函数的充要条件是：对于 I 上任意三点 $x_1 < x_2 < x_3$，有

$$\frac{f(x_2) - f(x_1)}{x_2 - x_1} \leqslant \frac{f(x_3) - f(x_1)}{x_3 - x_1} \leqslant \frac{f(x_3) - f(x_2)}{x_3 - x_2}. \tag{4}$$

注　若 $f(x)$ 为 I 上的严格凸函数，则不等式(3)和(4)中的"$\leqslant$"可改为"$<$".

定理 6.14　设 f 为区间 I 上的可导函数，则下述论断互相等价：

(i)　f 为 I 上凸函数；

(ii)　f' 为 I 上的增函数；

(iii)　对 I 上的任意两点 x_1, x_2，有

$$f(x_2) \geqslant f(x_1) + f'(x_1)(x_2 - x_1). \tag{5}$$

证　(i)$\Rightarrow$(ii)　任取 I 上两点 $x_1, x_2 (x_1 < x_2)$ 及充分小的正数 h，使得 $x_1 + h < x_2 - h$. 根据 f 的凸性及(4)式有

$$\frac{f(x_1 + h) - f(x_1)}{h} \leqslant \frac{f(x_2) - f(x_1)}{x_2 - x_1} \leqslant \frac{f(x_2) - f(x_2 - h)}{h}.$$

由 f 是可导函数，令 $h \to 0^+$ 时可得

$$f'(x_1) \leqslant \frac{f(x_2) - f(x_1)}{x_2 - x_1} \leqslant f'(x_2),$$

所以 f' 为 I 上的增函数.

(ii)$\Rightarrow$(iii)　在以 $x_1, x_2 (x_1 < x_2)$ 为端点的区间上，应用拉格朗日中值定理和 f' 的递增条件，有

$$f(x_2) - f(x_1) = f'(\xi)(x_2 - x_1) \geqslant f'(x_1)(x_2 - x_1).$$

移项后即得(5)式成立，且当 $x_1 > x_2$ 时仍可得到相同结论.

(iii)$\Rightarrow$(i)　设 x_1, x_2 为 I 上任意两点，$x_3 = \lambda x_1 + (1-\lambda) x_2, 0 < \lambda < 1$. 由(iii)，并利用 $x_1 - x_3 = (1-\lambda)(x_1 - x_2)$ 与 $x_2 - x_3 = \lambda (x_2 - x_1)$，有

$$f(x_1) \geqslant f(x_3)+f'(x_3)(x_1-x_3)=f(x_3)+(1-\lambda)f'(x_3)(x_1-x_2),$$
$$f(x_2) \geqslant f(x_3)+f'(x_3)(x_2-x_3)=f(x_3)+\lambda f'(x_3)(x_2-x_1).$$

分别用 λ 和 $1-\lambda$ 乘上列两式并相加,便得

$$\lambda f(x_1)+(1-\lambda)f(x_2) \geqslant f(x_3)=f(\lambda x_1+(1-\lambda)x_2).$$

从而 f 为 I 上的凸函数. □

注意 论断(iii)的几何意义是:曲线 $y=f(x)$ 总是在它的任一切线的上方(图 6-14).这是可导凸函数的几何特征.

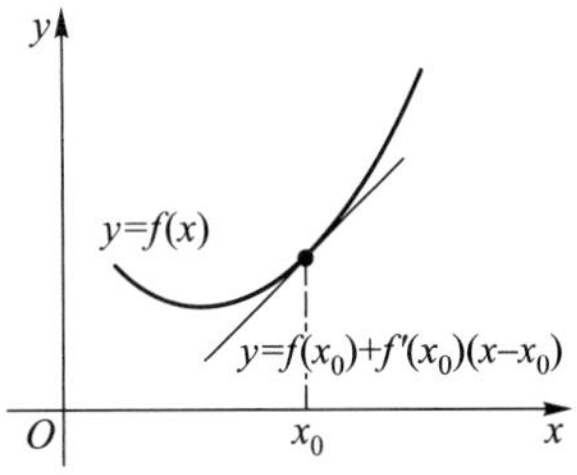

图 6-14

对于凹函数,同样有类似于定理 6.14 的结论.

定理 6.15 设 f 为区间 I 上的二阶可导函数,则在 I 上 f 为凸(凹)函数的充要条件是

$$f''(x) \geqslant 0 \ (f''(x) \leqslant 0), \quad x \in I.$$

这个定理的结论可由定理 6.3 和定理 6.14 推出.

例 1 讨论函数 $f(x)=\arctan x$ 的凸(凹)性区间.

解 由于 $f''(x)=\dfrac{-2x}{(1+x^2)^2}$,因而当 $x \leqslant 0$ 时,$f''(x) \geqslant 0$;当 $x \geqslant 0$ 时,$f''(x) \leqslant 0$.从而在 $(-\infty,0]$ 上 f 为凸函数,在 $[0,+\infty)$ 上 f 为凹函数. □

例 2 若函数 f 为定义在开区间 (a,b) 上的可导的凸(凹)函数,证明:$x_0 \in (a,b)$ 为 f 的极小(大)值点的充要条件是 x_0 为 f 的稳定点,即 $f'(x_0)=0$.

证 下面只证明 f 为凸函数的情形.

必要性已由费马定理给出,现在证明充分性.

由定理 6.14,任取 (a,b) 上的一点 $x(\neq x_0)$,它与 x_0 一起有

$$f(x) \geqslant f(x_0)+f'(x_0)(x-x_0).$$

因为 $f'(x_0)=0$,故对任何 $x \in (a,b)$,总有

$$f(x) \geqslant f(x_0),$$

即 x_0 为 f 在 (a,b) 上的极小值点(而且为最小值点). □

例 3 设 $f(x)$ 为区间 (a,b) 上的凸函数,不恒为常数.证明:$f(x)$ 不取最大值.

证 若不然,可设 $f(x_0)$ 是最大值.由凸函数的定义,对于任意 $x_1,x_2 \in (a,b)$,$x_1<x_0<x_2$,有

$$f(x_0) \leqslant \frac{x_2-x_0}{x_2-x_1}f(x_1)+\frac{x_0-x_1}{x_2-x_1}f(x_2)$$
$$\leqslant \left(\frac{x_2-x_0}{x_2-x_1}+\frac{x_0-x_1}{x_2-x_1}\right)f(x_0)=f(x_0),$$

从而得到 $f(x_0)=f(x_1)=f(x_2)$,即 $f(x)$ 是常量函数,矛盾. □

注 若 $f(x)$ 是区间 $[a,b]$ 上的凸的连续函数,则

$$f(x) \leqslant \max\{f(a),f(b)\}.$$

例 4 求证:$1+x^2 \leqslant 2^x \leqslant 1+x$,$x \in [0,1]$.

证 设 $f(x)=1+x^2-2^x$,$g(x)=2^x-1-x$,那么

$$f''(x)=2-2^x(\ln 2)^2 \geqslant 0, \quad g''(x)=2^x(\ln 2)^2>0.$$

因此 $f(x)$,$g(x)$ 均为 $[0,1]$ 上的凸函数,故由例 3 的注可得

$$f(x)\leqslant\max\{f(0),f(1)\}=0,\quad g(x)\leqslant\max\{g(0),g(1)\}=0.$$

由此推得所需的结果. □

下例是定义 1 的一般情形.

例 5(延森(Jensen)不等式)　若 f 为 $[a,b]$ 上的凸函数,则对任意 $x_i\in[a,b]$,$\lambda_i>0\ (i=1,2,\cdots,n)$, $\sum\limits_{i=1}^{n}\lambda_i=1$,有

$$f\left(\sum_{i=1}^{n}\lambda_ix_i\right)\leqslant\sum_{i=1}^{n}\lambda_if(x_i). \tag{6}$$

证　应用数学归纳法.当 $n=2$ 时,由定义 1,命题显然成立.设 $n=k$ 时命题成立.即对任意 $x_1,x_2,\cdots,x_k\in[a,b]$ 及

$$\alpha_i>0(i=1,2,\cdots,k),\quad \sum_{i=1}^{k}\alpha_i=1,$$

都有

$$f\left(\sum_{i=1}^{k}\alpha_ix_i\right)\leqslant\sum_{i=1}^{k}\alpha_i f(x_i).$$

现设 $x_1,x_2,\cdots,x_k,x_{k+1}\in[a,b]$ 及

$$\lambda_i>0\ (i=1,2,\cdots,k+1),\quad \sum_{i=1}^{k+1}\lambda_i=1.$$

令 $\alpha_i=\dfrac{\lambda_i}{1-\lambda_{k+1}},i=1,2,\cdots,k$,则 $\sum\limits_{i=1}^{k}\alpha_i=1$.由数学归纳法假设可推得

$$\begin{aligned}
&f(\lambda_1x_1+\lambda_2x_2+\cdots+\lambda_kx_k+\lambda_{k+1}x_{k+1})\\
=&f\left((1-\lambda_{k+1})\frac{\lambda_1x_1+\lambda_2x_2+\cdots+\lambda_kx_k}{1-\lambda_{k+1}}+\lambda_{k+1}x_{k+1}\right)\\
\leqslant&(1-\lambda_{k+1})f(\alpha_1x_1+\alpha_2x_2+\cdots+\alpha_kx_k)+\lambda_{k+1}f(x_{k+1})\\
\leqslant&(1-\lambda_{k+1})(\alpha_1f(x_1)+\alpha_2f(x_2)+\cdots+\alpha_kf(x_k))+\lambda_{k+1}f(x_{k+1})\\
=&(1-\lambda_{k+1})\left(\frac{\lambda_1}{1-\lambda_{k+1}}f(x_1)+\frac{\lambda_2}{1-\lambda_{k+1}}f(x_2)+\cdots+\frac{\lambda_k}{1-\lambda_{k+1}}f(x_k)\right)+\lambda_{k+1}f(x_{k+1})\\
=&\sum_{i=1}^{k+1}\lambda_if(x_i).
\end{aligned}$$

这就证明了对任何正整数 $n\ (\geqslant 2)$,凸函数 f 总有不等式(6)成立. □

注　如 $f(x)$ 在 $[a,b]$ 上严格凸,则(6)式可为严格不等式,除非 $x_1=x_2=\cdots=x_n$.

例 6　证明不等式 $(abc)^{\frac{a+b+c}{3}}\leqslant a^ab^bc^c$,其中 a,b,c 均为正数.

证　设 $f(x)=x\ln x,x>0$.由 $f(x)$ 的一阶和二阶导数

$$f'(x)=\ln x+1,\qquad f''(x)=\frac{1}{x}$$

可见,$f(x)=x\ln x$ 在 $x>0$ 时为严格凸函数.依延森不等式有

$$f\left(\frac{a+b+c}{3}\right)\leqslant\frac{1}{3}(f(a)+f(b)+f(c)),$$

从而

$$\frac{a+b+c}{3}\ln\frac{a+b+c}{3}\leqslant\frac{1}{3}(a\ln a+b\ln b+c\ln c),$$

即

$$\left(\frac{a+b+c}{3}\right)^{a+b+c}\leqslant a^a b^b c^c.$$

又因$\sqrt[3]{abc}\leqslant\frac{a+b+c}{3}$,所以

$$(abc)^{\frac{a+b+c}{3}}\leqslant a^a b^b c^c.$$ □

例 7 设 A,B,C 是三角形的三个内角,证明:

$$\sin A+\sin B+\sin C\leqslant\frac{3}{2}\sqrt{3}.$$

证 设$f(x)=\sin x,x\in(0,\pi)$.由于$f''(x)=-\sin x<0$,因而$f(x)$是严格凹函数.由延森不等式,

$$\sin A+\sin B+\sin C\leqslant 3\sin\frac{A+B+C}{3}=\frac{3}{2}\sqrt{3}.$$

等号成立当且仅当 $A=B=C=\frac{\pi}{3}$. □

例 8 设 f 为开区间 I 上的凸(凹)函数,证明:f 在 I 上任一点 x_0 都存在左、右导数.

证 下面只证凸函数f在点 x_0 存在右导数,同理可证也存在左导数和f为凹函数的情形.

设$0<h_1<h_2$,则对$x_0<x_0+h_1<x_0+h_2$(这里取充分小的h_2,使$x_0+h_2\in I$),由(4)式有

$$\frac{f(x_0+h_1)-f(x_0)}{h_1}\leqslant\frac{f(x_0+h_2)-f(x_0)}{h_2}.$$

令 $F(h)=\frac{f(x_0+h)-f(x_0)}{h}$,故由上式可见 F 为增函数.任取 $x'\in I$ 且$x'<x_0$,则对任何 $h>0$,只要 $x_0+h\in I$,也有

$$\frac{f(x_0)-f(x')}{x_0-x'}\leqslant\frac{f(x_0+h)-f(x_0)}{h}=F(h).$$

由于上式左端是一个定数,因而函数 $F(h)$ 在 $h>0$ 上有下界.根据定理 3.11,极限 $\lim\limits_{h\to0^+}F(h)$存在,即$f'_+(x_0)$存在. □

定义 2 设曲线 $y=f(x)$ 在点$(x_0,f(x_0))$处有穿过曲线的切线.且在切点近旁,曲线在切线的两侧分别是严格凸和严格凹的,这时称点$(x_0,f(x_0))$为曲线$y=f(x)$的**拐点**.

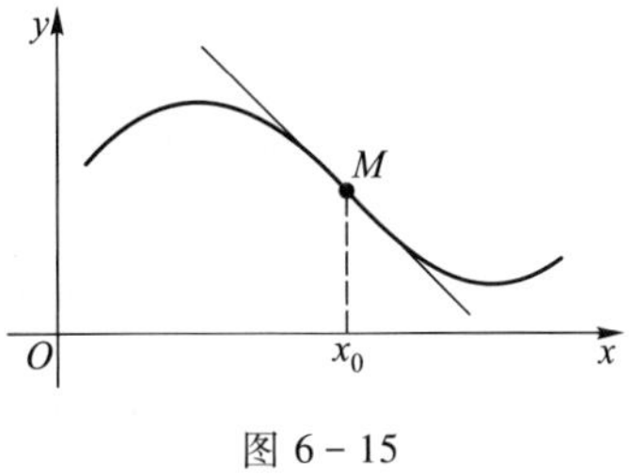

图 6-15

由定义可见,拐点正是凸和凹曲线的分界点,如图 6-15 中的点 M.

例 1 中的点(0,0)为 $y=\arctan x$ 的拐点.容易验证:正弦曲线 $y=\sin x$ 有拐点$(k\pi,0)$,k 为整数.

读者容易证明下述两个有关拐点的定理.

定理6.16　若f在x_0二阶可导,则$(x_0,f(x_0))$为曲线$y=f(x)$的拐点的必要条件是$f''(x_0)=0$.

定理6.17　设f在x_0可导,在某邻域$U^\circ(x_0)$上二阶可导.若在$U_+^\circ(x_0)$和$U_-^\circ(x_0)$上$f''(x)$的符号相反,则$(x_0,f(x_0))$为曲线$y=f(x)$的拐点.

必须指出:若$(x_0,f(x_0))$是曲线$y=f(x)$的一个拐点,$y=f(x)$在x_0的导数不一定存在.请考察函数$y=\sqrt[3]{x}$在$x=0$的情况.

习　题　6.5

1. 确定下列函数的凸(凹)性区间与拐点:

(1) $y=2x^3-3x^2-36x+25$;　(2) $y=x+\dfrac{1}{x}$;

(3) $y=x^2+\dfrac{1}{x}$;　(4) $y=\ln(x^2+1)$;

(5) $y=\dfrac{1}{1+x^2}$.

2. 问 a 和 b 为何值时,点(1,3)为曲线 $y=ax^3+bx^2$ 的拐点?

3. 证明:

(1) 若f为凸函数,λ为非负实数,则λf为凸函数;

(2) 若f,g均为凸函数,则$f+g$为凸函数;

(3) 若f为区间I上凸函数,g为$J\supset f(I)$上凸增函数,则$g\circ f$为I上凸函数.

4. 设f为区间I上严格凸函数.证明:若$x_0\in I$为f的极小值点,则x_0为f在I上唯一的极小值点.

5. 应用凸函数概念证明如下不等式:

(1) 对任意实数a,b,有 $e^{\frac{a+b}{2}}\leqslant\dfrac{1}{2}(e^a+e^b)$;

(2) 对任何非负实数a,b,有 $2\arctan\left(\dfrac{a+b}{2}\right)\geqslant\arctan a+\arctan b$.

6. 证明:$\sin\pi x\leqslant\dfrac{\pi^2}{2}x(1-x)$,其中$x\in[0,1]$.

---

7. 证明:若f,g均为区间I上凸函数,则$F(x)=\max\{f(x),g(x)\}$也是I上凸函数.

8. 证明:对任意正数a,b,p,q,有

$$ab\leqslant\frac{1}{p}a^p+\frac{1}{q}b^q,\quad 其中\frac{1}{p}+\frac{1}{q}=1.$$

9. 证明:(1) f 为区间 I 上凸函数的充要条件是对 I 上任意三点 $x_1<x_2<x_3$,恒有

$$\Delta=\begin{vmatrix}1 & x_1 & f(x_1)\\ 1 & x_2 & f(x_2)\\ 1 & x_3 & f(x_3)\end{vmatrix}\geqslant 0;$$

(2) f 为严格凸函数的充要条件是 $\Delta>0$.

10. 应用延森不等式证明:

(1) 设 $a_i>0\ (i=1,2,\cdots,n)$,有

$$\frac{n}{\dfrac{1}{a_1}+\dfrac{1}{a_2}+\cdots+\dfrac{1}{a_n}}\leqslant\sqrt[n]{a_1a_2\cdots a_n}\leqslant\frac{a_1+a_2+\cdots+a_n}{n};$$

(2) 设 $a_i,b_i>0\ (i=1,2,\cdots,n)$,有

$$\sum_{i=1}^{n}a_ib_i\leqslant\left(\sum_{i=1}^{n}a_i^p\right)^{\frac{1}{p}}\left(\sum_{i=1}^{n}b_i^q\right)^{\frac{1}{q}},$$

其中 $p>1,q>1,\dfrac{1}{p}+\dfrac{1}{q}=1$.

11. 求证:圆内接 n 边形的面积最大者必为正 n 边形($n\geqslant 3$).

§6 函数图像的讨论

在中学里,我们主要依赖描点作图法画出一些简单函数的图像.一般来说,这样得到的图像比较粗糙,无法确切反映函数的性态(如单调区间、极值点、凸(凹)性区间、拐点等).这一节里,我们将综合应用在本章前几节学过的方法,再综合周期性、奇偶性、渐近线等知识,较完善地作出函数的图像.

作函数图像的一般程序是:

1. 求函数的定义域;
2. 考察函数的奇偶性、周期性;
3. 求函数的某些特殊点,如与两个坐标轴的交点、不连续点、不可导点等;
4. 确定函数的单调区间、极值点、凸(凹)性区间以及拐点;
5. 考察渐近线;
6. 综合以上讨论结果画出函数图像.

下面举例说明如何按照上述程序作出函数的图像.

例 讨论函数 $f(x)=\sqrt[3]{x^3-x^2-x+1}$ 的性态,并作出其图像.

解 由于

$$f(x)=\sqrt[3]{x^3-x^2-x+1}=\sqrt[3]{(x-1)^2}\cdot\sqrt[3]{x+1},$$

可见此曲线与坐标轴交于$(1,0),(-1,0),(0,1)$三点.

求出导数:

$$f'(x)=\frac{2}{3}\frac{\sqrt[3]{x+1}}{\sqrt[3]{x-1}}+\frac{1}{3}\frac{\sqrt[3]{(x-1)^2}}{\sqrt[3]{(x+1)^2}}=\frac{x+\frac{1}{3}}{\sqrt[3]{x-1}\cdot\sqrt[3]{(x+1)^2}},$$

由此得到稳定点 $x=-\frac{1}{3}$,不可导点 $x=\pm1$.但因函数在 $x=\pm1$ 处连续,$y'|_{x=\pm1}=\infty$,所以在 $x=\pm1$ 处有垂直切线.

再求二阶导数,可得

$$f''(x)=-\frac{8}{9\sqrt[3]{(x-1)^4}\cdot\sqrt[3]{(x+1)^5}}.$$

下面列表给出 $f'(x)$ 的变号区间($f(x)$ 的单调区间)和 $f''(x)$ 的变号区间(即凸(凹)性区间),并说明函数的性态.

x	$(-\infty,-1)$	-1	$\left(-1,-\frac{1}{3}\right)$	$-\frac{1}{3}$	$\left(-\frac{1}{3},1\right)$	1	$(1,+\infty)$
$f'(x)$	+	∞	+	0	−	∞	+
$f''(x)$	+	不存在	−	−	−	不存在	−
$f(x)$	凸增↗	拐点 $(-1,0)$	凹增↗	极大值 $\frac{2}{3}\sqrt[3]{4}$	凹减↘	极小值 0	凹增↗

另外,曲线 $y=\sqrt[3]{x^3-x^2-x+1}$ 有渐近线

$$y=x-\frac{1}{3}.$$

这样我们就可作出函数图像,如图 6-16 所示. □

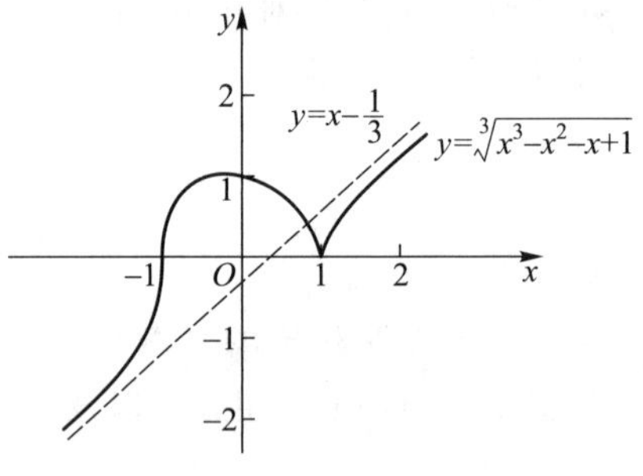

图 6-16

习　题　6.6

按函数作图步骤,作下列函数图像:

1. $y=x^3+6x^2-15x-20$.

2. $y=\frac{x^3}{2(1+x)^2}$.

3. $y=x-2\arctan x$.　　4. $y=xe^{-x}$.

5. $y=3x^5-5x^3$.　　6. $y=e^{-x^2}$.

7. $y=(x-1)x^{\frac{2}{3}}$.　　8. $y=|x|^{\frac{2}{3}}(x-2)^2$.

*§ 7 方程的近似解

在实际应用中,常常求方程

$$f(x)=0 \tag{1}$$

的解.而方程求解的方法主要有两种:解析法和数值法.解析法也称为公式法,得到的解是精确的,比如一元二次方程的求解公式.然而并不是所有的方程的根都能通过这种方法而求得.法国著名数学家伽罗瓦(Galois)在19世纪就证明了形如

$$y=a_nx^n+a_{n-1}x^{n-1}+\cdots+a_0=0 \quad (a_n\neq 0)$$

的代数方程,当 $n\geqslant 5$ 时,一般不存在求解公式.因此对于一般方程,我们必须寻求其他的求解方法.

下面我们介绍一种数值解法——**牛顿切线法**.

设 f 为 $[a,b]$ 上的二阶可导函数,满足

$$f'(x)\cdot f''(x)\neq 0,\qquad f(a)\cdot f(b)<0.$$

牛顿切线法的基本思想是构造一收敛点列 $\{x_n\}$,使其极限 $\lim\limits_{n\to\infty}x_n=\xi$ 恰好是方程(1)的解.因此当 n 充分大时,x_n 可作为 ξ 的近似值.下面分四种情形进行讨论.

(a) 设 $f'(x)<0$, $f''(x)>0$.从而有 $f(a)>0$, $f(b)<0$,并设 $f(\xi)=0$.令

$$x_0=a,\quad x_n=x_{n-1}-\frac{f(x_{n-1})}{f'(x_{n-1})},\quad n=1,2,\cdots. \tag{2}$$

因为 $f''(x)>0$,所以 f 为 $[a,b]$ 上的严格凸函数,由定理6.14,

$$f(x)>f(a)+f'(a)(x-a),\quad x\in(a,b]. \tag{3}$$

设 $x_0=a$,则 $y=f(x)$ 在点 a 的切线与 x 轴的交点为

$$x_1=a-\frac{f(a)}{f'(a)}=x_0-\frac{f(x_0)}{f'(x_0)}.$$

由(3)式可知 $f(x_1)>0$(见图6-17(a)).

以 $[x_1,b]$ 代替 $[a,b]$ 重复上述步骤可得 $y=f(x)$ 在点 x_1 的切线与 x 轴交点为

$$x_2=x_1-\frac{f(x_1)}{f'(x_1)},$$

其中 $f(x_2)>0$, $a=x_0<x_1<x_2<\xi<b$.

如此继续上述过程可得如(2)式确定的点列 $\{x_n\}$.显然 $\{x_n\}$ 严格递增且有上界,故可设 $\lim\limits_{n\to\infty}x_n=c$.由于 f 和 f' 连续,对(2)式取极限,得

$$c=c-\frac{f(c)}{f'(c)}.$$

因而有 $f(c)=0$.由 f 严格单调,可知方程(1)的解唯一,从而 $c=\xi$.

最后我们估计以 x_n 作为 ξ 的近似值的误差.由中值定理

$$f(x_n)=f(x_n)-f(\xi)=f'(\eta)(x_n-\xi),\quad x_n<\eta<\xi,$$

因而

$$x_n-\xi=\frac{f(x_n)}{f'(\eta)}.$$

记 $m=\min\limits_{x\in[a,b]}\{|f'(x)|\}$,则

$$|x_n-\xi|\leqslant\frac{|f(x_n)|}{m}.\tag{4}$$

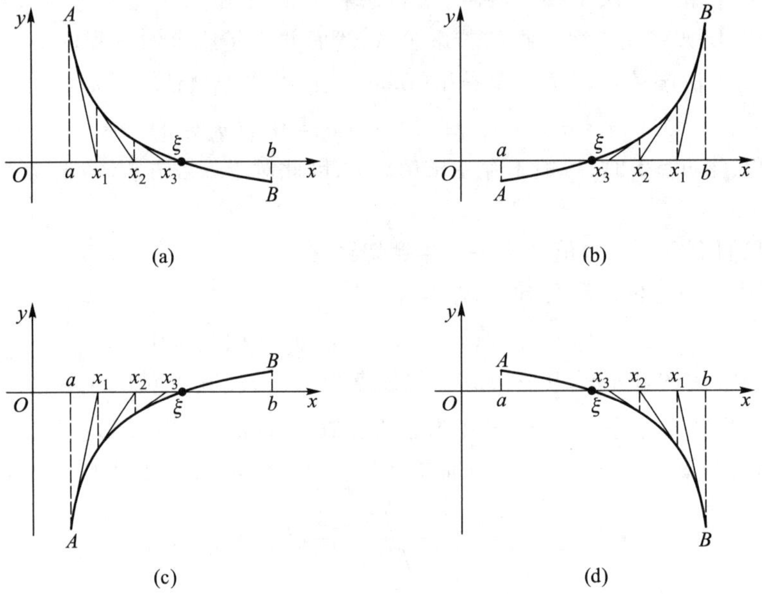

图 6－17

读者可类似讨论余下三种情形:

(b) $f'(x)>0$, $f''(x)>0$,这时又有 $f(a)<0$, $f(b)>0$;

(c) $f'(x)>0$, $f''(x)<0$,这时又有 $f(a)<0$, $f(b)>0$;

(d) $f'(x)<0$, $f''(x)<0$,这时又有 $f(a)>0$, $f(b)<0$.

这三种情形的图像分别如图 6－17 中的(b)、(c)、(d)所示.对它们同样能构造数列(2),并可证明其极限是方程(1)的解.只是在(b)、(d)两种情形下,应改取 $x_0=b$,相应得到的 $\{x_n\}$ 是单调递减的.

例　用牛顿切线法求方程 $x^3-2x^2-4x-7=0$ 的近似解,使误差不超过 0.01.

解　设 $f(x)=x^3-2x^2-4x-7$.求得导数

$$f'(x)=3x^2-4x-4=(3x+2)(x-2),$$

$$f''(x)=6x-4.$$

容易检验 $x=-\frac{2}{3}$ 为极大值点，$x=2$ 为极小值点，并且 $f\left(-\frac{2}{3}\right)<0$. 又因

$$\lim_{x\to-\infty} f(x)=-\infty,$$

$\lim\limits_{x\to+\infty} f(x)=+\infty$，所以方程 $f(x)=0$ 有且只有一个根.

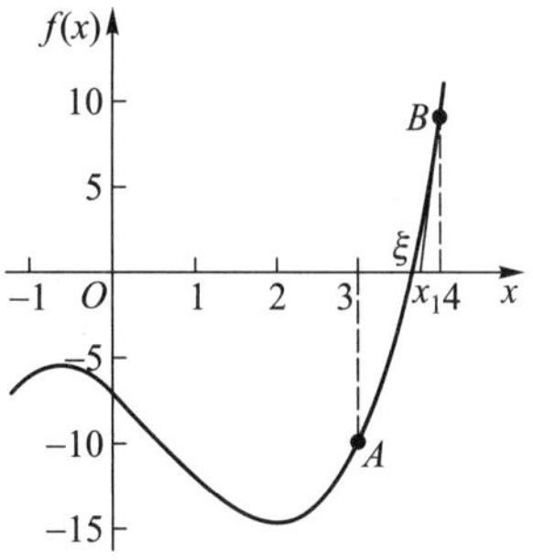

图 6－18

注意到 $f(3)=-10<0$，$f(4)=9>0$，因而方程的根 $\xi\in(3,4)$. 由于在 $[3,4]$ 上 $f'(x)>0$，$f''(x)>0$，因此它属于情形(2)，如图 6－18 所示. 从点 $B(4,9)$ 作切线与 x 轴相交于

$$x_1=4-\frac{f(4)}{f'(4)}=4-\frac{9}{28}\approx 3.68.$$

我们来估计以 x_1 代替 ξ 的误差：$f'(x)$ 在 $[3,4]$ 上的最小值为 $m=11$，而 $f(x_1)\approx f(3.68)\approx 1.03$，由误差估计公式(4)得

$$|x_1-\xi|\leqslant\frac{|f(x_1)|}{m}\approx\frac{1.03}{11},$$

而 $\frac{1.03}{11}>0.01$，因此尚不合要求.

再在点 $B'(x_1,f(x_1))$ 作切线，求得

$$x_2=x_1-\frac{f(x_1)}{f'(x_1)}=3.68-\frac{1.03}{21.9}\approx 3.63.$$

由于 $f(x_2)=-0.042$，此时

$$|x_2-\xi|\leqslant\frac{|f(x_2)|}{m}\approx\frac{0.042}{11}<0.01,$$

因此取 $\xi\approx 3.63$ 已能达到所要求的精确度. □

习题 6.7

1. 求 $\frac{x^3}{3}-x^2+2=0$ 的实根，精确到三位有效数字.

2. 求方程 $x=0.538\sin x+1$ 的根的近似值，精确到 0.001.

第六章总练习题

1. 证明：若 $f(x)$ 在有限开区间 (a,b) 上可导，且 $\lim\limits_{x\to a^+} f(x)=\lim\limits_{x\to b^-} f(x)$，则至少存在一点 $\xi\in(a,b)$，使 $f'(\xi)=0$.

2. 证明：若 $x>0$，则

（1）$\sqrt{x+1}-\sqrt{x}=\dfrac{1}{2\sqrt{x+\theta(x)}}$，其中$\dfrac{1}{4}\leqslant\theta(x)\leqslant\dfrac{1}{2}$；

（2）$\lim\limits_{x\to0^+}\theta(x)=\dfrac{1}{4}$，$\lim\limits_{x\to+\infty}\theta(x)=\dfrac{1}{2}$.

3. 设函数 f 在 $[a,b]$ 上连续，在 (a,b) 上可导，且 $a\cdot b>0$. 证明：存在 $\xi\in(a,b)$，使得

$$\frac{1}{a-b}\begin{vmatrix}a & b\\ f(a) & f(b)\end{vmatrix}=f(\xi)-\xi f'(\xi).$$

4. 设 f 在 $[a,b]$ 上三阶可导. 证明：存在 $\xi\in(a,b)$，使得

$$f(b)=f(a)+\frac{1}{2}(b-a)(f'(a)+f'(b))-\frac{1}{12}(b-a)^3f'''(\xi).$$

5. 对 $f(x)=\ln(1+x)$ 应用拉格朗日中值定理，试证：对 $x>0$，有

$$0<\frac{1}{\ln(1+x)}-\frac{1}{x}<1.$$

6. 设 $a_1,a_2,\cdots,a_n$ 为 n 个正数，且

$$f(x)=\left(\frac{a_1^x+a_2^x+\cdots+a_n^x}{n}\right)^{\frac{1}{x}}.$$

证明：（1）$\lim\limits_{x\to0}f(x)=\sqrt[n]{a_1a_2\cdots a_n}$；

（2）$\lim\limits_{x\to+\infty}f(x)=\max\{a_1,a_2,\cdots,a_n\}$.

7. 求下列极限：

（1）$\lim\limits_{x\to1^-}(1-x^2)^{\frac{1}{\ln(1-x)}}$；　　（2）$\lim\limits_{x\to0}\dfrac{xe^x-\ln(1+x)}{x^2}$；

（3）$\lim\limits_{x\to0}\dfrac{x^2\sin\dfrac{1}{x}}{\sin x}$.

8. 设 $h>0$，函数 f 在 $U(a;h)$ 上具有 $n+2$ 阶连续导数，且 $f^{(n+2)}(a)\neq0$，f 在 $U(a;h)$ 上的泰勒公式为

$$f(a+h)=f(a)+f'(a)h+\cdots+\frac{f^{(n)}(a)}{n!}h^n+\frac{f^{(n+1)}(a+\theta h)}{(n+1)!}h^{n+1},\quad 0<\theta<1.$$

证明：$\lim\limits_{h\to0}\theta=\dfrac{1}{n+2}$.

9. 设 $k>0$，试问 k 为何值时，方程 $\arctan x-kx=0$ 有正实根？

10. 证明：对任一多项式 $p(x)$，一定存在 x_1 与 x_2，使 $p(x)$ 在 $(-\infty,x_1)$ 与 $(x_2,+\infty)$ 上分别严格单调.

11. 讨论函数

$$f(x)=\begin{cases}\dfrac{x}{2}+x^2\sin\dfrac{1}{x}, & x\neq0,\\ 0, & x=0,\end{cases}$$

(1) 在 $x=0$ 点是否可导?

(2) 是否存在 $x=0$ 的一个邻域,使 f 在该邻域上单调?

12. 设函数 f 在 $[a,b]$ 上二阶可导, $f'(a)=f'(b)=0$. 证明:存在一点 $\xi\in(a,b)$,使得

$$|f''(\xi)|\geqslant\frac{4}{(b-a)^2}|f(b)-f(a)|.$$

13. 设函数 f 在 $[0,a]$ 上具有二阶导数,且 $|f''(x)|\leqslant M$, f 在 $(0,a)$ 上取到最大值. 试证:

$$|f'(0)|+|f'(a)|\leqslant Ma.$$

14. 设 f 在 $[0,+\infty)$ 上可微,且 $0\leqslant f'(x)\leqslant f(x)$, $f(0)=0$. 证明:在 $[0,+\infty)$ 上 $f(x)\equiv 0$.

15. 设 $f(x)$ 满足 $f''(x)+f'(x)g(x)-f(x)=0$, 其中 $g(x)$ 为任一函数. 证明:若 $f(x_0)=f(x_1)=0\ (x_0<x_1)$, 则 f 在 $[x_0,x_1]$ 上恒等于 0.

16. 证明:定圆内接正 n 边形面积将随 n 的增加而增加.

17. 证明: f 为 I 上凸函数的充要条件是对任何 $x_1,x_2\in I$, 函数

$$\varphi(\lambda)=f(\lambda x_1+(1-\lambda)x_2)$$

为 $[0,1]$ 上的凸函数.

18. 证明:(1) 设 f 在 $(a,+\infty)$ 上可导,若 $\lim\limits_{x\to+\infty}f(x)$, $\lim\limits_{x\to+\infty}f'(x)$ 都存在,则

$$\lim_{x\to+\infty}f'(x)=0;$$

(2) 设 f 在 $(a,+\infty)$ 上 n 阶可导,若 $\lim\limits_{x\to+\infty}f(x)$ 和 $\lim\limits_{x\to+\infty}f^{(n)}(x)$ 都存在,则

$$\lim_{x\to+\infty}f^{(k)}(x)=0\ (k=1,2,\cdots,n).$$

19. 设 f 为 $(-\infty,+\infty)$ 上的二阶可导函数. 证明:若 f 在 $(-\infty,+\infty)$ 上有界,则存在 $\xi\in(-\infty,+\infty)$, 使 $f''(\xi)=0$.

第六章自测题　　**第六章重难点精讲**

第七章 实数的完备性

§1 关于实数集完备性的基本定理

在第一、二章中，我们证明了关于实数集的确界原理和数列的单调有界定理，给出了数列的致密性定理和柯西收敛准则.这些命题以不同方式反映了实数集 **R** 的一种特性，通常称为实数的**完备性**或实数的连续性.可以举例说明，有理数集就不具有这种特性(本节习题 4).有关实数集完备性的基本定理，除上面这些定理外，还有区间套定理、聚点定理和有限覆盖定理.在本节中将阐述这三个基本定理，并指出所有这些基本定理的等价性.

一、区间套定理

定义 1 设闭区间列 $\{[a_n,b_n]\}$ 具有如下性质：

(i) $[a_n,b_n]\supset[a_{n+1},b_{n+1}]$，$n=1,2,\cdots$；

(ii) $\lim\limits_{n\to\infty}(b_n-a_n)=0$，

则称 $\{[a_n,b_n]\}$ 为**闭区间套**，或简称**区间套**.

这里性质(i)表明，构成区间套的闭区间列是前一个套着后一个，即各闭区间的端点满足如下不等式：

$$a_1\leqslant a_2\leqslant\cdots\leqslant a_n\leqslant\cdots\leqslant b_n\leqslant\cdots\leqslant b_2\leqslant b_1. \tag{1}$$

定理 7.1(区间套定理) 若 $\{[a_n,b_n]\}$ 是一个区间套，则在实数系中存在唯一的一点 ξ，使得 $\xi\in[a_n,b_n]$，$n=1,2,\cdots$，即

$$a_n\leqslant\xi\leqslant b_n,\quad n=1,2,\cdots. \tag{2}$$

证 由(1)式，$\{a_n\}$ 为递增有界数列，依单调有界定理，$\{a_n\}$ 有极限 ξ，且有

$$a_n\leqslant\xi,\quad n=1,2,\cdots. \tag{3}$$

同理，递减有界数列 $\{b_n\}$ 也有极限，并按区间套的条件(ii)，有

$$\lim_{n\to\infty}b_n=\lim_{n\to\infty}a_n=\xi, \tag{4}$$

且

$$b_n\geqslant\xi,\quad n=1,2,\cdots. \tag{5}$$

联合(3)、(5)式即得(2)式.

最后证明满足(2)式的 ξ 是唯一的.设数 ξ' 也满足

$$a_n \leqslant \xi' \leqslant b_n, \quad n = 1,2,\cdots,$$

则由(2)式有

$$|\xi - \xi'| \leqslant b_n - a_n, \quad n = 1,2,\cdots.$$

由区间套的条件(ii)得

$$|\xi - \xi'| \leqslant \lim_{n\to\infty}(b_n - a_n) = 0,$$

故有 $\xi' = \xi$. □

由(4)式容易推得如下很有用的区间套性质:

推论 若 $\xi \in [a_n, b_n]$ $(n = 1,2,\cdots)$ 是区间套 $\{[a_n, b_n]\}$ 所确定的点,则对任给的 $\varepsilon > 0$,存在 $N > 0$,使得当 $n > N$ 时,有

$$[a_n, b_n] \subset U(\xi;\varepsilon).$$

注 区间套定理中要求各个区间都是闭区间,才能保证定理的结论成立.对于开区间列,如 $\left\{\left(0,\dfrac{1}{n}\right)\right\}$,虽然其中各个开区间也是前一个包含后一个,且 $\lim\limits_{n\to\infty}\left(\dfrac{1}{n} - 0\right) = 0$,但不存在属于所有开区间的公共点.

例 1 用区间套定理证明连续函数根的存在性定理.

证 设 f 在区间 $[a,b]$ 上连续,$f(a)f(b) < 0$,并且记 $[a_1, b_1] = [a,b]$.令 $c_1 = \dfrac{a_1 + b_1}{2}$,如果 $f(c_1) = 0$,结论已经成立.若 $f(c_1) \neq 0$,则 $f(a_1)f(c_1)$ 与 $f(c_1)f(b_1)$ 有一个小于零,不妨设 $f(a_1)f(c_1) < 0$,记 $[a_2, b_2] = [a_1, c_1]$.再令 $c_2 = \dfrac{a_2 + b_2}{2}$,如果 $f(c_2) = 0$,结论已经成立.若 $f(c_2) \neq 0$,则 f 在 $[a_2, c_2]$ 与 $[c_2, b_2]$ 这两个区间中的某一个区间上端点值异号,并记这个区间为 $[a_3, b_3]$.将这个过程无限重复下去,要么得到某个 c_k 使 $f(c_k) = 0$,从而结论成立,要么得到一列闭区间 $\{[a_n, b_n]\}$,满足:

(1) $[a_n, b_n] \supset [a_{n+1}, b_{n+1}]$, $n = 1,2,\cdots$;

(2) $\lim\limits_{n\to\infty}(b_n - a_n) = \lim\limits_{n\to\infty}\dfrac{b-a}{2^{n-1}} = 0$;

(3) $f(a_n)f(b_n) < 0$, $n = 1,2,\cdots$.

由(1)和(2)可知 $\{[a_n, b_n]\}$ 是一个区间套,由定理 7.1,存在 $\xi \in [a_n, b_n]$, $n = 1,2,\cdots$,且有 $\lim\limits_{n\to\infty} a_n = \lim\limits_{n\to\infty} b_n = \xi$.因为 f 在点 ξ 连续,所以由(3)得

$$f^2(\xi) = \lim_{n\to\infty} f(a_n)f(b_n) \leqslant 0,$$

则必有 $f(\xi) = 0$.显然 $\xi \in [a,b]$,它就是 f 的一个零点. □

二、聚点定理与有限覆盖定理

定义 2 设 S 为数轴上的点集,ξ 为定点(它可以属于 S,也可以不属于 S).若 ξ 的任何邻域都含有 S 中无穷多个点,则称 ξ 为点集 S 的一个**聚点**.

例如,点集 $S = \left\{(-1)^n + \dfrac{1}{n}\right\}$ $(n = 1,2,\cdots)$ 有两个聚点 $\xi_1 = -1$ 和 $\xi_2 = 1$;点集 $S = \left\{\dfrac{1}{n}\right\}$ 只有一个聚点 $\xi = 0$;又若 S 为开区间 (a,b),则 (a,b) 上每一点以及端点 a,b 都是 S 的

聚点;而正整数集 $\mathbf{N}_+$ 没有聚点,任何有限数集也没有聚点.

聚点概念的另两个等价定义如下.

定义 2′ 对于点集 S,若点 ξ 的任何 ε 邻域都含有 S 中异于 ξ 的点,即 $U^\circ(\xi;\varepsilon)\cap S\neq\varnothing$,则称 ξ 为 S 的一个聚点.

定义 2″ 若存在各项互异的收敛数列 $\{x_n\}\subset S$,则其极限 $\lim\limits_{n\to\infty}x_n=\xi$ 称为 S 的一个聚点.

关于以上三个定义等价性的证明,我们简述如下.

定义 2 $\Rightarrow$ 定义 2′是显然的,定义 2″ $\Rightarrow$ 定义 2 也不难得到;现证定义 2′ $\Rightarrow$ 定义 2″:

设 ξ 为 S(按定义 2′)的聚点,则对任给的 $\varepsilon>0$,存在 $x\in U^\circ(\xi;\varepsilon)\cap S$.

令 $\varepsilon_1=1$,则存在 $x_1\in U^\circ(\xi;\varepsilon_1)\cap S$;

令 $\varepsilon_2=\min\left\{\dfrac{1}{2},|\xi-x_1|\right\}$,则存在 $x_2\in U^\circ(\xi;\varepsilon_2)\cap S$,且显然 $x_2\neq x_1$;

……

令 $\varepsilon_n=\min\left\{\dfrac{1}{n},|\xi-x_{n-1}|\right\}$,则存在 $x_n\in U^\circ(\xi;\varepsilon_n)\cap S$,且 x_n 与 $x_1,\cdots,x_{n-1}$ 互异.

无限地重复以上步骤,得到 S 中各项互异的数列 $\{x_n\}$,且由 $|\xi-x_n|<\varepsilon_n\leqslant\dfrac{1}{n}$,易见 $\lim\limits_{n\to\infty}x_n=\xi$. □

定理 7.2(魏尔斯特拉斯(Weierstrass)聚点定理) 实轴上的任一有界无限点集 S 至少有一个聚点.

证 证法一 因 S 为有界点集,故存在 $M>0$,使得 $S\subset[-M,M]$,记 $[a_1,b_1]=[-M,M]$.

现将 $[a_1,b_1]$ 等分为两个子区间.因 S 为无限点集,故两个子区间中至少有一个含有 S 中无穷多个点,记此子区间为 $[a_2,b_2]$,则 $[a_1,b_1]\supset[a_2,b_2]$,且

$$b_2-a_2=\frac{1}{2}(b_1-a_1)=M.$$

再将 $[a_2,b_2]$ 等分为两个子区间,则其中至少有一个子区间含有 S 中无穷多个点,记此子区间为 $[a_3,b_3]$,则 $[a_2,b_2]\supset[a_3,b_3]$,且

$$b_3-a_3=\frac{1}{2}(b_2-a_2)=\frac{M}{2}.$$

将此步骤无限地进行下去,得到一个区间列 $\{[a_n,b_n]\}$,它满足

$$[a_n,b_n]\supset[a_{n+1},b_{n+1}],\quad n=1,2,\cdots,$$

$$b_n-a_n=\frac{M}{2^{n-2}}\to 0\ (n\to\infty),$$

即 $\{[a_n,b_n]\}$ 是区间套,且其中每一个闭区间都含有 S 中无穷多个点.

由区间套定理,存在唯一的一点 $\xi\in[a_n,b_n]$,$n=1,2,\cdots$.于是由定理 7.1 的推论,对任给的 $\varepsilon>0$,存在 $N>0$,当 $n>N$ 时有 $[a_n,b_n]\subset U(\xi;\varepsilon)$.从而 $U(\xi;\varepsilon)$ 内含有 S 中无穷多个点,按定义 2,ξ 为 S 的一个聚点.

证法二 设 S 是有界无限点集.在 S 中取一列两两不同的点列 $\{x_n\}$,显然 $\{x_n\}$ 是

有界点列.由致密性定理,$\{x_n\}$存在一个收敛的子列$\{x_{n_k}\}$,其极限设为x_0.那么对于任意正数ε,存在K,当$k>K$时,有$x_0-\varepsilon<x_{n_k}<x_0+\varepsilon$.这就说明$(x_0-\varepsilon,x_0+\varepsilon)$含有$S$中无限多个点,即$x_0$是$S$的一个聚点. □

十分明显,致密性定理是聚点定理的一种特殊情形.这只需把有界数列$\{x_n\}$看成有界点集S,并把$\{x_n\}$中的无限多个"项"看成S中的无限多个"点".

定义3 设S为数轴上的点集,H为开区间的集合(即H的每一个元素都是形如(α,β)的开区间).若S中任何一点都含在H中至少一个开区间内,则称H为S的一个**开覆盖**,或称H覆盖S.若H中开区间的个数是无限(有限)的,则称H为S的一个**无限开覆盖(有限开覆盖)**.

在具体问题中,一个点集的开覆盖常由该问题的某些条件所确定.例如,若函数f在(a,b)上连续,则给定$\varepsilon>0$,对每一点$x\in(a,b)$,都可确定正数δ_x(它依赖于ε与x),使得当$x'\in U(x;\delta_x)$时,有$|f(x')-f(x)|<\varepsilon$.这样就得到一个开区间集

$$H=\{(x-\delta_x,x+\delta_x)\mid x\in(a,b)\},$$

它是区间(a,b)的一个无限开覆盖.

定理7.3(海涅-博雷尔(Heine-Borel)有限覆盖定理) 设H为闭区间$[a,b]$的一个(无限)开覆盖,则从H中可选出有限个开区间来覆盖$[a,b]$.

证 用反证法.假设定理的结论不成立,即不能用H中有限个开区间来覆盖$[a,b]$.

将$[a,b]$等分为两个子区间,则其中至少有一个子区间不能用H中有限个开区间来覆盖.记这个子区间为$[a_1,b_1]$,则$[a_1,b_1]\subset[a,b]$,且$b_1-a_1=\dfrac{1}{2}(b-a)$.

再将$[a_1,b_1]$等分为两个子区间,同样,其中至少有一个子区间不能用H中有限个开区间来覆盖.记这个子区间为$[a_2,b_2]$,则$[a_2,b_2]\subset[a_1,b_1]$,且$b_2-a_2=\dfrac{1}{2^2}(b-a)$.

重复上述步骤并不断地进行下去,则得到一个闭区间列$\{[a_n,b_n]\}$,它满足

$$[a_n,b_n]\supset[a_{n+1},b_{n+1}],\quad n=1,2,\cdots,$$

$$b_n-a_n=\frac{1}{2^n}(b-a)\to 0\ (n\to\infty),$$

即$\{[a_n,b_n]\}$是区间套,且其中每一个闭区间都不能用H中有限个开区间来覆盖.

由区间套定理,存在唯一的一点$\xi\in[a_n,b_n]$,$n=1,2,\cdots$.由于H是$[a,b]$的一个开覆盖,故存在开区间$(\alpha,\beta)\in H$,使$\xi\in(\alpha,\beta)$.于是,由定理7.1推论,当n充分大时,有

$$[a_n,b_n]\subset(\alpha,\beta).$$

这表明$[a_n,b_n]$只需用H中的一个开区间(α,β)就能覆盖,与挑选$[a_n,b_n]$时的假设"不能用H中有限个开区间来覆盖"相矛盾.从而证得必存在属于H的有限个开区间能覆盖$[a,b]$. □

注 定理7.3的结论只对闭区间$[a,b]$成立,而对开区间不一定成立.例如,开区间集合$\left\{\left(\dfrac{1}{n+1},1\right)\right\}$ $(n=1,2,\cdots)$构成了开区间$(0,1)$的一个开覆盖,但不能从中选出有限个开区间盖住$(0,1)$.

例2 用有限覆盖定理证明:闭区间上连续函数的有界性定理.

证 设$f(x)$在区间$[a,b]$上连续.根据连续函数的局部有界性定理,对于任意的$x_0\in[a,b]$,存在正数M_{x_0}以及正数δ_{x_0},当$x\in(x_0-\delta_{x_0},x_0+\delta_{x_0})\cap[a,b]$时有$|f(x)|\leqslant M_{x_0}$.作开区间集

$$H=\{(x-\delta_x,x+\delta_x)\mid x\in[a,b]\},$$

显然H覆盖了区间$[a,b]$.根据有限覆盖定理,存在H中有限个开区间

$$(x_1-\delta_{x_1},x_1+\delta_{x_1}),\quad (x_2-\delta_{x_2},x_2+\delta_{x_2}),\quad \cdots,\quad (x_n-\delta_{x_n},x_n+\delta_{x_n}),$$

它们也覆盖了$[a,b]$.令$M=\max\{M_{x_1},M_{x_2},\cdots,M_{x_n}\}$,那么对于任意的$x\in[a,b]$,存在$k,1\leqslant k\leqslant n$,使得$x\in(x_k-\delta_{x_k},x_k+\delta_{x_k})$,并且有$|f(x)|\leqslant M_{x_k}\leqslant M$. □

*三、实数完备性基本定理之间的等价性

至此,我们已经介绍了有关实数完备性的六个基本定理,即

1. 确界原理(定理1.1);
2. 单调有界定理(定理2.9);
3. 区间套定理(定理7.1);
4. 有限覆盖定理(定理7.3);
5. 聚点定理(定理7.2)和致密性定理(定理2.10);
6. 柯西收敛准则(定理2.11).

在本书中,我们首先证明了确界原理,由它证明了单调有界定理,再用单调有界定理导出区间套定理,最后用区间套定理分别证明有限覆盖定理和聚点定理.事实上,在实数系中这六个基本定理是相互等价的,即从其中任何一个基本定理都可推出其余的五个基本定理.对此,我们可按下列顺序给予证明:

$$1\Rightarrow2\Rightarrow3\Rightarrow4\Rightarrow5\Rightarrow6\Rightarrow1.$$

其中$1\Rightarrow2$,$2\Rightarrow3$与$3\Rightarrow4$分别见定理2.9、定理7.1与定理7.3;$4\Rightarrow5$和$5\Rightarrow6$请读者作为练习自证(见本节习题8和9);而$6\Rightarrow1$见下例.

例3 用数列的柯西收敛准则证明确界原理.

证 设S为非空有上界数集.由实数的阿基米德性,对任何正数α,存在整数k_α,使得$\lambda_\alpha=k_\alpha\alpha$为$S$的上界,而$\lambda_\alpha-\alpha=(k_\alpha-1)\alpha$不是$S$的上界,即存在$a\in S$,使得$a>(k_\alpha-1)\alpha$.

分别取$\alpha=\dfrac{1}{n},n=1,2,\cdots$,则对每一个正整数$n$,存在相应的$\lambda_n$,使得$\lambda_n$为$S$的上界,而$\lambda_n-\dfrac{1}{n}$不是$S$的上界,故存在$a_n\in S$,使得

$$a_n>\lambda_n-\frac{1}{n}. \tag{6}$$

又对正整数m,λ_m是S的上界,故有$\lambda_m\geqslant a_n$.结合(6)式得$\lambda_n-\lambda_m<\dfrac{1}{n}$;同理有$\lambda_m-\lambda_n<\dfrac{1}{m}$.从而得

$$|\lambda_m-\lambda_n|<\max\left\{\frac{1}{m},\frac{1}{n}\right\}.$$

于是,对任给的$\varepsilon>0$,存在$N>0$,使得当$m,n>N$时,有

$$|\lambda_m-\lambda_n|<\varepsilon.$$

由柯西收敛准则,数列$\{\lambda_n\}$收敛.记

$$\lim_{n\to\infty}\lambda_n=\lambda. \tag{7}$$

现在证明 λ 就是 S 的上确界.首先,对任何 $a\in S$ 和正整数 n,有 $a\leqslant\lambda_n$,由(7)式得 $a\leqslant\lambda$,即 λ 是 S 的一个上界.其次,对任何 $\delta>0$,由 $\frac{1}{n}\to 0\ (n\to\infty)$及(7)式,对充分大的 n,同时有

$$\frac{1}{n}<\frac{\delta}{2},\quad \lambda_n>\lambda-\frac{\delta}{2}.$$

又因 $\lambda_n-\frac{1}{n}$不是 S 的上界,故存在 $a_n\in S$,使得 $a_n>\lambda_n-\frac{1}{n}$.结合上式得

$$a_n>\lambda-\frac{\delta}{2}-\frac{\delta}{2}=\lambda-\delta.$$

这说明 λ 为 S 的上确界.

同理可证:若 S 为非空有下界数集,则必存在下确界. □

习题 7.1

1. 证明:数集$\left\{(-1)^n+\frac{1}{n}\right\}$有且只有两个聚点 $\xi_1=-1$ 和 $\xi_2=1$.

2. 证明:任何有限数集都没有聚点.

3. 设$\{(a_n,b_n)\}$是一个严格开区间套,即满足

$$a_1<a_2<\cdots<a_n<\cdots<b_n<\cdots<b_2<b_1,$$

且$\lim\limits_{n\to\infty}(b_n-a_n)=0$.证明:存在唯一的一点 ξ,使得

$$a_n<\xi<b_n,\quad n=1,2,\cdots.$$

4. 试举例说明:在有理数集上,确界原理、单调有界定理、聚点定理和柯西收敛准则一般都不能成立.

5. 设 $H=\left\{\left(\frac{1}{n+2},\frac{1}{n}\right)\ \middle|\ n=1,2,\cdots\right\}$.问

(1) H 能否覆盖$(0,1)$?

(2) 能否从 H 中选出有限个开区间分别覆盖(i) $\left(0,\frac{1}{2}\right)$,(ii) $\left(\frac{1}{100},1\right)$?

6. 证明:闭区间$[a,b]$的全体聚点的集合是$[a,b]$本身.

7. 设$\{x_n\}$为单调数列.证明:若$\{x_n\}$存在聚点,则必是唯一的,且为$\{x_n\}$的确界.

---

8. 试用有限覆盖定理证明聚点定理.

9. 试用聚点定理证明柯西收敛准则.

10. 用有限覆盖定理证明连续函数根的存在性定理.

11. 用有限覆盖定理证明连续函数的一致连续性定理.

*§2　上极限和下极限

定义 1　若数 a 的任一邻域含有数列 $\{x_n\}$ 中的无限多个项，则称 a 为数列 $\{x_n\}$ 的一个聚点①.

例如，数列 $\left\{(-1)^n\dfrac{n}{n+1}\right\}$ 有聚点 -1 与 1；数列 $\left\{\sin\dfrac{n\pi}{4}\right\}$ 有 $-1,-\dfrac{\sqrt{2}}{2},0,\dfrac{\sqrt{2}}{2}$ 和 1 五个聚点；数列 $\left\{\dfrac{1}{n}\right\}$ 只有一个聚点 0；常数列 $\{1,1,\cdots,1,\cdots\}$ 只有一个聚点 1.

注　点列（或数列）的聚点定义与上一节中关于点集（或数集）的聚点定义是有区别的. 当把点列看作点集时，点列中对应于相同数值的项，只能作为一个点来看待. 如上述点列 $\left\{\sin\dfrac{n\pi}{4}\right\}$ 作为点集来看待时，它仅含有五个点，即

$$\left\{\sin\frac{n\pi}{4}\right\}=\left\{-1,-\frac{\sqrt{2}}{2},0,\frac{\sqrt{2}}{2},1\right\},$$

按点集聚点的定义，这个有限集没有聚点. 然而，我们在点列聚点的定义中只考虑项，只要在一点的任意小邻域内聚集了无穷多个项（不论其数值是否相同），该点就称为点列的聚点. 所以，点列的聚点实际上就是其收敛子列的极限.

定理 7.4　有界点列（数列）$\{x_n\}$ 至少有一个聚点，且存在最大聚点与最小聚点.

证　关于 $\{x_n\}$ 聚点存在性的证明，完全类似于定理 7.2 的证明方法，只需把那个证明中的“无限多个点”改为“无限多个项”即可.

至于最大聚点的存在性，只需在定理 7.2 的证明过程中，当每次把区间 $[a_{k-1},b_{k-1}]$ 等分为两个子区间时，若右边的子区间含有 $\{x_n\}$ 中无穷多个项，则取它为 $[a_k,b_k]$，否则取左边的子区间为 $[a_k,b_k]$. 这样的选取方法既保证了每次选出的 $[a_k,b_k]$ 都含有 $\{x_n\}$ 中无限多个项，同时在 $[a_k,b_k]$ 的右边却至多只有 $\{x_n\}$ 的有限个项，于是由区间套 $\{[a_k,b_k]\}$ 所确定的点列 $\{x_n\}$ 的聚点 ξ 必是 $\{x_n\}$ 的最大聚点. 因若不然，设另有 $\{x_n\}$ 的聚点 $\zeta>\xi$，则令 $\delta=\dfrac{1}{3}(\zeta-\xi)>0$，在 $U(\zeta;\delta)$ 内含有 $\{x_n\}$ 中无限多个项. 但当 n 充分大时，$U(\zeta;\delta)$ 将完全落在 $[a_n,b_n]$ 的右边，这与区间列 $\{[a_k,b_k]\}$ 的上述选取方法相矛盾. 所以 ξ 必为 $\{x_n\}$ 的最大聚点.

类似地，只要把每次优先挑选右边的子区间改为优先挑选左边的子区间，就能证得最小聚点的存在性. □

定义 2　有界数列（点列）$\{x_n\}$ 的最大聚点 $\overline{A}$ 与最小聚点 $\underline{A}$ 分别称为 $\{x_n\}$ 的**上极限与下极限**，记作

① 本节中同前面一样，不区分实数与数轴上的点，因此点列的聚点等同于数列的聚点. 数列或点列的聚点也称为**极限点**.

$$\overline{A}=\varlimsup_{n\to\infty} x_n,\quad \underline{A}=\varliminf_{n\to\infty} x_n.$$

由定理 7.4 立刻可得:任何有界数列必存在上、下极限.

例 1 $$\varlimsup_{n\to\infty}(-1)^n\frac{n}{n+1}=1,\quad \varliminf_{n\to\infty}(-1)^n\frac{n}{n+1}=-1;$$

$$\varlimsup_{n\to\infty}\sin\frac{n\pi}{4}=1,\quad \varliminf_{n\to\infty}\sin\frac{n\pi}{4}=-1;$$

$$\varlimsup_{n\to\infty}\frac{1}{n}=\varliminf_{n\to\infty}\frac{1}{n}=0.$$ □

定理 7.5 对任何有界数列 $\{x_n\}$,有

$$\varliminf_{n\to\infty} x_n\leqslant\varlimsup_{n\to\infty} x_n.$$

定理 7.6 $\lim\limits_{n\to\infty} x_n=A$ 的充要条件是 $\varlimsup\limits_{n\to\infty} x_n=\varliminf\limits_{n\to\infty} x_n=A$.

以上两个定理的证明由定理 7.4 与定义 2 立即可得.

定理 7.7 设 $\{x_n\}$ 为有界数列.

(1) $\overline{A}$ 为 $\{x_n\}$ 上极限的充要条件是:任给 $\varepsilon>0$,

(i) 存在 $N>0$,使得当 $n>N$ 时,有 $x_n<\overline{A}+\varepsilon$;

(ii) 存在子列 $\{x_{n_k}\}$,$x_{n_k}>\overline{A}-\varepsilon$,$k=1,2,\cdots$.

(2) $\underline{A}$ 为 $\{x_n\}$ 下极限的充要条件是:任给 $\varepsilon>0$,

(i) 存在 $N>0$,使得当 $n>N$ 时,有 $x_n>\underline{A}-\varepsilon$;

(ii) 存在子列 $\{x_{n_k}\}$,$x_{n_k}<\underline{A}+\varepsilon$,$k=1,2,\cdots$.

证 (1) 必要性 因 $\overline{A}$ 是 $\{x_n\}$ 的聚点,故对任给的 $\varepsilon>0$,$U(\overline{A};\varepsilon)$ 含有 $\{x_n\}$ 中无穷多项,设为 $\{x_{n_k}\}$,则有 $x_{n_k}>\overline{A}-\varepsilon$,$k=1,2,\cdots$.

又因 $\overline{A}$ 是 $\{x_n\}$ 的最大聚点,故至多只有 $\{x_n\}$ 的有限个项不小于 $\overline{A}+\varepsilon$,设此有限项的最大下标为 N,则当 $n>N$ 时,有 $x_n<\overline{A}+\varepsilon$.

充分性 任给 $\varepsilon>0$,由条件(i)和(ii)易见,$U(\overline{A};\varepsilon)$ 含有 $\{x_n\}$ 中无穷多个项,故 $\overline{A}$ 是 $\{x_n\}$ 的一个聚点.

又设 $\alpha>\overline{A}$.记 $\varepsilon=\dfrac{1}{2}(\alpha-\overline{A})$,则由条件(i)易见 $U(\alpha;\varepsilon)$ 内至多只有 $\{x_n\}$ 中有限个项,故 α 不是 $\{x_n\}$ 的聚点.所以 $\overline{A}$ 是 $\{x_n\}$ 的最大聚点.

(2) 类似地证明. □

定理 7.7 的另一种形式如下:

定理 7.7′ 设 $\{x_n\}$ 为有界数列.

(1) $\overline{A}$ 为 $\{x_n\}$ 上极限的充要条件是:对任何 $\alpha>\overline{A}$,$\{x_n\}$ 中大于 α 的项至多有限个;对任何 $\beta<\overline{A}$,$\{x_n\}$ 中大于 β 的项有无限多个.

(2) $\underline{A}$ 为 $\{x_n\}$ 下极限的充要条件是:对任何 $\beta<\underline{A}$,$\{x_n\}$ 中小于 β 的项至多有限

个;对任何 $\alpha > \underline{A}$,$\{x_n\}$ 中小于 α 的项有无限多个.

定理 7.8(上、下极限的保不等式性) 设有界数列 $\{a_n\}$,$\{b_n\}$ 满足:存在 $N_0>0$,当 $n>N_0$ 时,有 $a_n \leqslant b_n$,则

$$\overline{\lim_{n\to\infty}}\, a_n \leqslant \overline{\lim_{n\to\infty}}\, b_n, \quad \underline{\lim_{n\to\infty}}\, a_n \leqslant \underline{\lim_{n\to\infty}}\, b_n.$$

特别地,若 α,β 为常数,又存在 $N_0>0$,当 $n>N_0$ 时,有 $\alpha \leqslant a_n \leqslant \beta$,则

$$\alpha \leqslant \underline{\lim_{n\to\infty}}\, a_n \leqslant \overline{\lim_{n\to\infty}}\, a_n \leqslant \beta.$$

这个定理的证明留给读者.

例 2 设 $\{a_n\}$,$\{b_n\}$ 为有界数列.证明:

$$\overline{\lim_{n\to\infty}}\,(a_n+b_n) \leqslant \overline{\lim_{n\to\infty}}\, a_n + \overline{\lim_{n\to\infty}}\, b_n. \tag{1}$$

特别地,若 $\lim\limits_{n\to\infty} a_n$ 存在,则

$$\overline{\lim_{n\to\infty}}\,(a_n+b_n) = \overline{\lim_{n\to\infty}}\, a_n + \overline{\lim_{n\to\infty}}\, b_n = \lim_{n\to\infty} a_n + \overline{\lim_{n\to\infty}}\, b_n. \tag{2}$$

证 设 $\overline{\lim\limits_{n\to\infty}}\, a_n = A$,$\overline{\lim\limits_{n\to\infty}}\, b_n = B$.由定理 7.7,对任给的 $\varepsilon>0$,存在 $N>0$,当 $n>N$ 时,有

$$a_n < A+\frac{\varepsilon}{2},\ b_n < B+\frac{\varepsilon}{2} \Rightarrow a_n+b_n < A+B+\varepsilon.$$

再利用上极限的保不等式性(定理 7.8)得

$$\overline{\lim_{n\to\infty}}\,(a_n+b_n) \leqslant A+B+\varepsilon.$$

故由 ε 的任意性得 $\overline{\lim\limits_{n\to\infty}}\,(a_n+b_n) \leqslant A+B$,即(1)式成立.

若 $\overline{\lim\limits_{n\to\infty}}\, a_n = \underline{\lim\limits_{n\to\infty}}\, a_n = A$(即极限存在),由(1)式得

$$\overline{\lim_{n\to\infty}}\, b_n = \overline{\lim_{n\to\infty}}\,((a_n+b_n)-a_n) \leqslant \overline{\lim_{n\to\infty}}\,(a_n+b_n) + \overline{\lim}(-a_n) = \overline{\lim_{n\to\infty}}\,(a_n+b_n) - A.$$

故

$$\overline{\lim_{n\to\infty}}\,(a_n+b_n) \geqslant \overline{\lim_{n\to\infty}}\, a_n + \overline{\lim_{n\to\infty}}\, b_n,$$ □

结合(1)式可知(2)式成立.

注 (1)式有可能成立严格的不等式.例如,设 $a_n=(-1)^n$,$b_n=(-1)^{n+1}$,则易见(1)式左边等于 0,右边等于 2.

定理 7.9 设 $\{x_n\}$ 为有界数列.

(1) $\overline{A}$ 为 $\{x_n\}$ 上极限的充要条件是

$$\overline{A} = \lim_{n\to\infty} \sup_{k\geqslant n}\{x_k\}; \tag{3}$$

(2) $\underline{A}$ 为 $\{x_n\}$ 下极限的充要条件是

$$\underline{A} = \lim_{n\to\infty} \inf_{k\geqslant n}\{x_k\}. \tag{4}$$

做过第二章 §3 习题 12 的读者,对这个定理应该不会感到陌生,并能自行写出其证明.有些教科书上也用(3)、(4)式分别作为有界数列 $\{x_n\}$ 上、下极限的定义.

若定义 1 中的聚点 a 可允许是非正常点 $+\infty$ 或 $-\infty$,则定理 7.4 可相应地扩充为:任一点列 $\{x_n\}$ 至少有一个聚点,且存在最大聚点与最小聚点.

不难证明:无上(下)界点列的最大(小)聚点为 $+\infty$ ($-\infty$).于是,无上(下)界点列有非正常上(下)极限 $+\infty$ ($-\infty$).例如,

$$\overline{\lim_{n\to\infty}}((-1)^n+1)n=+\infty,\quad \underline{\lim_{n\to\infty}}((-1)^n+1)n=0;$$

$$\overline{\lim_{n\to\infty}}(-1)^n n=+\infty,\quad \underline{\lim_{n\to\infty}}(-1)^n n=-\infty.$$

注 对于非正常上、下极限,上述定理 7.5 至定理 7.9 也成立(其中定理 7.7 应作相应地修改.例如,$\lim\limits_{n\to\infty}x_n=+\infty$ 的充要条件是

$$\overline{\lim_{n\to\infty}}x_n=\underline{\lim_{n\to\infty}}x_n=+\infty).$$

习 题 7.2

1. 求以下数列的上、下极限:

(1) $\{1+(-1)^n\}$;　　(2) $\left\{(-1)^n\dfrac{n}{2n+1}\right\}$;

(3) $\{2n+1\}$;　　(4) $\left\{\dfrac{2n}{n+1}\sin\dfrac{n\pi}{4}\right\}$;

(5) $\left\{\dfrac{n^2+1}{n}\sin\dfrac{\pi}{n}\right\}$;　　(6) $\left\{\sqrt[n]{\left|\cos\dfrac{n\pi}{3}\right|}\right\}$.

2. 设 $\{a_n\}$ 为有界数列,证明:

(1) 若 $\underline{\lim\limits_{n\to\infty}}a_n>0$,则存在 N,当 $n>N$ 时,有 $a_n>0$;

(2) 若 $\overline{\lim\limits_{n\to\infty}}a_n<0$,则存在 N,当 $n>N$ 时,有 $a_n<0$.

3. 设 $\{a_n\}$,$\{b_n\}$ 为有界数列,证明:

(1) $\underline{\lim\limits_{n\to\infty}}a_n=-\overline{\lim\limits_{n\to\infty}}(-a_n)$;

(2) $\underline{\lim\limits_{n\to\infty}}a_n+\underline{\lim\limits_{n\to\infty}}b_n\leqslant\underline{\lim\limits_{n\to\infty}}(a_n+b_n)$;

(3) 若 $a_n>0,b_n>0\ (n=1,2,\cdots)$,则

$$\underline{\lim_{n\to\infty}}a_n\,\underline{\lim_{n\to\infty}}b_n\leqslant\underline{\lim_{n\to\infty}}a_nb_n,\quad \overline{\lim_{n\to\infty}}a_n\,\overline{\lim_{n\to\infty}}b_n\geqslant\overline{\lim_{n\to\infty}}a_nb_n;$$

(4) 若 $a_n>0$,$\underline{\lim\limits_{n\to\infty}}a_n>0$,则

$$\overline{\lim_{n\to\infty}}\frac{1}{a_n}=\frac{1}{\underline{\lim\limits_{n\to\infty}}a_n}.$$

4. 证明:若 $\{a_n\}$ 为递增数列,则 $\overline{\lim\limits_{n\to\infty}}a_n=\lim\limits_{n\to\infty}a_n$.

---

5. 证明:若 $a_n>0\ (n=1,2,\cdots)$ 且 $\overline{\lim\limits_{n\to\infty}}a_n\cdot\overline{\lim\limits_{n\to\infty}}\dfrac{1}{a_n}=1$,则数列 $\{a_n\}$ 收敛.

6. 证明定理 7.8.

7. 证明定理 7.9.

第七章总练习题

1. 设 E' 是集合 E 的全体聚点所成的点集，x_0 是 E' 的一个聚点. 试证：$x_0 \in E'$.

2. 用确界原理证明有限覆盖定理.

*3. 设 $\varliminf\limits_{n\to\infty} x_n = A < B = \varlimsup\limits_{n\to\infty} x_n$，$\lim\limits_{n\to\infty}(x_{n+1}-x_n)=0$. 试证：数列 $\{x_n\}$ 的聚点全体恰为闭区间 $[A,B]$.

第七章自测题

第八章 不定积分

§1 不定积分概念与基本积分公式

正如加法有其逆运算减法,乘法有其逆运算除法一样,微分法也有它的逆运算——积分法.我们已经知道,微分法的基本问题是研究如何从已知函数求出它的导函数,那么与之相反的问题是:求一个未知函数,使其导函数恰好是某一已知函数.提出这个逆问题,首先是因为它出现在许多实际问题之中.例如:已知速度求路程;已知加速度求速度;已知曲线上每一点处的切线斜率(或斜率所满足的某一规律),求曲线方程;等等.本章与其后两章(定积分与定积分的应用)构成一元函数积分学.

一、原函数与不定积分

定义 1 设函数 f 与 F 在区间 I 上都有定义.若

$$F'(x)=f(x),\quad x\in I,$$

则称 F 为 f 在区间 I 上的一个**原函数**.

例如,$\frac{1}{3}x^3$ 是 x^2 在 $(-\infty,+\infty)$ 上的一个原函数,因为 $\left(\frac{1}{3}x^3\right)'=x^2$;又如 $-\frac{1}{2}\cos 2x$ 与 $-\frac{1}{2}\cos 2x+1$ 都是 $\sin 2x$ 在 $(-\infty,+\infty)$ 上的原函数,因为

$$\left(-\frac{1}{2}\cos 2x\right)'=\left(-\frac{1}{2}\cos 2x+1\right)'=\sin 2x.$$

如果这些简单的例子都可从基本求导公式反推而得的话,那么

$$F(x)=x\arctan x-\frac{1}{2}\ln(1+x^2)$$

是 $f(x)=\arctan x$ 的一个原函数,就不那样明显了.事实上,研究原函数必须解决下面两个重要问题:

1. 满足何种条件的函数必定存在原函数? 如果存在,是否唯一?
2. 若已知某个函数的原函数存在,又怎样把它求出来?

关于第一个问题,我们用下面两个定理来回答;至于第二个问题,其解答则是本章接着要介绍的各种积分方法.

定理 8.1 若函数 f 在区间 I 上连续,则 f 在 I 上存在原函数 F,即 $F'(x)=$

$f(x), x\in I$.

本定理要到第九章§5中才能获得证明.

由于初等函数在其定义区间上为连续函数,因此每个初等函数在其定义区间上都有原函数(只是初等函数的原函数不一定仍是初等函数).当然,一个函数如果存在间断点,那么此函数在其间断点所在的区间上就不一定存在原函数(参见本节习题第4题和第8题).

定理8.2　设 F 是 f 在区间 I 上的一个原函数,则

(i) $F+C$ 也是 f 在 I 上的原函数,其中 C 为任意常量函数①;

(ii) f 在 I 上的任意两个原函数之间,只可能相差一个常数.

证　(i) 这是因为 $(F(x)+C)'=F'(x)=f(x), x\in I$.

(ii) 设 F 和 G 是 f 在 I 上的任意两个原函数,则有

$$(F(x)-G(x))'=F'(x)-G'(x)=f(x)-f(x)=0,\quad x\in I.$$

根据第六章拉格朗日中值定理的推论,知道

$$F(x)-G(x)\equiv C,\quad x\in I.$$

□

定义2　函数 f 在区间 I 上的全体原函数称为 f 在 I 上的**不定积分**,记作

$$\int f(x)\mathrm{d}x, \tag{1}$$

其中称 $\int$ 为积分号,$f(x)$ 为**被积函数**,$f(x)\mathrm{d}x$ 为**被积表达式**②,x 为**积分变量**.尽管记号(1)中各个部分都有其特定的名称,但在使用时必须把它们看作一个整体.

由定义2可见,不定积分与原函数是总体与个体的关系,即若 F 是 f 的一个原函数,则 f 的不定积分是一个函数族 $\{F+C\}$,其中 C 是任意常数.为方便起见,写作

$$\int f(x)\mathrm{d}x=F(x)+C. \tag{2}$$

这时又称 C 为**积分常数**,它可取任一实数值.于是又有

$$\left(\int f(x)\mathrm{d}x\right)'=(F(x)+C)'=f(x), \tag{3}$$

$$\mathrm{d}\int f(x)\mathrm{d}x=\mathrm{d}(F(x)+C)=f(x)\mathrm{d}x. \tag{4}$$

按照写法(2),本节开头所举的几个例子可写作

$$\int x^2\mathrm{d}x=\frac{1}{3}x^3+C,$$

$$\int \sin 2x\mathrm{d}x=-\frac{1}{2}\cos 2x+C,$$

$$\int \arctan x\mathrm{d}x=x\arctan x-\frac{1}{2}\ln(1+x^2)+C.$$

---

① 这里既把 C 看作常量函数,又把它作为该常量函数的函数值.在不致混淆时,以后常说"C 为任意常数".

② 不久可看到,被积表达式可认同为 f 的原函数 F 的微分,即 $\mathrm{d}F=F'(x)\mathrm{d}x=f(x)\mathrm{d}x$.

此外,一个函数“存在不定积分”与“存在原函数”显然是等同的说法.

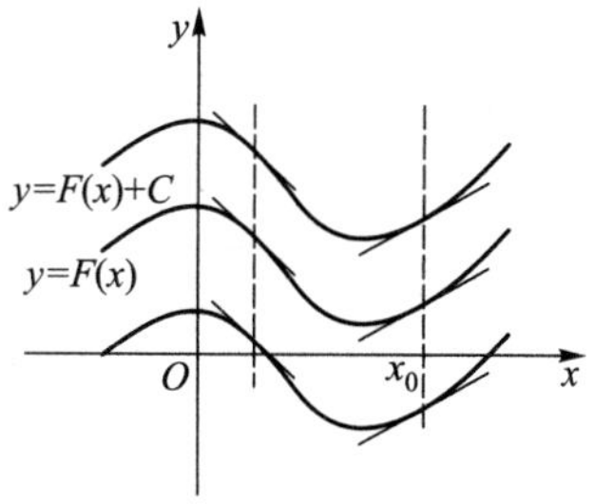

图 8-1

不定积分的几何意义　若 F 是 f 的一个原函数,则称 $y=F(x)$ 的图像为 f 的一条**积分曲线**.于是,f 的不定积分在几何上表示 f 的某一积分曲线沿纵轴方向任意平移所得一切积分曲线组成的曲线族(图 8-1).显然,若在每一条积分曲线上横坐标相同的点处作切线,则这些切线互相平行.

在求原函数的具体问题中,往往先求出全体原函数,然后从中确定一个满足条件 $F(x_0)=y_0$(称为**初始条件**,它由具体问题所规定)的原函数,它就是积分曲线族中通过点 (x_0,y_0) 的那一条积分曲线.例如,质点做匀加速直线运动时,$a(t)=v'(t)=a$,则

$$v(t)=\int a\mathrm{d}t=at+C.$$

若已知 $v(t_0)=v_0$,代入上式后确定积分常数 $C=v_0-at_0$,于是就有

$$v(t)=a(t-t_0)+v_0.$$

又因 $s'(t)=v(t)$,所以又有

$$s(t)=\int(a(t-t_0)+v_0)\mathrm{d}t=\frac{1}{2}a(t-t_0)^2+v_0t+C_1.$$

若已知 $s(t_0)=s_0$,则 $C_1=s_0-v_0t_0$,代入上式得到

$$s(t)=\frac{1}{2}a(t-t_0)^2+v_0(t-t_0)+s_0.$$

二、基本积分表

怎样求原函数?读者很快就会发现这要比求导数困难得多.原因在于原函数的定义不像导数定义那样具有构造性,即它只告诉我们其导数恰好等于某个已知函数 f,而没有指出怎样由 f 求出它的原函数的具体形式和途径.因此,我们只能先按照微分法的已知结果去试探.

首先,我们把基本导数公式改写成基本积分公式:

1. $\int 0\mathrm{d}x=C.$

2. $\int 1\mathrm{d}x=\int\mathrm{d}x=x+C.$

3. $\int x^{\alpha}\mathrm{d}x=\dfrac{x^{\alpha+1}}{\alpha+1}+C\ (\alpha\neq-1,x>0).$

4. $\int\dfrac{1}{x}\mathrm{d}x=\ln|x|+C$①$(x\neq0).$

---

① 公式 4 适用于不含坐标原点的任何区间,读者容易验证

$$(\ln|x|+C)'=\frac{1}{x},\quad x\neq0.$$

5. $\int e^x dx = e^x + C$.

6. $\int a^x dx = \frac{a^x}{\ln a} + C \ (a > 0, a \neq 1)$.

7. $\int \cos ax dx = \frac{1}{a}\sin ax + C \ (a \neq 0)$.

8. $\int \sin ax dx = -\frac{1}{a}\cos ax + C \ (a \neq 0)$.

9. $\int \sec^2 x dx = \tan x + C$.

10. $\int \csc^2 x dx = -\cot x + C$.

11. $\int \sec x \cdot \tan x dx = \sec x + C$.

12. $\int \csc x \cdot \cot x dx = -\csc x + C$.

13. $\int \frac{dx}{\sqrt{1-x^2}} = \arcsin x + C = -\arccos x + C_1$.

14. $\int \frac{dx}{1+x^2} = \arctan x + C = -\operatorname{arccot} x + C_1$.

上列基本积分公式,读者必须牢牢记住,因为其他函数的不定积分经运算变形后,最后归为这些基本不定积分.当然,仅有这些基本公式是不够用的,即使像 $\ln x, \tan x, \cot x, \sec x, \csc x, \arcsin x, \arctan x$ 这样一些基本初等函数,现在还不知道怎样去求得它们的原函数.所以我们还需要从一些求导法则去导出相应的不定积分法则,并逐步扩充不定积分公式.

最简单的是从导数线性运算法则得到不定积分的线性运算法则.

定理 8.3 若函数 f 与 g 在区间 I 上都存在原函数,k_1, k_2 为两个任意常数,则 $k_1 f + k_2 g$ 在 I 上也存在原函数,且当 k_1 和 k_2 不同时为零时,有

$$\int (k_1 f(x) + k_2 g(x)) dx = k_1 \int f(x) dx + k_2 \int g(x) dx. \tag{5}$$

证 这是因为

$$\left(k_1 \int f(x) dx + k_2 \int g(x) dx\right)' = k_1 \left(\int f(x) dx\right)' + k_2 \left(\int g(x) dx\right)' = k_1 f(x) + k_2 g(x).$$ □

线性法则(5)的一般形式为

$$\int \left(\sum_{i=1}^{n} k_i f_i(x)\right) dx = \sum_{i=1}^{n} k_i \int f_i(x) dx. \tag{6}$$

根据上述线性运算法则和基本积分公式,可求得一些简单函数的不定积分.

例 1 $p(x) = a_0 x^n + a_1 x^{n-1} + \cdots + a_{n-1} x + a_n$.

$$\int p(x) dx = \frac{a_0}{n+1} x^{n+1} + \frac{a_1}{n} x^n + \cdots + \frac{a_{n-1}}{2} x^2 + a_n x + C.$$ □

例 2 $\int \frac{x^4+1}{x^2+1}dx = \int \left(x^2-1+\frac{2}{x^2+1}\right)dx = \frac{1}{3}x^3 - x + 2\arctan x + C.$ □

例 3
$$\int \frac{dx}{\cos^2 x \sin^2 x} = \int \frac{\cos^2 x + \sin^2 x}{\cos^2 x \sin^2 x}dx$$
$$= \int (\csc^2 x + \sec^2 x)dx = -\cot x + \tan x + C.$$ □

例 4
$$\int \cos 3x \cdot \sin x dx = \frac{1}{2}\int (\sin 4x - \sin 2x)dx$$
$$= \frac{1}{2}\left(-\frac{1}{4}\cos 4x + \frac{1}{2}\cos 2x\right) + C$$
$$= -\frac{1}{8}(\cos 4x - 2\cos 2x) + C.$$ □

例 5
$$\int (10^x - 10^{-x})^2 dx = \int (10^{2x} + 10^{-2x} - 2)dx$$
$$= \int ((10^2)^x + (10^{-2})^x - 2)dx$$
$$= \frac{1}{2\ln 10}(10^{2x} - 10^{-2x}) - 2x + C.$$ □

例 6 求不定积分 $\int |x-1| dx$.

解 设

$$f(x) = |x-1| = \begin{cases} x-1, & x \geqslant 1, \\ 1-x, & x \leqslant 1. \end{cases}$$

因为 $f(x)$ 在 $(-\infty, +\infty)$ 上连续，所以不定积分 $\int |x-1| dx$ 在 $(-\infty, +\infty)$ 上存在.

易见 $\frac{1}{2}x^2 - x$ 是 $f(x)$ 在 $[1, +\infty)$ 上的一个原函数. 设 $F(x)$ 为 $f(x)$ 的一个原函数，且满足

$$F(x) = \frac{1}{2}x^2 - x, \quad x \in [1, +\infty).$$

则当 $x \in (-\infty, 1]$ 时，$F'(x) = 1 - x$. 所以存在常数 C_1，使得

$$F(x) = -\frac{1}{2}x^2 + x + C_1, \quad x \in (-\infty, 1].$$

因为 $F(x)$ 在 $(-\infty, +\infty)$ 上连续，所以在 $x = 1$ 处连续，从而有

$$-\frac{1}{2} + 1 + C_1 = \frac{1}{2} - 1,$$

即 $C_1 = -1$. 因此

$$F(x) = \begin{cases} \frac{1}{2}x^2 - x, & x \in [1, +\infty), \\ -\frac{1}{2}x^2 + x - 1, & x \in (-\infty, 1], \end{cases}$$

$$\int |x-1|\,\mathrm{d}x = F(x)+C.$$

□

习题 8.1

1. 验证下列等式,并与(3)、(4)两式相比照:

(1) $\int f'(x)\mathrm{d}x = f(x)+C$;　　(2) $\int \mathrm{d}f(x) = f(x)+C$.

2. 求一曲线 $y=f(x)$,使得在曲线上每一点(x,y)处的切线斜率为 $2x$,且通过点 $(2,5)$.

3. 验证 $y=\frac{x^2}{2}\operatorname{sgn} x$ 是$|x|$在$(-\infty,+\infty)$上的一个原函数.

4. 据理说明为什么每一个含有第一类间断点的函数都没有原函数.

5. 求下列不定积分:

(1) $\int\left(1-x+x^3-\frac{1}{\sqrt[3]{x^2}}\right)\mathrm{d}x$;　　(2) $\int\left(x-\frac{1}{\sqrt{x}}\right)^2\mathrm{d}x$;

(3) $\int\frac{\mathrm{d}x}{\sqrt{2gx}}$ (g 为正常数);　　(4) $\int(2^x+3^x)^2\mathrm{d}x$;

(5) $\int\frac{3}{\sqrt{4-4x^2}}\mathrm{d}x$;　　(6) $\int\frac{x^2}{3(1+x^2)}\mathrm{d}x$;

(7) $\int\tan^2 x\mathrm{d}x$;　　(8) $\int\sin^2 x\mathrm{d}x$;

(9) $\int\frac{\cos 2x}{\cos x-\sin x}\mathrm{d}x$;　　(10) $\int\frac{\cos 2x}{\cos^2 x\cdot\sin^2 x}\mathrm{d}x$;

(11) $\int 10^t\cdot 3^{2t}\mathrm{d}t$;　　(12) $\int\sqrt{x\sqrt{x\sqrt{x}}}\,\mathrm{d}x$;

(13) $\int\left(\sqrt{\frac{1+x}{1-x}}+\sqrt{\frac{1-x}{1+x}}\right)\mathrm{d}x$;　　(14) $\int(\cos x+\sin x)^2\mathrm{d}x$;

(15) $\int\cos x\cdot\cos 2x\mathrm{d}x$;　　(16) $\int(\mathrm{e}^x-\mathrm{e}^{-x})^3\mathrm{d}x$;

(17) $\int\frac{2^{x+1}-5^{x-1}}{10^x}\mathrm{d}x$;　　(18) $\int\frac{\sqrt{x^4+x^{-4}+2}}{x^3}\mathrm{d}x$.

6. 求下列不定积分:

(1) $\int\mathrm{e}^{-|x|}\mathrm{d}x$;　　(2) $\int|\sin x|\,\mathrm{d}x$.

7. 设 $f'(\arctan x)=x^2$,求 $f(x)$.

8. 举例说明含有第二类间断点的函数可能有原函数,也可能没有原函数.

§2 换元积分法与分部积分法

一、换元积分法

由复合函数求导法,可以导出换元积分法.

定理 8.4 (第一换元积分法) 设函数 $f(x)$ 在区间 I 上有定义,$\varphi(t)$ 在区间 J 上可导,且 $\varphi(J)\subseteq I$. 如果不定积分 $\int f(x)\mathrm{d}x=F(x)+C$ 在 I 上存在,则不定积分 $\int f(\varphi(t))\varphi'(t)\mathrm{d}t$ 在 J 上也存在,且

$$\int f(\varphi(t))\varphi'(t)\mathrm{d}t=F(\varphi(t))+C. \tag{1}$$

证 用复合函数求导法进行验证:因为对于任何 $t\in J$,有

$$\frac{\mathrm{d}}{\mathrm{d}t}(F(\varphi(t)))=F'(\varphi(t))\varphi'(t)=f(\varphi(t))\varphi'(t),$$

所以 $f(\varphi(t))\varphi'(t)$ 以 $F(\varphi(t))$ 为其原函数,(1)式成立. □

下面的例 1 至例 5 采用第一换元积分法求解.在使用公式(1)时,也可把它写成如下简便形式:

$$\begin{aligned}\int f(\varphi(t))\varphi'(t)\mathrm{d}t&=\int f(\varphi(t))\mathrm{d}\varphi(t)\\&=\int f(x)\mathrm{d}x\qquad(\text{令 } x=\varphi(t))\\&=F(x)+C=F(\varphi(t))+C.\end{aligned} \tag{1'}$$

因此第一换元积分法也称为**凑微分法**.

例 1 求 $\int\tan x\mathrm{d}x$.

解 由

$$\int\tan x\mathrm{d}x=\int\frac{\sin x}{\cos x}\mathrm{d}x=-\int\frac{(\cos x)'}{\cos x}\mathrm{d}x,$$

可令 $u=\cos x,g(u)=\dfrac{1}{u}$,则得

$$\int\tan x\mathrm{d}x=-\int\frac{1}{u}\mathrm{d}u=-\ln|u|+C=-\ln|\cos x|+C.$$ □

例 2 求 $\int\dfrac{\mathrm{d}x}{a^2+x^2}\ (a>0)$.

解

$$\begin{aligned}\int\frac{\mathrm{d}x}{a^2+x^2}&=\frac{1}{a}\int\frac{\mathrm{d}\left(\dfrac{x}{a}\right)}{1+\left(\dfrac{x}{a}\right)^2}\quad\left(\text{令 } u=\frac{x}{a}\right)\\&=\frac{1}{a}\int\frac{\mathrm{d}u}{1+u^2}=\frac{1}{a}\arctan u+C=\frac{1}{a}\arctan\frac{x}{a}+C.\end{aligned}$$ □

对第一换元积分法较熟练后,可以不写出换元变量 u.

例 3 求 $\int \frac{\mathrm{d}x}{\sqrt{a^2-x^2}}\ (a>0)$.

解

$$\int \frac{\mathrm{d}x}{\sqrt{a^2-x^2}}=\frac{1}{a}\int \frac{\mathrm{d}x}{\sqrt{1-\left(\frac{x}{a}\right)^2}}=\int \frac{\mathrm{d}\left(\frac{x}{a}\right)}{\sqrt{1-\left(\frac{x}{a}\right)^2}}=\arcsin\frac{x}{a}+C.$$ □

例 4 求 $\int \frac{\mathrm{d}x}{x^2-a^2}\ (a\neq 0)$.

解

$$\begin{aligned}\int \frac{\mathrm{d}x}{x^2-a^2}&=\frac{1}{2a}\int\left(\frac{1}{x-a}-\frac{1}{x+a}\right)\mathrm{d}x=\frac{1}{2a}\left(\int\frac{\mathrm{d}(x-a)}{x-a}-\int\frac{\mathrm{d}(x+a)}{x+a}\right)\\&=\frac{1}{2a}(\ln|x-a|-\ln|x+a|)+C=\frac{1}{2a}\ln\left|\frac{x-a}{x+a}\right|+C.\end{aligned}$$ □

例 5 求 $\int \sec x\mathrm{d}x$.

解 解法一 利用例 4 的结果可得

$$\int \sec x\mathrm{d}x=\int\frac{\cos x}{\cos^2 x}\mathrm{d}x=\int\frac{\mathrm{d}(\sin x)}{1-\sin^2 x}=\frac{1}{2}\ln\left|\frac{1+\sin x}{1-\sin x}\right|+C.$$

解法二

$$\begin{aligned}\int \sec x\mathrm{d}x&=\int\frac{\sec x(\sec x+\tan x)}{\sec x+\tan x}\mathrm{d}x=\int\frac{\mathrm{d}(\sec x+\tan x)}{\sec x+\tan x}\\&=\ln|\sec x+\tan x|+C.\end{aligned}$$ □

这两种解法所得结果只是形式上的不同,请读者将它们统一起来.

从以上几例看到,使用第一换元积分法的关键在于把被积表达式凑成 $f(\varphi(x))\varphi'(x)\mathrm{d}x$ 的形式,以便选取变换 $u=\varphi(x)$,化为易于积分的 $\int f(u)\mathrm{d}u$. 最终不要忘记把新引入的变量 u 还原为起始变量 x.

定理 8.5 (第二换元积分法) 设函数 $f(x)$ 在区间 I 上有定义,$\varphi(t)$ 在区间 J 上可导,$\varphi(J)=I$,且 $x=\varphi(t)$ 在区间 J 上存在反函数 $t=\varphi^{-1}(x)$,$x\in I$. 如果不定积分 $\int f(x)\mathrm{d}x$ 在 I 上存在,则当不定积分 $\int f(\varphi(t))\varphi'(t)\mathrm{d}t=G(t)+C$ 在 J 上存在时,在 I 上有

$$\int f(x)\mathrm{d}x=G(\varphi^{-1}(x))+C. \tag{2}$$

证 设 $\int f(x)\mathrm{d}x=F(x)+C$. 对于任何 $t\in J$,有

$$\begin{aligned}\frac{\mathrm{d}}{\mathrm{d}t}(F(\varphi(t))-G(t))&=F'(\varphi(t))\varphi'(t)-G'(t)\\&=f(\varphi(t))\varphi'(t)-f(\varphi(t))\varphi'(t)=0.\end{aligned}$$

所以存在常数 C_1,使得 $F(\varphi(t))-G(t)=C_1$ 对于任何 $t\in J$ 成立,从而 $G(\varphi^{-1}(x))=F(x)-C_1$对于任何 $x\in I$ 成立.因此,对于任何 $x\in I$,有

$$\frac{\mathrm{d}}{\mathrm{d}x}(G(\varphi^{-1}(x)))=F'(x)=f(x),$$

即 $G(\varphi^{-1}(x))$为$f(x)$的原函数,(2)式成立. □

公式(1)与(2)分别称为**第一换元公式**与**第二换元公式**.

注 1 定理中"不定积分 $\int f(x)\mathrm{d}x$ 存在"是一个必需条件,否则结论可能不成立.例如:设

$$f(x)=\begin{cases}1, & x\in(0,8],\\ 0, & x=0,\end{cases}\qquad \varphi(t)=t^3,\quad t\in[0,2].$$

则 $x=\varphi(t)$在$[0,2]$上存在反函数,且在$[0,2]$上不定积分

$$\int f(\varphi(t))\varphi'(t)\mathrm{d}t=\int 3t^2\mathrm{d}t=t^3+C$$

存在.但是 $f(x)$ 在$[0,8]$上有第一类间断点 $x=0$,所以在区间$[0,8]$上不定积分 $\int f(x)\mathrm{d}x$ 不存在.

注 2 如果将条件"$x=\varphi(t)$在 J 上存在反函数 $t=\varphi^{-1}(x),x\in I$"换成更强的条件"$\varphi'(t)\neq 0,t\in J$",则当不定积分 $\int f(\varphi(t))\varphi'(t)\mathrm{d}t=G(t)+C$ 在 J 上存在时,不定积分$\int f(x)\mathrm{d}x$ 在 I 上也存在,且有

$$\int f(x)\mathrm{d}x=G(\varphi^{-1}(x))+C.$$

这是因为在条件"$\varphi'(t)\neq 0,t\in J$"下,$x=\varphi(t)$在 J 上存在可导的反函数 $t=\varphi^{-1}(x)$,$x\in I$,然后直接用复合函数和反函数求导法可得

$$\begin{aligned}\frac{\mathrm{d}}{\mathrm{d}x}(G(\varphi^{-1}(x)))&=G'(\varphi^{-1}(x))(\varphi^{-1}(x))'\\&=f(\varphi(t))\varphi'(t)\Big|_{t=\varphi^{-1}(x)}\cdot\frac{1}{\varphi'(t)}\Big|_{t=\varphi^{-1}(x)}=f(x).\end{aligned}$$

第二换元积分法从形式上看是第一换元积分法的逆行,但都是为了化为容易求得原函数的形式(最终同样不要忘记变量还原).以下例 6 至例 9 采用第二换元积分法求解.在使用公式(2)时,也可把它写成如下简便形式:

$$\begin{aligned}\int f(x)\mathrm{d}x&=\int f(\varphi(t))\varphi'(t)\mathrm{d}t\quad(\text{令 }x=\varphi(t))\\&=G(t)+C=G(\varphi^{-1}(x))+C\quad(t=\varphi^{-1}(x)).\end{aligned}\tag{2'}$$

因此第二换元积分法也称为**代入换元法**.

例 6 求 $\int\frac{\mathrm{d}u}{\sqrt{u}+\sqrt[3]{u}}$.

解 为去掉被积函数中的根式，取根次数 2 与 3 的最小公倍数 6，并令 $u = x^6$，则可把原来的不定积分化为简单有理式的积分：

$$\int \frac{\mathrm{d}u}{\sqrt{u}+\sqrt[3]{u}} = \int \frac{6x^5}{x^3+x^2}\mathrm{d}x = 6\int\left(x^2-x+1-\frac{1}{x+1}\right)\mathrm{d}x$$

$$= 6\left(\frac{x^3}{3}-\frac{x^2}{2}+x-\ln|x+1|\right)+C$$

$$= 2\sqrt{u}-3\sqrt[3]{u}+6\sqrt[6]{u}-6\ln|\sqrt[6]{u}+1|+C. \qquad \square$$

例 7 求 $\int\sqrt{a^2-x^2}\,\mathrm{d}x\ (a>0)$.

解 令 $x = a\sin t, |t| \leqslant \frac{\pi}{2}$ $\left(这是存在反函数\ t = \arcsin\frac{x}{a}的一个单调区间\right)$. 于是

$$\int\sqrt{a^2-x^2}\,\mathrm{d}x = \int a\cos t\,\mathrm{d}(a\sin t) = a^2\int\cos^2 t\mathrm{d}t$$

$$= \frac{a^2}{2}\int(1+\cos 2t)\mathrm{d}t = \frac{a^2}{2}\left(t+\frac{1}{2}\sin 2t\right)+C$$

$$= \frac{a^2}{2}\left(\arcsin\frac{x}{a}+\frac{x}{a}\sqrt{1-\left(\frac{x}{a}\right)^2}\right)+C$$

$$= \frac{1}{2}\left(a^2\arcsin\frac{x}{a}+x\sqrt{a^2-x^2}\right)+C. \qquad \square$$

例 8 求 $\int\frac{\mathrm{d}x}{\sqrt{x^2-a^2}}\ (a>0)$.

解 当 $x>a$ 时，令 $x = a\sec t, t\in\left(0,\frac{\pi}{2}\right)$. 此时有

$$\int\frac{\mathrm{d}x}{\sqrt{x^2-a^2}} = \int\frac{a\sec t\cdot\tan t}{a\tan t}\mathrm{d}t = \int\sec t\mathrm{d}t$$

$$= \ln|\sec t+\tan t|+C.$$

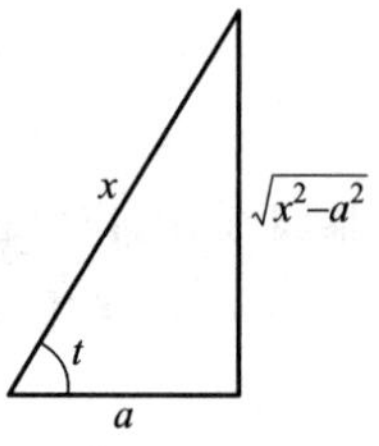

图 8-2

借助图 8-2 的辅助直角三角形，便于求出 $\sec t = \frac{x}{a}$，$\tan t = \frac{\sqrt{x^2-a^2}}{a}$，故得

$$\int\frac{\mathrm{d}x}{\sqrt{x^2-a^2}} = \ln\left|\frac{x}{a}+\frac{\sqrt{x^2-a^2}}{a}\right|+C$$

$$= \ln|x+\sqrt{x^2-a^2}|+C_1. \qquad \square$$

当 $x<-a$ 时，令 $x = a\sec t, t\in\left(\frac{\pi}{2},\pi\right)$. 同理可得相同结果.

对于要分情况讨论的问题，以后均采取类似的方法处理，不再每次赘述（如例 10）.

例 9 求 $\int \frac{\mathrm{d}x}{(x^2+a^2)^2}\ (a>0)$.

解 令 $x=a\tan t, |t|<\frac{\pi}{2}$(如图 8-3),于是有

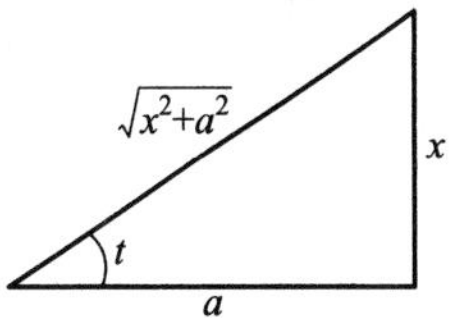

图 8-3

$$\begin{aligned}\int \frac{\mathrm{d}x}{(x^2+a^2)^2} &= \int \frac{a\sec^2 t}{a^4\sec^4 t}\mathrm{d}t = \frac{1}{a^3}\int \cos^2 t\mathrm{d}t\\ &= \frac{1}{2a^3}\int (1+\cos 2t)\mathrm{d}t\\ &= \frac{1}{2a^3}(t+\sin t\cos t)+C\\ &= \frac{1}{2a^3}\left(\arctan \frac{x}{a}+\frac{ax}{x^2+a^2}\right)+C.\end{aligned}$$ □

有些不定积分还可采用两种换元方法来计算.

例 10 求 $\int \frac{\mathrm{d}x}{x^2\sqrt{x^2-1}}$.

解 解法一 采用第一换元积分法:

$$\begin{aligned}\int \frac{\mathrm{d}x}{x^2\sqrt{x^2-1}} &= \int \frac{\mathrm{d}x}{x^3\sqrt{1-\frac{1}{x^2}}} = \int \frac{1}{x}\cdot\frac{-1}{\sqrt{1-\frac{1}{x^2}}}\mathrm{d}\left(\frac{1}{x}\right)\\ &= \int \frac{-u}{\sqrt{1-u^2}}\mathrm{d}u = \sqrt{1-u^2}+C = \frac{1}{x}\sqrt{x^2-1}+C.\end{aligned}$$

解法二 采用第二换元积分法(令 $x=\sec t$):

$$\begin{aligned}\int \frac{\mathrm{d}x}{x^2\sqrt{x^2-1}} &= \int \frac{\sec t\cdot\tan t}{\sec^2 t\cdot\tan t}\mathrm{d}t = \int \cos t\mathrm{d}t\\ &= \sin t+C = \frac{1}{x}\sqrt{x^2-1}+C.\end{aligned}$$ □

二、分部积分法

由乘积求导法,可以导出分部积分法.

定理 8.6(分部积分法) 若 $u(x)$ 与 $v(x)$ 可导,不定积分 $\int u'(x)v(x)\mathrm{d}x$ 存在,则 $\int u(x)v'(x)\mathrm{d}x$ 也存在,并有

$$\int u(x)v'(x)\mathrm{d}x = u(x)v(x) - \int u'(x)v(x)\mathrm{d}x. \tag{3}$$

证 由

$$(u(x)v(x))' = u'(x)v(x)+u(x)v'(x)$$

或

$$u(x)v'(x) = (u(x)v(x))' - u'(x)v(x),$$

对上式两边求不定积分,就得到(3)式. □

公式(3)称为**分部积分公式**,常简写作

$$\int u\mathrm{d}v = uv - \int v\mathrm{d}u. \tag{4}$$

例 11 求 $\int x\cos x\mathrm{d}x$.

解 令 $u = x, v' = \cos x$,则有 $u' = 1, v = \sin x$.由公式(3)求得

$$\int x\cos x\mathrm{d}x = x\sin x - \int \sin x\mathrm{d}x = x\sin x + \cos x + C.$$ □

例 12 求 $\int \arctan x\mathrm{d}x$.

解 令 $u = \arctan x, v' = 1$,则 $u' = \dfrac{1}{1+x^2}, v = x$,由公式(3)求得

$$\begin{aligned}\int \arctan x\mathrm{d}x &= x\arctan x - \int \frac{x}{1+x^2}\mathrm{d}x \\ &= x\arctan x - \frac{1}{2}\ln(1+x^2) + C.\end{aligned}$$ □

例 13 求 $\int x^3\ln x\mathrm{d}x$.

解 令 $u = \ln x, v' = x^3$,由公式(4)则有

$$\int x^3\ln x\mathrm{d}x = \int \ln x\mathrm{d}\left(\frac{x^4}{4}\right) = \frac{1}{4}\left(x^4\ln x - \int x^3\mathrm{d}x\right) = \frac{x^4}{16}(4\ln x - 1) + C.$$ □

有时需要接连使用几次分部积分才能求得结果,有时还会出现与原不定积分同类的项,需经移项合并后方能完成求解.现分别示例如下.

例 14 求 $\int x^2\mathrm{e}^{-x}\mathrm{d}x$.

解

$$\begin{aligned}\int x^2\mathrm{e}^{-x}\mathrm{d}x &= \int x^2\mathrm{d}(-\mathrm{e}^{-x}) = -x^2\mathrm{e}^{-x} + 2\int x\mathrm{e}^{-x}\mathrm{d}x \\ &= -x^2\mathrm{e}^{-x} + 2\int x\mathrm{d}(-\mathrm{e}^{-x}) = -x^2\mathrm{e}^{-x} - 2x\mathrm{e}^{-x} + 2\int \mathrm{e}^{-x}\mathrm{d}x \\ &= -\mathrm{e}^{-x}(x^2 + 2x + 2) + C.\end{aligned}$$ □

例 15 求 $I_1 = \int \mathrm{e}^{ax}\cos bx\mathrm{d}x$ 和 $I_2 = \int \mathrm{e}^{ax}\sin bx\mathrm{d}x$.

解

$$\begin{aligned}I_1 &= \frac{1}{a}\int \cos bx\mathrm{d}(\mathrm{e}^{ax}) = \frac{1}{a}\left(\mathrm{e}^{ax}\cos bx + b\int \mathrm{e}^{ax}\sin bx\mathrm{d}x\right) \\ &= \frac{1}{a}(\mathrm{e}^{ax}\cos bx + bI_2),\end{aligned}$$

$$I_2=\frac{1}{a}\int \sin bx\mathrm{d}(\mathrm{e}^{ax})=\frac{1}{a}(\mathrm{e}^{ax}\sin bx-bI_1).$$

由此得到

$$\begin{cases}aI_1-bI_2=\mathrm{e}^{ax}\cos bx,\\ bI_1+aI_2=\mathrm{e}^{ax}\sin bx.\end{cases}$$

解此方程组,求得

$$I_1=\int \mathrm{e}^{ax}\cos bx\mathrm{d}x=\mathrm{e}^{ax}\frac{b\sin bx+a\cos bx}{a^2+b^2}+C,$$

$$I_2=\int \mathrm{e}^{ax}\sin bx\mathrm{d}x=\mathrm{e}^{ax}\frac{a\sin bx-b\cos bx}{a^2+b^2}+C.$$ □

例 16 导出不定积分 $I_n=\int\frac{x^n}{\sqrt{1-x^2}}\mathrm{d}x$($n$ 为正整数)的递推公式.

解 易得 $I_1=-\sqrt{1-x^2}+C, I_2=\frac{1}{2}\arcsin x-\frac{1}{2}x\sqrt{1-x^2}+C$.当 $n\geqslant 2$ 时,由分部积分公式,我们有

$$\begin{aligned}I_n&=\int x^{n-1}\mathrm{d}(-\sqrt{1-x^2})\\&=-x^{n-1}\sqrt{1-x^2}+(n-1)\int x^{n-2}\sqrt{1-x^2}\mathrm{d}x\\&=-x^{n-1}\sqrt{1-x^2}+(n-1)\int\frac{x^{n-2}(1-x^2)}{\sqrt{1-x^2}}\mathrm{d}x\\&=-x^{n-1}\sqrt{1-x^2}+(n-1)\int\frac{x^{n-2}-x^n}{\sqrt{1-x^2}}\mathrm{d}x\\&=-x^{n-1}\sqrt{1-x^2}+(n-1)\int\frac{x^{n-2}}{\sqrt{1-x^2}}\mathrm{d}x-(n-1)\int\frac{x^n}{\sqrt{1-x^2}}\mathrm{d}x\\&=-x^{n-1}\sqrt{1-x^2}+(n-1)I_{n-2}-(n-1)I_n,\end{aligned}$$

因此得到递推公式

$$I_n=-\frac{1}{n}x^{n-1}\sqrt{1-x^2}+\frac{n-1}{n}I_{n-2}.$$ □

习 题 8.2

1. 应用换元积分法求下列不定积分:

(1) $\int\cos(3x+4)\mathrm{d}x$;

(2) $\int x\mathrm{e}^{2x^2}\mathrm{d}x$;

(3) $\int\frac{\mathrm{d}x}{2x+1}$;

(4) $\int(1+x)^n\mathrm{d}x$;

(5) $\int\left(\frac{1}{\sqrt{3-x^2}}+\frac{1}{\sqrt{1-3x^2}}\right)\mathrm{d}x$；

(6) $\int 2^{2x+3}\mathrm{d}x$；

(7) $\int\sqrt{8-3x}\,\mathrm{d}x$；

(8) $\int\frac{\mathrm{d}x}{\sqrt[3]{7-5x}}$；

(9) $\int x\sin x^2\mathrm{d}x$；

(10) $\int\frac{\mathrm{d}x}{\sin^2\left(2x+\frac{\pi}{4}\right)}$；

(11) $\int\frac{\mathrm{d}x}{1+\cos x}$；

(12) $\int\frac{\mathrm{d}x}{1+\sin x}$；

(13) $\int\csc x\mathrm{d}x$；

(14) $\int\frac{x}{\sqrt{1-x^2}}\mathrm{d}x$；

(15) $\int\frac{x}{4+x^4}\mathrm{d}x$；

(16) $\int\frac{\mathrm{d}x}{x\ln x}$；

(17) $\int\frac{x^4}{(1-x^5)^3}\mathrm{d}x$；

(18) $\int\frac{x^3}{x^8-2}\mathrm{d}x$；

(19) $\int\frac{\mathrm{d}x}{x(1+x)}$；

(20) $\int\cot x\mathrm{d}x$；

(21) $\int\cos^5x\mathrm{d}x$；

(22) $\int\frac{\mathrm{d}x}{\sin x\cos x}$；

(23) $\int\frac{\mathrm{d}x}{\mathrm{e}^x+\mathrm{e}^{-x}}$；

(24) $\int\frac{2x-3}{x^2-3x+8}\mathrm{d}x$；

(25) $\int\frac{x^2+2}{(x+1)^3}\mathrm{d}x$；

(26) $\int\frac{\mathrm{d}x}{\sqrt{x^2+a^2}}\ (a>0)$；

(27) $\int\frac{\mathrm{d}x}{(x^2+a^2)^{\frac{3}{2}}}\ (a>0)$；

(28) $\int\frac{x^5}{\sqrt{1-x^2}}\mathrm{d}x$；

(29) $\int\frac{\sqrt{x}}{1-\sqrt[3]{x}}\mathrm{d}x$；

(30) $\int\frac{\sqrt{x+1}-1}{\sqrt{x+1}+1}\mathrm{d}x$；

(31) $\int x(1-2x)^{99}\mathrm{d}x$；

(32) $\int\frac{\mathrm{d}x}{x(1+x^n)}$（$n$ 为自然数）；

(33) $\int\frac{x^{2n-1}}{x^n+1}\mathrm{d}x$；

(34) $\int\frac{\mathrm{d}x}{x\ln x\ln\ln x}$；

(35) $\int\frac{\ln 2x}{x\ln 4x}\mathrm{d}x$；

(36) $\int\frac{\mathrm{d}x}{x^4\sqrt{x^2-1}}$.

2. 应用分部积分法求下列不定积分：

(1) $\int\arcsin x\mathrm{d}x$；

(2) $\int\ln x\mathrm{d}x$；

(3) $\int x^2\cos x\,dx$;　　(4) $\int \frac{\ln x}{x^3}dx$;

(5) $\int (\ln x)^2 dx$;　　(6) $\int x\arctan x\,dx$;

(7) $\int \left(\ln(\ln x)+\frac{1}{\ln x}\right)dx$;　　(8) $\int (\arcsin x)^2 dx$;

(9) $\int \sec^3 x\,dx$;　　(10) $\int \sqrt{x^2\pm a^2}\,dx\ (a>0)$.

3. 求下列不定积分:

(1) $\int (f(x))^{\alpha} f'(x)\,dx\ (\alpha\neq -1)$;　　(2) $\int \frac{f'(x)}{1+(f(x))^2}dx$;

(3) $\int \frac{f'(x)}{f(x)}dx$;　　(4) $\int e^{f(x)} f'(x)\,dx$.

---

4. 证明:

(1) 若 $I_n=\int \tan^n x\,dx, n=2,3,\cdots$,则

$$I_n=\frac{1}{n-1}\tan^{n-1}x-I_{n-2}.$$

(2) 若 $I(m,n)=\int \cos^m x\sin^n x\,dx$,则当 $m+n\neq 0$ 时,

$$\begin{aligned}I(m,n)&=\frac{\cos^{m-1}x\sin^{n+1}x}{m+n}+\frac{m-1}{m+n}I(m-2,n)\\&=-\frac{\cos^{m+1}x\sin^{n-1}x}{m+n}+\frac{n-1}{m+n}I(m,n-2),\quad n,m=2,3,\cdots.\end{aligned}$$

5. 利用上题的递推公式计算:

(1) $\int \tan^3 x\,dx$;　　(2) $\int \tan^4 x\,dx$;

(3) $\int \cos^2 x\sin^4 x\,dx$.

6. 导出下列不定积分对于正整数 n 的递推公式:

(1) $I_n=\int x^n e^{kx}dx\,(k\neq 0)$;　　(2) $I_n=\int (\ln x)^n dx$;

(3) $I_n=\int (\arcsin x)^n dx$;　　(4) $I_n=\int e^{ax}\sin^n x\,dx$.

7. 利用上题所得递推公式计算:

(1) $\int x^3 e^{2x}dx$;　　(2) $\int (\ln x)^3 dx$;

(3) $\int (\arcsin x)^3 dx$;　　(4) $\int e^x\sin^3 x\,dx$.

§3　有理函数和可化为有理函数的不定积分

至此我们已经学得了一些最基本的积分方法.在此基础上,本节将讨论某些特殊类型的不定积分,这些不定积分无论怎样复杂,原则上都可按一定的步骤把它求出来.

一、有理函数的不定积分

有理函数是指由两个多项式函数的商所表示的函数,其一般形式为

$$R(x)=\frac{P(x)}{Q(x)}=\frac{\alpha_n x^n+\alpha_{n-1}x^{n-1}+\cdots+\alpha_0}{\beta_m x^m+\beta_{m-1}x^{m-1}+\cdots+\beta_0},\tag{1}$$

其中 n,m 为非负整数,$\alpha_0,\alpha_1,\cdots,\alpha_n$ 与 $\beta_0,\beta_1,\cdots,\beta_m$ 都是常数,且 $\alpha_n\neq 0,\beta_m\neq 0$.若 $m>n$,则称它为**真分式**;若 $m\leqslant n$,则称它为**假分式**.由多项式的除法可知,假分式总能化为一个多项式与一个真分式之和.由于多项式的不定积分是容易求得的,因此只需研究真分式的不定积分,故设(1)式为一有理真分式.

根据代数知识,如果多项式 $Q_1(x)$ 与 $Q_2(x)$ 是互素的,即 $(Q_1(x),Q_2(x))=1$,则存在多项式 $P_1(x)$ 与 $P_2(x)$,使得 $P_1(x)Q_1(x)+P_2(x)Q_2(x)=1$.于是

$$\frac{1}{Q_1(x)Q_2(x)}=\frac{P_1(x)Q_1(x)+P_2(x)Q_2(x)}{Q_1(x)Q_2(x)}=\frac{P_1(x)}{Q_2(x)}+\frac{P_2(x)}{Q_1(x)}.$$

因此,有理真分式必定可以表示成若干个部分分式之和(称为**部分分式分解**).因而问题归结为求那些部分分式的不定积分.为此,先把怎样分解部分分式的步骤简述如下(可与后面的例 1 对照着做):

第一步　对分母 $Q(x)$ 在实系数内作标准分解:

$$Q(x)=(x-a_1)^{\lambda_1}\cdots(x-a_s)^{\lambda_s}(x^2+p_1x+q_1)^{\mu_1}\cdots(x^2+p_tx+q_t)^{\mu_t},\tag{2}$$

其中 $\beta_m=1,\lambda_i,\mu_j(i=1,2,\cdots,s;j=1,2,\cdots,t)$ 均为自然数,而且

$$\sum_{i=1}^{s}\lambda_i+2\sum_{j=1}^{t}\mu_j=m;\quad p_j^2-4q_j<0,\quad j=1,2,\cdots,t.$$

第二步　根据分母的各个因式分别写出与之相应的部分分式:对于每个形如 $(x-a)^k$ 的因式,它所对应的部分分式是

$$\frac{A_1}{x-a}+\frac{A_2}{(x-a)^2}+\cdots+\frac{A_k}{(x-a)^k};$$

对每个形如 $(x^2+px+q)^k$ 的因式,它所对应的部分分式是

$$\frac{B_1x+C_1}{x^2+px+q}+\frac{B_2x+C_2}{(x^2+px+q)^2}+\cdots+\frac{B_kx+C_k}{(x^2+px+q)^k}.$$

把所有部分分式加起来,使之等于 $R(x)$.(至此,部分分式中的常数系数 A_i,B_i,C_i 尚为待定的.)

第三步 确定待定系数：一般方法是将所有部分分式通分相加，所得分式的分母即为原分母 $Q(x)$，而其分子亦应与原分子 $P(x)$ 恒等.于是，按同幂项系数必定相等，得到一组关于待定系数的线性方程，这组方程的解就是需要确定的系数.

例 1 对 $R(x)=\dfrac{2x^4-x^3+4x^2+9x-10}{x^5+x^4-5x^3-2x^2+4x-8}$ 作部分分式分解.

解 按上述步骤依次执行如下：

$$\begin{aligned}Q(x)&=x^5+x^4-5x^3-2x^2+4x-8\\&=(x-2)(x+2)^2(x^2-x+1).\end{aligned}$$

部分分式分解的待定形式为

$$R(x)=\frac{A_0}{x-2}+\frac{A_1}{x+2}+\frac{A_2}{(x+2)^2}+\frac{Bx+C}{x^2-x+1}. \tag{3}$$

用 $Q(x)$ 乘上式两边，得一恒等式

$$\begin{aligned}2x^4-x^3+4x^2+9x-10\equiv{}&A_0(x+2)^2(x^2-x+1)+\\&A_1(x-2)(x+2)(x^2-x+1)+\\&A_2(x-2)(x^2-x+1)+\\&(Bx+C)(x-2)(x+2)^2.\end{aligned} \tag{4}$$

然后使等式两边同幂项系数相等，得到线性方程组：

$$\begin{cases}A_0+A_1+B=2,\cdots\cdots\cdots\cdots & x^4\text{ 的系数}\\3A_0-A_1+A_2+2B+C=-1,\cdots\cdots & x^3\text{ 的系数}\\A_0-3A_1-3A_2-4B+2C=4,\cdots\cdots & x^2\text{ 的系数}\\4A_1+3A_2-8B-4C=9,\cdots\cdots & x\text{ 的系数}\\4A_0-4A_1-2A_2-8C=-10.\cdots\cdots & \text{常数项}\end{cases}$$

求出它的解：$A_0=1,A_1=2,A_2=-1,B=-1,C=1$，并代入(3)式，这便完成了对 $R(x)$ 的部分分式分解：

$$R(x)=\frac{1}{x-2}+\frac{2}{x+2}-\frac{1}{(x+2)^2}-\frac{x-1}{x^2-x+1}.$$ □

上述**待定系数法**有时可用较简便的方法去替代.例如可将 x 的某些特定值(如 $Q(x)=0$ 的根)代入(4)式，以便得到一组较简单的方程，或直接求得某几个待定系数的值.对于上例，若分别用 $x=2$ 和 $x=-2$ 代入(4)式，立即求得

$$A_0=1\quad 和\quad A_2=-1.$$

于是(4)式简化成为

$$x^4-3x^3+12x-16=A_1(x-2)(x+2)(x^2-x+1)+(Bx+C)(x-2)(x+2)^2.$$

为继续求得 A_1,B,C，还可用 x 的三个简单值代入上式，如令 $x=0,1,-1$，相应得到

$$\begin{cases}A_1+2C=4,\\A_1+3B+3C=2,\\3A_1-B+C=8.\end{cases}$$

由此易得 $A_1=2, B=-1, C=1$.这就同样确定了所有待定系数.

一旦完成了部分分式分解,最后求各个部分分式的不定积分.由以上讨论知道,任何有理真分式的不定积分都将归为求以下两种形式的不定积分:

$$(\text{Ⅰ})\int\frac{\mathrm{d}x}{(x-a)^k};\qquad(\text{Ⅱ})\int\frac{Lx+M}{(x^2+px+q)^k}\mathrm{d}x\ (p^2-4q<0).$$

对于(Ⅰ),已知

$$\int\frac{\mathrm{d}x}{(x-a)^k}=\begin{cases}\ln|x-a|+C, & k=1,\\ \dfrac{1}{(1-k)(x-a)^{k-1}}+C, & k>1.\end{cases}$$

对于(Ⅱ),只要作适当换元$\left(令\ t=x+\dfrac{p}{2}\right)$,便化为

$$\int\frac{Lx+M}{(x^2+px+q)^k}\mathrm{d}x=\int\frac{Lt+N}{(t^2+r^2)^k}\mathrm{d}t=L\int\frac{t}{(t^2+r^2)^k}\mathrm{d}t+N\int\frac{\mathrm{d}t}{(t^2+r^2)^k},\tag{5}$$

其中 $r^2=q-\dfrac{p^2}{4}, N=M-\dfrac{p}{2}L$.

当 $k=1$ 时,(5)式右边两个不定积分分别为

$$\int\frac{t}{t^2+r^2}\mathrm{d}t=\frac{1}{2}\ln(t^2+r^2)+C,$$

$$\int\frac{\mathrm{d}t}{t^2+r^2}=\frac{1}{r}\arctan\frac{t}{r}+C.\tag{6}$$

当 $k\geqslant 2$ 时,(5)式右边第一个不定积分为

$$\int\frac{t}{(t^2+r^2)^k}\mathrm{d}t=\frac{1}{2(1-k)(t^2+r^2)^{k-1}}+C.$$

对于第二个不定积分,记

$$I_k=\int\frac{\mathrm{d}t}{(t^2+r^2)^k},$$

可用分部积分法导出递推公式如下:

$$\begin{aligned}I_k&=\frac{1}{r^2}\int\frac{(t^2+r^2)-t^2}{(t^2+r^2)^k}\mathrm{d}t=\frac{1}{r^2}I_{k-1}-\frac{1}{r^2}\int\frac{t^2}{(t^2+r^2)^k}\mathrm{d}t\\&=\frac{1}{r^2}I_{k-1}+\frac{1}{2r^2(k-1)}\int t\mathrm{d}\left(\frac{1}{(t^2+r^2)^{k-1}}\right)\\&=\frac{1}{r^2}I_{k-1}+\frac{1}{2r^2(k-1)}\left(\frac{t}{(t^2+r^2)^{k-1}}-I_{k-1}\right).\end{aligned}$$

经整理得到

$$I_k=\frac{t}{2r^2(k-1)(t^2+r^2)^{k-1}}+\frac{2k-3}{2r^2(k-1)}I_{k-1}.\tag{7}$$

重复使用递推公式(7),最终归为计算 I_1,这已由(6)式给出.

把所有这些局部结果代回(5)式,并令 $t=x+\dfrac{p}{2}$,就完成了对不定积分(Ⅱ)的计算.

例 2　求 $\int \frac{x^2+1}{(x^2-2x+2)^2}\mathrm{d}x$.

解　在本题中，由于被积函数的分母只有单一因式，因此，部分分式分解能被简化为

$$\frac{x^2+1}{(x^2-2x+2)^2}=\frac{(x^2-2x+2)+(2x-1)}{(x^2-2x+2)^2}=\frac{1}{x^2-2x+2}+\frac{2x-1}{(x^2-2x+2)^2}.$$

现分别计算部分分式的不定积分如下：

$$\int \frac{\mathrm{d}x}{x^2-2x+2}=\int \frac{\mathrm{d}(x-1)}{(x-1)^2+1}=\arctan(x-1)+C_1.$$

$$\begin{aligned}\int \frac{2x-1}{(x^2-2x+2)^2}\mathrm{d}x &= \int \frac{(2x-2)+1}{(x^2-2x+2)^2}\mathrm{d}x=\int \frac{\mathrm{d}(x^2-2x+2)}{(x^2-2x+2)^2}+\int \frac{\mathrm{d}(x-1)}{((x-1)^2+1)^2}\\ &=\frac{-1}{x^2-2x+2}+\int \frac{\mathrm{d}t}{(t^2+1)^2}.\end{aligned}$$

由递推公式(7)，求得其中

$$\begin{aligned}\int \frac{\mathrm{d}t}{(t^2+1)^2}&=\frac{t}{2(t^2+1)}+\frac{1}{2}\int \frac{\mathrm{d}t}{t^2+1}\\ &=\frac{x-1}{2(x^2-2x+2)}+\frac{1}{2}\arctan(x-1)+C_2.\end{aligned}$$

于是得到

$$\int \frac{x^2+1}{(x^2-2x+2)^2}\mathrm{d}x=\frac{x-3}{2(x^2-2x+2)}+\frac{3}{2}\arctan(x-1)+C.$$ □

下面再介绍几类被积函数能变换为有理函数的不定积分.

二、三角函数有理式的不定积分

由 $u(x)$, $v(x)$ 及常数经过有限次四则运算所得到的函数称为关于 $u(x)$, $v(x)$ 的有理式，并用 $R(u(x),v(x))$ 表示.

$\int R(\sin x,\cos x)\mathrm{d}x$ 是三角函数有理式的不定积分. 一般通过变换 $t=\tan\frac{x}{2}$，可把它化为有理函数的不定积分. 这是因为

$$\sin x=\frac{2\sin\frac{x}{2}\cos\frac{x}{2}}{\sin^2\frac{x}{2}+\cos^2\frac{x}{2}}=\frac{2\tan\frac{x}{2}}{1+\tan^2\frac{x}{2}}=\frac{2t}{1+t^2}, \tag{8}$$

$$\cos x=\frac{\cos^2\frac{x}{2}-\sin^2\frac{x}{2}}{\sin^2\frac{x}{2}+\cos^2\frac{x}{2}}=\frac{1-\tan^2\frac{x}{2}}{1+\tan^2\frac{x}{2}}=\frac{1-t^2}{1+t^2}, \tag{9}$$

$$dx=\frac{2}{1+t^2}dt, \tag{10}$$

所以 $\int R(\sin x,\cos x)\,dx=\int R\left(\frac{2t}{1+t^2},\frac{1-t^2}{1+t^2}\right)\frac{2}{1+t^2}dt.$

例 3　求 $\int\frac{1+\sin x}{\sin x(1+\cos x)}dx.$

解　令 $t=\tan\frac{x}{2}$，将(8)、(9)、(10)式代入被积表达式，

$$\begin{aligned}\int\frac{1+\sin x}{\sin x(1+\cos x)}dx&=\int\frac{1+\frac{2t}{1+t^2}}{\frac{2t}{1+t^2}\left(1+\frac{1-t^2}{1+t^2}\right)}\cdot\frac{2}{1+t^2}dt\\&=\int\frac{1}{2}\left(t+2+\frac{1}{t}\right)dt=\frac{1}{2}\left(\frac{t^2}{2}+2t+\ln|t|\right)+C\\&=\frac{1}{4}\tan^2\frac{x}{2}+\tan\frac{x}{2}+\frac{1}{2}\ln\left|\tan\frac{x}{2}\right|+C.\end{aligned}$$ □

注意　上面所用的变换 $t=\tan\frac{x}{2}$ 对三角函数有理式的不定积分虽然总是有效的，但并不意味着在任何场合都是简便的.

例 4　求 $\int\frac{dx}{a^2\sin^2x+b^2\cos^2x}\ (ab\neq 0).$

解　由于

$$\int\frac{dx}{a^2\sin^2x+b^2\cos^2x}=\int\frac{\sec^2x}{a^2\tan^2x+b^2}dx=\int\frac{d(\tan x)}{a^2\tan^2x+b^2},$$

故令 $t=\tan x$，就有

$$\begin{aligned}\int\frac{dx}{a^2\sin^2x+b^2\cos^2x}&=\int\frac{dt}{a^2t^2+b^2}=\frac{1}{a}\int\frac{d(at)}{(at)^2+b^2}\\&=\frac{1}{ab}\arctan\frac{at}{b}+C=\frac{1}{ab}\arctan\left(\frac{a}{b}\tan x\right)+C.\end{aligned}$$ □

通常当被积函数是 $\sin^2x,\cos^2x$ 及 $\sin x\cos x$ 的有理式时，采用变换 $t=\tan x$ 往往较为简便.其他特殊情形可因题而异，选择合适的变换.

三、某些无理根式的不定积分

1. $\int R\left(x,\sqrt[n]{\frac{ax+b}{cx+d}}\right)dx$ 型不定积分 $(ad-bc\neq 0)$.对此只需令 $t=\sqrt[n]{\frac{ax+b}{cx+d}}$，就可化为有理函数的不定积分.

例 5　求 $\int\frac{1}{x}\sqrt{\frac{x+2}{x-2}}dx.$

解　令 $t=\sqrt{\frac{x+2}{x-2}}$，则有 $x=\frac{2(t^2+1)}{t^2-1}$，$dx=\frac{-8t}{(t^2-1)^2}dt$，

$$\int \frac{1}{x}\sqrt{\frac{x+2}{x-2}}\,\mathrm{d}x=\int \frac{4t^2}{(1-t^2)(1+t^2)}\mathrm{d}t=\int\left(\frac{2}{1-t^2}-\frac{2}{1+t^2}\right)\mathrm{d}t$$

$$=\ln\left|\frac{1+t}{1-t}\right|-2\arctan t+C$$

$$=\ln\left|\frac{1+\sqrt{\frac{x+2}{x-2}}}{1-\sqrt{\frac{x+2}{x-2}}}\right|-2\arctan\sqrt{\frac{x+2}{x-2}}+C.$$ □

例 6　求 $\int \frac{\mathrm{d}x}{(1+x)\sqrt{2+x-x^2}}$.

解　由于

$$\frac{1}{(1+x)\sqrt{2+x-x^2}}=\frac{1}{(1+x)^2}\sqrt{\frac{1+x}{2-x}},$$

故令 $t=\sqrt{\frac{1+x}{2-x}}$，则有 $x=\frac{2t^2-1}{1+t^2}$，$\mathrm{d}x=\frac{6t}{(1+t^2)^2}\mathrm{d}t$，

$$\int \frac{\mathrm{d}x}{(1+x)\sqrt{2+x-x^2}}=\int \frac{1}{(1+x)^2}\sqrt{\frac{1+x}{2-x}}\,\mathrm{d}x$$

$$=\int \frac{(1+t^2)^2}{9t^4}\cdot t\cdot\frac{6t}{(1+t^2)^2}\mathrm{d}t=\int \frac{2}{3t^2}\mathrm{d}t$$

$$=-\frac{2}{3t}+C=-\frac{2}{3}\sqrt{\frac{2-x}{1+x}}+C.$$ □

2. $\int R(x,\sqrt{ax^2+bx+c})\,\mathrm{d}x$ 型不定积分（$a>0$ 时 $b^2-4ac\neq 0$，$a<0$ 时 $b^2-4ac>0$）.

由于

$$ax^2+bx+c=a\left(\left(x+\frac{b}{2a}\right)^2+\frac{4ac-b^2}{4a^2}\right),$$

若记 $u=x+\frac{b}{2a}$，$k^2=\left|\frac{4ac-b^2}{4a^2}\right|$，则此二次三项式必属于以下三种情形之一：

$$|a|(u^2+k^2),\quad |a|(u^2-k^2),\quad |a|(k^2-u^2).$$

因此上述无理根式的不定积分也就转化为以下三种类型之一：

$$\int R(u,\sqrt{u^2\pm k^2})\,\mathrm{d}u,\qquad \int R(u,\sqrt{k^2-u^2})\,\mathrm{d}u.$$

当分别令 $u=k\tan t$，$u=k\sec t$，$u=k\sin t$ 后，它们都化为三角函数有理式的不定积分.

例 7　求 $I=\int \frac{\mathrm{d}x}{x\sqrt{x^2-2x-3}}$.

解　解法一　按上述一般步骤，求得

$$I=\int\frac{\mathrm{d}x}{x\sqrt{(x-1)^2-4}}=\int\frac{\mathrm{d}u}{(u+1)\sqrt{u^2-4}}\qquad (x=u+1)$$

$$=\int\frac{2\sec\theta\tan\theta}{(2\sec\theta+1)\cdot 2\tan\theta}\mathrm{d}\theta\qquad (u=2\sec\theta)$$

$$=\int\frac{\mathrm{d}\theta}{2+\cos\theta}=\int\frac{\frac{2}{1+t^2}}{2+\frac{1-t^2}{1+t^2}}\mathrm{d}t\qquad \left(t=\tan\frac{\theta}{2}\right)$$

$$=\int\frac{2}{t^2+3}\mathrm{d}t=\frac{2}{\sqrt{3}}\arctan\frac{t}{\sqrt{3}}+C$$

$$=\frac{2}{\sqrt{3}}\arctan\left(\frac{1}{\sqrt{3}}\tan\frac{\theta}{2}\right)+C.$$

由于

$$\tan\frac{\theta}{2}=\frac{\sin\theta}{1+\cos\theta}=\frac{\tan\theta}{\sec\theta+1}=\frac{\sqrt{\left(\frac{u}{2}\right)^2-1}}{\frac{u}{2}+1}=\frac{\sqrt{x^2-2x-3}}{x+1},$$

因此

$$I=\frac{2}{\sqrt{3}}\arctan\frac{\sqrt{x^2-2x-3}}{\sqrt{3}(x+1)}+C.$$

解法二　若令 $\sqrt{x^2-2x-3}=x-t$，则可解出

$$x=\frac{t^2+3}{2(t-1)},\quad \mathrm{d}x=\frac{t^2-2t-3}{2(t-1)^2}\mathrm{d}t,$$

$$\sqrt{x^2-2x-3}=\frac{t^2+3}{2(t-1)}-t=\frac{-(t^2-2t-3)}{2(t-1)}.$$

于是所求不定积分直接化为有理函数的不定积分：

$$I=\int\frac{2(t-1)}{t^2+3}\cdot\frac{2(t-1)}{-(t^2-2t-3)}\cdot\frac{t^2-2t-3}{2(t-1)^2}\mathrm{d}t$$

$$=-\int\frac{2}{t^2+3}\mathrm{d}t=-\frac{2}{\sqrt{3}}\arctan\frac{t}{\sqrt{3}}+C$$

$$=\frac{2}{\sqrt{3}}\arctan\frac{\sqrt{x^2-2x-3}-x}{\sqrt{3}}+C.$$

□

注 1　可以证明

$$\arctan\frac{\sqrt{x^2-2x-3}-x}{\sqrt{3}}=\arctan\frac{\sqrt{x^2-2x-3}}{\sqrt{3}(x+1)}-\frac{\pi}{3},$$

所以两种解法所得结果是一致的.

注 2 相比之下，解法二优于解法一．这是因为它所选择的变换能直接化为有理形式（而解法一通过三次换元才化为有理形式）．如果改令

$$\sqrt{x^2-2x-3}=x+t,$$

显然有相同效果——两边各自平方后能消去 x^2 项，从而解出 x 为 t 的有理函数．

一般地，二次三项式 ax^2+bx+c 中，若 $a>0$，则可令

$$\sqrt{ax^2+bx+c}=\sqrt{a}\,x\pm t;$$

若 $c>0$，还可令

$$\sqrt{ax^2+bx+c}=xt\pm\sqrt{c}.$$

这类变换称为**欧拉变换**．

至此我们已经学过了求不定积分的基本方法，以及某些特殊类型不定积分的求法．需要指出的是，通常所说的"求不定积分"，是指用初等函数的形式把这个不定积分表示出来．在这个意义下，并不是任何初等函数的不定积分都能"求出来"的．例如：

$$\int e^{\pm x^2}dx,\quad \int\frac{dx}{\ln x},\quad \int\frac{\sin x}{x}dx,\quad \int\sqrt{1-k^2\sin^2x}\,dx\ (0<k^2<1),$$

等等，虽然它们都存在，但却无法用初等函数来表示（这个结论证明起来是非常难的，刘维尔（Liouville）于 1835 年作出过证明）．因此可以说，初等函数的原函数不一定是初等函数．在下一章将会知道，这类非初等函数可采用定积分形式来表示．

最后顺便指出，在求不定积分时，还可利用现成的**积分表**．在积分表中所有的积分公式是按被积函数分类编排的，人们只要根据被积函数的类型，或经过适当变形化为表中列出的类型，查阅公式即可．此外，有些计算器（例如 TI－92 型）和电脑软件（例如 Mathematica，Maple 等）也都具有求不定积分的实用功能．但对于初学者来说，首先应该掌握各种基本的积分方法．

在附录Ⅱ中列出了一份容量不大的积分表，它大体上是典型例题和习题的总结．列出这份积分表的主要目的是为大家学习后继课程提供方便．

习 题 8.3

1. 求下列不定积分：

(1) $\displaystyle\int\frac{x^3}{x-1}dx$;　　(2) $\displaystyle\int\frac{x-2}{x^2-7x+12}dx$;

(3) $\displaystyle\int\frac{dx}{1+x^3}$;　　(4) $\displaystyle\int\frac{dx}{1+x^4}$;

(5) $\displaystyle\int\frac{dx}{(x-1)(x^2+1)^2}$;　　(6) $\displaystyle\int\frac{x-2}{(2x^2+2x+1)^2}dx$.

2. 求下列不定积分：

(1) $\displaystyle\int\frac{dx}{5-3\cos x}$;　　(2) $\displaystyle\int\frac{dx}{2+\sin^2x}$;

(3) $\int \frac{dx}{1+\tan x}$;　　(4) $\int \frac{x^2}{\sqrt{1+x-x^2}}dx$;

(5) $\int \frac{dx}{\sqrt{x^2+x}}$;　　(6) $\int \frac{1}{x^2}\sqrt{\frac{1-x}{1+x}}dx$.

第八章总练习题

1. 求下列不定积分:

(1) $\int \frac{\sqrt{x}-2\sqrt[3]{x}-1}{\sqrt[4]{x}}dx$;　　(2) $\int x\arcsin x dx$;

(3) $\int \frac{dx}{1+\sqrt{x}}$;　　(4) $\int e^{\sin x}\sin 2x dx$;

(5) $\int e^{\sqrt{x}}dx$;　　(6) $\int \frac{dx}{x\sqrt{x^2-1}}$;

(7) $\int \frac{1-\tan x}{1+\tan x}dx$;　　(8) $\int \frac{x^2-x}{(x-2)^3}dx$;

(9) $\int \frac{dx}{\cos^4 x}$;　　(10) $\int \sin^4 x dx$;

(11) $\int \frac{x-5}{x^3-3x^2+4}dx$;　　(12) $\int \arctan(1+\sqrt{x})dx$;

(13) $\int \frac{x^7}{x^4+2}dx$;　　(14) $\int \frac{\tan x}{1+\tan x+\tan^2 x}dx$;

(15) $\int \frac{x^2}{(1-x)^{100}}dx$;　　(16) $\int \frac{\arcsin x}{x^2}dx$;

(17) $\int x\ln\frac{1+x}{1-x}dx$;　　(18) $\int \frac{dx}{\sqrt{\sin x\cos^7 x}}$;

(19) $\int e^x\left(\frac{1-x}{1+x^2}\right)^2 dx$;

(20) $I_n=\int \frac{v^n}{\sqrt{u}}dx$,其中 $u=a_1+b_1x, v=a_2+b_2x$,求递推形式解.

2. 求下列不定积分:

(1) $\int \frac{dx}{x^4+x^2+1}$;　　(2) $\int \frac{x^9}{(x^{10}+2x^5+2)^2}dx$;

(3) $\int \frac{x^{3n-1}}{(x^{2n}+1)^2}dx$;　　(4) $\int \frac{\cos^3 x}{\cos x+\sin x}dx$.

3. 求下列不定积分：

（1）$\displaystyle\int \frac{\sqrt[3]{1+\sqrt[4]{x}}}{\sqrt{x}}\mathrm{d}x$；（2）$\displaystyle\int \frac{\mathrm{d}x}{\sqrt[4]{1+x^4}}$；

（3）$\displaystyle\int \frac{\mathrm{d}x}{x+\sqrt{x^2-x+1}}$；（4）$\displaystyle\int \frac{1+x^4}{(1-x^4)^{\frac{3}{2}}}\mathrm{d}x$.

4. 周期函数的原函数是否还是周期函数？

5. 导出下列不定积分对于正整数 n 的递推公式：

（1）$\displaystyle\int \frac{\mathrm{d}x}{\cos^n x}$；（2）$\displaystyle\int \frac{\sin nx}{\sin x}\mathrm{d}x$.

第八章自测题

第八章重难点精讲

第九章 定积分

§1 定积分概念

一、问题提出

不定积分和定积分是积分学中的两大基本问题.求不定积分是求导数的逆运算,定积分则是某种特殊和式的极限,它们之间既有区别又有联系.现在先从两个例子来看定积分概念是怎样提出来的.

1. 曲边梯形的面积　设 f 为闭区间 $[a,b]$ 上的连续函数,且 $f(x)\geqslant 0$.由曲线 $y=f(x)$,直线 $x=a,x=b$ 以及 x 轴所围成的平面图形(图 9-1),称为**曲边梯形**.下面讨论曲边梯形的面积(这是求任何具有曲线边界图形面积的基础).

在初等数学里,圆面积是用一系列边数无限增多的内接(或外切)正多边形面积的极限来定义的.现在我们仍用类似的办法来定义曲边梯形的面积.

在区间 $[a,b]$ 上任取 $n-1$ 个分点,它们依次为

$$a=x_0<x_1<x_2<\cdots<x_{n-1}<x_n=b,$$

这些点把 $[a,b]$ 分割成 n 个小区间 $[x_{i-1},x_i]$,$i=1,2,\cdots,n$.再用直线 $x=x_i$,$i=1,2,\cdots,n-1$ 把曲边梯形分割成 n 个小曲边梯形(图 9-2).

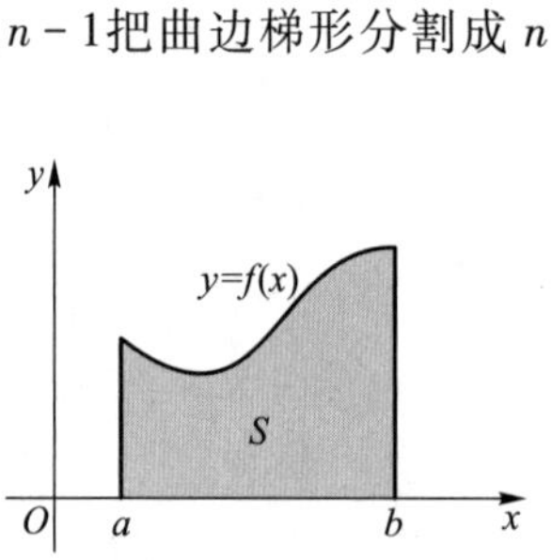

图 9-1

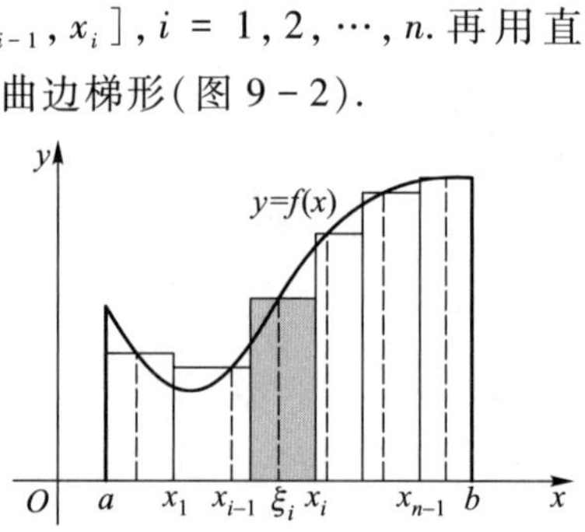

图 9-2

在每个小区间 $[x_{i-1},x_i]$ 上任取一点 ξ_i,作以 $f(\xi_i)$ 为高,$[x_{i-1},x_i]$ 为底的小矩形.当分割 $[a,b]$ 的分点较多,又分割得较细密时,由于 f 为连续函数,它在每个小区间上的值变化不大,从而可用这些小矩形的面积近似替代相应小曲边梯形的面积.于是,这 n 个小矩形面积之和就可作为该曲边梯形面积 S 的近似值,即

$$S \approx \sum_{i=1}^{n} f(\xi_i)\Delta x_i \quad (\Delta x_i = x_i - x_{i-1}). \tag{1}$$

注意到(1)式右边的和式既依赖于对区间$[a,b]$的分割,又与所有中间点$\xi_i(i=1,2,\cdots,n)$的取法有关.当分点无限增多,且对$[a,b]$无限细分时,如果此和式与某一常数无限接近,而且该常数与分点x_i和中间点ξ_i的选取无关,则自然地,我们把此常数定义为该**曲边梯形的面积**S.

2. 变力所做的功　设质点受力F的作用沿x轴由点a移动到点b,并设F处处平行于x轴(图9-3).如果F为常力,则它对质点所做的功为$W=F(b-a)$.现在的问题是,F为变力,它连续依赖于质点所在位置的坐标x,即$F=F(x)$,$x\in[a,b]$为一连续函数,此时F对质点所做的功W又该如何计算?

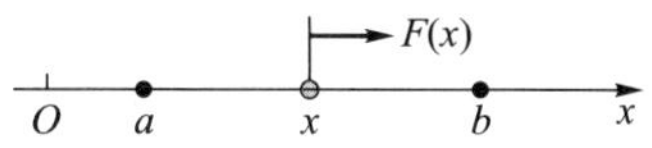

图 9-3

由假设$F(x)$为一连续函数,故在很小的一段位移区间上$F(x)$可以近似地看作一常量.类似于求曲边梯形面积那样,把$[a,b]$细分为n个小区间$[x_{i-1},x_i]$,$\Delta x_i=x_i-x_{i-1}$,$i=1,2,\cdots,n$;并在每个小区间上任取一点ξ_i,就有

$$F(x)\approx F(\xi_i),\quad x\in[x_{i-1},x_i],\quad i=1,2,\cdots,n.$$

于是,质点从x_{i-1}位移到x_i时,力F所做的功就近似等于$F(\xi_i)\Delta x_i$,从而

$$W\approx \sum_{i=1}^{n} F(\xi_i)\Delta x_i. \tag{2}$$

同样地,对$[a,b]$作无限细分时,若(2)式右边的和式与某一常数无限接近,则我们把此常数定义为该变力所做的功W.

上面两个例子,一个是计算曲边梯形面积的几何问题,另一个是求变力做功的力学问题,它们最终都归结为一个特定形式的和式逼近.在科学技术中还有许多同样类型的数学问题,解决这类问题的思想方法概括说来就是"**分割,近似求和,取极限**".这就是产生定积分概念的背景.

二、定积分的定义

定义 1　设闭区间$[a,b]$上有$n-1$个点,依次为

$$a=x_0<x_1<x_2<\cdots<x_{n-1}<x_n=b,$$

它们把$[a,b]$分成n个小区间$\Delta_i=[x_{i-1},x_i]$,$i=1,2,\cdots,n$.这些分点或这些闭子区间构成对$[a,b]$的一个**分割**,记为

$$T=\{x_0,x_1,\cdots,x_n\}\text{或}\{\Delta_1,\Delta_2,\cdots,\Delta_n\}.$$

小区间Δ_i的长度为$\Delta x_i=x_i-x_{i-1}$,并记

$$\|T\| = \max_{1\leqslant i\leqslant n}\{\Delta x_i\},$$

称为分割T的**模**.

注　由于$\Delta x_i\leqslant \|T\|$,$i=1,2,\cdots,n$,因此$\|T\|$可用来反映$[a,b]$被分割的细密程度.另外,分割$T$一旦给出,$\|T\|$就随之而确定;但是,具有同一细度$\|T\|$的分割$T$却有无限多个.

定义 2　设f是定义在$[a,b]$上的一个函数.对于$[a,b]$的一个分割$T=\{\Delta_1,$

$\Delta_2,\cdots,\Delta_n\}$，任取点 $\xi_i\in\Delta_i, i=1,2,\cdots,n$，并作和式

$$\sum_{i=1}^{n} f(\xi_i)\Delta x_i.$$

称此和式为函数 f 在 $[a,b]$ 上的一个**积分和**，也称**黎曼和**.

显然，积分和既与分割 T 有关，又与所选取的点集 $\{\xi_i\}$ 有关.

定义 3　设 f 是定义在 $[a,b]$ 上的一个函数，J 是一个确定的实数. 若对任给的正数 ε，总存在某一正数 δ，使得对 $[a,b]$ 的任何分割 T，以及在其上任意选取的点集 $\{\xi_i\}$，只要 $\|T\|<\delta$，就有

$$\left|\sum_{i=1}^{n} f(\xi_i)\Delta x_i - J\right|<\varepsilon,$$

则称函数 f 在区间 $[a,b]$ 上**可积**或**黎曼可积**；数 J 称为 f 在 $[a,b]$ 上的**定积分**或**黎曼积分**，记作

$$J=\int_a^b f(x)\,\mathrm{d}x. \tag{3}$$

其中 f 称为**被积函数**，x 称为**积分变量**，$[a,b]$ 称为**积分区间**，a,b 分别称为这个定积分的**下限**和**上限**.

以上定义 1 至定义 3 是定积分抽象概念的完整叙述. 下面是与定积分概念有关的几点补充注释.

注 1　把定积分定义的 $\varepsilon-\delta$ 说法和函数极限的 $\varepsilon-\delta$ 说法相对照，便会发现两者有相似的陈述方式，因此我们也常用极限符号来表达定积分，即把它写作

$$J=\lim_{\|T\|\to 0}\sum_{i=1}^{n} f(\xi_i)\Delta x_i=\int_a^b f(x)\,\mathrm{d}x. \tag{4}$$

然而，积分和的极限与函数的极限之间其实有着很大的区别：在函数极限 $\lim\limits_{x\to a} f(x)$ 中，对每一个极限变量 x 来说，$f(x)$ 的值是唯一确定的；而对于积分和的极限而言，每一个 $\|T\|$ 并不唯一对应积分和的一个值. 这使得积分和的极限要比通常的函数极限复杂得多.

注 2　可积性是函数的又一分析性质. 稍后（定理 9.3）就会知道连续函数是可积的，于是本节开头两个实例都可用定积分记号来表示：

1）连续曲线 $y=f(x)\geqslant 0$ 在 $[a,b]$ 上形成的曲边梯形面积为 $S=\int_a^b f(x)\,\mathrm{d}x$；

2）质点从 a 移动到 b 时，连续变力 F 所做的功为 $W=\int_a^b F(x)\,\mathrm{d}x$.

注 3（定积分的几何意义）　由上述 1）看到，对于 $[a,b]$ 上的连续函数 f，当 $f(x)\geqslant 0, x\in[a,b]$ 时，定积分（3）的几何意义就是该曲边梯形的面积；当 $f(x)\leqslant 0$，$x\in[a,b]$ 时，$J=-\int_a^b(-f(x))\,\mathrm{d}x$ 是位于 x 轴下方的曲边梯形面积的相反数，不妨称之为"负面积"；对于一般非定号的 $f(x)$ 而言（图 9－4），定积分 J 的值则是曲线 $y=f(x)$ 在 x 轴上方部分所有曲边梯形的正面积与下方部分所有曲边梯形的负面积的代数和.

注 4　定积分作为积分和的极限，它的值只与被积函数 f 和积分区间 $[a,b]$ 有关，

而与积分变量所用的符号无关,即

$$\int_a^b f(x)\mathrm{d}x=\int_a^b f(t)\mathrm{d}t=\int_a^b f(\theta)\mathrm{d}\theta=\cdots.$$

例 求在区间[0,1]上,以抛物线 $y=x^2$ 为曲边的曲边三角形的面积(图 9-5).

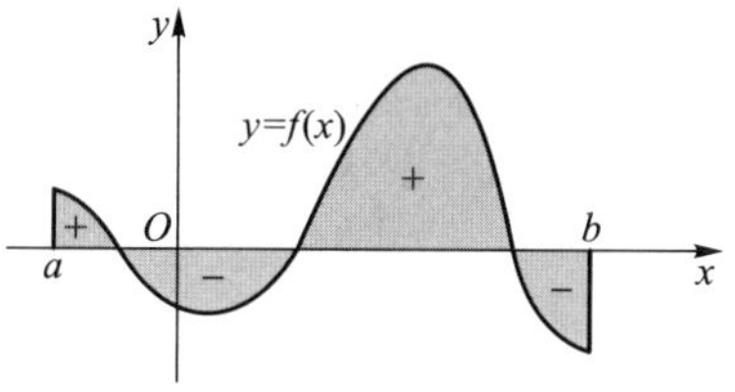

图 9-4

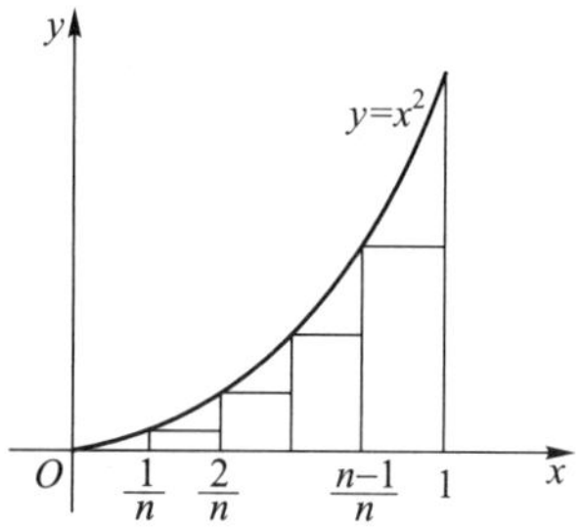

图 9-5

解 由注 3,因 $y=x^2$ 在[0,1]上连续,故所求面积为

$$S=\int_0^1 x^2\mathrm{d}x=\lim_{\|T\|\to 0}\sum_{i=1}^n \xi_i^2\Delta x_i.$$

为求得此极限,在定积分存在的前提下,允许选择某种特殊的分割 T 和特殊的点集 $\{\xi_i\}$.在此只需取等分分割

$$T=\left\{0,\frac{1}{n},\frac{2}{n},\cdots,\frac{n-1}{n},1\right\},\quad \|T\|=\frac{1}{n};$$

并取 $\xi_i=\dfrac{i-1}{n}\in\left[\dfrac{i-1}{n},\dfrac{i}{n}\right]$,$i=1,2,\cdots,n$.则有

$$\begin{aligned}S&=\lim_{n\to\infty}\sum_{i=1}^n\left(\frac{i-1}{n}\right)^2\cdot\frac{1}{n}=\lim_{n\to\infty}\frac{1}{n^3}\sum_{i=1}^n(i-1)^2\\&=\lim_{n\to\infty}\frac{(n-1)n(2n-1)}{6n^3}=\frac{1}{3}.\end{aligned}$$

□

习 题 9.1

1. 按定积分定义证明:$\int_a^b k\mathrm{d}x=k(b-a)$.

2. 通过对积分区间作等分分割,并取适当的点集 $\{\xi_i\}$,把定积分看作是对应的积分和的极限,来计算下列定积分:

(1) $\int_0^1 x^3\mathrm{d}x\left(提示:\sum_{i=1}^n i^3=\frac{1}{4}n^2(n+1)^2\right)$;

(2) $\int_0^1 \mathrm{e}^x\mathrm{d}x$;　　(3) $\int_a^b \mathrm{e}^x\mathrm{d}x$;

(4) $\int_a^b \frac{\mathrm{d}x}{x^2}(0<a<b)$ (提示:取 $\xi_i=\sqrt{x_{i-1}x_i}$).

§2 牛顿-莱布尼茨公式

从上节例题和习题看到,通过求积分和的极限来计算定积分一般是很困难的.下面要介绍的牛顿-莱布尼茨(Newton-Leibniz)公式不仅为定积分计算提供了一个有效的方法,而且在理论上把定积分与不定积分联系了起来.

定理 9.1 若函数 f 在 $[a,b]$ 上连续,且存在原函数 F,即 $F'(x)=f(x),x\in[a,b]$,则 f 在 $[a,b]$ 上可积,且

$$\int_a^b f(x)\mathrm{d}x=F(b)-F(a).\tag{1}$$

上式称为**牛顿-莱布尼茨公式**,它也常写成

$$\int_a^b f(x)\mathrm{d}x=F(x)\Big|_a^b.$$

证 由定积分定义,任给 $\varepsilon>0$,要证存在 $\delta>0$,当 $\|T\|<\delta$ 时,有 $\left|\sum_{i=1}^n f(\xi_i)\Delta x_i-(F(b)-F(a))\right|<\varepsilon$.下面证明满足如此要求的 δ 确实是存在的.

事实上,对于 $[a,b]$ 的任一分割 $T=\{a=x_0,x_1,\cdots,x_n=b\}$,在每个小区间 $[x_{i-1},x_i]$ 上对 $F(x)$ 使用拉格朗日中值定理,则分别存在 $\eta_i\in(x_{i-1},x_i),i=1,2,\cdots,n$,使得

$$\begin{aligned}F(b)-F(a)&=\sum_{i=1}^n(F(x_i)-F(x_{i-1}))\\&=\sum_{i=1}^n F'(\eta_i)\Delta x_i=\sum_{i=1}^n f(\eta_i)\Delta x_i.\end{aligned}\tag{2}$$

因为 f 在 $[a,b]$ 上连续,从而一致连续,所以对上述 $\varepsilon>0$,存在 $\delta>0$,当 $x',x''\in[a,b]$ 且 $|x'-x''|<\delta$ 时,有

$$|f(x')-f(x'')|<\frac{\varepsilon}{b-a}.$$

于是,当 $\Delta x_i\leqslant\|T\|<\delta$ 时,任取 $\xi_i\in[x_{i-1},x_i]$,便有 $|\xi_i-\eta_i|<\delta$,这就证得

$$\begin{aligned}\left|\sum_{i=1}^n f(\xi_i)\Delta x_i-(F(b)-F(a))\right|&=\left|\sum_{i=1}^n(f(\xi_i)-f(\eta_i))\Delta x_i\right|\\&\leqslant\sum_{i=1}^n|f(\xi_i)-f(\eta_i)|\Delta x_i\\&<\frac{\varepsilon}{b-a}\cdot\sum_{i=1}^n\Delta x_i=\varepsilon.\end{aligned}$$

所以 f 在 $[a,b]$ 上可积,且有公式(1)成立. □

注 1 在应用牛顿-莱布尼茨公式时,$F(x)$ 可由不定积分求得.

注 2 定理条件可适当减弱,例如:

1) 对 F 的要求可减弱为:在 $[a,b]$ 上连续,在 (a,b) 上可导,且 $F'(x)=f(x),x\in(a,b)$.这不影响定理的证明.

2）对 f 的要求可减弱为：在 $[a,b]$ 上可积（不一定连续）．这时（2）式仍成立，且由 f 在 $[a,b]$ 上可积，（2）式右边当 $\|T\|\to 0$ 时的极限就是 $\int_a^b f(x)\,\mathrm{d}x$，而左边恒为一常数．（更一般的情形参见本节习题第 3 题．）

注 3 至 § 5 证得连续函数必有原函数之后，本定理的条件中对 F 的假设便是多余的了．

例 1 利用牛顿－莱布尼茨公式计算下列定积分：

（1）$\int_a^b x^n\,\mathrm{d}x$（$n$ 为正整数）； （2）$\int_a^b \mathrm{e}^x\,\mathrm{d}x$；

（3）$\int_a^b \frac{\mathrm{d}x}{x^2}(0<a<b)$； （4）$\int_0^\pi \sin x\,\mathrm{d}x$；

（5）$\int_0^2 x\sqrt{4-x^2}\,\mathrm{d}x$．

解 其中（1）—（3）即为 § 1 中的例题和习题，现在用牛顿－莱布尼茨公式来计算就十分方便：

（1）$\int_a^b x^n\,\mathrm{d}x=\frac{x^{n+1}}{n+1}\Big|_a^b=\frac{1}{n+1}(b^{n+1}-a^{n+1})$．

（2）$\int_a^b \mathrm{e}^x\,\mathrm{d}x=\mathrm{e}^x\Big|_a^b=\mathrm{e}^b-\mathrm{e}^a$．

（3）$\int_a^b \frac{\mathrm{d}x}{x^2}=-\frac{1}{x}\Big|_a^b=\frac{1}{a}-\frac{1}{b}$．

（4）$\int_0^\pi \sin x\,\mathrm{d}x=-\cos x\Big|_0^\pi=2$．

（这里的（4）是图 9－6 所示正弦曲线一拱下的面积，其余各题也可作此联想．）

（5）先用不定积分法求出 $f(x)=x\sqrt{4-x^2}$ 的任一原函数，然后完成定积分计算：

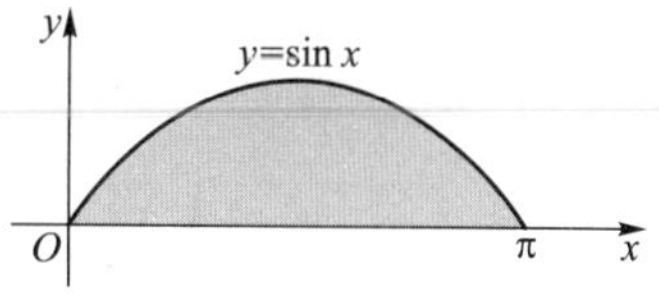

图 9－6

$$\int x\sqrt{4-x^2}\,\mathrm{d}x=-\frac{1}{2}\int\sqrt{4-x^2}\,\mathrm{d}(4-x^2)$$

$$=-\frac{1}{3}\sqrt{(4-x^2)^3}+C,$$

$$\int_0^2 x\sqrt{4-x^2}\,\mathrm{d}x=-\frac{1}{3}\sqrt{(4-x^2)^3}\Big|_0^2=\frac{8}{3}.$$ □

例 2 利用定积分求极限

$$\lim_{n\to\infty}\left(\frac{1}{n+1}+\frac{1}{n+2}+\cdots+\frac{1}{2n}\right)=J.$$

解 把此极限式化为某个积分和的极限式，并转化为计算定积分．为此作如下变形：

$$J=\lim_{n\to\infty}\sum_{i=1}^{n}\frac{1}{1+\frac{i}{n}}\cdot\frac{1}{n}.$$

不难看出,其中的和式是函数 $f(x)=\dfrac{1}{1+x}$ 在区间 $[0,1]$ 上的一个积分和 $\left(\right.$ 这里所取的是等分分割, $\Delta x_i=\dfrac{1}{n}, \xi_i=\dfrac{i}{n}\in\left[\dfrac{i-1}{n},\dfrac{i}{n}\right], i=1,2,\cdots,n\left.\right)$. 所以

$$J=\int_0^1\frac{\mathrm{d}x}{1+x}=\ln\ (1+x)\ \Big|_0^1=\ln 2.$$

当然,也可把 J 看作 $f(x)=\dfrac{1}{x}$ 在 $[1,2]$ 上的定积分,同样有

$$J=\int_1^2\frac{\mathrm{d}x}{x}=\ln 2.$$ □

习题 9.2

1. 计算下列定积分:

(1) $\int_0^1(2x+3)\mathrm{d}x$;　　(2) $\int_0^1\dfrac{1-x^2}{1+x^2}\mathrm{d}x$;

(3) $\int_{\mathrm{e}}^{\mathrm{e}^2}\dfrac{\mathrm{d}x}{x\ln x}$;　　(4) $\int_0^1\dfrac{\mathrm{e}^x-\mathrm{e}^{-x}}{2}\mathrm{d}x$;

(5) $\int_0^{\frac{\pi}{3}}\tan^2x\mathrm{d}x$;　　(6) $\int_4^9\left(\sqrt{x}+\dfrac{1}{\sqrt{x}}\right)\mathrm{d}x$;

(7) $\int_0^4\dfrac{\mathrm{d}x}{1+\sqrt{x}}$;　　(8) $\int_{\frac{1}{\mathrm{e}}}^{\mathrm{e}}\dfrac{1}{x}(\ln x)^2\mathrm{d}x$.

2. 利用定积分求极限:

(1) $\lim\limits_{n\to\infty}\dfrac{1}{n^4}(1+2^3+\cdots+n^3)$;

(2) $\lim\limits_{n\to\infty}n\left(\dfrac{1}{(n+1)^2}+\dfrac{1}{(n+2)^2}+\cdots+\dfrac{1}{(n+n)^2}\right)$;

(3) $\lim\limits_{n\to\infty}n\left(\dfrac{1}{n^2+1}+\dfrac{1}{n^2+2^2}+\cdots+\dfrac{1}{2n^2}\right)$;

(4) $\lim\limits_{n\to\infty}\dfrac{1}{n}\left(\sin\dfrac{\pi}{n}+\sin\dfrac{2\pi}{n}+\cdots+\sin\dfrac{n-1}{n}\pi\right)$.

---

3. 证明:若 f 在 $[a,b]$ 上可积, F 在 $[a,b]$ 上连续,且除有限个点外有 $F'(x)=f(x)$,则有

$$\int_a^b f(x)\mathrm{d}x=F(b)-F(a).$$

§3 可积条件

从定理 9.1 及其后注中看到,要判别一个函数是否可积,必须研究可积条件.

一、可积的必要条件

定理 9.2 若函数 f 在 $[a,b]$ 上可积,则 f 在 $[a,b]$ 上必定有界.

证 用反证法.若 f 在 $[a,b]$ 上无界,则对于 $[a,b]$ 的任一分割 T,必存在属于 T 的某个小区间 Δ_k, f 在 Δ_k 上无界.在 $i\neq k$ 的各个小区间 Δ_i 上任意取定 ξ_i,并记

$$G=\left|\sum_{i\neq k} f(\xi_i)\Delta x_i\right|.$$

现对任意大的正数 M,由于 f 在 Δ_k 上无界,故存在 $\xi_k\in\Delta_k$,使得

$$|f(\xi_k)|>\frac{M+G}{\Delta x_k}.$$

于是有

$$\begin{aligned}\left|\sum_{i=1}^{n} f(\xi_i)\Delta x_i\right| &\geqslant |f(\xi_k)\Delta x_k|-\left|\sum_{i\neq k} f(\xi_i)\Delta x_i\right|\\ &>\frac{M+G}{\Delta x_k}\cdot\Delta x_k-G=M.\end{aligned}$$

由此可见,对于无论多小的 $\|T\|$,按上述方法选取点集 $\{\xi_i\}$ 时,总能使积分和的绝对值大于任何预先给出的正数,这与 f 在 $[a,b]$ 上可积相矛盾. □

这个定理指出,任何可积函数一定是有界的;但要注意,有界函数却不一定可积.

例 1 证明:狄利克雷函数

$$D(x)=\begin{cases}1, & x\text{ 为有理数},\\ 0, & x\text{ 为无理数}\end{cases}$$

在 $[0,1]$ 上有界但不可积.

证 显然 $|D(x)|\leqslant 1, x\in[0,1]$.

对于 $[0,1]$ 的任一分割 T,由有理数和无理数在实数中的稠密性,在属于 T 的任一小区间 Δ_i 上,当取 ξ_i 全为有理数时, $\sum\limits_{i=1}^{n} D(\xi_i)\Delta x_i=\sum\limits_{i=1}^{n}\Delta x_i=1$;当取 ξ_i 全为无理数时, $\sum\limits_{i=1}^{n} D(\xi_i)\Delta x_i=0$.所以不论 $\|T\|$ 多么小,只要点集 $\{\xi_i\}$ 取法不同(全取有理数或全取无理数),积分和就有不同的极限,即 $D(x)$ 在 $[0,1]$ 上不可积. □

由此例可见,有界是可积的必要条件.所以在以后讨论函数的可积性时,总是首先假设函数是有界的,今后不再一一申明.

二、可积的充要条件

要判断一个函数是否可积,固然可以根据定义,直接考察积分和是否能无限接近

某一常数，但由于积分和的复杂性和那个常数不易预知，因此这是极其困难的. 下面即将给出的可积准则只与被积函数本身有关，而不涉及定积分的值.

设 $T=\{\Delta_i \mid i=1,2,\cdots,n\}$ 为对 $[a,b]$ 的任一分割. 由 f 在 $[a,b]$ 上有界，可知它在每个 Δ_i 上存在上、下确界：

$$M_i=\sup_{x\in\Delta_i} f(x),\quad m_i=\inf_{x\in\Delta_i} f(x),\quad i=1,2,\cdots,n.$$

作和

$$S(T)=\sum_{i=1}^{n} M_i\Delta x_i,\quad s(T)=\sum_{i=1}^{n} m_i\Delta x_i,$$

分别称为 f 关于分割 T 的**上和**与**下和**（或称**达布上和**与**达布下和**，统称**达布和**）. 任给 $\xi_i\in\Delta_i, i=1,2,\cdots,n$，显然有

$$s(T)\leqslant \sum_{i=1}^{n} f(\xi_i)\Delta x_i\leqslant S(T). \tag{1}$$

与积分和相比较，达布和只与分割 T 有关，而与点集 $\{\xi_i\}$ 无关. 由不等式(1)，就能通过讨论上和与下和当 $\|T\|\to 0$ 时的极限来揭示 f 在 $[a,b]$ 上是否可积. 所以可积性理论总是从讨论上和与下和的性质入手的.

定理9.3（可积准则）　函数 f 在 $[a,b]$ 上可积的充要条件是：任给 $\varepsilon>0$，总存在相应的一个分割 T，使得

$$S(T)-s(T)<\varepsilon. \tag{2}$$

本定理的证明依赖对上和与下和性质的详尽讨论，这里从略（完整证明补述于§6）.

设 $\omega_i=M_i-m_i$，称为 f 在 Δ_i 上的**振幅**，有必要时也记为 ω_i^f. 由于

$$S(T)-s(T)=\sum_{i=1}^{n}\omega_i\Delta x_i\left(\text{或记为}\sum_T\omega_i\Delta x_i\right),$$

因此可积准则又可改述如下.

定理 9.3′　函数 f 在 $[a,b]$ 上可积的充要条件是：任给 $\varepsilon>0$，总存在相应的某一分割 T，使得

$$\sum_T \omega_i\Delta x_i<\varepsilon. \tag{2′}$$

不等式(2)或(2′)的几何意义是：若 f 在 $[a,b]$ 上可积，则只要分割充分地细，图 9-7 中包围曲线 $y=f(x)$ 的一系列小矩形面积之和可以达到任意小；反之亦然.

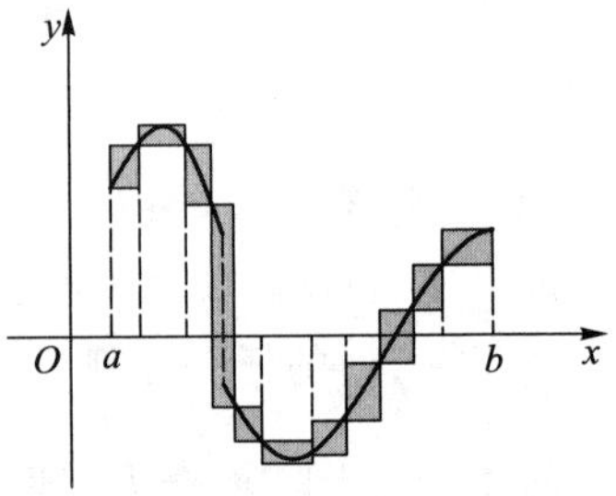

图 9-7

三、可积函数类

根据可积的充要条件，我们证明下面一些类型的函数是可积的（即可积的充分条件）.

定理 9.4　若 f 为 $[a,b]$ 上的连续函数，则 f 在 $[a,b]$ 上可积.

证　由于 f 在闭区间 $[a,b]$ 上连续，因此在 $[a,b]$ 上一致连续. 这就是说，任给 $\varepsilon>0$，存在 $\delta>0$，对 $[a,b]$ 中任意两点 x',x''，只要 $|x'-x''|<\delta$，便有

$$|f(x')-f(x'')|<\frac{\varepsilon}{b-a}.$$

所以只要对 $[a,b]$ 所作的分割 T 满足 $\|T\|<\delta$，在 T 所属的任一小区间 Δ_i 上，就能使 f 的振幅满足

$$\omega_i=M_i-m_i=\sup_{x',x''\in\Delta_i}|f(x')-f(x'')|^{①}\leqslant\frac{\varepsilon}{b-a},$$

从而导致

$$\sum_T\omega_i\Delta x_i\leqslant\frac{\varepsilon}{b-a}\sum_T\Delta x_i=\varepsilon.$$

由定理 9.3′证得 f 在 $[a,b]$ 上可积. □

读者应该注意到一致连续性在本定理证明中所起的重要作用.

定理 9.5 若 f 是区间 $[a,b]$ 上只有有限个间断点的有界函数，则 f 在 $[a,b]$ 上可积.

证 不失一般性，这里只证明 f 在 $[a,b]$ 上仅有一个间断点的情形，并假设该间断点即为端点 b.

任给 $\varepsilon>0$，取 δ' 满足 $0<\delta'<\frac{\varepsilon}{2(M-m)}$，且 $\delta'<b-a$，其中 M 与 m 分别为 f 在 $[a,b]$ 上的上确界与下确界（设 $m<M$，否则 f 为常量函数，显然可积）. 记 f 在小区间 $\Delta'=[b-\delta',b]$ 上的振幅为 ω'，则

$$\omega'\delta'<(M-m)\cdot\frac{\varepsilon}{2(M-m)}=\frac{\varepsilon}{2}.$$

因为 f 在 $[a,b-\delta']$ 上连续，由定理 9.4 知 f 在 $[a,b-\delta']$ 上可积. 再由定理9.3′（必要性），存在对 $[a,b-\delta']$ 的某个分割 $T'=\{\Delta_1,\Delta_2,\cdots,\Delta_{n-1}\}$，使得

$$\sum_{T'}\omega_i\Delta x_i<\frac{\varepsilon}{2}.$$

令 $\Delta_n=\Delta'$，则 $T=\{\Delta_1,\Delta_2,\cdots,\Delta_{n-1},\Delta_n\}$ 是对 $[a,b]$ 的一个分割，对于 T，有

$$\sum_T\omega_i\Delta x_i=\sum_{T'}\omega_i\Delta x_i+\omega'\delta'<\frac{\varepsilon}{2}+\frac{\varepsilon}{2}=\varepsilon.$$

根据定理 9.3′（充分性），证得 f 在 $[a,b]$ 上可积. □

定理 9.6 若 f 是 $[a,b]$ 上的单调函数，则 f 在 $[a,b]$ 上可积.

证 设 f 为增函数，且 $f(a)<f(b)$（若 $f(a)=f(b)$，则 f 为常量函数，显然可积）. 对 $[a,b]$ 的任一分割 T，由 f 的增性，f 在 T 所属的每个小区间 Δ_i 上的振幅为

$$\omega_i=f(x_i)-f(x_{i-1}),$$

于是有

$$\begin{aligned}\sum_T\omega_i\Delta x_i&\leqslant\sum_{i=1}^{n}(f(x_i)-f(x_{i-1}))\|T\|\\&=(f(b)-f(a))\|T\|.\end{aligned}$$

---

① 此等式成立的证明参见第一章总练习题（第 16 题）.

由此可见,任给 $\varepsilon>0$,只要 $\|T\|<\dfrac{\varepsilon}{f(b)-f(a)}$,就有

$$\sum_{T}\omega_i\Delta x_i<\varepsilon,$$

所以 f 在 $[a,b]$ 上可积. □

注意,单调函数即使有无限多个间断点,仍不失其可积性.

例 2　试用两种方法证明函数

$$f(x)=\begin{cases}0, & x=0,\\ \dfrac{1}{n}, & \dfrac{1}{n+1}<x\leqslant\dfrac{1}{n}, n=1,2,\cdots\end{cases}$$

在区间 $[0,1]$ 上可积.

证　证法一　由于 f 是一增函数(图 9-8),虽然它在 $[0,1]$ 上有无限多个间断点 $x_n=\dfrac{1}{n}, n=2,3,\cdots$,但由定理 9.6,仍保证它在 $[0,1]$ 上可积.

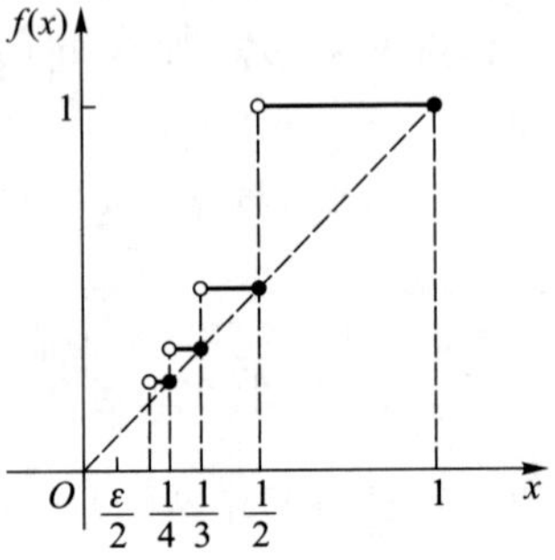

图 9-8

证法二(仅利用定理 9.3′和定理 9.5)　任给 $\varepsilon>0$,由于 $\lim\limits_{n\to\infty}\dfrac{1}{n}=0$,因此当 n 充分大时 $\dfrac{1}{n}<\dfrac{\varepsilon}{2}$,这说明 f 在 $\left[\dfrac{\varepsilon}{2},1\right]$ 上只有有限个间断点.利用定理 9.5 和定理 9.3′推知 f 在 $\left[\dfrac{\varepsilon}{2},1\right]$ 上可积,且存在对 $\left[\dfrac{\varepsilon}{2},1\right]$ 的某一分割 T',使得

$$\sum_{T'}\omega_i\Delta x_i<\frac{\varepsilon}{2}.$$

再把小区间 $\left[0,\dfrac{\varepsilon}{2}\right]$ 与 T' 合并,成为对 $[0,1]$ 的一个分割 T.由于 f 在 $\left[0,\dfrac{\varepsilon}{2}\right]$ 上的振幅 $\omega_0<1$,因此得到

$$\sum_{T}\omega_i\Delta x_i=\omega_0\cdot\frac{\varepsilon}{2}+\sum_{T'}\omega_i\Delta x_i<\frac{\varepsilon}{2}+\frac{\varepsilon}{2}=\varepsilon.$$

所以 f 在 $[0,1]$ 上可积. □

事实上,例 2 的第二种证法并不限于该例中的具体函数,更一般的命题见本节习题第 4 题.下面例 3 的证明思想与它可谓异曲同工.

例 3　证明:黎曼函数

$$R(x)=\begin{cases}\dfrac{1}{q}, & x=\dfrac{p}{q}\left(p,q\in\mathbf{N}_+,\dfrac{p}{q}\text{为既约真分数}\right),\\ 0, & x=0,1\text{ 以及 }(0,1)\text{ 内的无理数}\end{cases}$$

在区间 $[0,1]$ 上可积,且

$$\int_0^1 R(x)\,\mathrm{d}x=0.$$

分析 已知黎曼函数在 $x=0,1$ 以及一切无理点处连续，而在 $(0,1)$ 上的一切有理点处间断. 证明它在 $[0,1]$ 上可积的直观构思如下：如图 9-9 所示，在黎曼函数的图像中画一条水平直线 $y=\frac{\varepsilon}{2}$. 在此直线上方只有函数图像中有限个点，这些点所对应的自变量可被含于属于分割 T 的有限个小区间中，当 $\|T\|$ 足够小时，这有限个小区间的总长可为任意小；而 T 中其余小区间上函数的振幅不大于$\frac{\varepsilon}{2}$，把这两部分相合，便可证得 $\sum\limits_{T}\omega_i\Delta x_i<\varepsilon$. 下面写出这个证明.

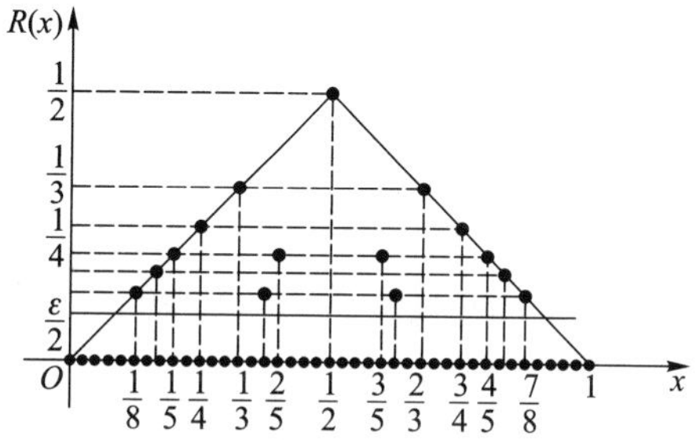

图 9-9

证 任给 $\varepsilon>0$，在 $[0,1]$ 上使得$\frac{1}{q}>\frac{\varepsilon}{2}$的有理点$\frac{p}{q}$只有有限个，设它们为 $r_1,r_2,\cdots,r_k$. 现对 $[0,1]$ 作分割 $T=\{\Delta_1,\Delta_2,\cdots,\Delta_n\}$，使 $\|T\|<\frac{\varepsilon}{2k}$，并把 T 中所有小区间分为 $\{\Delta'_i\mid i=1,2,\cdots,m\}$ 和 $\{\Delta''_i\mid i=1,2,\cdots,n-m\}$ 两类. 其中 $\{\Delta'_i\}$ 为含有 $\{r_i\mid i=1,2,\cdots,k\}$ 中点的所有小区间，这类小区间的个数 $m\leqslant 2k$（当所有 r_i 恰好都是 T 的分割点时才有 $m=2k$）；而 $\{\Delta''_i\}$ 为 T 中所有其余不含 $\{r_i\}$ 中点的小区间. 由于 R 在 Δ'_i 上的振幅 $\omega'_i\leqslant\frac{1}{2}$，于是

$$\sum_{i=1}^{m}\omega'_i\Delta x'_i\leqslant\frac{1}{2}\sum_{i=1}^{m}\Delta x'_i\leqslant\frac{1}{2}\cdot 2k\|T\|<\frac{\varepsilon}{2};$$

而 R 在 Δ''_i 上的振幅 $\omega''_i\leqslant\frac{\varepsilon}{2}$，于是

$$\sum_{i=1}^{n-m}\omega''_i\Delta x''_i\leqslant\frac{\varepsilon}{2}\sum_{i=1}^{n-m}\Delta x''_i<\frac{\varepsilon}{2}.$$

把这两部分合起来，便证得

$$\sum_{i=1}^{n}\omega_i\Delta x_i=\sum_{i=1}^{m}\omega'_i\Delta x'_i+\sum_{i=1}^{n-m}\omega''_i\Delta x''_i<\varepsilon,$$

即 R 在 $[0,1]$ 上可积.

因为已经证得 R 在 $[0,1]$ 上可积，所以当取 ξ_i 全为无理点时，使 $R(\xi_i)=0$，从而

$$\int_0^1 R(x)\,\mathrm{d}x=\lim_{\|T\|\to 0}\sum_{i=1}^{n}R(\xi_i)\Delta x_i=0.$$ □

习　题　9.3

1. 证明：若 T' 是 T 增加若干个分点后所得的分割，则 $\sum\limits_{T'}\omega'_i\Delta x'_i\leqslant\sum\limits_{T}\omega_i\Delta x_i$.

2. 证明：若 f 在 $[a,b]$ 上可积，$[\alpha,\beta]\subset[a,b]$，则 f 在 $[\alpha,\beta]$ 上也可积.

3. 设 f,g 均为定义在 $[a,b]$ 上的有界函数，仅在有限个点处 $f(x)\neq g(x)$. 证明：若 f 在 $[a,b]$ 上可积，则 g 在 $[a,b]$ 上也可积，且 $\int_a^b f(x)\mathrm{d}x=\int_a^b g(x)\mathrm{d}x$.

4. 设 f 在 $[a,b]$ 上有界，$\{a_n\}\subset[a,b]$，$\lim\limits_{n\to\infty}a_n=c$. 证明：若 f 在 $[a,b]$ 上只有 $a_n(n=1,2,\cdots)$ 为其间断点，则 f 在 $[a,b]$ 上可积.

---

5. 证明：函数

$$f(x)=\begin{cases}0, & x=0,\\ \dfrac{1}{x}-\left[\dfrac{1}{x}\right], & x\in(0,1]\end{cases}$$

在 $[0,1]$ 上可积.

6. 设函数 f 在 $[a,b]$ 上有定义，且对于任给的 $\varepsilon>0$，存在 $[a,b]$ 上的可积函数 g，使得

$$|f(x)-g(x)|<\varepsilon,\quad x\in[a,b].$$

证明：f 在 $[a,b]$ 上可积.

§4　定积分的性质

一、定积分的基本性质

性质 1　若 f 在 $[a,b]$ 上可积，k 为常数，则 kf 在 $[a,b]$ 上也可积，且

$$\int_a^b kf(x)\mathrm{d}x=k\int_a^b f(x)\mathrm{d}x. \tag{1}$$

证　当 $k=0$ 时结论显然成立.

当 $k\neq 0$ 时，由于

$$\left|\sum_{i=1}^n kf(\xi_i)\Delta x_i-kJ\right|=|k|\cdot\left|\sum_{i=1}^n f(\xi_i)\Delta x_i-J\right|,$$

其中 $J=\int_a^b f(x)\mathrm{d}x$，因此当 f 在 $[a,b]$ 上可积时，由定义，任给 $\varepsilon>0$，存在 $\delta>0$，当 $\|T\|<\delta$ 时，

$$\left|\sum_{i=1}^n f(\xi_i)\Delta x_i-J\right|<\frac{\varepsilon}{|k|},$$

从而

$$\left|\sum_{i=1}^{n} kf(\xi_i)\Delta x_i - kJ\right| < \varepsilon.$$

即 kf 在 $[a,b]$ 上可积,且

$$\int_a^b kf(x)\,\mathrm{d}x = kJ = k\int_a^b f(x)\,\mathrm{d}x.$$ □

性质 2 若 f,g 都在 $[a,b]$ 上可积,则 $f\pm g$ 在 $[a,b]$ 上也可积,且

$$\int_a^b (f(x)\pm g(x))\,\mathrm{d}x = \int_a^b f(x)\,\mathrm{d}x \pm \int_a^b g(x)\,\mathrm{d}x. \tag{2}$$

证明与性质 1 类同,留给读者.

性质 1 与性质 2 是定积分的线性性质,合起来即为

$$\int_a^b (\alpha f(x)+\beta g(x))\,\mathrm{d}x = \alpha\int_a^b f(x)\,\mathrm{d}x + \beta\int_a^b g(x)\,\mathrm{d}x,$$

其中 α,β 为常数.

性质 3 若 f,g 都在 $[a,b]$ 上可积,则 $f\cdot g$ 在 $[a,b]$ 上也可积.

证 由 f,g 都在 $[a,b]$ 上可积,从而都有界,设

$$A=\sup_{x\in[a,b]}|f(x)|,\quad B=\sup_{x\in[a,b]}|g(x)|,$$

且 $A>0,B>0$(否则 f,g 中至少有一个恒为零值函数,于是 $f\cdot g$ 亦为零值函数,结论显然成立).

任给 $\varepsilon>0$,由 f,g 可积,必分别存在分割 T_1,T_2,使得

$$\sum_{T_1}\omega_{1,i}^{f}\Delta x_{1,i} < \frac{\varepsilon}{2B},\qquad \sum_{T_2}\omega_{2,i}^{g}\Delta x_{2,i} < \frac{\varepsilon}{2A}.$$

令 $T=T_1+T_2$(表示把 T_1,T_2 的所有分割点合并而成的一个新的分割 T).对于 $[a,b]$ 上 T 所属的每一个 Δ_i,有

$$\begin{aligned}\omega_i^{f\cdot g} &= \sup_{x',x''\in\Delta_i}|f(x')g(x')-f(x'')g(x'')|\\ &\leqslant \sup_{x',x''\in\Delta_i}\Big(|g(x')|\cdot|f(x')-f(x'')|+|f(x'')|\cdot|g(x')-g(x'')|\Big)\\ &\leqslant B\omega_i^f + A\omega_i^g.\end{aligned}$$

利用习题 9.3 的第 1 题,可知

$$\begin{aligned}\sum_T \omega_i^{f\cdot g}\Delta x_i &\leqslant B\sum_T \omega_i^f\Delta x_i + A\sum_T \omega_i^g\Delta x_i\\ &\leqslant B\sum_{T_1}\omega_{1,i}^f\Delta x_{1,i} + A\sum_{T_2}\omega_{2,i}^g\Delta x_{2,i}\\ &< B\cdot\frac{\varepsilon}{2B} + A\cdot\frac{\varepsilon}{2A} = \varepsilon,\end{aligned}$$

这就证得 $f\cdot g$ 在 $[a,b]$ 上可积. □

注意,在一般情形下,$\int_a^b f(x)g(x)\,\mathrm{d}x \neq \int_a^b f(x)\,\mathrm{d}x\cdot\int_a^b g(x)\,\mathrm{d}x$.

性质 4 f 在 $[a,b]$ 上可积的充要条件是:任给 $c\in(a,b)$,f 在 $[a,c]$ 与 $[c,b]$ 上都可积.此时又有等式

$$\int_a^b f(x)\,\mathrm{d}x = \int_a^c f(x)\,\mathrm{d}x + \int_c^b f(x)\,\mathrm{d}x. \tag{3}$$

证 充分性 由于 f 在 $[a,c]$ 与 $[c,b]$ 上都可积,故任给 $\varepsilon>0$,分别存在对 $[a,c]$

与 $[c,b]$ 的分割 T' 与 T''，使得

$$\sum_{T'} \omega'_i \Delta x'_i < \frac{\varepsilon}{2}, \qquad \sum_{T''} \omega''_i \Delta x''_i < \frac{\varepsilon}{2}.$$

现令 $T = T' + T''$，它是对 $[a,b]$ 的一个分割，且有

$$\sum_{T} \omega_i \Delta x_i = \sum_{T'} \omega'_i \Delta x'_i + \sum_{T''} \omega''_i \Delta x''_i < \varepsilon.$$

由此证得 f 在 $[a,b]$ 上可积.

必要性　已知 f 在 $[a,b]$ 上可积，故任给 $\varepsilon > 0$，存在对 $[a,b]$ 的某分割 T，使得 $\sum\limits_{T} \omega_i \Delta x_i < \varepsilon$. 在 T 上再增加一个分点 c，得到一个新的分割 T^*. 由习题 9.3 的第 1 题，又有

$$\sum_{T^*} \omega_i^* \Delta x_i^* \leqslant \sum_{T} \omega_i \Delta x_i < \varepsilon.$$

分割 T^* 在 $[a,c]$ 和 $[c,b]$ 上的部分分别构成对 $[a,c]$ 和 $[c,b]$ 的分割，记为 T' 和 T''，则有

$$\sum_{T'} \omega'_i \Delta x'_i \leqslant \sum_{T^*} \omega_i^* \Delta x_i^* < \varepsilon,$$

$$\sum_{T''} \omega''_i \Delta x''_i \leqslant \sum_{T^*} \omega_i^* \Delta x_i^* < \varepsilon.$$

这就证得 f 在 $[a,c]$ 与 $[c,b]$ 上都可积.

在证得上面结果的基础上最后来证明等式(3). 为此对 $[a,b]$ 作分割 T，恒使点 c 为其中的一个分点，这时 T 在 $[a,c]$ 与 $[c,b]$ 上的部分各自构成对 $[a,c]$ 与 $[c,b]$ 的分割，分别记为 T' 与 T''. 由于

$$\sum_{T} f(\xi_i)\Delta x_i = \sum_{T'} f(\xi'_i)\Delta x'_i + \sum_{T''} f(\xi''_i)\Delta x''_i,$$

因此当 $\|T\| \to 0$（同时有 $\|T'\| \to 0$，$\|T''\| \to 0$）时，对上式取极限，就得到(3)式成立. □

性质 4 及公式(3)称为**关于积分区间的可加性**. 当 $f(x) \geqslant 0$ 时，(3)式的几何意义就是曲边梯形面积的可加性. 如图 9-10 所示，曲边梯形 $AabB$ 的面积等于曲边梯形 $AacC$ 的面积与 $CcbB$ 的面积之和.

按定积分的定义，记号 $\int_a^b f(x)\mathrm{d}x$ 只有当 $a < b$ 时才有意义，而当 $a = b$ 或 $a > b$ 时本来是没有意义的. 但为了运用上的方便，对它作如下规定.

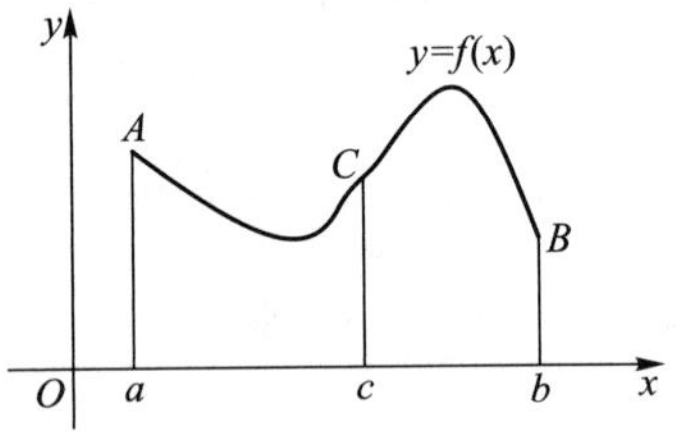

图 9-10

规定 1　当 $a = b$ 时，$\int_a^a f(x)\mathrm{d}x = 0$.

规定 2　当 $a > b$ 时，$\int_a^b f(x)\mathrm{d}x = -\int_b^a f(x)\mathrm{d}x$.

有了这些规定之后，等式(3)对于 a,b,c 的任何大小顺序都能成立. 例如，当 $a < b < c$ 时，只要 f 在 $[a,c]$ 上可积，则有

$$\int_a^c f(x)\mathrm{d}x + \int_c^b f(x)\mathrm{d}x = \left(\int_a^b f(x)\mathrm{d}x + \int_b^c f(x)\mathrm{d}x\right) - \int_b^c f(x)\mathrm{d}x$$

$$= \int_a^b f(x)\,dx.$$

性质 5 设 f 为 $[a,b]$ 上的可积函数.若 $f(x) \geqslant 0, x \in [a,b]$,则

$$\int_a^b f(x)\,dx \geqslant 0. \tag{4}$$

证 由于在 $[a,b]$ 上 $f(x) \geqslant 0$,因此 f 的任一积分和都为非负.由 f 在 $[a,b]$ 上可积,则有

$$\int_a^b f(x)\,dx = \lim_{\|T\| \to 0} \sum_{i=1}^{n} f(\xi_i)\Delta x_i \geqslant 0. \qquad \square$$

推论(积分不等式性) 若 f 与 g 为 $[a,b]$ 上的两个可积函数,且 $f(x) \leqslant g(x)$, $x \in [a,b]$,则有

$$\int_a^b f(x)\,dx \leqslant \int_a^b g(x)\,dx. \tag{5}$$

证 令 $F(x) = g(x) - f(x) \geqslant 0, x \in [a,b]$,由性质 2 知道 F 在 $[a,b]$ 上可积,且由性质 5 推得

$$0 \leqslant \int_a^b F(x)\,dx = \int_a^b g(x)\,dx - \int_a^b f(x)\,dx,$$

不等式(5)得证. $\square$

性质 6 若 f 在 $[a,b]$ 上可积,则 $|f|$ 在 $[a,b]$ 上也可积,且

$$\left|\int_a^b f(x)\,dx\right| \leqslant \int_a^b |f(x)|\,dx. \tag{6}$$

证 由于 f 在 $[a,b]$ 上可积,故任给 $\varepsilon > 0$,存在某分割 T,使得 $\sum\limits_T \omega_i^f \Delta x_i < \varepsilon$.由绝对值不等式

$$\big||f(x')| - |f(x'')|\big| \leqslant |f(x') - f(x'')|,$$

可得 $\omega_i^{|f|} \leqslant \omega_i^f$,于是有

$$\sum_T \omega_i^{|f|} \Delta x_i \leqslant \sum_T \omega_i^f \Delta x_i < \varepsilon.$$

从而证得 $|f|$ 在 $[a,b]$ 上可积.

再由不等式 $-|f(x)| \leqslant f(x) \leqslant |f(x)|$,应用性质 5(推论),即证得不等式(6)成立.

$\square$

注 这个性质的逆命题一般不成立.例如

$$f(x) = \begin{cases} 1, & x \text{ 为有理数}, \\ -1, & x \text{ 为无理数} \end{cases}$$

在 $[0,1]$ 上不可积(类似于狄利克雷函数);但 $|f(x)| \equiv 1$,它在 $[0,1]$ 上可积.

例 1 求 $\int_{-1}^{1} f(x)\,dx$,其中

$$f(x) = \begin{cases} 2x-1, & -1 \leqslant x < 0, \\ e^{-x}, & 0 \leqslant x \leqslant 1. \end{cases}$$

解 对于分段函数的定积分,通常利用积分区间可加性来计算,即

$$\int_{-1}^{1} f(x)\,dx = \int_{-1}^{0} f(x)\,dx + \int_0^1 f(x)\,dx = \int_{-1}^{0} (2x-1)\,dx + \int_0^1 e^{-x}\,dx$$

$$= (x^2 - x)\Big|_{-1}^{0} + (-e^{-x})\Big|_{0}^{1} = -2 - e^{-1} + 1 = -(e^{-1}+1). \qquad \square$$

注 1　上述解法中取 $\int_{-1}^{0} f(x)\,dx = \int_{-1}^{0}(2x-1)\,dx$，其中被积函数在 $x=0$ 处的值已由原来的 $f(0) = e^{-x}\Big|_{x=0} = 1$ 改为 $(2x-1)\Big|_{x=0} = -1$，由习题 9.3 的第 3 题知道这一改动并不影响 f 在 $[-1,0]$ 上的可积性和定积分的值.

注 2　如果要求直接在 $[-1,1]$ 上使用牛顿-莱布尼茨公式来计算 $\int_{-1}^{1} f(x)\,dx = F(1) - F(-1)$，这时 $F(x)$ 应取怎样的函数？读者可对照习题 9.2 的第 3 题来回答.

例 2　证明：若 f 在 $[a,b]$ 上连续，且 $f(x) \geqslant 0$，$\int_a^b f(x)\,dx = 0$，则 $f(x) \equiv 0, x \in [a,b]$.

证　用反证法. 倘若有某 $x_0 \in [a,b]$，使 $f(x_0) > 0$，则由连续函数的局部保号性，存在 x_0 的某邻域 $(x_0-\delta, x_0+\delta)$（当 $x_0 = a$ 或 $x_0 = b$ 时，则为右邻域或左邻域），使在其中 $f(x) \geqslant \dfrac{f(x_0)}{2} > 0$. 由性质 4 和性质 5 推知

$$\begin{aligned}\int_a^b f(x)\,dx &= \int_a^{x_0-\delta} f(x)\,dx + \int_{x_0-\delta}^{x_0+\delta} f(x)\,dx + \int_{x_0+\delta}^{b} f(x)\,dx \\ &\geqslant 0 + \int_{x_0-\delta}^{x_0+\delta} \frac{f(x_0)}{2}\,dx + 0 = f(x_0)\delta > 0,\end{aligned}$$

这与假设 $\int_a^b f(x)\,dx = 0$ 相矛盾. 所以 $f(x) \equiv 0, x \in [a,b]$. $\square$

注　从此例证明中看到，即使 f 为一非负可积函数，只要它在某一点 x_0 处连续，且 $f(x_0) > 0$，则必有 $\int_a^b f(x)\,dx > 0$.（至于可积函数必有连续点，这是一个较难证明的命题，读者可参阅习题 9.6 的第 7 题.）

二、积分中值定理

定理 9.7（积分第一中值定理）　若 f 在 $[a,b]$ 上连续，则至少存在一点 $\xi \in [a,b]$，使得

$$\int_a^b f(x)\,dx = f(\xi)(b-a). \tag{7}$$

证　由于 f 在 $[a,b]$ 上连续，因此存在最大值 M 和最小值 m. 由

$$m \leqslant f(x) \leqslant M, \quad x \in [a,b],$$

使用积分不等式性质得到

$$m(b-a) \leqslant \int_a^b f(x)\,dx \leqslant M(b-a),$$

或

$$m \leqslant \frac{1}{b-a}\int_a^b f(x)\,dx \leqslant M.$$

再由连续函数的介值性，至少存在一点 $\xi \in [a,b]$，使得

$$f(\xi) = \frac{1}{b-a}\int_a^b f(x)\,dx, \tag{7'}$$

这就证得(7)式成立. □

积分第一中值定理的几何意义如图 9－11 所示,若 f 在$[a,b]$上非负连续,则 $y=f(x)$ 在$[a,b]$上的曲边梯形面积等于以(7′)所示的 $f(\xi)$ 为高,$[a,b]$为底的矩形面积.而 $\frac{1}{b-a}\int_a^b f(x)\mathrm{d}x$ 则可理解为 $f(x)$ 在区间$[a,b]$上所有函数值的平均值.这是通常有限个数的算术平均值的推广.

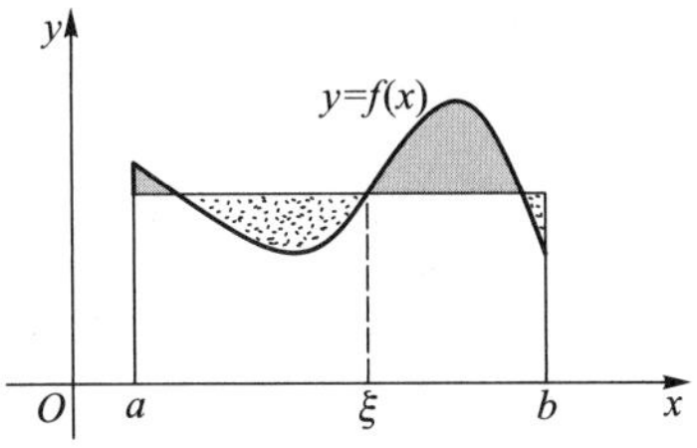

图 9－11

例 3 试求 $f(x)=\sin x$ 在$[0,\pi]$上的平均值.

解 所求平均值为

$$f(\xi)=\frac{1}{\pi}\int_0^{\pi}\sin x\mathrm{d}x=-\frac{1}{\pi}\cos x\Big|_0^{\pi}=\frac{2}{\pi}. \quad □$$

定理9.8(推广的积分第一中值定理) 若 f 与 g 都在$[a,b]$上连续,且 $g(x)$ 在$[a,b]$上不变号,则至少存在一点 $\xi\in[a,b]$,使得

$$\int_a^b f(x)g(x)\mathrm{d}x=f(\xi)\int_a^b g(x)\mathrm{d}x. \tag{8}$$

(当 $g(x)\equiv1$ 时,即为定理 9.7.)

证 不妨设 $g(x)\geqslant0, x\in[a,b]$.这时有

$$mg(x)\leqslant f(x)g(x)\leqslant Mg(x),\quad x\in[a,b],$$

其中 M,m 分别为 f 在$[a,b]$上的最大、最小值.由定积分的不等式性质,得到

$$m\int_a^b g(x)\mathrm{d}x\leqslant\int_a^b f(x)g(x)\mathrm{d}x\leqslant M\int_a^b g(x)\mathrm{d}x.$$

若 $\int_a^b g(x)\mathrm{d}x=0$,则由上式知 $\int_a^b f(x)g(x)\mathrm{d}x=0$,从而对任何 $\xi\in[a,b]$,(8)式都成立.若 $\int_a^b g(x)\mathrm{d}x>0$,则得

$$m\leqslant\frac{\int_a^b f(x)g(x)\mathrm{d}x}{\int_a^b g(x)\mathrm{d}x}\leqslant M.$$

由连续函数的介值性,必至少有一点 $\xi\in[a,b]$,使得

$$f(\xi)=\frac{\int_a^b f(x)g(x)\mathrm{d}x}{\int_a^b g(x)\mathrm{d}x},$$

这就证得(8)式成立. □

注 事实上,定理 9.7 和定理 9.8 中的中值点 ξ 必能在开区间(a,b)上取得(证明留作习题).

例 4 设 f 在$[0,1]$上连续,求 $\lim\limits_{n\to\infty}\int_0^1 f(\sqrt[n]{x})\mathrm{d}x$.

解 对于任意的正整数 $n\geqslant 2$，根据积分第一中值定理，存在 $\xi_n\in\left[0,\dfrac{1}{n}\right]$ 及 $\eta_n\in\left[\dfrac{1}{n},1\right]$，使得

$$\int_0^{\frac{1}{n}} f(\sqrt[n]{x})\,\mathrm{d}x=f(\sqrt[n]{\xi_n})\cdot\frac{1}{n},\quad \int_{\frac{1}{n}}^1 f(\sqrt[n]{x})\,\mathrm{d}x=f(\sqrt[n]{\eta_n})\cdot\left(1-\frac{1}{n}\right).$$

因为 f 在 $[0,1]$ 上是有界的，而有界量与无穷小量的乘积仍为无穷小量，所以

$$\lim_{n\to\infty} f(\sqrt[n]{\xi_n})\cdot\frac{1}{n}=0.$$

又因 $\dfrac{1}{n}\leqslant\eta_n\leqslant 1$，故有 $\dfrac{1}{\sqrt[n]{n}}\leqslant\sqrt[n]{\eta_n}\leqslant 1$，所以 $\lim\limits_{n\to\infty}\sqrt[n]{\eta_n}=1$. 根据 f 在 $x=1$ 处的连续性，有

$$\lim_{n\to\infty} f(\sqrt[n]{\eta_n})\cdot\left(1-\frac{1}{n}\right)=f(1).$$

因此

$$\begin{aligned}\lim_{n\to\infty}\int_0^1 f(\sqrt[n]{x})\,\mathrm{d}x&=\lim_{n\to\infty}\left(\int_0^{\frac{1}{n}} f(\sqrt[n]{x})\,\mathrm{d}x+\int_{\frac{1}{n}}^1 f(\sqrt[n]{x})\,\mathrm{d}x\right)\\&=\lim_{n\to\infty}\left(f(\sqrt[n]{\xi_n})\cdot\frac{1}{n}+f(\sqrt[n]{\eta_n})\cdot\left(1-\frac{1}{n}\right)\right)=f(1).\end{aligned}$$

□

习 题 9.4

1. 证明：若 f 与 g 都在 $[a,b]$ 上可积，则

$$\lim_{\|T\|\to 0}\sum_{i=1}^n f(\xi_i)g(\eta_i)\Delta x_i=\int_a^b f(x)g(x)\,\mathrm{d}x,$$

其中 ξ_i,η_i 是 T 所属小区间 Δ_i 中的任意两点，$i=1,2,\cdots,n$.

2. 不求出定积分的值，比较下列各对定积分的大小：

(1) $\displaystyle\int_0^1 x\,\mathrm{d}x$ 与 $\displaystyle\int_0^1 x^2\,\mathrm{d}x$；　　(2) $\displaystyle\int_0^{\frac{\pi}{2}} x\,\mathrm{d}x$ 与 $\displaystyle\int_0^{\frac{\pi}{2}}\sin x\,\mathrm{d}x$.

3. 证明下列不等式：

(1) $\displaystyle\frac{\pi}{2}<\int_0^{\frac{\pi}{2}}\frac{\mathrm{d}x}{\sqrt{1-\frac{1}{2}\sin^2 x}}<\frac{\pi}{\sqrt{2}}$；　　(2) $\displaystyle 1<\int_0^1 \mathrm{e}^{x^2}\,\mathrm{d}x<\mathrm{e}$；

(3) $\displaystyle 1<\int_0^{\frac{\pi}{2}}\frac{\sin x}{x}\,\mathrm{d}x<\frac{\pi}{2}$；　　(4) $\displaystyle 3\sqrt{\mathrm{e}}<\int_{\mathrm{e}}^{4\mathrm{e}}\frac{\ln x}{\sqrt{x}}\,\mathrm{d}x<6$.

4. 设 f 在 $[a,b]$ 上连续，且 $f(x)$ 不恒等于零，证明 $\displaystyle\int_a^b (f(x))^2\,\mathrm{d}x>0$.

5. 设 f 与 g 都在 $[a,b]$ 上可积，证明

$$M(x)=\max_{x\in[a,b]}\{f(x),g(x)\},\quad m(x)=\min_{x\in[a,b]}\{f(x),g(x)\}$$

在 $[a,b]$ 上也都可积.

6. 试求心形线 $r=a(1+\cos\theta), 0\leqslant\theta\leqslant 2\pi$ 上各点极径的平均值.

---

7. 设 f 在 $[a,b]$ 上可积,且在 $[a,b]$ 上满足 $|f(x)|\geqslant m>0$. 证明:$\frac{1}{f}$ 在 $[a,b]$ 上也可积.

8. 进一步证明积分第一中值定理(包括定理 9.7 和定理 9.8)中的中值点 $\xi\in(a,b)$.

9. 证明:若 f 与 g 都在 $[a,b]$ 上可积,且 $g(x)$ 在 $[a,b]$ 上不变号,M,m 分别为 $f(x)$ 在 $[a,b]$ 上的上、下确界,则必存在某实数 $\mu(m\leqslant\mu\leqslant M)$,使得

$$\int_a^b f(x)g(x)\,\mathrm{d}x=\mu\int_a^b g(x)\,\mathrm{d}x.$$

10. 证明:若 f 在 $[a,b]$ 上连续,且 $\int_a^b f(x)\,\mathrm{d}x=\int_a^b xf(x)\,\mathrm{d}x=0$,则在 (a,b) 上至少存在两点 x_1,x_2,使 $f(x_1)=f(x_2)=0$. 又若 $\int_a^b x^2f(x)\,\mathrm{d}x=0$,这时 f 在 (a,b) 上是否至少有三个零点?

11. 证明:

(1) $\ln(1+n)<1+\frac{1}{2}+\cdots+\frac{1}{n}<1+\ln n$;

(2) $\lim\limits_{n\to\infty}\dfrac{1+\frac{1}{2}+\cdots+\frac{1}{n}}{\ln n}=1.$

§5 微积分学基本定理·定积分计算(续)

当函数的可积性问题告一段落,并对定积分的性质有了足够的认识之后,接着要来解决一个以前多次提到过的问题——在定积分形式下证明连续函数必定存在原函数.

一、变限积分与原函数的存在性

设 f 在 $[a,b]$ 上可积,根据定积分的性质 4,对任何 $x\in[a,b]$,f 在 $[a,x]$ 上也可积. 于是,由

$$\Phi(x)=\int_a^x f(t)\,\mathrm{d}t,\quad x\in[a,b] \tag{1}$$

定义了一个以积分上限 x 为自变量的函数,称为**变上限的定积分**. 类似地,又可定义**变下限的定积分**:

$$\Psi(x)=\int_x^b f(t)\,\mathrm{d}t,\quad x\in[a,b]. \tag{2}$$

Φ 与 Ψ 统称为**变限积分**. 注意,在变限积分定义式(1)与(2)中,不可再把积分变量写成 x $\left(\text{例如}\int_a^x f(x)\,\mathrm{d}x\right)$,以免与积分上、下限的 x 相混淆.

变限积分所定义的函数有着重要的性质.由于

$$\int_x^b f(t)\,\mathrm{d}t=-\int_b^x f(t)\,\mathrm{d}t,$$

因此下面只讨论变上限积分的情形.

定理 9.9　若 f 在 $[a,b]$ 上可积,则由(1)式所定义的函数 Φ 在 $[a,b]$ 上连续.

证　对 $[a,b]$ 上任一确定的点 x,只要 $x+\Delta x\in[a,b]$,按定义式(1)有

$$\Delta\Phi=\int_a^{x+\Delta x} f(t)\,\mathrm{d}t-\int_a^x f(t)\,\mathrm{d}t=\int_x^{x+\Delta x} f(t)\,\mathrm{d}t.$$

因 f 在 $[a,b]$ 上有界,可设 $|f(t)|\leqslant M,t\in[a,b]$.于是,当 $\Delta x>0$ 时,有

$$|\Delta\Phi|=\left|\int_x^{x+\Delta x} f(t)\,\mathrm{d}t\right|\leqslant\int_x^{x+\Delta x}|f(t)|\,\mathrm{d}t\leqslant M\Delta x;$$

当 $\Delta x<0$ 时,则有 $|\Delta\Phi|\leqslant M|\Delta x|$.由此得到

$$\lim_{\Delta x\to 0}\Delta\Phi=0,$$

即证得 Φ 在点 x 连续.由 x 的任意性,Φ 在 $[a,b]$ 上处处连续.　□

定理 9.10（原函数存在定理）　若 f 在 $[a,b]$ 上连续,则由(1)式所定义的函数 Φ 在 $[a,b]$ 上处处可导,且

$$\Phi'(x)=\frac{\mathrm{d}}{\mathrm{d}x}\int_a^x f(t)\,\mathrm{d}t=f(x),\quad x\in[a,b].\tag{3}$$

证　对 $[a,b]$ 上任一确定的 x,当 $\Delta x\neq 0$ 且 $x+\Delta x\in[a,b]$ 时,按定义式(1)和积分第一中值定理,有

$$\frac{\Delta\Phi}{\Delta x}=\frac{1}{\Delta x}\int_x^{x+\Delta x} f(t)\,\mathrm{d}t=f(x+\theta\Delta x),\quad 0\leqslant\theta\leqslant 1.$$

由于 f 在点 x 连续,故有

$$\Phi'(x)=\lim_{\Delta x\to 0}\frac{\Delta\Phi}{\Delta x}=\lim_{\Delta x\to 0}f(x+\theta\Delta x)=f(x).$$

由 x 在 $[a,b]$ 上的任意性,证得 Φ 是 f 在 $[a,b]$ 上的一个原函数.　□

本定理沟通了导数和定积分这两个从表面看去似不相干的概念之间的内在联系;同时也证明了"连续函数必有原函数"这一基本结论,并以积分形式(1)给出了 f 的一个原函数.定理 9.10 因其重要作用而被誉为**微积分学基本定理**.

此外,又因 f 的任意两个原函数只能相差一个常数,所以当 f 为连续函数时,它的任一原函数 F 必满足

$$F(x)=\int_a^x f(t)\,\mathrm{d}t+C.$$

若在此式中令 $x=a$,得到 $C=F(a)$,从而有

$$\int_a^x f(t)\,\mathrm{d}t=F(x)-F(a).$$

再令 $x=b$,即得

$$\int_a^b f(t)\,\mathrm{d}t=F(b)-F(a).\tag{4}$$

这是牛顿－莱布尼茨公式的又一证明.比照定理 9.1,现在只需假设被积函数 f 为连续函数,其原函数 F 的存在性已由定理 9.10 证得,无须另作假设.

例 1 求极限 $\lim\limits_{x\to+\infty}\left(\int_0^x e^{t^2}dt\right)^{\frac{1}{x^2}}$.

解 应用洛必达法则及定理 9.10 得到

$$\lim_{x\to+\infty}\ln\left(\int_0^x e^{t^2}dt\right)^{\frac{1}{x^2}}=\lim_{x\to+\infty}\frac{\ln\left(\int_0^x e^{t^2}dt\right)}{x^2}=\lim_{x\to+\infty}\frac{e^{x^2}}{2x\int_0^x e^{t^2}dt}$$

$$=\lim_{x\to+\infty}\frac{2xe^{x^2}}{2\int_0^x e^{t^2}dt+2xe^{x^2}}=\lim_{x\to+\infty}\frac{e^{x^2}+2x^2e^{x^2}}{2e^{x^2}+2x^2e^{x^2}}$$

$$=\lim_{x\to+\infty}\frac{1+2x^2}{2+2x^2}=1.$$

所以

$$\lim_{x\to+\infty}\left(\int_0^x e^{t^2}dt\right)^{\frac{1}{x^2}}=\lim_{x\to+\infty}e^{\ln\left(\int_0^x e^{t^2}dt\right)^{\frac{1}{x^2}}}=e.$$ □

利用变限积分又能证明下述积分第二中值定理.

定理 9.11(积分第二中值定理) 设函数 f 在 $[a,b]$ 上可积.

(i) 若函数 g 在 $[a,b]$ 上减,且 $g(x)\geqslant 0$,则存在 $\xi\in[a,b]$,使得

$$\int_a^b f(x)g(x)dx=g(a)\int_a^{\xi}f(x)dx; \tag{5}$$

(ii) 若函数 g 在 $[a,b]$ 上增,且 $g(x)\geqslant 0$,则存在 $\eta\in[a,b]$,使得

$$\int_a^b f(x)g(x)dx=g(b)\int_{\eta}^{b}f(x)dx. \tag{6}$$

证 下面只证(i),类似地可证(ii).设

$$F(x)=\int_a^x f(t)dt,\quad x\in[a,b].$$

由于 f 在 $[a,b]$ 上可积,因此 F 在 $[a,b]$ 上连续,从而存在最大值 M 和最小值 m.

若 $g(a)=0$,由假设 $g(x)\equiv 0,x\in[a,b]$,此时对任何 $\xi\in[a,b]$,(5)式恒成立.下面设 $g(a)>0$,这时(5)式即为

$$F(\xi)=\int_a^{\xi}f(t)dt=\frac{1}{g(a)}\int_a^b f(x)g(x)dx. \tag{5$'$}$$

所以问题转化为只需证明

$$m\leqslant\frac{1}{g(a)}\int_a^b f(x)g(x)dx\leqslant M, \tag{7}$$

因为由此可借助 F 的介值性立刻证得(5′)式.当然(7)式又等同于

$$mg(a)\leqslant\int_a^b f(x)g(x)dx\leqslant Mg(a), \tag{7$'$}$$

下面就来证明这个不等式.

由条件 f 有界,设 $|f(x)|\leqslant L,x\in[a,b]$;而 g 单调必可积,从而对任给的 $\varepsilon>0$,必有分割 $T:a=x_0<x_1<\cdots<x_n=b$,使

$$\sum_T\omega_i^g\Delta x_i<\frac{\varepsilon}{L}.$$

现把 $I=\int_a^b f(x)g(x)\,\mathrm{d}x$ 按积分区间可加性写成

$$\begin{aligned}I&=\sum_{i=1}^{n}\int_{x_{i-1}}^{x_i}f(x)g(x)\,\mathrm{d}x\\&=\sum_{i=1}^{n}\int_{x_{i-1}}^{x_i}(g(x)-g(x_{i-1}))f(x)\,\mathrm{d}x+\sum_{i=1}^{n}g(x_{i-1})\int_{x_{i-1}}^{x_i}f(x)\,\mathrm{d}x=I_1+I_2.\end{aligned}$$

对于 I_1，必有

$$\begin{aligned}|I_1|&\leqslant\sum_{i=1}^{n}\int_{x_{i-1}}^{x_i}|g(x)-g(x_{i-1})|\cdot|f(x)|\,\mathrm{d}x\\&\leqslant L\cdot\sum_{i=1}^{n}\omega_i^g\Delta x_i<L\cdot\frac{\varepsilon}{L}=\varepsilon.\end{aligned}$$

对于 I_2，由于 $F(x_0)=F(a)=0$ 和

$$\int_{x_{i-1}}^{x_i}f(x)\,\mathrm{d}x=\int_a^{x_i}f(x)\,\mathrm{d}x-\int_a^{x_{i-1}}f(x)\,\mathrm{d}x=F(x_i)-F(x_{i-1}),$$

可得

$$\begin{aligned}I_2&=\sum_{i=1}^{n}g(x_{i-1})(F(x_i)-F(x_{i-1}))\\&=g(x_0)(F(x_1)-F(x_0))+\cdots+g(x_{n-1})(F(x_n)-F(x_{n-1}))\\&=F(x_1)(g(x_0)-g(x_1))+\cdots+F(x_{n-1})(g(x_{n-2})-g(x_{n-1}))+F(x_n)g(x_{n-1})\\&=\sum_{i=1}^{n-1}F(x_i)(g(x_{i-1})-g(x_i))+F(b)g(x_{n-1}).\end{aligned}$$

再由 $g(x)\geqslant0$ 且减，使得其中 $g(x_{n-1})\geqslant0,g(x_{i-1})-g(x_i)\geqslant0,i=1,2,\cdots,n-1$. 于是利用 $F(x_i)\leqslant M,i=1,2,\cdots,n$ 估计得

$$I_2\leqslant M\sum_{i=1}^{n-1}(g(x_{i-1})-g(x_i))+Mg(x_{n-1})=Mg(a).$$

同理由 $F(x_i)\geqslant m,i=1,2,\cdots,n$ 又有 $I_2\geqslant mg(a)$.

综合 $I=I_1+I_2$，$|I_1|<\varepsilon$，$mg(a)\leqslant I_2\leqslant Mg(a)$，得到

$$-\varepsilon+mg(a)\leqslant I\leqslant Mg(a)+\varepsilon.$$

由 ε 为任意小正数，这便证得

$$mg(a)\leqslant I\leqslant Mg(a),$$

即不等式(7′)成立. 随之又有(7)，(5′)和(5)式成立. □

推论　设函数 f 在 $[a,b]$ 上可积. 若 g 为单调函数，则存在 $\xi\in[a,b]$，使得

$$\int_a^b f(x)g(x)\,\mathrm{d}x=g(a)\int_a^{\xi}f(x)\,\mathrm{d}x+g(b)\int_{\xi}^{b}f(x)\,\mathrm{d}x.\tag{8}$$

证　若 g 为单调递减函数，令 $h(x)=g(x)-g(b)$，则 h 为非负、递减函数. 由定理 9.11(i)，存在 $\xi\in[a,b]$，使得

$$\int_a^b f(x)h(x)\,\mathrm{d}x=h(a)\int_a^{\xi}f(x)\,\mathrm{d}x=(g(a)-g(b))\int_a^{\xi}f(x)\,\mathrm{d}x.$$

由于 $\int_a^b f(x)h(x)\,\mathrm{d}x=\int_a^b f(x)g(x)\,\mathrm{d}x-g(b)\int_a^b f(x)\,\mathrm{d}x$，因此证得

$$\int_a^b f(x)g(x)\,\mathrm{d}x=g(b)\int_a^b f(x)\,\mathrm{d}x+(g(a)-g(b))\int_a^{\xi}f(x)\,\mathrm{d}x$$

$$= g(a)\int_a^{\xi} f(x)\,\mathrm{d}x + g(b)\int_{\xi}^{b} f(x)\,\mathrm{d}x.$$

若 g 为单调递增函数,只需令 $h(x)=g(x)-g(a)$,并由定理 9.11(ii)和(6)式,同样可证得(8)式成立. □

积分第二中值定理以及它的推论是今后建立反常积分收敛判别法的工具.

二、换元积分法与分部积分法

对原函数的存在性有了正确的认识,就能顺利地把不定积分的换元积分法和分部积分法移植到定积分计算中来.

定理 9.12(定积分换元积分法) 若函数 f 在 $[a,b]$ 上连续,φ' 在 $[\alpha,\beta]$ 上可积,且满足

$$\varphi(\alpha)=a,\quad \varphi(\beta)=b,\quad \varphi([\alpha,\beta])\subset[a,b],$$

则有定积分换元公式:

$$\int_a^b f(x)\,\mathrm{d}x=\int_\alpha^\beta f(\varphi(t))\varphi'(t)\,\mathrm{d}t. \tag{9}$$

证 由于 f 在 $[a,b]$ 上连续,因此它的原函数存在.设 F 是 f 在 $[a,b]$ 上的一个原函数,由复合函数微分法

$$\frac{\mathrm{d}}{\mathrm{d}t}(F(\varphi(t)))=F'(\varphi(t))\varphi'(t)=f(\varphi(t))\varphi'(t),$$

可见 $F(\varphi(t))$ 是 $f(\varphi(t))\varphi'(t)$ 的一个原函数.因为 $f(\varphi(t))\varphi'(t)$ 在 $[\alpha,\beta]$ 上可积,根据牛顿-莱布尼茨公式(定理 9.1)的注 2 之所述,证得

$$\begin{aligned}\int_\alpha^\beta f(\varphi(t))\varphi'(t)\,\mathrm{d}t&=F(\varphi(\beta))-F(\varphi(\alpha))\\&=F(b)-F(a)=\int_a^b f(x)\,\mathrm{d}x.\end{aligned}$$ □

从以上证明看到,在用换元法计算定积分时,一旦得到了用新变量表示的原函数后,不必作变量还原,而只要用新的积分限代入并求其差值就可以了.这就是定积分换元积分法与不定积分换元积分法的区别,这一区别的原因在于不定积分所求的是被积函数的原函数,理应保留与原来相同的自变量;而定积分的计算结果是一个确定的数,如果(9)式一边的定积分计算出来了,那么另一边的定积分自然也求得了.

注 如果在定理 9.12 的条件中只假定 f 为可积函数,但还要求 φ 是单调的,那么(9)式仍然成立.(本节习题第 14 题.)

例 2 计算 $\int_0^1\sqrt{1-x^2}\,\mathrm{d}x$.

解 令 $x=\sin t$,当 t 由 0 变到 $\frac{\pi}{2}$ 时,x 由 0 增到 1,故取 $[\alpha,\beta]=\left[0,\frac{\pi}{2}\right]$.应用公式(9),并注意到在第一象限中 $\cos t\geqslant 0$,则有

$$\begin{aligned}\int_0^1\sqrt{1-x^2}\,\mathrm{d}x&=\int_0^{\frac{\pi}{2}}\sqrt{1-\sin^2 t}\cos t\mathrm{d}t=\int_0^{\frac{\pi}{2}}\cos^2 t\mathrm{d}t\\&=\frac{1}{2}\int_0^{\frac{\pi}{2}}(1+\cos 2t)\,\mathrm{d}t=\frac{1}{2}\left(t+\frac{1}{2}\sin 2t\right)\bigg|_0^{\frac{\pi}{2}}=\frac{\pi}{4}.\end{aligned}$$ □

例 3　计算 $\int_0^{\frac{\pi}{2}} \sin t\cos^2 t\mathrm{d}t$.

解　逆向使用公式(9),令 $x=\cos t,\mathrm{d}x=-\sin t\mathrm{d}t$,当 t 由 0 变到 $\frac{\pi}{2}$ 时,x 由 1 减到 0,则有

$$\int_0^{\frac{\pi}{2}} \sin t\cos^2 t\mathrm{d}t=-\int_1^0 x^2\mathrm{d}x=\int_0^1 x^2\mathrm{d}x=\frac{1}{3}.$$ □

例 4　计算 $J=\int_0^1 \frac{\ln(1+x)}{1+x^2}\mathrm{d}x$.

解　令 $x=\tan t$,当 t 从 0 变到 $\frac{\pi}{4}$ 时,x 从 0 增到 1. 于是由公式(9)及 $\mathrm{d}t=\frac{\mathrm{d}x}{1+x^2}$ 得到

$$\begin{aligned}J&=\int_0^{\frac{\pi}{4}} \ln(1+\tan t)\mathrm{d}t=\int_0^{\frac{\pi}{4}} \ln\frac{\cos t+\sin t}{\cos t}\mathrm{d}t\\&=\int_0^{\frac{\pi}{4}} \ln\frac{\sqrt{2}\cos\left(\frac{\pi}{4}-t\right)}{\cos t}\mathrm{d}t\\&=\int_0^{\frac{\pi}{4}} \ln\sqrt{2}\,\mathrm{d}t+\int_0^{\frac{\pi}{4}} \ln\cos\left(\frac{\pi}{4}-t\right)\mathrm{d}t-\int_0^{\frac{\pi}{4}} \ln\cos t\mathrm{d}t.\end{aligned}$$

对第二个定积分作变换 $u=\frac{\pi}{4}-t$,有

$$\int_0^{\frac{\pi}{4}} \ln\cos\left(\frac{\pi}{4}-t\right)\mathrm{d}t=\int_{\frac{\pi}{4}}^0 \ln\cos u(-\mathrm{d}u)=\int_0^{\frac{\pi}{4}} \ln\cos u\mathrm{d}u,$$

它与上面第三个定积分相消. 故得

$$J=\int_0^{\frac{\pi}{4}} \ln\sqrt{2}\,\mathrm{d}t=\frac{\pi}{8}\ln 2.$$ □

事实上,例 4 中的被积函数的原函数虽然存在,但难以用初等函数来表示,因此无法直接使用牛顿-莱布尼茨公式. 可是像上面那样,利用定积分的性质和换元公式(9),消去了其中无法求出原函数的部分,最终得出这个定积分的值.

换元积分法还可用来证明一些特殊的积分性质,如本节习题中的第 5,6,7 等题.

定理 9.13(定积分分部积分法)　若 $u(x),v(x)$ 为 $[a,b]$ 上的可微函数,且 $u'(x)$ 和 $v'(x)$ 都在 $[a,b]$ 上可积,则有定积分分部积分公式:

$$\int_a^b u(x)v'(x)\mathrm{d}x=u(x)v(x)\Big|_a^b-\int_a^b u'(x)v(x)\mathrm{d}x. \tag{10}$$

证　因为 uv 是 $uv'+u'v$ 在 $[a,b]$ 上的一个原函数,所以有

$$\begin{aligned}\int_a^b u(x)v'(x)\mathrm{d}x+\int_a^b u'(x)v(x)\mathrm{d}x&=\int_a^b (u(x)v'(x)+u'(x)v(x))\mathrm{d}x\\&=u(x)v(x)\Big|_a^b.\end{aligned}$$

移项后即为(10)式. □

为方便起见,公式(10)允许写成

$$\int_a^b u(x)\mathrm{d}v(x) = u(x)v(x)\Big|_a^b - \int_a^b v(x)\mathrm{d}u(x). \tag{10'}$$

例 5 计算 $\int_1^{\mathrm{e}} x^2 \ln x\mathrm{d}x$.

解
$$\int_1^{\mathrm{e}} x^2\ln x\mathrm{d}x = \frac{1}{3}\int_1^{\mathrm{e}} \ln x\mathrm{d}(x^3) = \frac{1}{3}\left(x^3\ln x\Big|_1^{\mathrm{e}} - \int_1^{\mathrm{e}} x^2\mathrm{d}x\right)$$
$$= \frac{1}{3}\left(\mathrm{e}^3 - \frac{1}{3}x^3\Big|_1^{\mathrm{e}}\right) = \frac{1}{9}(2\mathrm{e}^3+1).$$
□

例 6 计算 $\int_0^{\frac{\pi}{2}} \sin^n x\mathrm{d}x$ 和 $\int_0^{\frac{\pi}{2}}\cos^n x\mathrm{d}x, n = 1,2,\cdots$.

解 当 $n \geqslant 2$ 时,用分部积分求得

$$J_n = \int_0^{\frac{\pi}{2}} \sin^n x\mathrm{d}x = -\sin^{n-1}x\cos x\Big|_0^{\frac{\pi}{2}} + (n-1)\int_0^{\frac{\pi}{2}} \sin^{n-2}x\cos^2 x\mathrm{d}x$$
$$= (n-1)\int_0^{\frac{\pi}{2}} \sin^{n-2}x\mathrm{d}x - (n-1)\int_0^{\frac{\pi}{2}}\sin^n x\mathrm{d}x$$
$$= (n-1)J_{n-2} - (n-1)J_n.$$

移项整理后得到递推公式:

$$J_n = \frac{n-1}{n}J_{n-2}, \quad n \geqslant 2. \tag{11}$$

由于

$$J_0 = \int_0^{\frac{\pi}{2}}\mathrm{d}x = \frac{\pi}{2}, \quad J_1 = \int_0^{\frac{\pi}{2}}\sin x\mathrm{d}x = 1,$$

重复应用递推式(11)便得

$$\left.\begin{aligned} J_{2m} &= \frac{2m-1}{2m}\cdot\frac{2m-3}{2m-2}\cdot\cdots\cdot\frac{1}{2}\cdot\frac{\pi}{2} = \frac{(2m-1)!!}{(2m)!!}\cdot\frac{\pi}{2}, \\ J_{2m+1} &= \frac{2m}{2m+1}\cdot\frac{2m-2}{2m-1}\cdot\cdots\cdot\frac{2}{3}\cdot 1 = \frac{(2m)!!}{(2m+1)!!}. \end{aligned}\right\} \tag{12}$$

令 $x = \frac{\pi}{2} - t$,可得

$$\int_0^{\frac{\pi}{2}}\cos^n x\mathrm{d}x = -\int_{\frac{\pi}{2}}^0 \cos^n\left(\frac{\pi}{2}-t\right)\mathrm{d}t = \int_0^{\frac{\pi}{2}}\sin^n x\mathrm{d}x.$$

因而这两个定积分是等值的. □

由例 6 结论(12)式可导出著名的**沃利斯**(Wallis)**公式**:

$$\frac{\pi}{2} = \lim_{m\to\infty}\left(\frac{(2m)!!}{(2m-1)!!}\right)^2\cdot\frac{1}{2m+1}. \tag{13}$$

事实上,由

$$\int_0^{\frac{\pi}{2}}\sin^{2m+1}x\mathrm{d}x < \int_0^{\frac{\pi}{2}}\sin^{2m}x\mathrm{d}x < \int_0^{\frac{\pi}{2}}\sin^{2m-1}x\mathrm{d}x,$$

把(12)式代入,得到

$$\frac{(2m)!!}{(2m+1)!!} < \frac{(2m-1)!!}{(2m)!!}\cdot\frac{\pi}{2} < \frac{(2m-2)!!}{(2m-1)!!},$$

由此又得

$$A_m=\left(\frac{(2m)!!}{(2m-1)!!}\right)^2\frac{1}{2m+1}<\frac{\pi}{2}<\left(\frac{(2m)!!}{(2m-1)!!}\right)^2\frac{1}{2m}=B_m.$$

因为

$$0<B_m-A_m=\left(\frac{(2m)!!}{(2m-1)!!}\right)^2\frac{1}{2m(2m+1)}<\frac{1}{2m}\cdot\frac{\pi}{2}\to 0\quad(m\to\infty),$$

所以 $\lim\limits_{m\to\infty}(B_m-A_m)=0$. 而 $\frac{\pi}{2}-A_m<B_m-A_m$，故得

$$\lim_{m\to\infty}A_m=\frac{\pi}{2}\text{（即(13)式）}.$$

沃利斯公式(13)揭示了 π 与整数之间的一种很不寻常的关系.

三、泰勒公式的积分型余项

若在 $[a,b]$ 上 $u(x)$，$v(x)$ 有 $n+1$ 阶连续导函数，则有

$$\int_a^b u(x)v^{(n+1)}(x)\mathrm{d}x=\left[u(x)v^{(n)}(x)-u'(x)v^{(n-1)}(x)+\cdots+(-1)^n u^{(n)}(x)v(x)\right]_a^b+$$
$$(-1)^{n+1}\int_a^b u^{(n+1)}(x)v(x)\mathrm{d}x\quad(n=1,2,\cdots).\tag{14}$$

这是推广的分部积分公式，读者不难用数学归纳法加以证明. 下面应用公式(14)导出泰勒公式的积分型余项.

设函数 f 在点 x_0 的某邻域 $U(x_0)$ 上有 $n+1$ 阶连续导函数. 令 $x\in U(x_0)$，$u(t)=(x-t)^n$，$v(t)=f(t)$，$t\in[x_0,x]$（或 $[x,x_0]$）. 利用(14)式得

$$\begin{aligned}&\int_{x_0}^x (x-t)^n f^{(n+1)}(t)\mathrm{d}t\\&=\left[(x-t)^n f^{(n)}(t)+n(x-t)^{n-1}f^{(n-1)}(t)+\cdots+n!f(t)\right]_{x_0}^x+\int_{x_0}^x 0\cdot f(t)\mathrm{d}t\\&=n!f(x)-n!\left(f(x_0)+f'(x_0)(x-x_0)+\cdots+\frac{f^{(n)}(x_0)}{n!}(x-x_0)^n\right)\\&=n!R_n(x),\end{aligned}$$

其中 $R_n(x)$ 即为泰勒公式的 n 阶余项. 由此求得

$$R_n(x)=\frac{1}{n!}\int_{x_0}^x f^{(n+1)}(t)(x-t)^n\mathrm{d}t,\tag{15}$$

这就是泰勒公式的**积分型余项**.

由于 $f^{(n+1)}(t)$ 连续，$(x-t)^n$ 在 $[x_0,x]$（或 $[x,x_0]$）上保持同号，因此由推广的积分第一中值定理，可将(15)式写作

$$\begin{aligned}R_n(x)&=\frac{1}{n!}f^{(n+1)}(\xi)\int_{x_0}^x(x-t)^n\mathrm{d}t\\&=\frac{1}{(n+1)!}f^{(n+1)}(\xi)(x-x_0)^{n+1},\end{aligned}$$

其中 $\xi=x_0+\theta(x-x_0)$，$0\leqslant\theta\leqslant 1$. 这就是以前所熟悉的拉格朗日型余项.

如果直接将积分第一中值定理用于(15)式，则得

$$R_n(x)=\frac{1}{n!}f^{(n+1)}(\xi)(x-\xi)^n(x-x_0),\quad \xi=x_0+\theta(x-x_0),\quad 0\leqslant\theta\leqslant 1.$$

由于

$$\begin{aligned}(x-\xi)^n(x-x_0)&=(x-x_0-\theta(x-x_0))^n(x-x_0)\\&=(1-\theta)^n(x-x_0)^{n+1},\end{aligned}$$

因此又可进一步把 $R_n(x)$ 改写为

$$R_n(x)=\frac{1}{n!}f^{(n+1)}(x_0+\theta(x-x_0))(1-\theta)^n(x-x_0)^{n+1},\quad 0\leqslant\theta\leqslant 1. \tag{16}$$

特别当 $x_0=0$ 时,又有

$$R_n(x)=\frac{1}{n!}f^{(n+1)}(\theta x)(1-\theta)^n x^{n+1},\quad 0\leqslant\theta\leqslant 1. \tag{17}$$

公式(16)、(17)称为泰勒公式的**柯西型余项**.各种形式的泰勒公式余项,将在第十四章里显示它们的功用.

习 题 9.5

1. 设 f 为连续函数,u,v 均为可导函数,且可实行复合 $f\circ u$ 与 $f\circ v$.证明:
$$\frac{\mathrm{d}}{\mathrm{d}x}\int_{u(x)}^{v(x)}f(t)\,\mathrm{d}t=f(v(x))v'(x)-f(u(x))u'(x).$$

2. 设 f 在 $[a,b]$ 上连续,$F(x)=\int_a^x f(t)(x-t)\,\mathrm{d}t$.证明:$F''(x)=f(x)$,$x\in[a,b]$.

3. 求下列极限:

(1) $\lim\limits_{x\to 0}\dfrac{1}{x}\int_0^x\cos t^2\,\mathrm{d}t$;　　(2) $\lim\limits_{x\to\infty}\dfrac{\left(\int_0^x \mathrm{e}^{t^2}\mathrm{d}t\right)^2}{\int_0^x \mathrm{e}^{2t^2}\mathrm{d}t}$.

4. 计算下列定积分:

(1) $\int_0^{\frac{\pi}{2}}\cos^5 x\sin 2x\,\mathrm{d}x$;　　(2) $\int_0^1\sqrt{4-x^2}\,\mathrm{d}x$;

(3) $\int_0^a x^2\sqrt{a^2-x^2}\,\mathrm{d}x\ (a>0)$;　　(4) $\int_0^1\dfrac{\mathrm{d}x}{(x^2-x+1)^{3/2}}$;

(5) $\int_0^1\dfrac{\mathrm{d}x}{\mathrm{e}^x+\mathrm{e}^{-x}}$;　　(6) $\int_0^{\frac{\pi}{2}}\dfrac{\cos x}{1+\sin^2 x}\mathrm{d}x$;

(7) $\int_0^1\arcsin x\,\mathrm{d}x$;　　(8) $\int_0^{\frac{\pi}{2}}\mathrm{e}^x\sin x\,\mathrm{d}x$;

(9) $\int_{\frac{1}{\mathrm{e}}}^{\mathrm{e}}|\ln x|\,\mathrm{d}x$;　　(10) $\int_0^1\mathrm{e}^{\sqrt{x}}\,\mathrm{d}x$;

(11) $\int_0^a x^2\sqrt{\dfrac{a-x}{a+x}}\,\mathrm{d}x\ (a>0)$;　　(12) $\int_0^{\frac{\pi}{2}}\dfrac{\cos\theta}{\sin\theta+\cos\theta}\mathrm{d}\theta$.

5. 设 f 在 $[-a,a]$ 上可积.证明:

(1) 若 f 为奇函数,则 $\int_{-a}^{a} f(x)\,\mathrm{d}x = 0$;

(2) 若 f 为偶函数,则 $\int_{-a}^{a} f(x)\,\mathrm{d}x = 2\int_{0}^{a} f(x)\,\mathrm{d}x$.

6. 设 f 为 $(-\infty,+\infty)$ 上以 p 为周期的连续周期函数.证明:对任何实数 a,恒有

$$\int_{a}^{a+p} f(x)\,\mathrm{d}x = \int_{0}^{p} f(x)\,\mathrm{d}x.$$

7. 设 f 为连续函数.证明:

(1) $\int_{0}^{\frac{\pi}{2}} f(\sin x)\,\mathrm{d}x = \int_{0}^{\frac{\pi}{2}} f(\cos x)\,\mathrm{d}x$;

(2) $\int_{0}^{\pi} x f(\sin x)\,\mathrm{d}x = \frac{\pi}{2}\int_{0}^{\pi} f(\sin x)\,\mathrm{d}x$.

---

8. 设 $J(m,n) = \int_{0}^{\frac{\pi}{2}} \sin^{m}x\cos^{n}x\,\mathrm{d}x$ (m,n 为正整数).证明:

$$J(m,n) = \frac{n-1}{m+n} J(m,n-2) = \frac{m-1}{m+n} J(m-2,n),$$

并求 $J(2m,2n)$.

9. 证明:若在 $(0,+\infty)$ 上 f 为连续函数,且对任何 $a>0$ 有

$$g(x) = \int_{x}^{ax} f(t)\,\mathrm{d}t \equiv \text{常数}, \quad x\in(0,+\infty),$$

则 $f(x) = \frac{c}{x}, x\in(0,+\infty)$,$c$ 为常数.

10. 设 f 为连续可微函数,试求

$$\frac{\mathrm{d}}{\mathrm{d}x}\int_{a}^{x} (x-t) f'(t)\,\mathrm{d}t,$$

并用此结果求 $\frac{\mathrm{d}}{\mathrm{d}x}\int_{0}^{x}(x-t)\sin t\,\mathrm{d}t$.

11. 设 $y=f(x)$ 为 $[a,b]$ 上严格增的连续曲线(图 9-12).试证存在 $\xi\in(a,b)$,使图中两阴影部分面积相等.

12. 设 f 为 $[0,2\pi]$ 上的单调递减函数.证明:对任何正整数 n,恒有

$$\int_{0}^{2\pi} f(x)\sin nx\,\mathrm{d}x \geqslant 0.$$

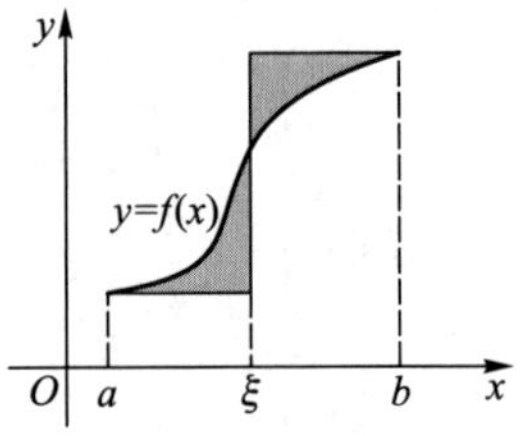

图 9-12

13. 证明:当 $x>0$ 时有不等式

$$\left|\int_{x}^{x+c} \sin t^{2}\,\mathrm{d}t\right| \leqslant \frac{1}{x}\ (c>0).$$

14. 证明:若 f 在 $[a,b]$ 上可积,φ 在 $[\alpha,\beta]$ 上严格单调且 φ' 在 $[\alpha,\beta]$ 上可积,$\varphi(\alpha)=a,\varphi(\beta)=b$,则有

$$\int_a^b f(x)\mathrm{d}x=\int_\alpha^\beta f(\varphi(t))\varphi'(t)\mathrm{d}t.$$

15. 设 f 在 $[a,b]$ 上二阶可导,且 $f''(x)>0$. 证明:

(1) $f\left(\dfrac{a+b}{2}\right)\leqslant\dfrac{1}{b-a}\int_a^b f(x)\mathrm{d}x$;

(2) 又若 $f(x)\leqslant 0, x\in[a,b]$,则有

$$f(x)\geqslant\frac{2}{b-a}\int_a^b f(x)\mathrm{d}x,\quad x\in[a,b].$$

16. 证明:若 f 在 $[a,b]$ 上连续可微,则存在 $[a,b]$ 上连续可微的增函数 g 和连续可微的减函数 h,使得

$$f(x)=g(x)+h(x),\quad x\in[a,b].$$

*17. 证明:若在 $[a,b]$ 上 f 为连续函数,g 为连续可微的单调函数,则存在 $\xi\in[a,b]$,使得

$$\int_a^b f(x)g(x)\mathrm{d}x=g(a)\int_a^\xi f(x)\mathrm{d}x+g(b)\int_\xi^b f(x)\mathrm{d}x.$$

(提示:与定理 9.11 及其推论相比较,这里的条件要强得多,因此可给出一个比较简单的、不同于定理 9.11 的证明.)

*§6 可积性理论补叙

一、上和与下和的性质

在§3第二部分里,我们已经引入了上和 $S(T)$ 与下和 $s(T)$ 的概念.即对于分割 $T: a=x_0<x_1<\cdots<x_n=b$,以及 $\Delta_i=[x_{i-1},x_i]$,$\Delta x_i=x_i-x_{i-1}$,有

$$S(T)=\sum_{i=1}^n M_i\Delta x_i,\quad s(T)=\sum_{i=1}^n m_i\Delta x_i,$$

其中 $M_i=\sup\limits_{x\in\Delta_i}f(x)$, $m_i=\inf\limits_{x\in\Delta_i}f(x)$, $i=1,2,\cdots,n$. 由于假设 f 在 $[a,b]$ 上有界,因此上述 M_i,m_i 以及 f 在 $[a,b]$ 上的上、下确界 M 与 m 都存在,而且对于任何 $\xi_i\in\Delta_i$,必有

$$m(b-a)\leqslant s(T)\leqslant\sum_{i=1}^n f(\xi_i)\Delta x_i\leqslant S(T)\leqslant M(b-a).\tag{1}$$

下面讨论上和与下和的性质.借助这些性质,便能由不等式(1)导出可积的充要条件.

性质 1 对同一个分割 T,相对于任何点集 $\{\xi_i\}$ 而言,上和是所有积分和的上确界,下和是所有积分和的下确界.即

$$S(T)=\sup_{\{\xi_i\}}\sum_{i=1}^n f(\xi_i)\Delta x_i,\quad s(T)=\inf_{\{\xi_i\}}\sum_{i=1}^n f(\xi_i)\Delta x_i.$$

证 由不等式(1)知道,相对于任何点集 $\{\xi_i\}$ 而言,上和与下和分别是全体积分和的上界与下界.现在进一步证明它们分别是全体积分和的最小上界与最大下界.

任给 $\varepsilon>0$,在各个 Δ_i 上由于 M_i 是 $f(x)$ 的上确界,故可选取点 $\xi_i\in\Delta_i$,使 $f(\xi_i)>M_i-\frac{\varepsilon}{b-a}$.于是有

$$\sum_{i=1}^{n}f(\xi_i)\Delta x_i>\sum_{i=1}^{n}\left(M_i-\frac{\varepsilon}{b-a}\right)\Delta x_i$$
$$=\sum_{i=1}^{n}M_i\Delta x_i-\frac{\varepsilon}{b-a}\sum_{i=1}^{n}\Delta x_i=S(T)-\varepsilon.$$

这就证明了 $S(T)$ 是全体积分和的上确界.类似地可证 $s(T)$ 是全体积分和的下确界. □

性质2　设 T' 为分割 T 添加 p 个新分点后所得到的分割,则有

$$S(T)\geqslant S(T')\geqslant S(T)-(M-m)p\|T\|,\tag{2}$$
$$s(T)\leqslant s(T')\leqslant s(T)+(M-m)p\|T\|.\tag{3}$$

这个性质指出:增加分点后,上和不增,下和不减.

证　这里证明不等式(2),同理可证(3)式.

将 p 个新分点同时添加到 T,和逐个添加到 T,都同样得到 T',所以我们先证 $p=1$ 的情形.

在 T 上添加 1 个新分点,它必落在 T 的某一小区间 Δ_k 上,而且将 Δ_k 分为两个小区间,记为Δ_k'与Δ_k''.但 T 的其他小区间 $\Delta_i(i\neq k)$ 仍旧是新分割 T_1 所属的小区间.因此,比较 $S(T)$ 与 $S(T_1)$ 的各个被加项,它们之间的差别仅仅是$S(T)$中的$M_k\Delta x_k$ 一项换成了 $S(T_1)$ 中的 $M'_k\Delta x'_k$ 与 $M''_k\Delta x''_k$ 两项(这里 M'_k 与 M''_k 分别是 f 在 Δ'_k 与 Δ''_k 上的上确界),所以

$$S(T)-S(T_1)=M_k\Delta x_k-(M'_k\Delta x'_k+M''_k\Delta x''_k)$$
$$=M_k(\Delta x'_k+\Delta x''_k)-(M'_k\Delta x'_k+M''_k\Delta x''_k)$$
$$=(M_k-M'_k)\Delta x'_k+(M_k-M''_k)\Delta x''_k.$$

由于

$$m\leqslant M'_k(\text{或 }M''_k)\leqslant M_k\leqslant M,$$

故有

$$0\leqslant S(T)-S(T_1)\leqslant(M-m)\Delta x'_k+(M-m)\Delta x''_k$$
$$=(M-m)\Delta x_k\leqslant(M-m)\|T\|.$$

这就证得 $p=1$ 时(2)式成立.

一般说来,对 T_i 增加 1 个分点得到 T_{i+1},就有

$$0\leqslant S(T_i)-S(T_{i+1})\leqslant(M-m)\|T_i\|,\quad i=0,1,2,\cdots,p-1,$$

(这里 $T_0=T,T_p=T'$).把这些不等式对 i 依次相加,得到

$$0\leqslant S(T)-S(T')\leqslant(M-m)\sum_{i=0}^{p-1}\|T_i\|\leqslant(M-m)p\|T\|.$$

这就证得(2)式成立. □

性质 3　若 T'与 T''为任意两个分割,$T=T'+T''$表示把 T'与 T''的所有分点合并而得的分割(注意:重复的分点只取一次),则

$$S(T)\leqslant S(T'),\quad s(T)\geqslant s(T'),$$
$$S(T)\leqslant S(T''),\quad s(T)\geqslant s(T'').$$

证 这是因为 T 既可看作 T' 添加新分点后得到的分割，也可看作 T'' 添加新分点后得到的分割，所以由性质 2 立刻推知此性质成立. □

性质 4 对任意两个分割 T' 与 T''，总有

$$s(T') \leqslant S(T'').$$

证 令 $T = T' + T''$. 由性质 1 与性质 3 便有

$$s(T') \leqslant s(T) \leqslant S(T) \leqslant S(T''). \quad \square$$

这个性质指出：在对 $[a,b]$ 所作的任意两个分割中，一个分割的下和总不大于另一个分割的上和. 因此对所有分割来说，所有下和有上界，所有上和有下界，从而分别存在上确界与下确界，把它们记作

$$S = \inf_{T} S(T), \quad s = \sup_{T} s(T).$$

通常称 S 为 f 在 $[a,b]$ 上的**上积分**，s 为 f 在 $[a,b]$ 上的**下积分**.

性质 5 $m(b-a) \leqslant s \leqslant S \leqslant M(b-a)$.

这可由性质 4 和(1)式直接推出.

性质 6(达布定理) 上、下积分也是上和与下和在 $\|T\| \to 0$ 时的极限，即

$$\lim_{\|T\| \to 0} S(T) = S, \quad \lim_{\|T\| \to 0} s(T) = s.$$

证 下面只证第一个极限.

任给 $\varepsilon > 0$，由 S 的定义，必存在某一分割 T'，使得

$$S(T') < S + \frac{\varepsilon}{2}. \tag{4}$$

设 T' 由 p 个分点所构成，对于任意另一个分割 T 来说，$T + T'$ 至多比 T 多 p 个分点，由性质 2 和性质 3 得到

$$S(T) - (M-m)p\|T\| \leqslant S(T+T') \leqslant S(T').$$

于是有

$$S(T) \leqslant S(T') + (M-m)p\|T\|.$$

所以只要 $\|T\| < \dfrac{\varepsilon}{2(M-m)p}$①，就有 $S(T) \leqslant S(T') + \dfrac{\varepsilon}{2}$. 联系(4)式，推得 $S \leqslant S(T) < S + \varepsilon$. 这就证得

$$\lim_{\|T\| \to 0} S(T) = S. \quad \square$$

二、可积的充要条件

定理9.14(可积的第一充要条件) 函数 f 在 $[a,b]$ 上可积的充要条件是：f 在 $[a,b]$ 上的上积分与下积分相等，即

$$S = s.$$

证 必要性 设 f 在 $[a,b]$ 上可积，$J = \int_a^b f(x)\,\mathrm{d}x$. 由定积分定义，任给 $\varepsilon > 0$，存在 $\delta > 0$，只要 $\|T\| < \delta$，就有

$$\left| \sum_{i=1}^{n} f(\xi_i) \Delta x_i - J \right| < \varepsilon.$$

---

① 当 $M = m$ 时 f 为常量函数，性质恒成立. 所以这里设 $M > m$.

另一方面，由于 $S(T)$ 与 $s(T)$ 分别为积分和关于点集 $\{\xi_i\}$ 的上、下确界（即性质 1），所以当 $\|T\|<\delta$ 时，又有

$$|S(T)-J|\leqslant\varepsilon,\quad |s(T)-J|\leqslant\varepsilon.$$

这说明当 $\|T\|\to 0$ 时 $S(T)$ 与 $s(T)$ 都以 J 为极限. 由达布定理（即性质 6），$S=s=J$.

充分性 设 $S=s=J$. 由达布定理得

$$\lim_{\|T\|\to 0}S(T)=\lim_{\|T\|\to 0}s(T)=J. \tag{5}$$

借助不等式(1)，任给 $\varepsilon>0$，存在 $\delta>0$，当 $\|T\|<\delta$ 时，满足

$$J-\varepsilon<s(T)\leqslant\sum_{i=1}^{n}f(\xi_i)\Delta x_i\leqslant S(T)<J+\varepsilon.$$

从而 f 在 $[a,b]$ 上可积，且 $\int_a^b f(x)\mathrm{d}x=J$. □

§3 例 1 提到的狄利克雷函数在 $[0,1]$ 上不可积，正是由于它的上积分 $(S=1)$ 与下积分 $(s=0)$ 不相等所致.

定理 9.15（可积的第二充要条件） 函数 f 在 $[a,b]$ 上可积的充要条件是：任给 $\varepsilon>0$，总存在某一分割 T，使得

$$S(T)-s(T)<\varepsilon,\text{即}\sum_{i=1}^{n}\omega_i\Delta x_i<\varepsilon.$$

其中 $\omega_i=M_i-m_i$（f 在 Δ_i 上的振幅），$i=1,2,\cdots,n$.

此定理即为 §3 中未曾证明的可积准则.

证 必要性 设 f 在 $[a,b]$ 上可积，由定理 9.14 中的(5)式，有

$$\lim_{\|T\|\to 0}(S(T)-s(T))=0.$$

于是，任给 $\varepsilon>0$，只要 $\|T\|$ 足够小，总存在分割 T，使得

$$S(T)-s(T)<\varepsilon.$$

充分性 若定理条件得到满足，则由

$$s(T)\leqslant s\leqslant S\leqslant S(T)$$

可推得

$$0\leqslant S-s\leqslant S(T)-s(T)<\varepsilon.$$

由于 ε 的任意性，必有 $S=s$，故由定理 9.14 证得 f 在 $[a,b]$ 上可积. □

在 §3 证明可积函数类与 §4 讨论定积分的性质时，我们已经熟悉了可积的第二充要条件的重要作用.

定理 9.16（可积的第三充要条件） 函数 f 在 $[a,b]$ 上可积的充要条件是：任给正数 ε,η，总存在某一分割 T，使得属于 T 的所有小区间中，对应于振幅 $\omega_{k'}\geqslant\varepsilon$ 的那些小区间 $\Delta_{k'}$ 的总长 $\sum_{k'}\Delta x_{k'}<\eta$.

证 必要性 设 f 在 $[a,b]$ 上可积. 由定理 9.15，对于 $\sigma=\varepsilon\eta>0$，存在某一分割 T，使得 $\sum_{k}\omega_k\Delta x_k<\sigma$. 于是便有

$$\varepsilon\sum_{k'}\Delta x_{k'}\leqslant\sum_{k'}\omega_{k'}\Delta x_{k'}\leqslant\sum_{k}\omega_k\Delta x_k<\varepsilon\eta,$$

由此即得 $\sum_{k'}\Delta x_{k'}<\eta$.

充分性　任给 $\varepsilon'>0$,取 $\varepsilon=\dfrac{\varepsilon'}{2(b-a)}>0,\eta=\dfrac{\varepsilon'}{2(M-m)}>0$.由假设,存在某一分割 T,使得 $\omega_{k'}\geqslant\varepsilon$ 的那些 $\Delta_{k'}$ 的总长 $\sum\limits_{k'}\Delta x_{k'}<\eta$.设 T 中其余满足 $\omega_{k''}<\varepsilon$ 的那些小区间为 $\Delta_{k''}$,则有

$$\begin{aligned}\sum_k\omega_k\Delta x_k&=\sum_{k'}\omega_{k'}\Delta x_{k'}+\sum_{k''}\omega_{k''}\Delta x_{k''}\\&<(M-m)\sum_{k'}\Delta x_{k'}+\varepsilon\sum_{k''}\Delta x_{k''}\\&\leqslant(M-m)\eta+\varepsilon(b-a)\\&=\frac{\varepsilon'}{2}+\frac{\varepsilon'}{2}=\varepsilon'.\end{aligned}$$

由定理 9.15 推知 f 在 $[a,b]$ 上可积. □

例 1　用定理9.16证明黎曼函数在 $[0,1]$ 上可积,且定积分等于 0.

证　在§3 的例 3,我们曾用可积的第二充要条件证得黎曼函数在 $[0,1]$ 上可积.现在改用第三充要条件来证明,将更为简明.

已知黎曼函数为

$$R(x)=\begin{cases}\dfrac{1}{q}, & x=\dfrac{p}{q}\ \left(p,q\in\mathbf{N}_+,\dfrac{p}{q}\text{为既约真分数}\right),\\ 0, & x=0,1\text{ 以及}(0,1)\text{内的无理数}.\end{cases}$$

任给 $\varepsilon>0,\eta>0$.由于满足 $\dfrac{1}{q}\geqslant\varepsilon$,即 $q\leqslant\dfrac{1}{\varepsilon}$ 的有理点 $\dfrac{p}{q}$ 只有有限个(设为 K 个),因此含有这类点的小区间至多 $2K$ 个,在其上 $\omega_{k'}\geqslant\varepsilon$.当 $\|T\|<\dfrac{\eta}{2K}$ 时,就能保证这些小区间的总长满足

$$\sum_{k'}\Delta x_{k'}\leqslant 2K\|T\|<\eta,$$

所以 R 在 $[0,1]$ 上可积.

因为 $m_i=\inf\limits_{x\in\Delta_i}R(x)=0,i=1,2,\cdots,n$,所以 $s(T)=0$,

$$\int_0^1 R(x)\,\mathrm{d}x=s=0.$$ □

例 2　证明:若 f 在 $[a,b]$ 上连续,φ 在 $[\alpha,\beta]$ 上可积,$a\leqslant\varphi(t)\leqslant b,t\in[\alpha,\beta]$,则 $f\circ\varphi$ 在 $[\alpha,\beta]$ 上可积.

证　任给 $\varepsilon>0,\eta>0$.由于 f 在 $[a,b]$ 上一致连续,因此对上述 η,存在 $\delta>0$,当 $x',x''\in[a,b]$ 且 $|x'-x''|<\delta$ 时,

$$|f(x')-f(x'')|<\eta.$$

由假设 φ 在 $[\alpha,\beta]$ 上可积,对上述正数 δ 和 ε,存在某一分割 T,使得在 T 所属的小区间中,$\omega_{k'}^{\varphi}\geqslant\delta$ 的所有小区间 $\Delta_{k'}$ 的总长 $\sum\limits_{k'}\Delta t_{k'}<\varepsilon$;而在其余小区间 $\Delta_{k''}$ 上 $\omega_{k''}^{\varphi}<\delta$.

设 $F(t)=f(\varphi(t)),t\in[\alpha,\beta]$.由以上可知:在 T 中的小区间 $\Delta_{k''}$ 上,$\omega_{k''}^{F}<\eta$;至多在

所有 $\Delta_{k'}$ 上 $\omega_{k'}^F \geqslant \eta$，而这些小区间的总长至多为 $\sum_{k'} \Delta t_{k'} < \varepsilon$.

由可积的第三充要条件，证得复合函数 $f \circ \varphi$ 在 $[\alpha, \beta]$ 上可积. □

习 题 9.6

1. 证明性质 2 中关于下和的不等式(3).

2. 证明性质 6 中关于下和的极限式 $\lim\limits_{\|T\| \to 0} s(T) = s$.

3. 设

$$f(x) = \begin{cases} x, & x \text{ 为有理数}, \\ 0, & x \text{ 为无理数}. \end{cases}$$

试求 f 在 $[0,1]$ 上的上积分和下积分；并由此判断 f 在 $[0,1]$ 上是否可积.

4. 设 f 在 $[a,b]$ 上可积，且 $f(x) \geqslant 0, x \in [a,b]$. 试问 $\sqrt{f}$ 在 $[a,b]$ 上是否可积？为什么？

5. 证明：定理 9.15 中可积的第二充要条件等价于"任给 $\varepsilon > 0$，存在 $\delta > 0$，对一切满足 $\|T\| < \delta$ 的 T，都有 $\sum_T \omega_i \Delta x_i = S(T) - s(T) < \varepsilon$".

---

6. 据理回答：

(1) 何种函数具有"任意下和等于任意上和"的性质？

(2) 何种连续函数具有"所有下和(或上和)都相等"的性质？

(3) 对于可积函数，若"所有下和(或上和)都相等"，是否仍有(2)的结论？

7. 本题的最终目的是要证明：若 f 在 $[a,b]$ 上可积，则 f 在 $[a,b]$ 上必定有无限多个处处稠密的连续点. 这可用区间套方法按以下顺序逐一证明：

(1) 若 T 是 $[a,b]$ 的一个分割，使得 $S(T) - s(T) < b - a$，则在 T 中存在某个小区间 Δ_i，使 $\omega_i^f < 1$.

(2) 存在区间 $I_1 = [a_1, b_1] \subset (a, b)$，使得

$$\omega^f(I_1) = \sup_{x \in I_1} f(x) - \inf_{x \in I_1} f(x) < 1.$$

(3) 存在区间 $I_2 = [a_2, b_2] \subset (a_1, b_1)$，使得

$$\omega^f(I_2) = \sup_{x \in I_2} f(x) - \inf_{x \in I_2} f(x) < \frac{1}{2}.$$

(4) 继续以上方法，求出一区间序列 $I_n = [a_n, b_n] \subset (a_{n-1}, b_{n-1})$，使得

$$\omega^f(I_n) = \sup_{x \in I_n} f(x) - \inf_{x \in I_n} f(x) < \frac{1}{n}.$$

说明 $\{I_n\}$ 为一区间套，从而存在 $x_0 \in I_n, n = 1, 2, \cdots$；而且 f 在点 x_0 连续.

(5) 上面求得的 f 的连续点在 $[a,b]$ 上处处稠密.

第九章总练习题

1. 证明:若 φ 在$[a,b]$上连续,f 二阶可导,且$f''(x)\geqslant 0$,则有

$$\frac{1}{b-a}\int_a^b f(\varphi(t))\,\mathrm{d}t \geqslant f\left(\frac{1}{b-a}\int_a^b \varphi(t)\,\mathrm{d}t\right).$$

2. 利用上题的结论证明:若 f 在$[a,b]$上连续,且 $f(x)>0$,则

$$\ln\left(\frac{1}{b-a}\int_a^b f(x)\,\mathrm{d}x\right) \geqslant \frac{1}{b-a}\int_a^b \ln f(x)\,\mathrm{d}x.$$

3. 证明下列命题:

(1) 若 f 在$[a,b]$上连续增,

$$F(x)=\begin{cases}\dfrac{1}{x-a}\displaystyle\int_a^x f(t)\,\mathrm{d}t, & x\in(a,b],\\ f(a), & x=a,\end{cases}$$

则 F 为$[a,b]$上的增函数;

(2) 若 f 在$[0,+\infty)$上连续,且 $f(x)>0$,则

$$\varphi(x)=\int_0^x tf(t)\,\mathrm{d}t\bigg/\int_0^x f(t)\,\mathrm{d}t$$

为$(0,+\infty)$上的严格增函数.如果要使 φ 在$[0,+\infty)$上为严格增,试问应补充定义 $\varphi(0)=$?

4. 设 f 在$[0,+\infty)$上连续,且 $\lim\limits_{x\to+\infty}f(x)=A$,证明:

$$\lim_{x\to+\infty}\frac{1}{x}\int_0^x f(t)\,\mathrm{d}t=A.$$

5. 设 f 是定义在$(-\infty,+\infty)$上的一个连续周期函数,周期为 p,证明:

$$\lim_{x\to+\infty}\frac{1}{x}\int_0^x f(t)\,\mathrm{d}t=\frac{1}{p}\int_0^p f(t)\,\mathrm{d}t.$$

6. 证明:连续的奇函数的一切原函数皆为偶函数,连续的偶函数的原函数中只有一个是奇函数.

7. 证明**施瓦茨**(Schwarz)**不等式**:若 f 和 g 在$[a,b]$上可积,则

$$\left(\int_a^b f(x)g(x)\,\mathrm{d}x\right)^2\leqslant\int_a^b f^2(x)\,\mathrm{d}x\cdot\int_a^b g^2(x)\,\mathrm{d}x.$$

8. 利用施瓦茨不等式证明:

(1) 若 f 在$[a,b]$上可积,则

$$\left(\int_a^b f(x)\,\mathrm{d}x\right)^2\leqslant(b-a)\int_a^b f^2(x)\,\mathrm{d}x;$$

(2) 若 f 在$[a,b]$上可积,且 $f(x)\geqslant m>0$,则

$$\int_a^b f(x)\,\mathrm{d}x\cdot\int_a^b\frac{1}{f(x)}\,\mathrm{d}x\geqslant(b-a)^2;$$

(3) 若 f,g 都在 $[a,b]$ 上可积,则有**闵可夫斯基**(Minkowski)**不等式**:

$$\left(\int_a^b (f(x)+g(x))^2\mathrm{d}x\right)^{\frac{1}{2}} \leqslant \left(\int_a^b f^2(x)\mathrm{d}x\right)^{\frac{1}{2}} + \left(\int_a^b g^2(x)\mathrm{d}x\right)^{\frac{1}{2}}.$$

9. 设 f 为 $(0,+\infty)$ 上的连续减函数, $f(x)>0$;又设

$$a_n = \sum_{k=1}^{n} f(k) - \int_1^n f(x)\mathrm{d}x.$$

证明: $\{a_n\}$ 为收敛数列.

10. 证明:若 f 在 $[0,a]$ 上连续可微,且 $f(0)=0$,则

$$\int_0^a |f(x)f'(x)|\mathrm{d}x \leqslant \frac{a}{2}\int_0^a (f'(x))^2\mathrm{d}x.$$

*11. 证明:若 f 在 $[a,b]$ 上可积,且处处有 $f(x)>0$,则 $\int_a^b f(x)\mathrm{d}x>0$.

(提示:由可积的第一充要条件进行反证;也可利用习题 9.6 第 7 题的结论.)

第九章自测题

第九章重难点精讲

第十章
定积分的应用

§1 平面图形的面积

在上一章开头讨论过由连续曲线$y=f(x)(\geqslant 0)$，以及直线$x=a, x=b(a<b)$和x轴所围曲边梯形的面积为

$$A=\int_a^b f(x)\,\mathrm{d}x=\int_a^b y\,\mathrm{d}x.$$

若$f(x)$在$[a,b]$上不都是非负的，则所围图形的面积为

$$A=\int_a^b |f(x)|\,\mathrm{d}x=\int_a^b |y|\,\mathrm{d}x.$$

一般地，由上、下两条连续曲线$y=f_2(x)$与$y=f_1(x)$以及两条直线$x=a$与$x=b(a<b)$所围的平面图形（图 10－1），它的面积计算公式为

$$A=\int_a^b (f_2(x)-f_1(x))\,\mathrm{d}x. \tag{1}$$

例 1 求由抛物线$y^2=x$与直线$x-2y-3=0$所围平面图形的面积A.

解 该平面图形如图 10－2 所示.先求出抛物线与直线的交点$P(1,-1)$与$Q(9,3)$.用$x=1$把图形分为左、右两部分，应用公式(1)分别求得它们的面积为

$$A_1=\int_0^1 (\sqrt{x}-(-\sqrt{x}))\,\mathrm{d}x=2\int_0^1 \sqrt{x}\,\mathrm{d}x=\frac{4}{3},$$

$$A_2=\int_1^9 \left(\sqrt{x}-\frac{x-3}{2}\right)\mathrm{d}x=\frac{28}{3}.$$

所以

$$A=A_1+A_2=\frac{32}{3}.$$ □

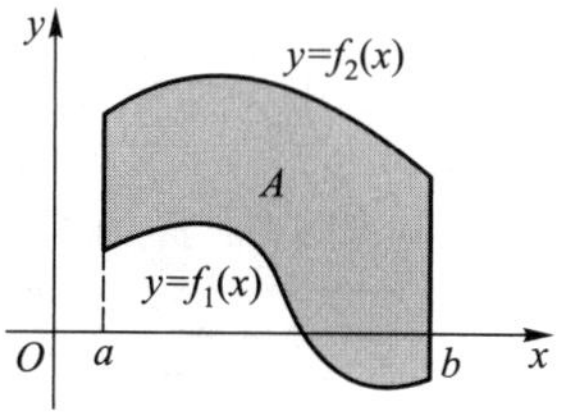

图 10－1

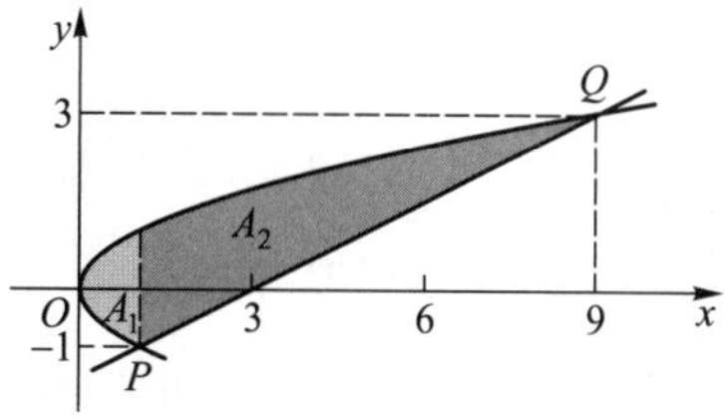

图 10－2

本题也可把抛物线方程和直线方程改写成

$$x=y^2=g_1(y),\quad x=2y+3=g_2(y),\quad y\in[-1,3].$$

并改取积分变量为 y，便得

$$A=\int_{-1}^{3}(g_2(y)-g_1(y))\mathrm{d}y=\int_{-1}^{3}(2y+3-y^2)\mathrm{d}y=\frac{32}{3}.$$

设曲线 C 由参数方程

$$x=x(t),\quad y=y(t),\quad t\in[\alpha,\beta] \tag{2}$$

给出，在 $[\alpha,\beta]$ 上 $y(t)$ 连续，$x(t)$ 连续可微且 $x'(t)\neq 0$，$t\in(\alpha,\beta)$（对于 $y(t)$ 连续可微且 $y'(t)\neq 0$，$t\in(\alpha,\beta)$ 的情形可类似地讨论）. 记 $a=x(\alpha)$，$b=x(\beta)$（$a<b$ 或 $b<a$），则由曲线 C 及直线 $x=a$，$x=b$ 和 x 轴所围的图形，其面积计算公式为

$$A=\int_{\alpha}^{\beta}|y(t)x'(t)|\mathrm{d}t. \tag{3}$$

例 2　求由摆线 $x=a(t-\sin t)$，$y=a(1-\cos t)$（$a>0$）的一拱与 x 轴所围平面图形（图 10－3）的面积.

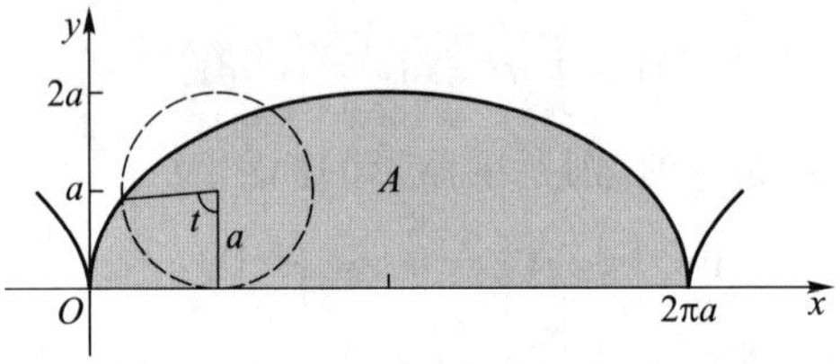

图 10－3

解　摆线的一拱可取 $t\in[0,2\pi]$. 所求面积为

$$A=\int_0^{2\pi}a(1-\cos t)(a(t-\sin t))'\mathrm{d}t$$

$$=a^2\int_0^{2\pi}(1-\cos t)^2\mathrm{d}t=3\pi a^2.$$

□

如果由参数方程（2）所表示的曲线是封闭的，即有

$$x(\alpha)=x(\beta),\quad y(\alpha)=y(\beta),$$

且在 (α,β) 上曲线自身不再相交，那么由曲线自身所围图形的面积为

$$A=\left|\int_{\alpha}^{\beta}y(t)x'(t)\mathrm{d}t\right|$$

$$\left(\text{或}\left|\int_{\alpha}^{\beta}x(t)y'(t)\mathrm{d}t\right|\right). \tag{4}$$

此公式可由公式（1）和（3）推出. 绝对值内的积分，其正、负由曲线（2）的旋转方向所确定（图 10－4）.

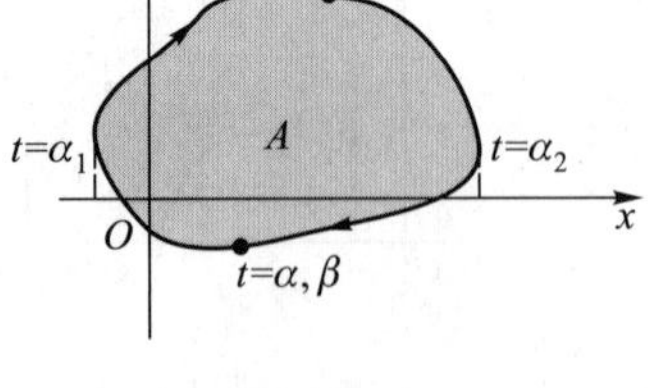

图 10－4

例 3　求椭圆 $\frac{x^2}{a^2}+\frac{y^2}{b^2}=1$ 所围的面积.

解　化椭圆为参数方程

$$x = a\cos t,\quad y = b\sin t,\quad t\in[0,2\pi].$$

由公式(4),求得椭圆所围面积为

$$A = \left|\int_0^{2\pi} b\sin t(a\cos t)'\mathrm{d}t\right| = ab\int_0^{2\pi}\sin^2 t\mathrm{d}t = \pi ab.\qquad \square$$

显然,当 $a = b = r$ 时,这就等于圆面积 πr^2.

设曲线 C 由极坐标方程

$$r = r(\theta),\quad \theta\in[\alpha,\beta]$$

给出,其中 $r(\theta)$ 在 $[\alpha,\beta]$ 上连续,$\beta-\alpha\leqslant 2\pi$.由曲线 C 与两条射线 $\theta=\alpha,\theta=\beta$ 所围成的平面图形,通常也称为扇形(图 10-5).此扇形的面积计算公式为

$$A = \frac{1}{2}\int_\alpha^\beta r^2(\theta)\mathrm{d}\theta. \tag{5}$$

这仍可由定积分的基本思想而得.如图 10-6 所示,对区间 $[\alpha,\beta]$ 作任意分割

$$T:\alpha=\theta_0<\theta_1<\cdots<\theta_{n-1}<\theta_n=\beta,$$

射线 $\theta=\theta_i(i=1,2,\cdots,n-1)$ 把扇形分成 n 个小扇形.由于 $r(\theta)$ 是连续的,因此当 $\|T\|$ 很小时,在每一个 $\Delta_i=[\theta_{i-1},\theta_i]$ 上 $r(\theta)$ 的值变化也很小.任取 $\xi_i\in\Delta_i$,便有

$$r(\theta)\approx r(\xi_i),\quad \theta\in\Delta_i,\quad i=1,2,\cdots,n.$$

这时第 i 个小扇形的面积

$$\Delta A_i\approx\frac{1}{2}r^2(\xi_i)\Delta\theta_i,$$

于是

$$A\approx\sum_{i=1}^n\frac{1}{2}r^2(\xi_i)\Delta\theta_i.$$

由定积分的定义和连续函数的可积性,当 $\|T\|\to 0$ 时,上式右边的极限即为公式(5)中的定积分.

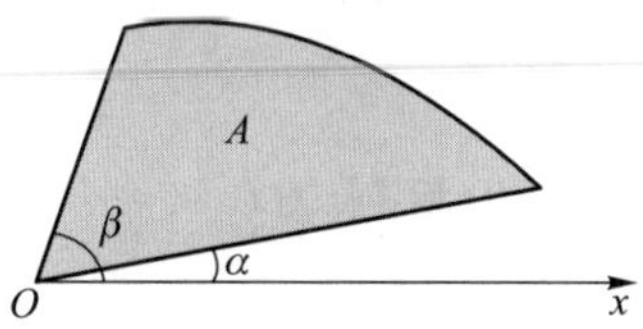

图 10-5

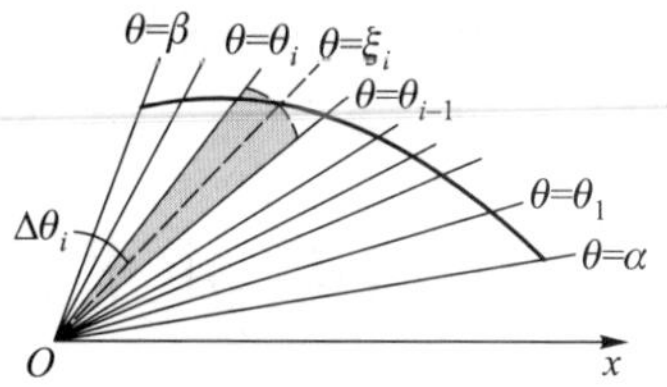

图 10-6

例 4 求双纽线 $r^2=a^2\cos 2\theta$ 所围平面图形的面积.

解 如图 10-7 所示,因为 $r^2\geqslant 0$,所以 θ 的取值范围是 $\left[-\frac{\pi}{4},\frac{\pi}{4}\right]$ 与 $\left[\frac{3\pi}{4},\frac{5\pi}{4}\right]$.由图形的对称性及公式(5),得到

$$A = 4\cdot\frac{1}{2}\int_0^{\frac{\pi}{4}}a^2\cos 2\theta\mathrm{d}\theta = a^2\sin 2\theta\Big|_0^{\frac{\pi}{4}} = a^2.\ \square$$

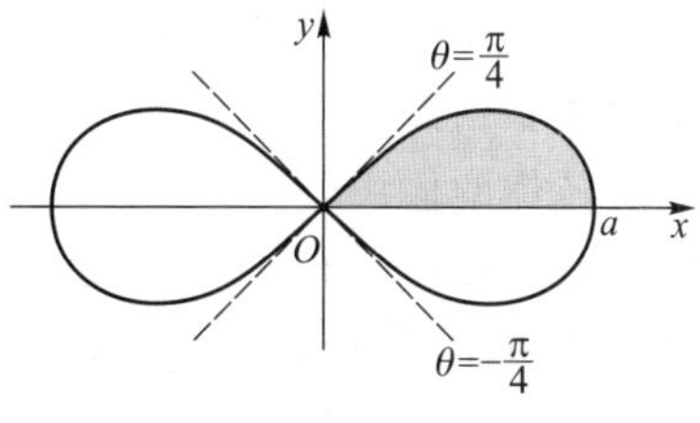

图 10-7

习　题　10.1

1. 求由抛物线 $y=x^2$ 与 $y=2-x^2$ 所围图形的面积.

2. 求由曲线 $y=|\ln x|$ 与直线 $x=\frac{1}{10}, x=10, y=0$ 所围图形的面积.

3. 抛物线 $y^2=2x$ 把圆 $x^2+y^2\leqslant 8$ 分成两部分,求这两部分面积之比.

4. 求内摆线 $x=a\cos^3 t, y=a\sin^3 t\,(a>0)$ 所围图形的面积(图 10－8).

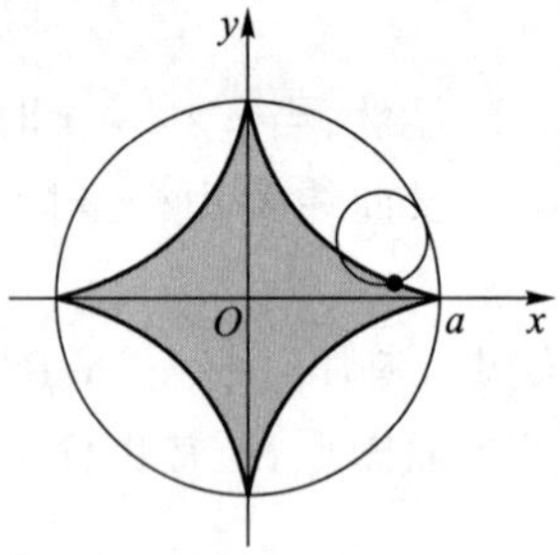

图 10－8

5. 求心形线 $r=a(1+\cos\theta)\,(a>0)$ 所围图形的面积.

6. 求三叶形曲线 $r=a\sin 3\theta\,(a>0)$ 所围图形的面积.

---

7. 求由曲线 $\sqrt{\frac{x}{a}}+\sqrt{\frac{y}{b}}=1\,(a,b>0)$ 与坐标轴所围图形的面积.

8. 求由曲线 $x=t-t^3, y=1-t^4$ 所围图形的面积.

9. 求曲线 $r=\sin\theta$ 与 $r=\sqrt{3}\cos\theta$ 所围公共部分的面积.

10. 求两椭圆 $\frac{x^2}{a^2}+\frac{y^2}{b^2}=1$ 与 $\frac{x^2}{b^2}+\frac{y^2}{a^2}=1\,(a>0,b>0)$ 所围公共部分的面积.

*11. 证明:对于由上、下两条连续曲线 $y=f_2(x)$ 与 $y=f_1(x)$ 以及两条直线 $x=a$ 与 $x=b\,(a<b)$ 所围的平面图形 A(图 10－1),存在包含 A 的多边形 $\{U_n\}$ 以及被 A 包含的多边形 $\{W_n\}$,使得当 $n\to\infty$ 时,它们的面积的极限存在且相等.

§2　由平行截面面积求体积

设 Ω 为三维空间中的一立体,它夹在垂直于 x 轴的两平面 $x=a$ 与 $x=b$ 之间 $(a<b)$.为方便起见,称 Ω 为位于$[a,b]$上的立体.若在任意一点 $x\in[a,b]$处作垂直于 x 轴的平面,它截得 Ω 的截面面积显然是 x 的函数,记为 $A(x), x\in[a,b]$,并称之为 Ω 的**截面面积函数**(见图 10－9).本节将导出由截面面积函数求立体体积的一般计算公式和旋转体的体积公式.

设截面面积函数 $A(x)$ 是$[a,b]$上的一个连续函数,且把 Ω 的上述平行截面投影到某一垂直于 x 轴的平面上,它们永远是一个含在另一个的里面①.对$[a,b]$作分割

① 一般还可推广到 Ω 由满足这种假设的若干个立体相加或相减而得的情形.例如后面将要讨论的旋转体就是满足该条件的重要特例.

$$T: a = x_0 < x_1 < \cdots < x_n = b.$$

过各个分点作垂直于 x 轴的平面 $x = x_i, i = 1,2,\cdots,n$,它们把 Ω 切割成 n 个薄片 Ω_i, $i = 1,2,\cdots,n$.任取 $\xi_i \in [x_{i-1}, x_i]$,那么每一薄片的体积(见图 10-10)

$$\Delta V_i \approx A(\xi_i)\Delta x_i.$$

于是

$$V \approx \sum_{i=1}^{n} A(\xi_i)\Delta x_i.$$

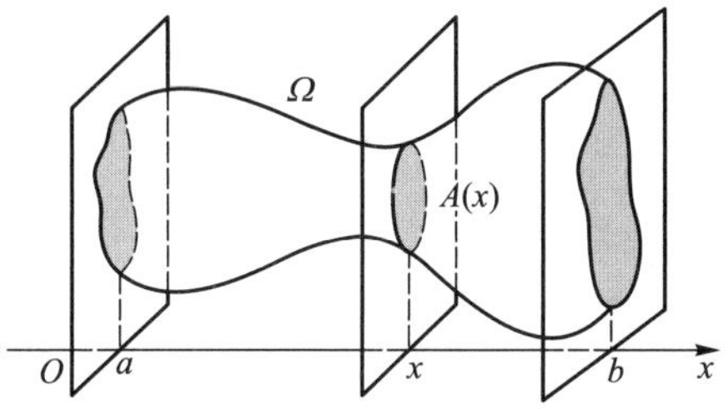

图 10-9

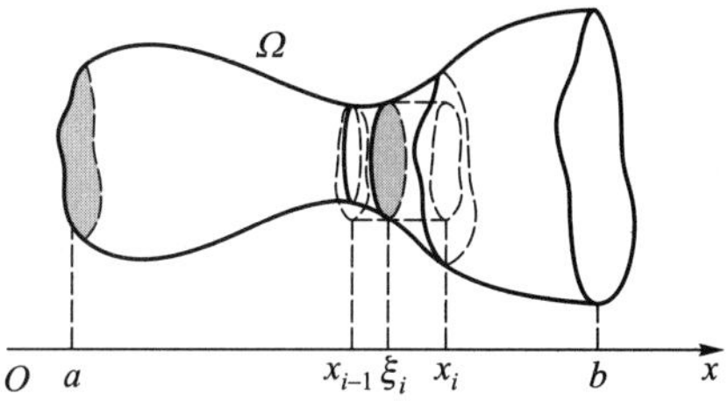

图 10-10

由定积分的定义和连续函数的可积性,当 $\|T\| \to 0$ 时,上式右边的极限存在,即为函数 $A(x)$ 在 $[a,b]$ 上的定积分.于是定义**立体 Ω 的体积**为

$$V = \int_a^b A(x)\,\mathrm{d}x. \tag{1}$$

设 $A(x)$ 在每个小区间 $\Delta_i = [x_{i-1}, x_i]$ 上的最大、最小值分别为 $M_i = A(\eta_i)$ 与 $m_i = A(\zeta_i)$.如果在这两个最大与最小截面上各作一高为 $\Delta x_i = x_i - x_{i-1}$ 的柱体 U_i 和 W_i,则较大的一个 U_i 将包含薄片 Ω_i,而较小的一个 W_i 将被薄片 Ω_i 所包含,那么每一薄片 Ω_i 的体积 ΔV_i 满足

$$m_i\Delta x_i \leqslant \Delta V_i \leqslant M_i\Delta x_i.$$

于是,Ω 的体积 $V = \sum\limits_{i=1}^{n} \Delta V_i$ 满足

$$\sum_{i=1}^{n} m_i\Delta x_i \leqslant V \leqslant \sum_{i=1}^{n} M_i\Delta x_i .$$

因为 $A(x)$ 为连续函数,从而在 $[a,b]$ 上可积,所以极限

$$\lim_{\|T\|\to 0} \sum_{i=1}^{n} M_i\Delta x_i = \lim_{\|T\|\to 0} \sum_{i=1}^{n} A(\eta_i)\Delta x_i \text{和} \lim_{\|T\|\to 0} \sum_{i=1}^{n} m_i\Delta x_i = \lim_{\|T\|\to 0} \sum_{i=1}^{n} A(\zeta_i)\Delta x_i$$

都存在,并且当 $\|T\|$ 足够小时,能使

$$\sum_{i=1}^{n} \omega_i\Delta x_i = \sum_{i=1}^{n} (M_i - m_i)\Delta x_i < \varepsilon,$$

其中 ε 为任意小的正数.由此知道

$$V = \lim_{\|T\|\to 0} \sum_{i=1}^{n} M_i\Delta x_i = \lim_{\|T\|\to 0} \sum_{i=1}^{n} m_i\Delta x_i.$$

即:对于立体 Ω,存在具有体积且包含 Ω 的立体 $U(T) = \bigcup\limits_{i=1}^{n} U_i$ 以及具有体积且被 Ω 包

含的立体 $W(T)=\bigcup_{i=1}^{n}W_i$，使得当 $\|T\|\to 0$ 时，它们的体积的极限存在且相等.

例 1 求由两个圆柱面 $x^2+y^2=a^2$ 与 $z^2+x^2=a^2$ 所围立体的体积.

解 图 10-11 所示为该立体在第一卦限部分的图像（占整体的八分之一）. 对任一 $x_0\in[0,a]$，平面 $x=x_0$ 与这部分立体的截面是一个边长为 $\sqrt{a^2-x_0^2}$ 的正方形，所以 $A(x)=a^2-x^2, x\in[0,a]$. 由公式(1)便得

$$V=8\int_0^a(a^2-x^2)\,dx=\frac{16}{3}a^3.$$ □

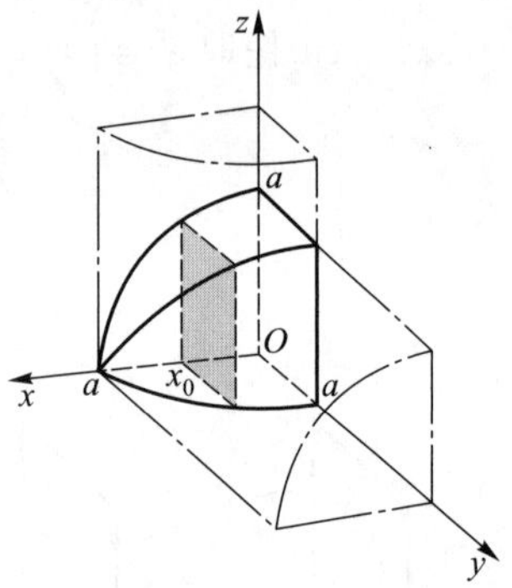

图 10-11

例 2 求由椭球面 $\frac{x^2}{a^2}+\frac{y^2}{b^2}+\frac{z^2}{c^2}=1$ 所围立体（椭球）的体积.

解 以平面 $x=x_0(|x_0|\leqslant a)$ 截椭球面，得椭圆（它在 yOz 平面上的正投影）：

$$\frac{y^2}{b^2\left(1-\frac{x_0^2}{a^2}\right)}+\frac{z^2}{c^2\left(1-\frac{x_0^2}{a^2}\right)}=1.$$

所以截面面积函数为（根据 §1 例 3）

$$A(x)=\pi bc\left(1-\frac{x^2}{a^2}\right),\quad x\in[-a,a].$$

于是求得椭球体积

$$V=\int_{-a}^{a}\pi bc\left(1-\frac{x^2}{a^2}\right)dx=\frac{4}{3}\pi abc.$$ □

显然，当 $a=b=c=r$ 时，这就等于球的体积 $\frac{4}{3}\pi r^3$.

设 Ω_A,Ω_B 为位于同一区间 $[a,b]$ 上的两个立体，其体积分别为 V_A,V_B. 若在 $[a,b]$ 上它们的截面面积函数 $A(x)$ 与 $B(x)$ 皆连续，且 $A(x)=B(x)$，则由公式(1)推知 $V_A=V_B$. 这个关于截面面积相等则体积也相等的原理，早已为我国齐梁时代的数学家祖暅（祖冲之(429—500)之子，生卒年代约在公元 5 世纪末至 6 世纪初）在计算球的体积时所发现. 在《九章算术》一书中所记载的祖暅原理是“夫叠棊成立积，缘幂势既同，则积不容异”，其中幂就是截面面积，势就是高. 这就是说，等高处的截面面积既然相等，则两立体的体积不可能不等（图 10-12）. 17 世纪意大利数学家卡瓦列里（Cavalieri）也提出了类似的原理，但要比祖暅晚 1 100 多年.

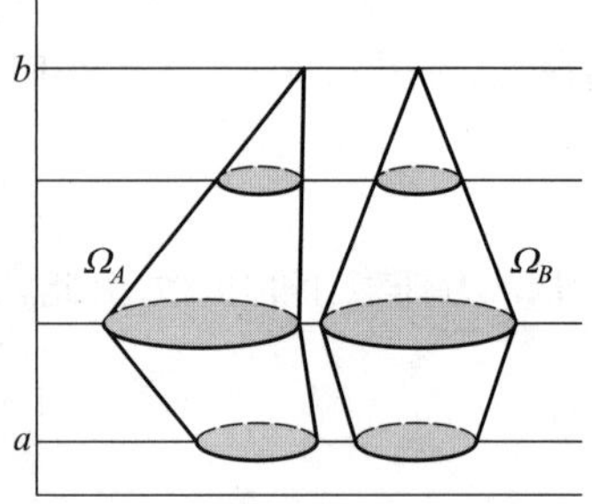

图 10-12

下面讨论旋转体的体积.

设 f 是 $[a,b]$ 上的连续函数，Ω 是由平面图形

$$0 \leqslant |y| \leqslant |f(x)|,\quad a \leqslant x \leqslant b$$

绕 x 轴旋转一周所得的旋转体.那么易知截面面积函数为

$$A(x) = \pi(f(x))^2,\quad x \in [a,b].$$

由公式(1)，得到旋转体 Ω 的体积公式为

$$V = \pi \int_a^b (f(x))^2 \mathrm{d}x. \tag{2}$$

例 3　试用公式(2)导出圆锥体的体积公式.

解　设正圆锥的高为 h，底圆半径为 r.如图 10－13 所示，这圆锥体可由平面图形 $0 \leqslant |y| \leqslant \frac{r}{h}x, x \in [0,h]$ 绕 x 轴旋转一周而得.所以其体积为

$$V = \pi \int_0^h \left(\frac{r}{h}x\right)^2 \mathrm{d}x = \frac{1}{3}\pi r^2 h,$$

这个结果读者在中学课程里便已熟知了.又因同底同高的两个圆锥，在相同高度处的截面为相同的圆，即截面面积函数相同，所以任一高为 h，底半径为 r 的圆锥（正或斜），其体积恒为 $\frac{1}{3}\pi r^2 h$.　□

例 4　求由圆 $x^2+(y-R)^2 \leqslant r^2 (0<r<R)$ 绕 x 轴旋转一周所得环状立体的体积.

解　如图 10－14 所示，圆 $x^2+(y-R)^2=r^2$ 的上、下半圆分别为

$$\left.\begin{aligned} y = f_2(x) = R + \sqrt{r^2-x^2}, \\ y = f_1(x) = R - \sqrt{r^2-x^2}, \end{aligned}\right. \quad |x| \leqslant r.$$

故圆环体的截面面积函数是

$$A(x) = \pi(f_2(x))^2 - \pi(f_1(x))^2 = 4\pi R\sqrt{r^2-x^2},\quad x \in [-r,r].$$

由此得到圆环体的体积为

$$V = 8\pi R \int_0^r \sqrt{r^2-x^2}\,\mathrm{d}x = 2\pi^2 r^2 R.$$　□

如果把上述结果改写成 $V = 2\pi R \cdot \pi r^2$，读者不难看出这相当于一个圆柱体的体积.

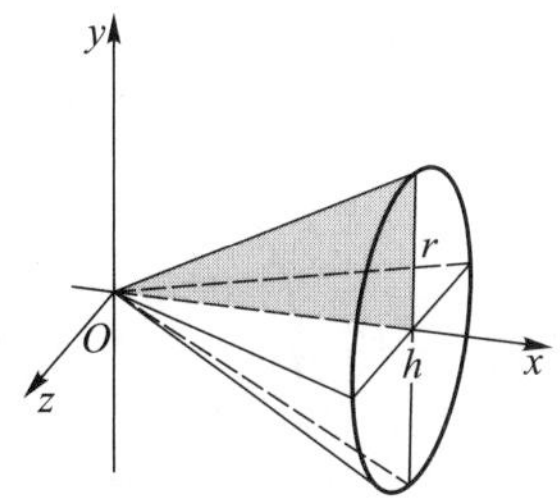

图 10－13

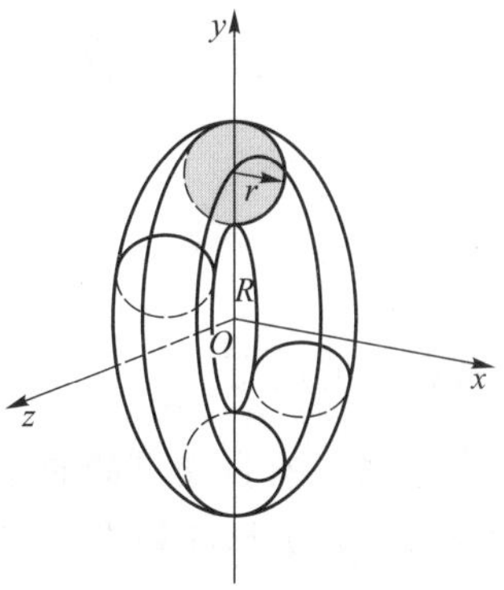

图 10－14

习　题　10.2

1. 如图 10－15 所示，直椭圆柱体被通过底面短轴的斜平面所截，试求截得楔形体的体积.

2. 求下列平面曲线绕轴旋转所围成立体的体积：

(1) $y=\sin x, 0\leqslant x\leqslant \pi$，绕 x 轴；

(2) $x=a(t-\sin t), y=a(1-\cos t)(a>0)$，$0\leqslant t\leqslant 2\pi$，绕 x 轴；

(3) $\dfrac{x^2}{a^2}+\dfrac{y^2}{b^2}=1$，绕 y 轴.

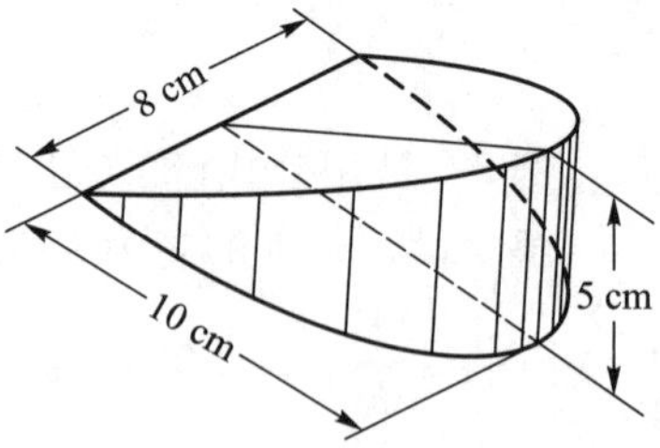

图 10－15

3. 已知球半径为 r，验证高为 h 的球缺体积 $V=\pi h^2\left(r-\dfrac{h}{3}\right)(h\leqslant r)$.

---

4. 求曲线 $x=a\cos^3 t, y=a\sin^3 t$ 所围平面图形（图 10－8）绕 x 轴旋转所得立体的体积.

5. 导出曲边梯形 $0\leqslant y\leqslant f(x), a\leqslant x\leqslant b$ 绕 y 轴旋转所得立体的体积公式为

$$V=2\pi\int_a^b xf(x)\,\mathrm{d}x.$$

6. 求 $0\leqslant y\leqslant \sin x, 0\leqslant x\leqslant \pi$ 所示平面图形绕 y 轴旋转所得立体的体积.

7. 导出极坐标曲线 $r=r(\theta)(0\leqslant\alpha\leqslant\theta\leqslant\beta\leqslant\pi)$ 所围图形绕极轴旋转所得立体的体积公式

$$V=\frac{2}{3}\pi\int_\alpha^\beta r^3(\theta)\sin\theta\,\mathrm{d}\theta,$$

并计算 $r=a(1+\cos\theta)(a>0, 0\leqslant\theta\leqslant\pi)$ 绕极轴旋转所围成立体的体积.

§3　平面曲线的弧长与曲率

一、平面曲线的弧长

先建立曲线弧长的概念.

设 $C=\overset{\frown}{AB}$ 是一条没有自交点的非闭的平面曲线. 如图 10－16 所示，在 C 上从 A 到 B 依次取分点：

$$A=P_0, P_1, P_2, \cdots, P_{n-1}, P_n=B,$$

它们构成对曲线 C 的一个分割，记为 T. 然后用线段联

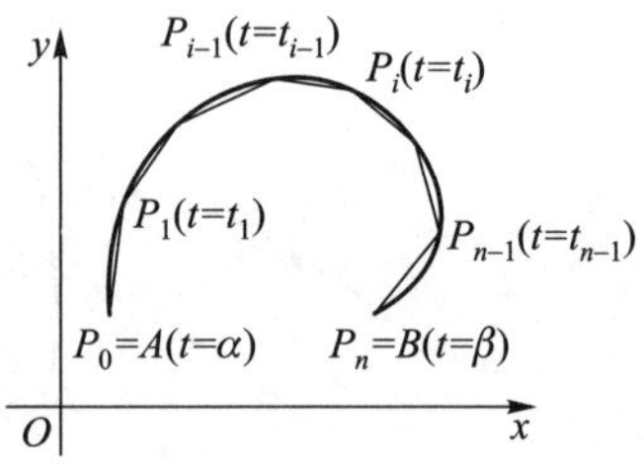

图 10－16

结 T 中每相邻两点,得到 C 的 n 条弦 $\overline{P_{i-1}P_i}(i=1,2,\cdots,n)$,这 n 条弦又成为 C 的一条内接折线.记

$$\|T\| = \max_{1\leqslant i\leqslant n} |P_{i-1}P_i|, \quad s_T = \sum_{i=1}^{n} |P_{i-1}P_i|,$$

分别表示最长弦的长度和折线的总长度.

定义 1 如果存在有限极限

$$\lim_{\|T\|\to 0} s_T = s,$$

即任给 $\varepsilon>0$,恒存在 $\delta>0$,使得对 C 的任何分割 T,只要 $\|T\|<\delta$,就有

$$|s_T-s|<\varepsilon,$$

则称曲线 C 是**可求长**的,并把极限 s 定义为曲线 C 的**弧长**.

定理 10.1 设曲线 C 是一条没有自交点的非闭的平面曲线,由参数方程

$$x=x(t), \quad y=y(t), \quad t\in[\alpha,\beta] \tag{1}$$

给出.若 $x(t)$ 与 $y(t)$ 在 $[\alpha,\beta]$ 上连续可微,则 C 是可求长的,且弧长为

$$s=\int_\alpha^\beta \sqrt{(x'(t))^2+(y'(t))^2}\,\mathrm{d}t. \tag{2}$$

证 如前所述,对 C 作任意分割 $T=\{P_0,P_1,\cdots,P_n\}$,并设 P_0 与 P_n 分别对应 $t=\alpha$ 与 $t=\beta$,且

$$P_i(x_i,y_i)=(x(t_i),y(t_i)), \quad i=1,2,\cdots,n-1.$$

于是,与 T 对应地得到区间 $[\alpha,\beta]$ 的一个分割

$$T':\alpha=t_0<t_1<t_2<\cdots<t_{n-1}<t_n=\beta.$$

现在用反证法先证明 $\lim\limits_{\|T\|\to 0}\|T'\|=0$.假设 $\lim\limits_{\|T\|\to 0}\|T'\|\neq 0$,则存在 $\varepsilon_0>0$,对于任何 $\delta>0$,都可以找到分割 T,使得 $\|T\|<\delta$,而同时 $\|T'\|\geqslant\varepsilon_0$,从而可以找到 C 上两点 Q' 和 Q'',使得 $|Q'Q''|<\delta$,而它们对应的参数 t' 和 t'' 满足 $|t'-t''|\geqslant\varepsilon_0$.依次取 $\delta=\dfrac{1}{n}$, $n=1,2,\cdots$,则得到两个点列 $\{Q'_n\}$ 及 $\{Q''_n\}$ 和它们对应的参数数列 $\{t'_n\}$ 及 $\{t''_n\}$,它们满足

$$|Q'_nQ''_n|<\frac{1}{n}, \quad |t'_n-t''_n|\geqslant\varepsilon_0.$$

由致密性定理,存在子列 $\{t'_{n_k}\}$ 及 $\{t''_{n_k}\}$ 和 $t^*,t^{**}\in[\alpha,\beta]$,使得

$$\lim_{k\to\infty} t'_{n_k}=t^*, \quad \lim_{k\to\infty} t''_{n_k}=t^{**}.$$

显然,$|t^*-t^{**}|\geqslant\varepsilon_0$,即 $t^*\neq t^{**}$.设 t^* 和 t^{**} 对应的 C 上的点为 Q^* 和 Q^{**},则有 $|Q^*Q^{**}|=0$,即两点重合.这与 C 是一条没有自交点的非闭的曲线矛盾.因此,当 $\|T\|\to 0$ 时 $\|T'\|\to 0$.

在 T' 所属的每个小区间 $\Delta_i=[t_{i-1},t_i]$ 上,由微分中值定理得

$$\Delta x_i=x(t_i)-x(t_{i-1})=x'(\xi_i)\Delta t_i, \quad \xi_i\in\Delta_i;$$
$$\Delta y_i=y(t_i)-y(t_{i-1})=y'(\eta_i)\Delta t_i, \quad \eta_i\in\Delta_i.$$

从而曲线 C 的内接折线总长为

$$s_T=\sum_{i=1}^{n}\sqrt{\Delta x_i^2+\Delta y_i^2}=\sum_{i=1}^{n}\sqrt{(x'(\xi_i))^2+(y'(\eta_i))^2}\,\Delta t_i.$$

由于$\sqrt{(x'(t))^2+(y'(t))^2}$在$[\alpha,\beta]$上连续从而可积,因此根据定义1,只需证明:

$$\lim_{\|T\|\to 0} s_T=\lim_{\|T'\|\to 0}\sum_{i=1}^{n}\sqrt{(x'(\xi_i))^2+(y'(\xi_i))^2}\,\Delta t_i, \tag{3}$$

而后者即为(2)式右边的定积分.为此记

$$\sigma_i=\sqrt{(x'(\xi_i))^2+(y'(\eta_i))^2}-\sqrt{(x'(\xi_i))^2+(y'(\xi_i))^2},$$

则有

$$s_T=\sum_{i=1}^{n}\left(\sqrt{(x'(\xi_i))^2+(y'(\xi_i))^2}+\sigma_i\right)\Delta t_i.$$

利用三角形不等式易证

$$|\sigma_i|\leqslant|y'(\eta_i)-y'(\xi_i)|,\quad i=1,2,\cdots,n.$$

由$y'(t)$在$[\alpha,\beta]$上连续,从而一致连续,故对任给的$\varepsilon>0$,存在$\delta>0$,当$\|T'\|<\delta$时,只要$\xi_i,\eta_i\in\Delta_i$,就有

$$|\sigma_i|<\frac{\varepsilon}{\beta-\alpha},\quad i=1,2,\cdots,n.$$

因此有

$$\left|s_T-\sum_{i=1}^{n}\sqrt{(x'(\xi_i))^2+(y'(\xi_i))^2}\,\Delta t_i\right|=\left|\sum_{i=1}^{n}\sigma_i\Delta t_i\right|\leqslant\sum_{i=1}^{n}|\sigma_i|\Delta t_i<\varepsilon.$$

即(3)式得证,亦即公式(2)成立. □

性质 设$\overset{\frown}{AB}$是一条没有自交点的非闭的可求长的平面曲线.如果D是$\overset{\frown}{AB}$上一点,则$\overset{\frown}{AD}$和$\overset{\frown}{DB}$也是可求长的,并且$\overset{\frown}{AB}$的弧长等于$\overset{\frown}{AD}$的弧长与$\overset{\frown}{DB}$的弧长的和.

该性质的证明这里从略(参见本节习题4).

定义2 设曲线$\overset{\frown}{AB}$是一条没有自交点的闭的平面曲线.在$\overset{\frown}{AB}$上任取一点P将$\overset{\frown}{AB}$分成两段非闭曲线,如果$\overset{\frown}{AP}$和$\overset{\frown}{PB}$都是可求长的,则称$\overset{\frown}{AB}$是**可求长的**,并把$\overset{\frown}{AP}$的弧长和$\overset{\frown}{PB}$的弧长的和定义为$\overset{\frown}{AB}$的**弧长**.

注1 根据上述性质,显然定义2中$\overset{\frown}{AB}$是否可求长与P点的选取无关,并且当$\overset{\frown}{AB}$可求长时,其弧长也与P点的选取无关.

注2 公式(2)也可以直接推广到有自交点的(非)闭的平面曲线的情形.这里我们仅以$\overset{\frown}{AB}$是一条没有自交点的闭的平面曲线为例说明.在$\overset{\frown}{AB}$上任取一点P,设P对应的参数为$\gamma\in(\alpha,\beta)$.由定理10.1,$\overset{\frown}{AP}$和$\overset{\frown}{PB}$都是可求长的,且

$$\overset{\frown}{AP}\text{ 的弧长}=\int_{\alpha}^{\gamma}\sqrt{(x'(t))^2+(y'(t))^2}\,\mathrm{d}t,$$

$$\overset{\frown}{PB}\text{ 的弧长}=\int_{\gamma}^{\beta}\sqrt{(x'(t))^2+(y'(t))^2}\,\mathrm{d}t,$$

从而$\overset{\frown}{AB}$是可求长的,且

$$\overset{\frown}{AB}\text{ 的弧长}=\int_{\alpha}^{\gamma}\sqrt{(x'(t))^2+(y'(t))^2}\,\mathrm{d}t+\int_{\gamma}^{\beta}\sqrt{(x'(t))^2+(y'(t))^2}\,\mathrm{d}t$$

$$=\int_{\alpha}^{\beta}\sqrt{(x'(t))^{2}+(y'(t))^{2}}\,\mathrm{d}t.$$

定义 3 设曲线 C 可由参数方程(1)给出,其中 $x(t)$ 与 $y(t)$ 在 $[\alpha,\beta]$ 上连续可微,且 $x'(t)$ 与 $y'(t)$ 不同时为零(即 $x'^{2}(t)+y'^{2}(t)\neq 0, t\in[\alpha,\beta]$),则称 C 为一条**光滑曲线**.

推论 设曲线 C 由参数方程(1)给出.若 C 为一条光滑曲线,则 C 是可求长的,且弧长为

$$s=\int_{\alpha}^{\beta}\sqrt{(x'(t))^{2}+(y'(t))^{2}}\,\mathrm{d}t.$$

若曲线 C 由直角坐标方程

$$y=f(x),\quad x\in[a,b]$$

表示,把它看作参数方程时,即为

$$x=x,\quad y=f(x),\quad x\in[a,b].$$

所以当 $f(x)$ 在 $[a,b]$ 上连续可微时,此曲线即为一光滑曲线.这时弧长公式为

$$s=\int_{a}^{b}\sqrt{1+f'^{2}(x)}\,\mathrm{d}x. \tag{4}$$

又若曲线 C 由极坐标方程

$$r=r(\theta),\quad \theta\in[\alpha,\beta]$$

表示,把它化为参数方程,则为

$$x=r(\theta)\cos\theta,\quad y=r(\theta)\sin\theta,\quad \theta\in[\alpha,\beta].$$

由于

$$x'(\theta)=r'(\theta)\cos\theta-r(\theta)\sin\theta,$$
$$y'(\theta)=r'(\theta)\sin\theta+r(\theta)\cos\theta,$$
$$x'^{2}(\theta)+y'^{2}(\theta)=r^{2}(\theta)+r'^{2}(\theta),$$

因此当 $r'(\theta)$ 在 $[\alpha,\beta]$ 上连续,且 $r(\theta)$ 与 $r'(\theta)$ 不同时为零时,此极坐标曲线为一光滑曲线.这时弧长公式为

$$s=\int_{\alpha}^{\beta}\sqrt{r^{2}(\theta)+r'^{2}(\theta)}\,\mathrm{d}\theta. \tag{5}$$

例 1 求摆线 $x=a(t-\sin t), y=a(1-\cos t)\ (a>0)$ 一拱的弧长(见图10-3).

解 $x'(t)=a(1-\cos t), y'(t)=a\sin t$,由公式(2)得

$$s=\int_{0}^{2\pi}\sqrt{x'^{2}(t)+y'^{2}(t)}\,\mathrm{d}t=\int_{0}^{2\pi}\sqrt{2a^{2}(1-\cos t)}\,\mathrm{d}t$$

$$=2a\int_{0}^{2\pi}\sin\frac{t}{2}\mathrm{d}t=8a.$$ □

例 2 求悬链线 $y=\dfrac{\mathrm{e}^{x}+\mathrm{e}^{-x}}{2}$ 从 $x=0$ 到 $x=a>0$ 那一段的弧长.

解 $y'=\dfrac{\mathrm{e}^{x}-\mathrm{e}^{-x}}{2}, 1+y'^{2}=\dfrac{(\mathrm{e}^{x}+\mathrm{e}^{-x})^{2}}{4}$,由公式(4)得

$$s=\int_{0}^{a}\sqrt{1+y'^{2}}\,\mathrm{d}x=\int_{0}^{a}\frac{\mathrm{e}^{x}+\mathrm{e}^{-x}}{2}\mathrm{d}x=\frac{\mathrm{e}^{a}-\mathrm{e}^{-a}}{2}.$$ □

例 3　求心形线 $r=a(1+\cos\theta)(a>0)$ 的周长.

解　由公式(5)得

$$s=\int_0^{2\pi}\sqrt{r^2+r'^2}\,\mathrm{d}\theta=2\int_0^{\pi}\sqrt{2a^2(1+\cos\theta)}\,\mathrm{d}\theta$$

$$=4a\int_0^{\pi}\cos\frac{\theta}{2}\mathrm{d}\theta=8a.$$

□

注　若把公式(2)中的积分上限改为 t,就得到曲线(1)由端点 P_0 到动点 $P(x(t),y(t))$ 的弧长,即

$$s(t)=\int_{\alpha}^{t}\sqrt{x'^2(\tau)+y'^2(\tau)}\,\mathrm{d}\tau.$$

由于被积函数是连续的,因此

$$\frac{\mathrm{d}s}{\mathrm{d}t}=\sqrt{\left(\frac{\mathrm{d}x}{\mathrm{d}t}\right)^2+\left(\frac{\mathrm{d}y}{\mathrm{d}t}\right)^2},$$

$$\mathrm{d}s=\sqrt{\mathrm{d}x^2+\mathrm{d}y^2}.\tag{6}$$

特别称 $s(t)$ 的微分 $\mathrm{d}s$ 为**弧微分**.如图 10-17 所示,PR 为曲线在点 P 处的切线,在直角三角形 PQR 中,PQ 为 $\mathrm{d}x$,QR 为 $\mathrm{d}y$,PR 则为 $\mathrm{d}s$.这个三角形称为**微分三角形**.

二、曲率

曲线上各点处的弯曲程度是描述曲线局部性态的又一重要标志.

考察图 10-18 中由参数方程(1)给出的光滑曲线 C.我们看到弧段 $\overset{\frown}{PQ}$ 与 $\overset{\frown}{QR}$ 的长度相差不多而其弯曲程度却很不一样.这反映为当动点沿曲线 C 从点 P 移至 Q 时,切线转过的角度 $\Delta\alpha$ 比动点从 Q 移至 R 时切线转过的角度 $\Delta\beta$ 要大得多.

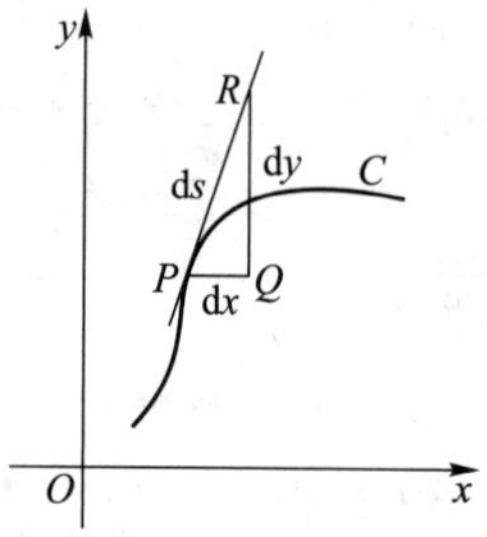

图 10-17

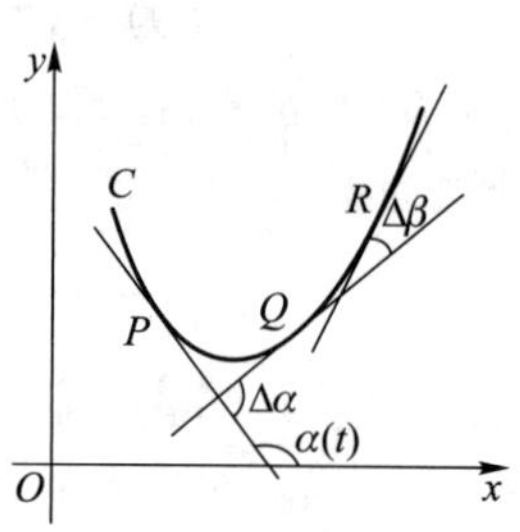

图 10-18

设 $\alpha(t)$ 表示曲线在点 $P(x(t),y(t))$ 处切线的倾角,$\Delta\alpha=\alpha(t+\Delta t)-\alpha(t)$ 表示动点由 P 沿曲线移至 $Q(x(t+\Delta t),y(t+\Delta t))$ 时切线倾角的增量.若 $\overset{\frown}{PQ}$ 之长为 Δs,则称

$$\overline{K}=\left|\frac{\Delta\alpha}{\Delta s}\right|$$

为弧段 $\overset{\frown}{PQ}$ 的**平均曲率**.如果存在有限极限

$$K=\left|\lim_{\Delta t\to 0}\frac{\Delta\alpha}{\Delta s}\right|=\left|\lim_{\Delta s\to 0}\frac{\Delta\alpha}{\Delta s}\right|=\left|\frac{\mathrm{d}\alpha}{\mathrm{d}s}\right|,$$

则称此极限 K 为曲线 C 在点 P 处的**曲率**.

由于假设 C 为光滑曲线，故总有

$$\alpha(t)=\arctan\frac{y'(t)}{x'(t)}\quad 或\quad \alpha(t)=\operatorname{arccot}\frac{x'(t)}{y'(t)}.$$

又若 $x(t)$ 与 $y(t)$ 二阶可导，则由弧微分(6)可得

$$\frac{\mathrm{d}\alpha}{\mathrm{d}s}=\frac{\alpha'(t)}{s'(t)}=\frac{x'(t)y''(t)-x''(t)y'(t)}{(x'^2(t)+y'^2(t))^{3/2}}.$$

所以曲率计算公式为

$$K=\frac{|x'y''-x''y'|}{(x'^2+y'^2)^{3/2}}.\tag{7}$$

若曲线由 $y=f(x)$ 表示，则相应的曲率公式为

$$K=\frac{|y''|}{(1+y'^2)^{3/2}}.\tag{8}$$

例 4 求椭圆 $x=a\cos t, y=b\sin t, 0\leqslant t\leqslant 2\pi$ 上曲率最大和最小的点.

解 由于 $x'=-a\sin t, x''=-a\cos t, y'=b\cos t, y''=-b\sin t$，因此按公式(7)得椭圆上任意点处的曲率为

$$K=\frac{ab}{(a^2\sin^2 t+b^2\cos^2 t)^{3/2}}=\frac{ab}{((a^2-b^2)\sin^2 t+b^2)^{3/2}}.$$

当 $a>b>0$ 时，在 $t=0,\pi$(长轴端点)处曲率最大，而在 $t=\frac{\pi}{2},\frac{3\pi}{2}$(短轴端点)处曲率最小，且

$$K_{\max}=\frac{a}{b^2},\quad K_{\min}=\frac{b}{a^2}.$$ □

若在例 4 中 $a=b=R$，椭圆成为圆时，显然有

$$K=\frac{1}{R},$$

即在圆上各点处的曲率相同，其值为半径的倒数.

容易知道，直线上处处曲率为零.

设曲线 C 在其上一点 P 处的曲率 $K\neq 0$. 若过点 P 作一个半径为 $\rho=\frac{1}{K}$ 的圆，使它在点 P 处与曲线 C 有相同的切线，并在点 P 近旁与曲线位于切线的同侧(图 10-19). 我们把这个圆称为曲线 C 在点 P 处的**曲率圆**或**密切圆**. 曲率圆的半径$\left(\rho=\frac{1}{K}\right)$和圆心($P_0$)称为曲线 C 在点 P 处的**曲率半径**和**曲率中心**. 由曲率圆的定义可以知道，曲线在点 P 与曲率圆既有相同的切线，又有相同的曲率和凸性.

例 5(铁路弯道分析) 如图 10-20 所示，火车轨道从直道进入到半径为 R 的圆弧形弯道时，为了行车安全，必须经过一段缓冲轨道(用虚线表示)，使得曲率由零连续地增加到 $\frac{1}{R}$，以保证火车的向心加速度$\left(a=\frac{v^2}{\rho}\right)$不发生跳跃性的突变.

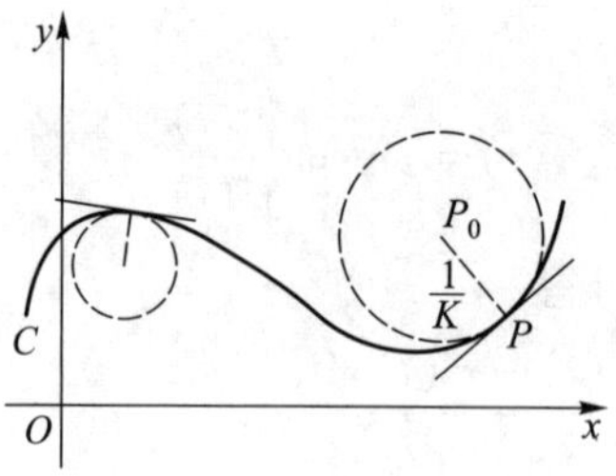

图 10-19

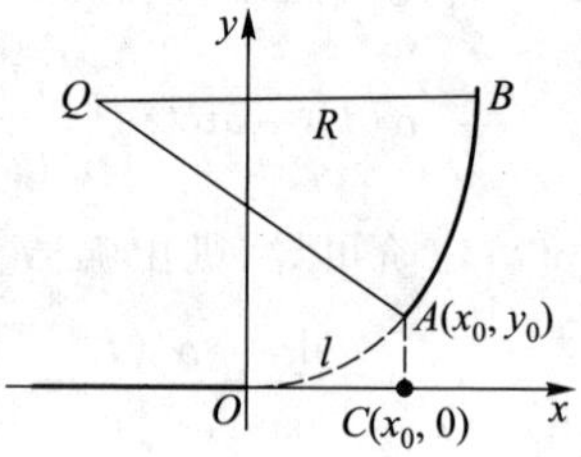

图 10-20

图中 x 轴($x\leqslant 0$)表示直线轨道,$\overset{\frown}{AB}$是半径为 R 的圆弧形轨道(点 Q 为其圆心),$\overset{\frown}{OA}$为缓冲轨道.我国一般采用的缓冲曲线是三次曲线

$$y=\frac{x^3}{6Rl},\tag{9}$$

其中 l 是$\overset{\frown}{OA}$的弧长.

对曲线(9)应用曲率公式(8),求得

$$K=\frac{8R^2l^2x}{(4R^2l^2+x^4)^{3/2}}.$$

当 x 从 0 变为 x_0 时,曲率 K 从 0 连续地变为

$$K_0=\frac{8R^2l^2x_0}{(4R^2l^2+x_0^4)^{3/2}}=\frac{1}{R}\cdot\frac{8l^2x_0}{\left(4l^2+\frac{x_0^4}{R^2}\right)^{3/2}}.$$

当 $x_0\approx l$,且$\frac{x_0}{R}$很小时,$K_0\approx\frac{1}{R}$.因此曲线段$\overset{\frown}{OA}$的曲率从 0 逐渐增加到接近于$\frac{1}{R}$,从而起了缓冲作用. □

习 题 10.3

1. 求下列曲线的弧长:

(1) $y=x^{3/2}$,$0\leqslant x\leqslant 4$;

(2) $\sqrt{x}+\sqrt{y}=1$;

(3) $x=a\cos^3t,y=a\sin^3t(a>0)$,$0\leqslant t\leqslant 2\pi$;

(4) $x=a(\cos t+t\sin t),y=a(\sin t-t\cos t)(a>0)$,$0\leqslant t\leqslant 2\pi$;

(5) $r=a\sin^3\frac{\theta}{3}(a>0)$,$0\leqslant\theta\leqslant 3\pi$;

(6) $r=a\theta(a>0)$,$0\leqslant\theta\leqslant 2\pi$.

*2. 求下列各曲线在指定点处的曲率:

(1) $xy=4$,在点(2,2);

(2) $y=\ln x$,在点(1,0);

(3) $x=a(t-\sin t), y=a(1-\cos t)(a>0)$,在 $t=\dfrac{\pi}{2}$ 的点;

(4) $x=a\cos^3 t, y=a\sin^3 t(a>0)$,在 $t=\dfrac{\pi}{4}$ 的点.

---

3. 求 a,b 的值,使椭圆 $x=a\cos t, y=b\sin t$ 的周长等于正弦曲线 $y=\sin x$ 在 $0\leqslant x\leqslant 2\pi$ 上一段的长.

*4. 本题的目的是证明本节中的性质.这可按以下顺序逐一证明:

(1) 记 $W=\{s_T \mid T$ 是$\widehat{AB}$的一个分割$\}$,则 W 是一个有界集;

(2) 设$\widehat{AB}$的弧长为 s,则 $s=\sup W$;

(3) 记 $W'=\{s_{T'} \mid T'$是$\widehat{AD}$的一个分割$\}$及 $W''=\{s_{T''} \mid T''$是$\widehat{DB}$的一个分割$\}$,则 W' 和 W''都是有界集,并且如果记 $s'=\sup W'$及 $s''=\sup W''$,则

$$s=s'+s'';$$

(4) 证明:$\widehat{AD}$的弧长为 s',$\widehat{DB}$的弧长为 s''.

*5. 设曲线由极坐标方程 $r=r(\theta)$ 给出,且二阶可导,证明:它在点(r,θ)处的曲率为

$$K=\frac{|r^2+2r'^2-rr''|}{(r^2+r'^2)^{3/2}}.$$

*6. 用上题公式,求心形线 $r=a(1+\cos\theta)(a>0)$在 $\theta=0$ 处的曲率、曲率半径和曲率圆.

*7. 证明抛物线 $y=ax^2+bx+c$ 在顶点处的曲率为最大.

*8. 求曲线 $y=\mathrm{e}^x$ 上曲率最大的点.

§4 旋转曲面的面积

定积分的所有应用问题,一般总可按“分割,近似求和,取极限”三个步骤导出所求量的积分形式.但为简便实用起见,也常采用下面介绍的“微元法”.本节和下一节将采用此法来处理.

一、微元法

在上一章我们已经熟知,若令 $\Phi(x)=\int_a^x f(t)\,\mathrm{d}t$,则当 f 为连续函数时,$\Phi'(x)=f(x)$,或 $\mathrm{d}\Phi=f(x)\,\mathrm{d}x$,且

$$\Phi(a)=0,\quad \Phi(b)=\int_a^b f(x)\,\mathrm{d}x.$$

现在要把问题倒过来:所求量 Φ 是分布在某区间$[a,x]$上的,或者说它是该区间

端点 x 的函数，即 $\Phi=\Phi(x),x\in[a,b]$，而且当 $x=b$ 时，$\Phi(b)$ 恰为最终所求的值.

在任意小区间 $[x,x+\Delta x]\subset[a,b]$ 上，恰当选取 Φ 的微小增量 $\Delta\Phi$ 的近似可求量 $\Delta'\Phi$（所谓 $\Delta\Phi$ 的近似可求量是指用来近似代替 $\Delta\Phi$ 的有确定意义而且可以计算的量.例如：当 Φ 是由函数 f 确定的曲边梯形的面积时，$\Delta'\Phi$ 是以 $f(x)$ 为长、Δx 为宽的矩形的面积；当 Φ 是已知平行截面面积 $A(x)$ 的几何体的体积时，$\Delta'\Phi$ 是以面积为 $A(x)$ 的截面为底、Δx 为高的柱体的体积.这里矩形的面积和柱体的体积都是有确定意义的，而且可以利用公式进行计算）.若能把 $\Delta'\Phi$ 近似表示为 Δx 的线性形式

$$\Delta'\Phi\approx f(x)\Delta x, \tag{1}$$

其中 f 为某一连续函数，而且当 $\Delta x\to 0$ 时，$\Delta'\Phi-f(x)\Delta x=o(\Delta x)$，则记

$$\mathrm{d}\Phi=f(x)\mathrm{d}x, \tag{2}$$

那么只要把定积分 $\int_a^b f(x)\mathrm{d}x$ 计算出来，就是该问题所求的结果.

上述方法通常称为**微元法**.在采用微元法时，必须注意如下三点：

1）所求量 Φ 关于分布区间必须是代数可加的.

2）微元法的关键是正确给出 $\Delta\Phi$ 的近似可求量 $\Delta'\Phi$.严格说来，$\Delta\Phi$ 的近似可求量 $\Delta'\Phi$ 应该根据所求量 Φ 的严格定义来选取.例如在本章 §3 曲线的弧长公式(2)的讨论中，在任意小区间 $[t,t+\Delta t]\subset[\alpha,\beta]$ 上，微小增量 Δs 的近似可求量定义为对应的线段的长度：

$$\Delta' s=\sqrt{(x(t+\Delta t)-x(t))^2+(y(t+\Delta t)-y(t))^2}.$$

一般来说，$\Delta\Phi$ 的近似可求量 $\Delta'\Phi$ 的选取不是唯一的（参见本节习题第 4 题），但是选得不恰当将会产生错误的结果.例如在本节后面旋转曲面的面积公式(3)的推导中，如果 ΔS 的近似可求量 $\Delta' S$ 采用对应的圆柱的侧面积而不是对应的圆台的侧面积，将会得到错误的面积公式 $S=2\pi\int_a^b f(x)\mathrm{d}x$.所以在本章的讨论中，对于未严格定义的量均视为规定.

3）当我们将 $\Delta'\Phi$ 用线性形式 $f(x)\Delta x$ 代替时，要严格检验 $\Delta'\Phi-f(x)\Delta x$ 是否为 Δx 的高阶无穷小量，以保证其对应的积分和的极限是相等的. §3 导出弧长公式(2)的过程的后一部分，实际上就是在验证

$$\sqrt{(x'(\xi_i))^2+(y'(\eta_i))^2}\Delta t_i \text{ 与 } \sqrt{(x'(\xi_i))^2+(y'(\xi_i))^2}\Delta t_i$$

之差是否为 $\|T'\|$ 的高阶无穷小量（更多的例子参见后面旋转曲面的面积公式(3)的推导）.

对于前三节所求的平面图形面积、立体体积和曲线弧长，改用微元法来处理，所求量的微元表达式分别为

$$\Delta A\approx|y|\Delta x,\text{并有 } \mathrm{d}A=|y|\mathrm{d}x;$$

$$\Delta V\approx A(x)\Delta x,\text{并有 } \mathrm{d}V=A(x)\mathrm{d}x;$$

$$\Delta s\approx\sqrt{1+y'^2}\Delta x,\text{并有 } \mathrm{d}s=\sqrt{1+y'^2}\mathrm{d}x.$$

如果在上面第三个公式中把弧长增量的近似可求量 $\sqrt{1+y'^2}\Delta x$ 近似表示为 Δx，将导致 $s=\int_a^b \mathrm{d}x=b-a$ 的明显错误.事实上，此时

$$\lim_{\Delta x\to 0}\frac{\sqrt{1+y'^2}\,\Delta x-\Delta x}{\Delta x}=\sqrt{1+y'^2}-1\neq 0,$$

除非 $y=f(x)$ 为常量函数.

二、旋转曲面的面积①

设平面光滑曲线 C 的方程为

$y=f(x),\quad x\in[a,b]$（不妨设 $f(x)\geqslant 0$）.

这段曲线绕 x 轴旋转一周得到旋转曲面(图 10-21).下面用微元法导出它的面积公式.

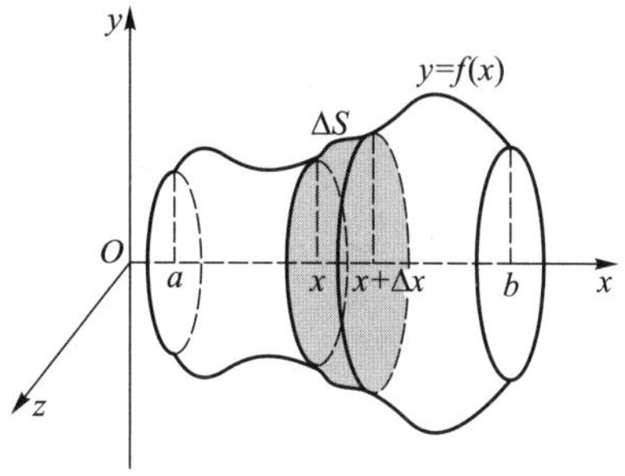

图 10-21

通过 x 轴上点 x 与 $x+\Delta x$ 分别作垂直于 x 轴的平面,它们在旋转曲面上截下一条夹在两个圆形截线间的狭带.当 Δx 很小时,此狭带的面积 ΔS 近似于由这两个圆所确定的圆台的侧面积 $\Delta' S$,即

$$\begin{aligned}\Delta' S&=\pi(f(x)+f(x+\Delta x))\sqrt{\Delta x^2+\Delta y^2}\\&=\pi(2f(x)+\Delta y)\sqrt{1+\left(\frac{\Delta y}{\Delta x}\right)^2}\,\Delta x,\end{aligned}$$

其中 $\Delta y=f(x+\Delta x)-f(x)$.由于

$$\lim_{\Delta x\to 0}\Delta y=0,\quad \lim_{\Delta x\to 0}\sqrt{1+\left(\frac{\Delta y}{\Delta x}\right)^2}=\sqrt{1+f'^2(x)},$$

因此由 $f'(x)$ 的连续性可以保证

$$\pi(2f(x)+\Delta y)\sqrt{1+\left(\frac{\Delta y}{\Delta x}\right)^2}\,\Delta x-2\pi f(x)\sqrt{1+f'^2(x)}\,\Delta x=o(\Delta x).$$

所以得到

$$\Delta' S\approx 2\pi f(x)\sqrt{1+f'^2(x)}\,\Delta x,$$

$$\mathrm{d}S=2\pi f(x)\sqrt{1+f'^2(x)}\,\mathrm{d}x,$$

$$S=2\pi\int_a^b f(x)\sqrt{1+f'^2(x)}\,\mathrm{d}x.\tag{3}$$

如果光滑曲线 C 由参数方程

$$x=x(t),\quad y=y(t),\quad t\in[\alpha,\beta]$$

给出,且 $y(t)\geqslant 0$,那么由弧微分知识推知曲线 C 绕 x 轴旋转所得旋转曲面的面积为

$$S=2\pi\int_\alpha^\beta y(t)\sqrt{x'^2(t)+y'^2(t)}\,\mathrm{d}t.\tag{4}$$

例 1 计算圆 $x^2+y^2=R^2$ 在 $[x_1,x_2]\subset[-R,R]$ 上的弧段绕 x 轴旋转所得球带的面积.

解 对曲线 $y=\sqrt{R^2-x^2}$ 在区间 $[x_1,x_2]$ 上应用公式(3),得到

① 关于曲面面积的严格定义和一般计算公式要在下册重积分章节里给出.

$$S = 2\pi\int_{x_1}^{x_2}\sqrt{R^2-x^2}\sqrt{1+\frac{x^2}{R^2-x^2}}\mathrm{d}x$$

$$= 2\pi R\int_{x_1}^{x_2}\mathrm{d}x = 2\pi R(x_2-x_1).$$

特别当 $x_1=-R, x_2=R$ 时,得球的表面积 $S_{球}=4\pi R^2$. □

例 2 计算由内摆线 $x=a\cos^3 t, y=a\sin^3 t$(见图 10-8)绕 x 轴旋转所得旋转曲面的面积.

解 由曲线关于 y 轴的对称性及公式(4),得

$$S = 4\pi\int_0^{\frac{\pi}{2}} a\sin^3 t\sqrt{(-3a\cos^2 t\sin t)^2+(3a\sin^2 t\cos t)^2}\,\mathrm{d}t$$

$$= 12\pi a^2\int_0^{\frac{\pi}{2}}\sin^4 t\cos t\mathrm{d}t = \frac{12}{5}\pi a^2.$$ □

习题 10.4

1. 求下列平面曲线绕指定轴旋转所得旋转曲面的面积:

(1) $y=\sin x, 0\leqslant x\leqslant\pi$,绕 x 轴;

(2) $x=a(t-\sin t), y=a(1-\cos t)(a>0), 0\leqslant t\leqslant 2\pi$,绕 x 轴;

(3) $\dfrac{x^2}{a^2}+\dfrac{y^2}{b^2}=1$,绕 y 轴;

(4) $x^2+(y-a)^2=r^2(r<a)$,绕 x 轴.

2. 设平面光滑曲线由极坐标方程

$$r=r(\theta), \alpha\leqslant\theta\leqslant\beta\ ([\alpha,\beta]\subset[0,\pi], r(\theta)\geqslant 0)$$

给出,试求它绕极轴旋转所得旋转曲面的面积计算公式.

3. 试求下列极坐标曲线绕极轴旋转所得旋转曲面的面积:

(1) 心形线 $r=a(1+\cos\theta)(a>0)$;

(2) 双纽线 $r^2=2a^2\cos 2\theta(a>0)$.

4. 证明:如果在旋转曲面的面积公式(3)的推导过程中,过点 $(x,f(x))$ 作曲线 C 的切线,选取该切线在 $[x,x+\Delta x]$ 的一段绕 x 轴旋转一周生成圆台的侧面面积作为 ΔS 的近似可求量 $\Delta' S$,则也可以得到公式(3).

§5 定积分在物理中的某些应用

定积分在物理中有着广泛的应用,这里介绍几个较有代表性的例子.

一、液体静压力

例 1 图 10-22 所示为一管道的圆形闸门(半径为 3 m).问水平面齐及直径时,

闸门所受到的水的静压力为多大?

解 为方便起见,取 x 轴和 y 轴如图,此时圆的方程为

$$x^2+y^2=9.$$

由于在相同深度处水的静压强相同,其值等于 $\rho g x$,其中 ρ 为水的密度,g 为重力加速度,x 为深度,故当 Δx 很小时,闸门上从深度 x 到 $x+\Delta x$ 这一狭条 ΔA 上所受的静压力为

$$\Delta P \approx \mathrm{d}P = 2\rho g x\sqrt{9-x^2}\,\mathrm{d}x.$$

从而闸门上所受的总压力为

$$P=\int_0^3 2\rho g x\sqrt{9-x^2}\,\mathrm{d}x = 18\rho g.$$ □

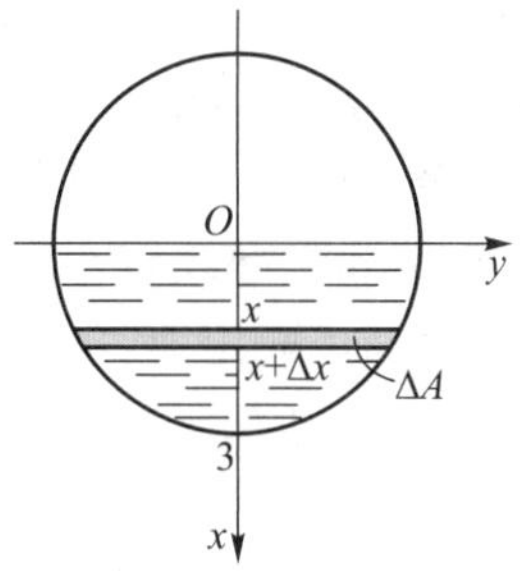

图 10-22

二、引力

例 2 一根长为 l 的均匀细杆,质量为 M,在其中垂线上相距细杆为 a 处有一质量为 m 的质点.试求细杆对质点的万有引力.

解 如图 10-23 所示,细杆位于 x 轴上的 $\left[-\frac{l}{2},\frac{l}{2}\right]$ 处,质点位于 y 轴上的点 a 处.任取 $[x,x+\Delta x]\subset\left[-\frac{l}{2},\frac{l}{2}\right]$,当 Δx 很小时可把这一小段细杆看作一质点,其质量为 $\mathrm{d}M=\frac{M}{l}\mathrm{d}x$.于是它对质点 m 的引力为

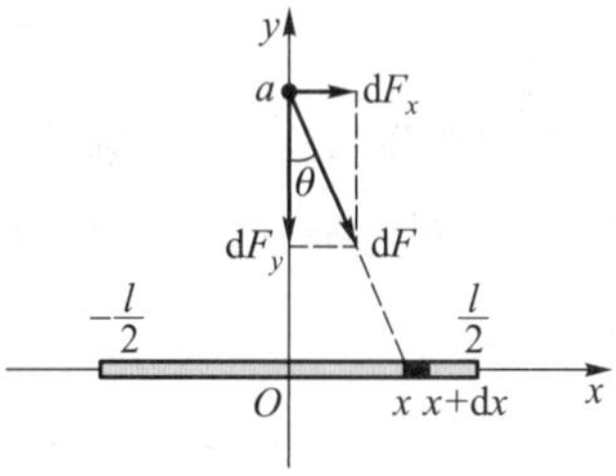

图 10-23

$$\mathrm{d}F=\frac{Gm\mathrm{d}M}{r^2}=\frac{Gm}{a^2+x^2}\cdot\frac{M}{l}\mathrm{d}x,$$

其中 G 为引力常量.由于细杆上各点对质点 m 的引力方向各不相同,因此不能直接对 $\mathrm{d}F$ 进行积分(不符合代数可加的条件).为此,将 $\mathrm{d}F$ 分解到 x 轴和 y 轴两个方向上,得

$$\mathrm{d}F_x=\mathrm{d}F\cdot\sin\theta,\quad \mathrm{d}F_y=-\mathrm{d}F\cdot\cos\theta.$$

由于质点 m 位于细杆的中垂线上,必使水平合力为零,即

$$F_x=\int_{-l/2}^{l/2}\mathrm{d}F_x=0.$$

又由 $\cos\theta=\frac{a}{\sqrt{a^2+x^2}}$,得垂直方向合力为

$$F_y=\int_{-l/2}^{l/2}\mathrm{d}F_y=-2\int_0^{\frac{l}{2}}\frac{GmMa}{l}(a^2+x^2)^{-3/2}\mathrm{d}x$$

$$=-\frac{2GmMa}{l}\cdot\frac{1}{a^2}\cdot\frac{x}{\sqrt{a^2+x^2}}\Bigg|_0^{l/2}=-\frac{2GmM}{a\sqrt{4a^2+l^2}},$$

负号表示合力方向与 y 轴方向相反. □

例 3　设有一半径为 r 的圆弧形导线，均匀带电，电荷密度为 δ，在圆心正上方距圆弧所在平面为 a 的地方有一电量为 q 的点电荷. 试求圆弧形导线与点电荷之间作用力（引力或斥力）的大小.

解　如图 10－24 所示，把点电荷置于原点，z 轴垂直向下，圆弧形导线置于水平平面 $z=a$ 上.

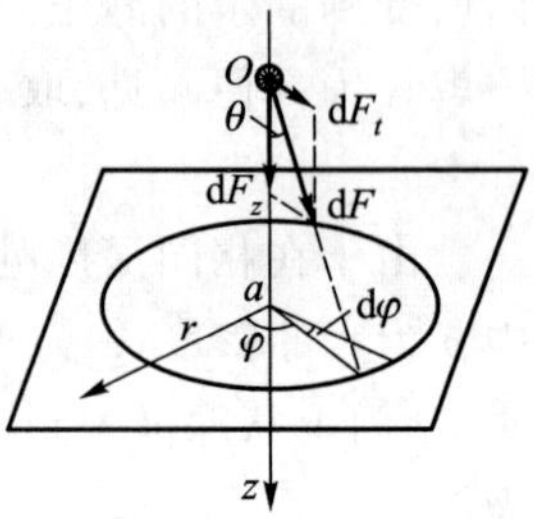

图 10－24

根据库仑定律，电量为 q_1, q_2 的两个点电荷之间的作用力（引力或斥力）的大小为

$$F=\frac{kq_1q_2}{\rho^2},$$

其中 ρ 是两点电荷之间的距离，k 是库仑常数.

把中心角为 $\mathrm{d}\varphi$ 的一小段导线圆弧看作一点电荷，其电量为

$$\mathrm{d}Q=\delta\mathrm{d}s=\delta r\mathrm{d}\varphi.$$

它对点电荷 q 的作用力为

$$\mathrm{d}F=k\cdot\frac{q\mathrm{d}Q}{\rho^2}=\frac{k\delta rq}{a^2+r^2}\mathrm{d}\varphi.$$

把 $\mathrm{d}F$ 分解为 z 轴方向的垂直分力 $\mathrm{d}F_z$ 和水平方向的分力 $\mathrm{d}F_t$. 由于点电荷位于圆弧导线的对称轴 Oz 上，且导线上的电荷密度恒为常数，因此水平分力 $\mathrm{d}F_t$ 各向抵消. 而

$$\mathrm{d}F_z=\mathrm{d}F\cdot\cos\theta=\mathrm{d}F\cdot\frac{a}{\sqrt{a^2+r^2}}=k\delta raq(a^2+r^2)^{-3/2}\mathrm{d}\varphi,$$

于是垂直方向的合力为

$$F_z=\int_0^{2\pi}\mathrm{d}F_z=\frac{2\pi k\delta raq}{(a^2+r^2)^{3/2}}.$$

这就是圆弧形导线与点电荷之间作用力的大小.　□

三、功与平均功率

例 4　一圆锥形水池，池口直径 30 m，深 20 m，池中盛满了水. 试求将全部池水抽出池外需做的功.

解　为方便起见，取坐标轴如图 10－25 所示. 由于抽出相同深度处单位体积的水需做相同的功，因此首先考虑将池中深度为 x 到 $x+\Delta x$ 的一薄层水 $\Delta\Omega$ 抽至池口需做的功 ΔW. 当 Δx 很小时，把这一薄层水的深度都看作 x，并取 $\Delta\Omega$ 的体积

$$\Delta V\approx\pi\left(15\left(1-\frac{x}{20}\right)\right)^2\Delta x,$$

这时有

$$\Delta W\approx\mathrm{d}W=\pi\rho gx\left(15\left(1-\frac{x}{20}\right)\right)^2\mathrm{d}x.$$

从而将全部池水抽出池外需做的功为

$$W = 225\pi\rho g\int_0^{20} x\left(1-\frac{x}{20}\right)^2\mathrm{d}x = 7\ 500\pi\rho g.$$ □

例 5 在纯电阻电路(图 10-26)中,已知交流电压为

$$V = V_{\mathrm{m}}\sin\,\omega t.$$

求在一个周期$[0,T]\left(T=\dfrac{2\pi}{\omega}\right)$上消耗在电阻 R 上的能量 W,并求与之相当的直流电压.

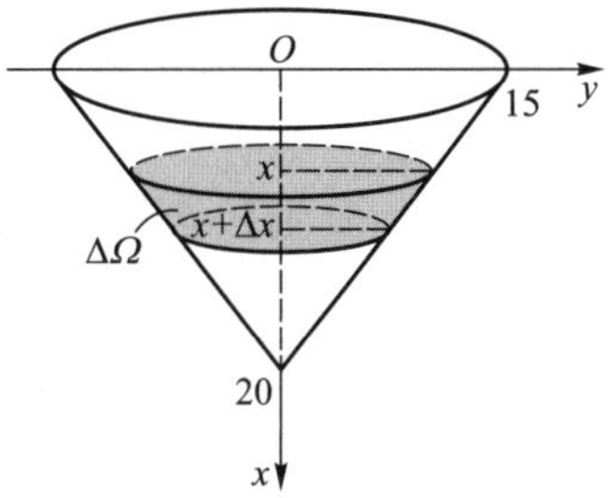

图 10-25

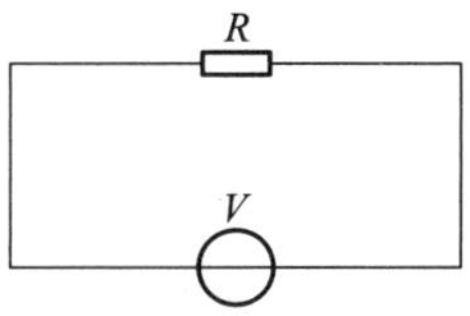

图 10-26

解 在直流电压$(V=V_0)$下,功率 $P=\dfrac{V_0^2}{R}$,那么在时间 T 内所做的功为 $W=PT=\dfrac{V_0^2T}{R}$.现在 V 为交流电压,瞬时功率为

$$P(t)=\frac{V_{\mathrm{m}}^2}{R}\sin^2\omega t.$$

这相当于:在任意一小段时间区间$[t,t+\Delta t]\subset[0,T]$上,当 Δt 很小时,可把 V 近似看作恒为 $V_{\mathrm{m}}\sin\,\omega t$ 的情形.于是取功的微元为

$$\mathrm{d}W=P(t)\,\mathrm{d}t.$$

并由此求得

$$W=\int_0^T P(t)\,\mathrm{d}t=\int_0^{\frac{2\pi}{\omega}}\frac{V_{\mathrm{m}}^2}{R}\sin^2\omega t\mathrm{d}t=\frac{\pi V_{\mathrm{m}}^2}{R\omega}.$$

而平均功率则为

$$\bar{P}=\frac{1}{T}\int_0^T P(t)\,\mathrm{d}t=\frac{\omega}{2\pi}\cdot\frac{\pi V_{\mathrm{m}}^2}{R\omega}=\frac{V_{\mathrm{m}}^2}{2R}=\frac{(V_{\mathrm{m}}/\sqrt{2})^2}{R}.$$

上述结果的最末形式,表示交流电压 $V=V_{\mathrm{m}}\sin\,\omega t$ 在一个周期上的平均功率与直流电压 $\bar{V}=\dfrac{V_{\mathrm{m}}}{\sqrt{2}}$的功率是相等的.故称 $\bar{V}$ 为该交流电压的有效值.通常所说的 220 V 交流电,其实是 $V=220\sqrt{2}\sin\,\omega t$ 的有效值. □

习 题 10.5

1. 有一等腰梯形闸门,它的上、下两条底边各长为 10 m 和 6 m,高为 20 m.计算当水面与上底边相齐时闸门一侧所受的静压力.

2. 边长为 a 和 b 的矩形薄板，与液面成 $\alpha(0<\alpha<90^\circ)$ 角斜沉于液体中. 设 $a>b$，长边平行于液面，上沿位于深 h 处，液体的比重为 ν. 试求薄板每侧所受的静压力.

3. 直径为 6 m 的一球浸入水中，其球心在水平面下 10 m 处，求球面上所受浮力.

4. 设在坐标轴的原点有一质量为 m 的质点，在区间 $[a,a+l]\ (a>0)$ 上有一质量为 M 的均匀细杆. 试求质点与细杆之间的万有引力.

5. 设有两条各长为 l 的均匀细杆在同一直线上，中间离开距离 c，每根细杆的质量为 M. 试求它们之间的万有引力.（提示：在第 4 题的基础上再作一次积分.）

6. 设有半径为 r 的半圆形导线，均匀带电，电荷密度为 δ，在圆心处有一单位正电荷. 试求它们之间作用力的大小.

7. 一个半球形（直径为 20 m）的容器内盛满了水. 试问把水抽尽需做多少功？

8. 长 10 m 的铁索下垂于矿井中，已知铁索每米的质量为 8 kg，问将此铁索提出地面需做多少功？

9. 一物体在某介质中按 $x=ct^3$ 作直线运动，介质的阻力与速度 $\dfrac{\mathrm{d}x}{\mathrm{d}t}$ 的平方成正比. 计算物体由 $x=0$ 移至 $x=a$ 时克服介质阻力所做的功.

10. 半径为 r 的球体沉入水中，其比重与水相同. 试问将球体从水中捞出需做多少功？

*§6　定积分的近似计算

利用牛顿－莱布尼茨公式虽然可以精确地计算定积分的值，但它仅适用于被积函数的原函数能够求得的情形. 如果这点办不到或者不容易办到，这就要考虑近似计算的方法. 在定积分的很多应用问题中，被积函数甚至没有解析表达式（只是一条实验记录曲线，或者是一组离散的采样值），这时只能采用近似方法去计算相应的定积分.

其实，根据定积分的定义，每一个积分和都可看作定积分的一个近似值，例如

$$\int_a^b f(x)\,\mathrm{d}x \approx \sum_{i=1}^n f(x_i)\Delta x_i\ \left(\text{或}\sum_{i=1}^n f(x_{i-1})\Delta x_i\right). \tag{1}$$

在几何意义上，这是用一系列小矩形面积来近似小曲边梯形面积的结果. 所以把这个近似算法称为**矩形法**. 不过，只有当积分区间被分割得很细很细时，矩形法才有一定的精确度.

如果在分割的每个小区间上采用一次或二次多项式来近似替代被积函数，那么可以期望获得比矩形法效果好得多的近似计算公式. 下面的梯形法和抛物线法就是这一想法的产物.

一、梯形法

将积分区间 $[a,b]$ 作 n 等分，分点依次为

$$a=x_0<x_1<x_2<\cdots<x_n=b,\quad \Delta x_i=\frac{b-a}{n}.$$

相应的被积函数值记为

$$y_0,y_1,y_2,\cdots,y_n(y_i=f(x_i),i=0,1,2,\cdots,n).$$

并记曲线 $y=f(x)$ 上相应的点为

$$P_0,P_1,P_2,\cdots,P_n(P_i(x_i,y_i),i=0,1,2,\cdots,n).$$

将曲线上每一段弧 $\overset{\frown}{P_{i-1}P_i}$ 用弦 $\overline{P_{i-1}P_i}$ 来替代，这使得每个小区间 $[x_{i-1},x_i]$ 上的曲边梯形换成了真正的梯形（图 10－27），其面积为

$$\frac{y_{i-1}+y_i}{2}\Delta x_i,\quad i=1,2,\cdots,n.$$

于是，各个小梯形面积之和就是曲边梯形面积的近似值，即

$$\int_a^b f(x)\,\mathrm{d}x\approx\sum_{i=1}^{n}\frac{y_{i-1}+y_i}{2}\Delta x_i,$$

亦即

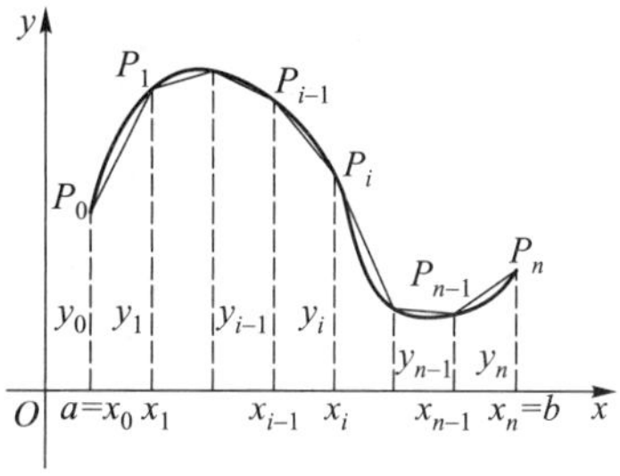

图 10－27

$$\int_a^b f(x)\,\mathrm{d}x\approx\frac{b-a}{n}\left(\frac{y_0}{2}+y_1+y_2+\cdots+y_{n-1}+\frac{y_n}{2}\right).\tag{2}$$

称此近似式为定积分的**梯形法公式**.

二、抛物线法

由梯形法求定积分的近似值，当 $y=f(x)$ 为凸曲线时偏大，为凹曲线时偏小. 如果每段曲线改用与它的凸性相接近的抛物线来近似，就可减少上述缺点. 下面介绍抛物线法.

将积分区间 $[a,b]$ 作 $2n$ 等分（图 10－28），分点依次为

$$a=x_0<x_1<x_2<\cdots<x_{2n}=b,\quad \Delta x_i=\frac{b-a}{2n}.$$

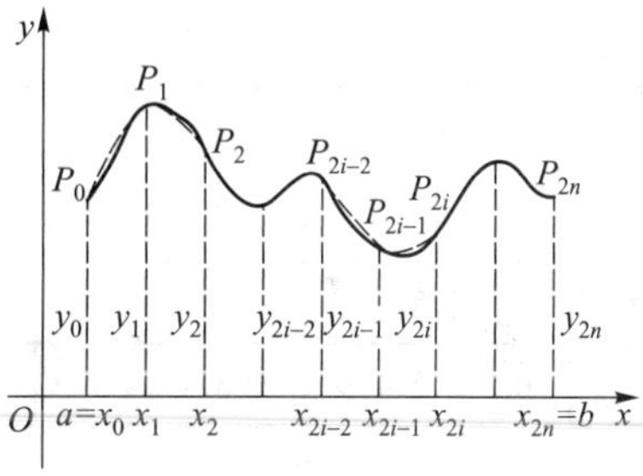

图 10－28

对应的被积函数值为

$$y_0,y_1,y_2,\cdots,y_{2n}(y_i=f(x_i),i=0,1,2,\cdots,2n).$$

曲线 $y=f(x)$ 上的相应点为

$$P_0,P_1,P_2,\cdots,P_{2n}(P_i(x_i,y_i),i=0,1,2,\cdots,2n).$$

现把区间 $[x_0,x_2]$ 上的曲线 $y=f(x)$ 用通过三点

$$P_0(x_0,y_0),\quad P_1(x_1,y_1),\quad P_2(x_2,y_2)$$

的抛物线 $p_1(x)=\alpha_1x^2+\beta_1x+\gamma_1$ 来近似替代，便有

$$\begin{aligned}\int_{x_0}^{x_2}f(x)\,\mathrm{d}x&\approx\int_{x_0}^{x_2}p_1(x)\,\mathrm{d}x=\int_{x_0}^{x_2}(\alpha_1x^2+\beta_1x+\gamma_1)\,\mathrm{d}x\\&=\frac{\alpha_1}{3}(x_2^3-x_0^3)+\frac{\beta_1}{2}(x_2^2-x_0^2)+\gamma_1(x_2-x_0)\\&=\frac{x_2-x_0}{6}((\alpha_1x_0^2+\beta_1x_0+\gamma_1)+(\alpha_1x_2^2+\beta_1x_2+\gamma_1)+\end{aligned}$$

$$\alpha_1(x_0+x_2)^2+2\beta_1(x_0+x_2)+4\gamma_1)$$
$$=\frac{x_2-x_0}{6}(y_0+y_2+4y_1)=\frac{b-a}{6n}(y_0+4y_1+y_2).$$

倒数第二式的得来是利用了 $x_0+x_2=2x_1$.

同样地,在$[x_{2i-2},x_{2i}]$上用 $p_i(x)=\alpha_i x^2+\beta_i x+\gamma_i$ 替代曲线 $y=f(x)$,将得到

$$\int_{x_{2i-2}}^{x_{2i}} f(x)\,\mathrm{d}x \approx \int_{x_{2i-2}}^{x_{2i}} p_i(x)\,\mathrm{d}x=\frac{b-a}{6n}(y_{2i-2}+4y_{2i-1}+y_{2i}).$$

最后,按 $i=1,2,\cdots,n$ 把这些近似式相加,得到

$$\int_a^b f(x)\,\mathrm{d}x=\sum_{i=1}^{n}\int_{x_{2i-2}}^{x_{2i}} f(x)\,\mathrm{d}x \approx \frac{b-a}{6n}\sum_{i=1}^{n}(y_{2i-2}+4y_{2i-1}+y_{2i}),$$

即

$$\int_a^b f(x)\,\mathrm{d}x \approx \frac{b-a}{6n}(y_0+y_{2n}+4(y_1+y_3+\cdots+y_{2n-1})+ 2(y_2+y_4+\cdots+y_{2n-2})). \tag{3}$$

这就是**抛物线法公式**,也称为**辛普森**(Simpson)**公式**.

作为例子,我们计算定积分 $\int_0^1 \frac{\mathrm{d}x}{1+x^2}$ 的近似值.

将区间[0,1]十等分,各分点上被积函数的值列表如下(取七位小数):

x_i	0	0.1	0.2	0.3	0.4	0.5
y_i	1	0.990 099 0	0.961 538 5	0.917 431 2	0.862 069 0	0.800 000 0
x_i	0.6	0.7	0.8	0.9	1	
y_i	0.735 294 1	0.671 140 9	0.609 756 1	0.552 486 2	0.500 000 0	

1) 用矩形法公式(1)去计算(取四位小数):

$$\int_0^1 \frac{\mathrm{d}x}{1+x^2} \approx \frac{1}{10}(y_0+y_1+\cdots+y_9) \approx 0.810\ 0$$

$$(\text{或}\frac{1}{10}(y_1+y_2+\cdots+y_{10}) \approx 0.760\ 0).$$

2) 用梯形法公式(2)去计算(取四位小数):

$$\int_0^1 \frac{\mathrm{d}x}{1+x^2} \approx \frac{1}{10}\left(\frac{y_0}{2}+y_1+y_2+\cdots+y_9+\frac{y_{10}}{2}\right) \approx 0.785\ 0.$$

3) 用抛物线法公式(3)去计算(取七位小数):

$$\int_0^1 \frac{\mathrm{d}x}{1+x^2} \approx \frac{1}{30}(y_0+y_{10}+4(y_1+y_3+\cdots+y_9)+2(y_2+y_4+\cdots+y_8))$$
$$\approx 0.785\ 398\ 2.$$

用准确值①

$$\int_0^1 \frac{dx}{1+x^2} = \arctan 1 = \frac{\pi}{4} = 0.785\ 398\ 16\cdots$$

与上述近似值相比较,矩形法的结果只有一位有效数字是准确的,梯形法的结果有三位有效数字是准确的,抛物线法的结果则有六位有效数字是准确的.可见公式(3)明显地优于公式(2),更优于公式(1).

关于定积分近似计算的误差估计,在"数值分析"一类课程中必有详述,这里不再讨论.

习 题 10.6

1. 分别用梯形法和抛物线法近似计算 $\int_1^2 \frac{dx}{x}$(将积分区间十等分).

2. 用抛物线法近似计算 $\int_0^{\pi} \frac{\sin x}{x} dx$(分别将积分区间二等分、四等分、六等分).

3. 图 10－29 所示为河道某一截面图(单位:m).试由测得数据用抛物线法求截面面积.

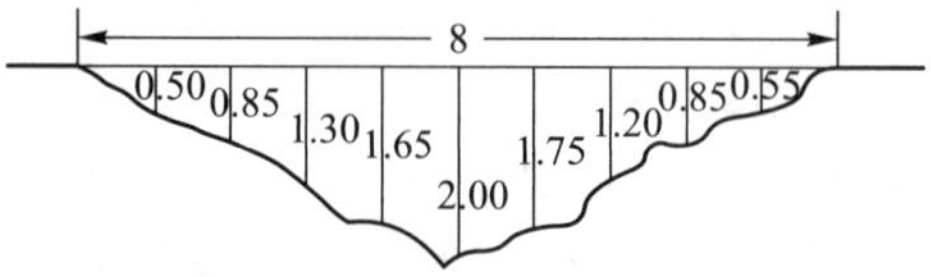

图 10－29

4. 下表所列为夏季某一天每隔 2 h 测得的气温:

时间 t_i	0	2	4	6	8	10	12	14	16	18	20	22	24
温度 C_i	25.8	23.0	24.1	25.6	27.3	30.2	33.4	35.0	33.8	31.1	28.2	27.0	25.0

(1) 按积分平均 $\frac{1}{b-a}\int_a^b f(t)\,dt$ 求这一天的平均气温,其中定积分值由三种近似法分别计算;

(2) 若按算术平均 $\frac{1}{12}\sum_{i=1}^{12} C_{i-1}$ 或 $\frac{1}{12}\sum_{i=1}^{12} C_i$ 求得平均气温,那么它们与矩形法积分平均和梯形法积分平均各有什么联系? 简述理由.

① 这里用一个很容易求得准确值的定积分作为近似计算的例子,主要的理由就是有准确值可以与近似值相比较.实际使用中不会有这样的事.

第十一章
反常积分

§1 反常积分概念

一、问题提出

在讨论定积分时有两个最基本的限制：积分区间的有穷性和被积函数的有界性.但在很多实际问题中往往需要突破这些限制，考虑无穷区间上的“积分”，或是无界函数的“积分”，这便是本章的主题.

例 1（第二宇宙速度问题） 在地球表面垂直发射火箭（图 11－1），要使火箭克服地球引力无限远离地球，试问初速度 v_0 至少要多大？

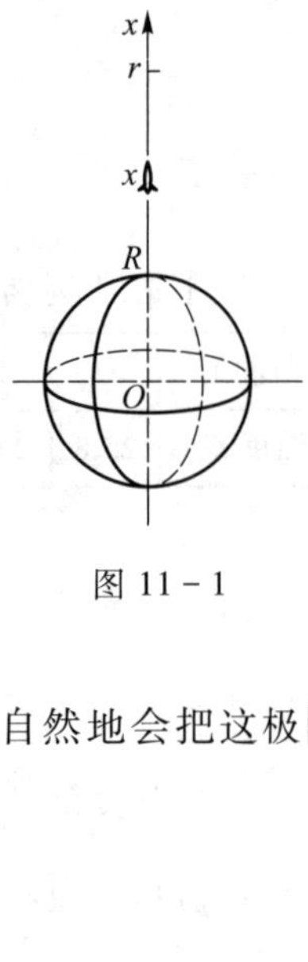

图 11－1

设地球半径为 R，火箭质量为 m，地面上的重力加速度为 g.按万有引力定律，在距地心 $x(\geqslant R)$ 处火箭所受的引力为

$$F=\frac{mgR^2}{x^2}.$$

于是火箭从地面上升到距离地心为 $r(>R)$ 处需做的功为

$$\int_R^r \frac{mgR^2}{x^2}\mathrm{d}x=mgR^2\left(\frac{1}{R}-\frac{1}{r}\right).$$

当 $r\to+\infty$ 时，其极限 mgR 就是火箭无限远离地球需做的功.我们很自然地会把这极限写作上限为 $+\infty$ 的“积分”：

$$\int_R^{+\infty}\frac{mgR^2}{x^2}\mathrm{d}x=\lim_{r\to+\infty}\int_R^r\frac{mgR^2}{x^2}\mathrm{d}x=mgR.$$

最后，由机械能守恒定律可求得初速度 v_0 至少应使

$$\frac{1}{2}mv_0^2=mgR.$$

用 $g=9.81\ \mathrm{m/s^2}$，$R=6.371\times10^6\ \mathrm{m}$ 代入，便得

$$v_0=\sqrt{2gR}\approx 11.2(\mathrm{km/s}).$$ □

例 2 圆柱形桶的内壁高为 h，内半径为 R，桶底有一半径为 r 的小孔（图11－2）.试问从盛满水开始打开小孔直至流完桶中的水，共需多长时间？

从物理学知道，在不计摩擦力的情形下，当桶内水位高度为 $h-x$ 时，水从孔中流出的流速（单位时间内流过单位截面积的流量）为

$$v=\sqrt{2g(h-x)},$$

其中 g 为重力加速度.

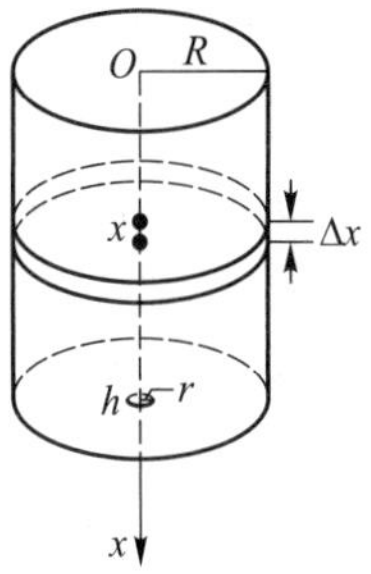

图 11-2

设在很小一段时间 $\mathrm{d}t$ 内，桶中液面降低的微小量为 $\mathrm{d}x$，它们之间应满足

$$\pi R^2\mathrm{d}x=v\pi r^2\mathrm{d}t,$$

由此则有

$$\mathrm{d}t=\frac{R^2}{r^2\sqrt{2g(h-x)}}\mathrm{d}x,\quad x\in[0,h).$$

所以流完一桶水所需时间在形式上亦可写成“积分”：

$$T=\int_0^h\frac{R^2}{r^2\sqrt{2g(h-x)}}\mathrm{d}x.$$

但是在这里因为被积函数是$[0,h)$上的无界函数，所以它的确切含义应该是

$$\begin{aligned}T&=\lim_{u\to h^-}\int_0^u\frac{R^2}{r^2\sqrt{2g(h-x)}}\mathrm{d}x\\&=\lim_{u\to h^-}\sqrt{\frac{2}{g}}\cdot\frac{R^2}{r^2}(\sqrt{h}-\sqrt{h-u})=\sqrt{\frac{2h}{g}}\left(\frac{R}{r}\right)^2.\end{aligned}$$

□

相对于以前所讲的定积分（不妨称之为**正常积分**）而言，例 1 和例 2 分别提出了两类**反常积分**.

二、两类反常积分的定义

定义 1 设函数 f 定义在无穷区间$[a,+\infty)$上，且在任何有限区间$[a,u]$上可积. 如果存在极限

$$\lim_{u\to+\infty}\int_a^u f(x)\mathrm{d}x=J,\tag{1}$$

则称此极限 J 为函数 f 在$[a,+\infty)$上的**无穷限反常积分**（简称**无穷积分**），记作

$$J=\int_a^{+\infty}f(x)\mathrm{d}x,\tag{1'}$$

并称$\int_a^{+\infty}f(x)\mathrm{d}x$ **收敛**. 如果极限(1)不存在，为方便起见，亦称$\int_a^{+\infty}f(x)\mathrm{d}x$ **发散**.

类似地，可定义 f 在$(-\infty,b]$上的无穷积分：

$$\int_{-\infty}^b f(x)\mathrm{d}x=\lim_{u\to-\infty}\int_u^b f(x)\mathrm{d}x.\tag{2}$$

对于 f 在$(-\infty,+\infty)$上的无穷积分，用前面两种无穷积分来定义：

$$\int_{-\infty}^{+\infty}f(x)\mathrm{d}x=\int_{-\infty}^a f(x)\mathrm{d}x+\int_a^{+\infty}f(x)\mathrm{d}x,\tag{3}$$

其中 a 为任一实数.当且仅当等号右边两个无穷积分都收敛时,它才是收敛的.

注 1　无穷积分(3)的收敛性与收敛时的值,都和实数 a 的选取无关.

注 2　由于无穷积分(3)是由(1)、(2)两类无穷积分来定义的,因此,f 在任何有限区间$[v,u]\subset(-\infty,+\infty)$上,首先必须是可积的.

注 3　$\int_a^{+\infty} f(x)\,\mathrm{d}x$ 收敛的几何意义是:若 f 在$[a,+\infty)$上为非负连续函数,则图 11-3 中介于曲线 $y=f(x)$,直线 $x=a$ 以及 x 轴之间那一块向右无限延伸的阴影区域有面积 J.

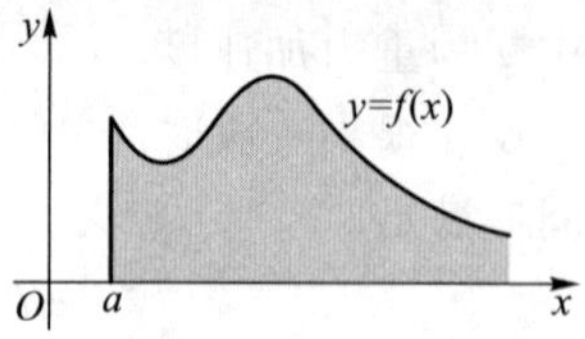

图 11-3

例 3　讨论无穷积分

$$\int_1^{+\infty} \frac{\mathrm{d}x}{x^p} \tag{4}$$

的敛散性.

解　由于

$$\int_1^u \frac{\mathrm{d}x}{x^p} = \begin{cases} \dfrac{1}{1-p}(u^{1-p}-1), & p \neq 1, \\ \ln u, & p = 1, \end{cases}$$

$$\lim_{u\to+\infty}\int_1^u \frac{\mathrm{d}x}{x^p} = \begin{cases} \dfrac{1}{p-1}, & p>1, \\ +\infty, & p \leqslant 1. \end{cases}$$

因此无穷积分(4)当 $p>1$ 时收敛,其值为$\dfrac{1}{p-1}$;而当 $p\leqslant 1$时发散于$+\infty$.　□

从图 11-4 看到,例 3 的结论是很直观的:p 的值越大,曲线 $y=\dfrac{1}{x^p}$当 $x>1$ 时越靠近 x 轴,从而曲线下方的阴影区域存在有限面积的可能性也就越大.

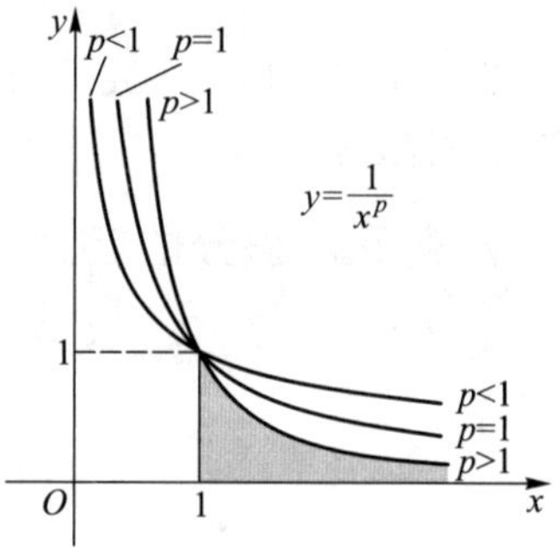

图 11-4

例 4　讨论下列无穷积分的敛散性:

1) $\displaystyle\int_2^{+\infty} \frac{\mathrm{d}x}{x(\ln x)^p}$;　　2) $\displaystyle\int_{-\infty}^{+\infty} \frac{\mathrm{d}x}{1+x^2}$.

解　1) 由于无穷积分是通过变限定积分的极限来定义的,因此有关定积分的换元积分法和分部积分法一般都可引用到无穷积分中来.对于本例来说,就有

$$\int_2^{+\infty} \frac{\mathrm{d}x}{x(\ln x)^p} = \int_{\ln 2}^{+\infty} \frac{\mathrm{d}t}{t^p}.$$

从例 3 知道,该无穷积分当 $p>1$ 时收敛,当 $p\leqslant 1$ 时发散.

2) 任取实数 a,讨论如下两个无穷积分:

$$\int_{-\infty}^{a} \frac{\mathrm{d}x}{1+x^2} \quad 和 \quad \int_a^{+\infty} \frac{\mathrm{d}x}{1+x^2}.$$

由于

$$\lim_{u\to-\infty}\int_u^a \frac{dx}{1+x^2}=\lim_{u\to-\infty}(\arctan a-\arctan u)=\arctan a+\frac{\pi}{2},$$

$$\lim_{v\to+\infty}\int_a^v \frac{dx}{1+x^2}=\lim_{v\to+\infty}(\arctan v-\arctan a)=\frac{\pi}{2}-\arctan a,$$

因此这两个无穷积分都收敛.由定义 1,

$$\int_{-\infty}^{+\infty}\frac{dx}{1+x^2}=\int_{-\infty}^{a}\frac{dx}{1+x^2}+\int_{a}^{+\infty}\frac{dx}{1+x^2}=\pi.$$ □

注 由于上述结果与 a 无关,因此若取 $a=0$,则可使计算过程更简洁些.

定义 2 设函数 f 定义在区间 $(a,b]$ 上,在点 a 的任一右邻域上无界,但在任何内闭区间 $[u,b]\subset(a,b]$ 上可积.如果存在极限

$$\lim_{u\to a^+}\int_u^b f(x)\,dx=J, \tag{5}$$

则称此极限为**无界函数** f 在 $(a,b]$ 上的**反常积分**,记作

$$J=\int_a^b f(x)\,dx, \tag{5'}$$

并称反常积分 $\int_a^b f(x)\,dx$ **收敛**.如果极限(5)不存在,这时也说反常积分 $\int_a^b f(x)\,dx$ **发散**.

在定义 2 中,被积函数 f 在点 a 近旁是无界的,这时点 a 称为 f 的**瑕点**,而无界函数反常积分 $\int_a^b f(x)\,dx$ 又称为**瑕积分**.

类似地,可定义瑕点为 b 时的瑕积分:

$$\int_a^b f(x)\,dx=\lim_{u\to b^-}\int_a^u f(x)\,dx.$$

其中 f 在 $[a,b)$ 有定义,在点 b 的任一左邻域上无界,但在任何 $[a,u]\subset[a,b)$ 上可积.

若 f 的瑕点 $c\in(a,b)$,则定义瑕积分

$$\int_a^b f(x)\,dx=\int_a^c f(x)\,dx+\int_c^b f(x)\,dx$$

$$=\lim_{u\to c^-}\int_a^u f(x)\,dx+\lim_{v\to c^+}\int_v^b f(x)\,dx. \tag{6}$$

其中 f 在 $[a,c)\cup(c,b]$ 上有定义,在点 c 的任一邻域上无界,但在任何 $[a,u]\subset[a,c)$ 和 $[v,b]\subset(c,b]$ 上都可积.当且仅当(6)式右边两个瑕积分都收敛时,左边的瑕积分才是收敛的.

又若 a,b 两点都是 f 的瑕点,而 f 在任何 $[u,v]\subset(a,b)$ 上可积,这时定义瑕积分

$$\int_a^b f(x)\,dx=\int_a^c f(x)\,dx+\int_c^b f(x)\,dx$$

$$=\lim_{u\to a^+}\int_u^c f(x)\,dx+\lim_{v\to b^-}\int_c^v f(x)\,dx, \tag{7}$$

其中 c 为 (a,b) 上任一实数.同样地,当且仅当(7)式右边两个瑕积分都收敛时,左边的瑕积分才是收敛的.

例 5　计算瑕积分$\int_0^1 \frac{\mathrm{d}x}{\sqrt{1-x^2}}$的值.

解　被积函数$f(x)=\frac{1}{\sqrt{1-x^2}}$在$[0,1)$上连续,从而在任何$[0,u]\subset[0,1)$上可积,$x=1$为其瑕点.依定义 2 求得

$$\int_0^1 \frac{\mathrm{d}x}{\sqrt{1-x^2}}=\lim_{u\to 1^-}\int_0^u \frac{\mathrm{d}x}{\sqrt{1-x^2}}=\lim_{u\to 1^-}\arcsin u=\frac{\pi}{2}.$$ □

例 6　讨论瑕积分

$$\int_0^1 \frac{\mathrm{d}x}{x^q}\ (q>0) \tag{8}$$

的收敛性.

解　被积函数在$(0,1]$上连续,$x=0$为其瑕点.由于

$$\int_u^1 \frac{\mathrm{d}x}{x^q}=\begin{cases}\frac{1}{1-q}(1-u^{1-q}), & q\neq 1,\\ -\ln u, & q=1\end{cases}\quad (0<u<1),$$

故当$0<q<1$时,瑕积分(8)收敛,且

$$\int_0^1 \frac{\mathrm{d}x}{x^q}=\lim_{u\to 0^+}\int_u^1 \frac{\mathrm{d}x}{x^q}=\frac{1}{1-q};$$

而当$q\geqslant 1$时,瑕积分(8)发散于$+\infty$. □

上述结论在图 11-4 中同样能获得直观的反映.

如果把例 3 与例 6 联系起来,考察反常积分

$$\int_0^{+\infty} \frac{\mathrm{d}x}{x^p}\ (p>0). \tag{9}$$

我们定义

$$\int_0^{+\infty} \frac{\mathrm{d}x}{x^p}=\int_0^1 \frac{\mathrm{d}x}{x^p}+\int_1^{+\infty} \frac{\mathrm{d}x}{x^p},$$

它当且仅当右边的瑕积分和无穷积分都收敛时才收敛.但由例 3 与例 6 的结果可知,这两个反常积分不能同时收敛,故反常积分(9)对任何实数p都是发散的.

习　题　11.1

1. 讨论下列无穷积分是否收敛?若收敛,则求其值:

(1) $\int_0^{+\infty} x\mathrm{e}^{-x^2}\mathrm{d}x$;　　(2) $\int_{-\infty}^{+\infty} x\mathrm{e}^{-x^2}\mathrm{d}x$;

(3) $\int_0^{+\infty} \frac{1}{\sqrt{\mathrm{e}^x}}\mathrm{d}x$;　　(4) $\int_1^{+\infty} \frac{\mathrm{d}x}{x^2(1+x)}$;

(5) $\int_{-\infty}^{+\infty} \frac{\mathrm{d}x}{4x^2+4x+5}$;　　(6) $\int_0^{+\infty} \mathrm{e}^{-x}\sin x\mathrm{d}x$;

(7) $\int_{-\infty}^{+\infty} e^x \sin x\mathrm{d}x$；　　(8) $\int_0^{+\infty} \frac{\mathrm{d}x}{\sqrt{1+x^2}}$.

2. 讨论下列瑕积分是否收敛？若收敛，则求其值：

(1) $\int_a^b \frac{\mathrm{d}x}{(x-a)^p}$；　　(2) $\int_0^1 \frac{\mathrm{d}x}{1-x^2}$；

(3) $\int_0^2 \frac{\mathrm{d}x}{\sqrt{|x-1|}}$；　　(4) $\int_0^1 \frac{x}{\sqrt{1-x^2}}\mathrm{d}x$；

(5) $\int_0^1 \ln x\mathrm{d}x$；　　(6) $\int_0^1 \sqrt{\frac{x}{1-x}}\mathrm{d}x$；

(7) $\int_0^1 \frac{\mathrm{d}x}{\sqrt{x-x^2}}$；　　(8) $\int_0^1 \frac{\mathrm{d}x}{x(\ln x)^p}$.

---

3. 举例说明：瑕积分 $\int_a^b f(x)\mathrm{d}x$ 收敛时，$\int_a^b f^2(x)\mathrm{d}x$ 不一定收敛.

4. 举例说明：$\int_a^{+\infty} f(x)\mathrm{d}x$ 收敛且 f 在 $[a,+\infty)$ 上连续时，不一定有 $\lim\limits_{x\to+\infty} f(x)=0$.

5. 证明：若 $\int_a^{+\infty} f(x)\mathrm{d}x$ 收敛，且存在极限 $\lim\limits_{x\to+\infty} f(x)=A$，则 $A=0$.

6. 证明：若 f 在 $[a,+\infty)$ 上可导，且 $\int_a^{+\infty} f(x)\mathrm{d}x$ 与 $\int_a^{+\infty} f'(x)\mathrm{d}x$ 都收敛，则 $\lim\limits_{x\to+\infty} f(x)=0$.

§2 无穷积分的性质与敛散判别

一、无穷积分的性质

由定义知道，无穷积分 $\int_a^{+\infty} f(x)\mathrm{d}x$ 收敛与否，取决于函数 $F(u)=\int_a^u f(x)\mathrm{d}x$ 在 $u\to+\infty$ 时是否存在极限.因此可由函数极限的柯西准则导出无穷积分收敛的柯西准则.

定理 11.1 无穷积分 $\int_a^{+\infty} f(x)\mathrm{d}x$ 收敛的充要条件是：任给 $\varepsilon>0$，存在 $G\geqslant a$，只要 $u_1,u_2>G$，便有

$$\left|\int_a^{u_2} f(x)\mathrm{d}x-\int_a^{u_1} f(x)\mathrm{d}x\right|=\left|\int_{u_1}^{u_2} f(x)\mathrm{d}x\right|<\varepsilon.$$

此外，还可根据函数极限的性质与定积分的性质，导出无穷积分的一些相应性质.

性质 1 若 $\int_a^{+\infty} f_1(x)\mathrm{d}x$ 与 $\int_a^{+\infty} f_2(x)\mathrm{d}x$ 都收敛，k_1,k_2 为任意常数，则 $\int_a^{+\infty} (k_1f_1(x)+k_2f_2(x))\mathrm{d}x$ 也收敛，且

$$\int_a^{+\infty} (k_1f_1(x)+k_2f_2(x))\mathrm{d}x=k_1\int_a^{+\infty} f_1(x)\mathrm{d}x+k_2\int_a^{+\infty} f_2(x)\mathrm{d}x. \tag{1}$$

性质 2 若 f 在任何有限区间 $[a,u]$ 上可积，$a<b$，则 $\int_a^{+\infty} f(x)\,\mathrm{d}x$ 与 $\int_b^{+\infty} f(x)\,\mathrm{d}x$ 同敛态（即同时收敛或同时发散），且有

$$\int_a^{+\infty} f(x)\,\mathrm{d}x=\int_a^b f(x)\,\mathrm{d}x+\int_b^{+\infty} f(x)\,\mathrm{d}x, \tag{2}$$

其中右边第一项是定积分.

性质 2 相当于定积分的积分区间可加性，由它又可导出 $\int_a^{+\infty} f(x)\,\mathrm{d}x$ 收敛的另一充要条件：任给 $\varepsilon>0$，存在 $G\geqslant a$，当 $u>G$ 时，总有

$$\left|\int_u^{+\infty} f(x)\,\mathrm{d}x\right|<\varepsilon.$$

事实上，这可由

$$\int_a^{+\infty} f(x)\,\mathrm{d}x=\int_a^u f(x)\,\mathrm{d}x+\int_u^{+\infty} f(x)\,\mathrm{d}x$$

结合无穷积分的收敛定义而得.

性质 3 若 f 在任何有限区间 $[a,u]$ 上可积，且有 $\int_a^{+\infty} |f(x)|\,\mathrm{d}x$ 收敛，则 $\int_a^{+\infty} f(x)\,\mathrm{d}x$ 亦必收敛，并有

$$\left|\int_a^{+\infty} f(x)\,\mathrm{d}x\right|\leqslant\int_a^{+\infty} |f(x)|\,\mathrm{d}x. \tag{3}$$

证 由 $\int_a^{+\infty} |f(x)|\,\mathrm{d}x$ 收敛，根据柯西准则（必要性），任给 $\varepsilon>0$，存在 $G\geqslant a$，当 $u_2>u_1>G$ 时，总有

$$\left|\int_{u_1}^{u_2} |f(x)|\,\mathrm{d}x\right|=\int_{u_1}^{u_2} |f(x)|\,\mathrm{d}x<\varepsilon.$$

利用定积分的绝对值不等式，又有

$$\left|\int_{u_1}^{u_2} f(x)\,\mathrm{d}x\right|\leqslant\int_{u_1}^{u_2} |f(x)|\,\mathrm{d}x<\varepsilon.$$

再由柯西准则（充分性），证得 $\int_a^{+\infty} f(x)\,\mathrm{d}x$ 收敛.

又因 $\left|\int_a^u f(x)\,\mathrm{d}x\right|\leqslant\int_a^u |f(x)|\,\mathrm{d}x\ (u>a)$，令 $u\to+\infty$ 取极限，立刻得到不等式(3). □

当 $\int_a^{+\infty} |f(x)|\,\mathrm{d}x$ 收敛时，称 $\int_a^{+\infty} f(x)\,\mathrm{d}x$ 为**绝对收敛**.注意性质 3 与第九章 §4 中定积分性质 6 的区别.性质 3 指出：绝对收敛的无穷积分，它自身也一定收敛.但是性质 3 的逆命题一般不成立，今后将举例说明收敛的无穷积分不一定绝对收敛.

我们称收敛而不绝对收敛者为**条件收敛**.

二、非负函数无穷积分的敛散判别法

首先给出非负函数无穷积分的比较判别法.

设 f 是定义在 $[a,+\infty)$ 上的非负函数，且在任何有限区间 $[a,u]$ 上可积.由于 $\int_a^u f(x)\,\mathrm{d}x$

关于上限 u 是单调递增的,因此 $\int_a^{+\infty} f(x)\,\mathrm{d}x$ 收敛的充要条件是 $\int_a^u f(x)\,\mathrm{d}x$ 在 $[a,+\infty)$ 上存在上界.根据这一分析,便立即导出下述比较判别法(请读者自己写出证明).

定理 11.2(比较原则) 设定义在 $[a,+\infty)$ 上的两个非负函数 f 和 g 都在任何有限区间 $[a,u]$ 上可积,且满足

$$f(x) \leqslant g(x), \quad x \in [a,+\infty),$$

则当 $\int_a^{+\infty} g(x)\,\mathrm{d}x$ 收敛时,$\int_a^{+\infty} f(x)\,\mathrm{d}x$ 必收敛(或当 $\int_a^{+\infty} f(x)\,\mathrm{d}x$ 发散时,$\int_a^{+\infty} g(x)\,\mathrm{d}x$ 必发散).

例 1 讨论 $\int_0^{+\infty} \frac{\sin x}{1+x^2}\mathrm{d}x$ 的敛散性.

解 由于 $\left|\frac{\sin x}{1+x^2}\right| \leqslant \frac{1}{1+x^2}, x \in [0,+\infty)$,以及 $\int_0^{+\infty} \frac{\mathrm{d}x}{1+x^2} = \frac{\pi}{2}$ 收敛(§1 例 4),根据比较原则知 $\int_0^{+\infty} \frac{\sin x}{1+x^2}\mathrm{d}x$ 绝对收敛. □

上述比较原则的极限形式如下.

推论 1 若 f 和 g 都在任何有限区间 $[a,u]$ 上可积,当 $x \in [a,+\infty)$ 时,$f(x) \geqslant 0$,$g(x) > 0$,且 $\lim\limits_{x\to+\infty} \frac{f(x)}{g(x)} = c$,则有:

(i) 当 $0 < c < +\infty$ 时,$\int_a^{+\infty} f(x)\,\mathrm{d}x$ 与 $\int_a^{+\infty} g(x)\,\mathrm{d}x$ 同敛态;

(ii) 当 $c = 0$ 时,由 $\int_a^{+\infty} g(x)\,\mathrm{d}x$ 收敛可推知 $\int_a^{+\infty} f(x)\,\mathrm{d}x$ 也收敛;

(iii) 当 $c = +\infty$ 时,由 $\int_a^{+\infty} g(x)\,\mathrm{d}x$ 发散可推知 $\int_a^{+\infty} f(x)\,\mathrm{d}x$ 也发散.

特别地,如果选用 $\int_1^{+\infty} \frac{\mathrm{d}x}{x^p}$ 作为比较对象,则我们有如下两个推论(称为**柯西判别法**).

推论 2 设 f 定义于 $[a,+\infty)$ $(a>0)$,且在任何有限区间 $[a,u]$ 上可积,则有:

(i) 当 $0 \leqslant f(x) \leqslant \frac{1}{x^p}, x \in [a,+\infty)$,且 $p > 1$ 时,$\int_a^{+\infty} f(x)\,\mathrm{d}x$ 收敛;

(ii) 当 $f(x) \geqslant \frac{1}{x^p}, x \in [a,+\infty)$,且 $p \leqslant 1$ 时,$\int_a^{+\infty} f(x)\,\mathrm{d}x$ 发散.

推论 3 设 f 是定义于 $[a,+\infty)$ $(a>0)$ 上的非负函数,在任何有限区间 $[a,u]$ 上可积,且

$$\lim_{x\to+\infty} x^p f(x) = \lambda.$$

则有

(i) 当 $p > 1, 0 \leqslant \lambda < +\infty$ 时,$\int_a^{+\infty} f(x)\,\mathrm{d}x$ 收敛;

(ii) 当 $p \leqslant 1, 0 < \lambda \leqslant +\infty$ 时,$\int_a^{+\infty} f(x)\,\mathrm{d}x$ 发散.

例 2　讨论下列无穷积分的敛散性：

1) $\int_1^{+\infty} x^{\alpha}\mathrm{e}^{-x}\mathrm{d}x$；　　2) $\int_0^{+\infty} \frac{x^2}{\sqrt{x^5+1}}\mathrm{d}x$.

解　本例中两个被积函数都是非负的.

1) 由于对任何实数 α，都有

$$\lim_{x\to+\infty} x^2\cdot x^{\alpha}\mathrm{e}^{-x}=\lim_{x\to+\infty}\frac{x^{\alpha+2}}{\mathrm{e}^x}=0,$$

因此根据上述推论 3($p=2,\lambda=0$)，推知 1) 对任何实数 α 都是收敛的.

2) 由于

$$\lim_{x\to+\infty} x^{\frac{1}{2}}\cdot\frac{x^2}{\sqrt{x^5+1}}=1,$$

因此根据上述推论 $3\left(p=\frac{1}{2},\lambda=1\right)$，推知 2) 是发散的. □

对于 $\int_{-\infty}^{b} f(x)\mathrm{d}x$ 的比较判别亦可类似地进行.

三、一般无穷积分的敛散判别法

这里来介绍两个一般无穷积分敛散的判别法.

定理 11.3(狄利克雷判别法)　若 $F(u)=\int_a^u f(x)\mathrm{d}x$ 在 $[a,+\infty)$ 上有界，$g(x)$ 在 $[a,+\infty)$ 上当 $x\to+\infty$ 时单调趋于 0，则 $\int_a^{+\infty} f(x)g(x)\mathrm{d}x$ 收敛.

证　由条件设 $\left|\int_a^u f(x)\mathrm{d}x\right|\leqslant M, u\in[a,+\infty)$. 任给 $\varepsilon>0$，由于 $\lim\limits_{x\to+\infty} g(x)=0$，因此存在 $G\geqslant a$，当 $x>G$ 时，有

$$|g(x)|<\frac{\varepsilon}{4M}.$$

又因 g 为单调函数，利用积分第二中值定理(定理 9.11)的推论，对于任何 $u_2>u_1>G$，存在 $\xi\in[u_1,u_2]$，使得

$$\int_{u_1}^{u_2} f(x)g(x)\mathrm{d}x=g(u_1)\int_{u_1}^{\xi} f(x)\mathrm{d}x+g(u_2)\int_{\xi}^{u_2} f(x)\,\mathrm{d}x.$$

于是有

$$\begin{aligned}\left|\int_{u_1}^{u_2} f(x)g(x)\mathrm{d}x\right| &\leqslant |g(u_1)|\cdot\left|\int_{u_1}^{\xi} f(x)\mathrm{d}x\right|+|g(u_2)|\cdot\left|\int_{\xi}^{u_2} f(x)\mathrm{d}x\right|\\ &=|g(u_1)|\cdot\left|\int_a^{\xi} f(x)\mathrm{d}x-\int_a^{u_1} f(x)\mathrm{d}x\right|+\\ &\quad |g(u_2)|\cdot\left|\int_a^{u_2} f(x)\mathrm{d}x-\int_a^{\xi} f(x)\mathrm{d}x\right|\\ &<\frac{\varepsilon}{4M}\cdot 2M+\frac{\varepsilon}{4M}\cdot 2M=\varepsilon.\end{aligned}$$

根据柯西准则,证得 $\int_a^{+\infty} f(x)g(x)\mathrm{d}x$ 收敛. □

定理 11.4(阿贝尔(Abel)判别法) 若 $\int_a^{+\infty} f(x)\mathrm{d}x$ 收敛,$g(x)$ 在 $[a,+\infty)$ 上单调有界,则得 $\int_a^{+\infty} f(x)g(x)\mathrm{d}x$ 收敛.

这个定理同样可用积分第二中值定理来证明,但又可利用狄利克雷判别法更方便地获得证明(留作习题).

例 3 讨论 $\int_1^{+\infty} \frac{\sin x}{x^p}\mathrm{d}x$ 与 $\int_1^{+\infty} \frac{\cos x}{x^p}\mathrm{d}x\ (p>0)$ 的敛散性.

解 这里只讨论前一个无穷积分,后者有完全相同的结论.下面分两种情形来讨论:

1) 当 $p>1$ 时,$\int_1^{+\infty} \frac{\sin x}{x^p}\mathrm{d}x$ 绝对收敛.这是因为

$$\left|\frac{\sin x}{x^p}\right| \leqslant \frac{1}{x^p}, \quad x\in[1,+\infty),$$

而 $\int_1^{+\infty} \frac{\mathrm{d}x}{x^p}$ 当 $p>1$ 时收敛,故由比较原则推知 $\int_1^{+\infty} \left|\frac{\sin x}{x^p}\right|\mathrm{d}x$ 收敛.

2) 当 $0<p\leqslant 1$ 时,$\int_1^{+\infty} \frac{\sin x}{x^p}\mathrm{d}x$ 条件收敛.这是因为对任意 $u\geqslant 1$,有 $\left|\int_1^{u} \sin x\mathrm{d}x\right| = |\cos 1-\cos u| \leqslant 2$,而 $\frac{1}{x^p}$ 当 $p>0$ 时单调趋于 $0\ (x\to+\infty)$,故由狄利克雷判别法推知 $\int_1^{+\infty} \frac{\sin x}{x^p}\mathrm{d}x$ 当 $p>0$ 时总是收敛的.

另一方面,由于

$$\left|\frac{\sin x}{x^p}\right| \geqslant \frac{\sin^2 x}{x} = \frac{1}{2x}-\frac{\cos 2x}{2x}, \quad x\in[1,+\infty),$$

其中 $\int_1^{+\infty} \frac{\cos 2x}{2x}\mathrm{d}x = \frac{1}{2}\int_2^{+\infty} \frac{\cos t}{t}\mathrm{d}t$ 满足狄利克雷判别法的条件,是收敛的.而 $\int_1^{+\infty} \frac{\mathrm{d}x}{2x}$ 是发散的,因此当 $0<p\leqslant 1$ 时该无穷积分不是绝对收敛的,所以它是条件收敛的. □

例 4 证明下列无穷积分都是条件收敛的:

$$\int_1^{+\infty} \sin x^2\mathrm{d}x, \quad \int_1^{+\infty} \cos x^2\mathrm{d}x, \quad \int_1^{+\infty} x\sin x^4\mathrm{d}x.$$

证 前两个无穷积分经换元 $t=x^2$ 得到

$$\int_1^{+\infty} \sin x^2\mathrm{d}x = \int_1^{+\infty} \frac{\sin t}{2\sqrt{t}}\mathrm{d}t,$$

$$\int_1^{+\infty} \cos x^2\mathrm{d}x = \int_1^{+\infty} \frac{\cos t}{2\sqrt{t}}\mathrm{d}t.$$

由例 3 知它们是条件收敛的.

对于第三个无穷积分,经换元 $t = x^2$ 得

$$\int_1^{+\infty} x\sin x^4 \mathrm{d}x = \frac{1}{2}\int_1^{+\infty} \sin t^2 \mathrm{d}t,$$

它也是条件收敛的. □

从例 4 中三个无穷积分的收敛性可以看到,当 $x\to+\infty$ 时被积函数即使不趋于零,甚至是无界的,无穷积分仍有可能收敛.

例 5 证明:若 $f(x)$ 在 $[a,+\infty)$ 上单调,且 $\int_a^{+\infty} f(x)\mathrm{d}x$ 收敛,则当 $x\to+\infty$ 时,$f(x)$ 趋于 0.

证 如果 $f(x)$ 在 $[a,+\infty)$ 上单调递增,则或者 $\lim\limits_{x\to+\infty} f(x) = +\infty$,或者存在实数 A 使得 $\lim\limits_{x\to+\infty} f(x) = A$.

1) 若 $\lim\limits_{x\to+\infty} f(x) = +\infty$,则存在 $M>0$,对任何 $x\geqslant M$,有 $f(x)>1$.于是对任何 $u>M$,有

$$\begin{aligned}\int_a^u f(x)\mathrm{d}x &= \int_a^M f(x)\mathrm{d}x + \int_M^u f(x)\mathrm{d}x \\ &\geqslant \int_a^M f(x)\mathrm{d}x + u - M \to +\infty \quad (u\to+\infty),\end{aligned}$$

这与无穷积分 $\int_a^{+\infty} f(x)\mathrm{d}x$ 收敛相矛盾.

2) 若 $\lim\limits_{x\to+\infty} f(x) = A$ 且 $A>0$,则存在 $M>0$,对任何 $x\geqslant M$,有 $f(x)>\frac{A}{2}$.于是对任何 $u>M$,有

$$\begin{aligned}\int_a^u f(x)\mathrm{d}x &= \int_a^M f(x)\mathrm{d}x + \int_M^u f(x)\mathrm{d}x \\ &\geqslant \int_a^M f(x)\mathrm{d}x + (u-M)\cdot\frac{A}{2} \to +\infty \quad (u\to+\infty),\end{aligned}$$

这与无穷积分 $\int_a^{+\infty} f(x)\mathrm{d}x$ 收敛相矛盾.若 $A<0$,类似地也会得到这样的矛盾.

因此 $\lim\limits_{x\to+\infty} f(x) = 0$.

当 $f(x)$ 在 $[a,+\infty)$ 上单调递减时,类似可证. □

习 题 11.2

1. 证明定理 11.2 及其推论 1.

2. 设 f 与 g 是定义在 $[a,+\infty)$ 上的函数,对任何 $u>a$,它们在 $[a,u]$ 上都可积.证明:若 $\int_a^{+\infty} f^2(x)\mathrm{d}x$ 与 $\int_a^{+\infty} g^2(x)\mathrm{d}x$ 收敛,则 $\int_a^{+\infty} f(x)g(x)\mathrm{d}x$ 与 $\int_a^{+\infty} (f(x)+g(x))^2\mathrm{d}x$ 也都收敛.

3. 设 f,g,h 是定义在 $[a,+\infty)$ 上的三个连续函数,且成立不等式 $h(x)\leqslant f(x)\leqslant g(x)$.证明:

(1) 若 $\int_a^{+\infty} h(x)\mathrm{d}x$ 与 $\int_a^{+\infty} g(x)\mathrm{d}x$ 都收敛,则 $\int_a^{+\infty} f(x)\mathrm{d}x$ 也收敛;

（2）又若 $\int_a^{+\infty} h(x)\mathrm{d}x=\int_a^{+\infty} g(x)\mathrm{d}x=A$，则 $\int_a^{+\infty} f(x)\mathrm{d}x=A$.

4. 讨论下列无穷积分的敛散性：

（1）$\int_0^{+\infty}\frac{\mathrm{d}x}{\sqrt[3]{x^4+1}}$；　　（2）$\int_1^{+\infty}\frac{x}{1-\mathrm{e}^x}\mathrm{d}x$；

（3）$\int_0^{+\infty}\frac{\mathrm{d}x}{1+\sqrt{x}}$；　　（4）$\int_1^{+\infty}\frac{x\arctan x}{1+x^3}\mathrm{d}x$；

（5）$\int_1^{+\infty}\frac{\ln(1+x)}{x^n}\mathrm{d}x$；　　（6）$\int_0^{+\infty}\frac{x^m}{1+x^n}\mathrm{d}x\quad(n,m\geqslant 0)$.

5. 讨论下列无穷积分为绝对收敛还是条件收敛：

（1）$\int_1^{+\infty}\frac{\sin\sqrt{x}}{x}\mathrm{d}x$；　　（2）$\int_0^{+\infty}\frac{\operatorname{sgn}(\sin x)}{1+x^2}\mathrm{d}x$；

（3）$\int_0^{+\infty}\frac{\sqrt{x}\cos x}{100+x}\mathrm{d}x$；　　（4）$\int_{\mathrm{e}}^{+\infty}\frac{\ln(\ln x)}{\ln x}\sin x\mathrm{d}x$.

---

6. 举例说明：$\int_a^{+\infty} f(x)\mathrm{d}x$ 收敛时，$\int_a^{+\infty} f^2(x)\mathrm{d}x$ 不一定收敛；$\int_a^{+\infty} f(x)\mathrm{d}x$ 绝对收敛时，$\int_a^{+\infty} f^2(x)\mathrm{d}x$ 也不一定收敛.

7. 证明：若 $\int_a^{+\infty} f(x)\mathrm{d}x$ 绝对收敛，且 $\lim\limits_{x\to+\infty} f(x)=0$，则 $\int_a^{+\infty} f^2(x)\mathrm{d}x$ 必定收敛.

8. 证明：若 f 是 $[a,+\infty)$ 上的单调函数，且 $\int_a^{+\infty} f(x)\mathrm{d}x$ 收敛，则 $f(x)=o\left(\frac{1}{x}\right)$，$x\to+\infty$.

9. 证明：若 f 在 $[a,+\infty)$ 上一致连续，且 $\int_a^{+\infty} f(x)\mathrm{d}x$ 收敛，则 $\lim\limits_{x\to+\infty} f(x)=0$.

10. 利用狄利克雷判别法证明阿贝尔判别法.

§3 瑕积分的性质与敛散判别

类似于无穷积分的柯西准则以及其后的三个性质，瑕积分同样可由函数极限 $\lim\limits_{u\to a^+}\int_u^b f(x)\mathrm{d}x=\int_a^b f(x)\mathrm{d}x$ 的原意写出相应的命题.

定理 11.5 瑕积分 $\int_a^b f(x)\mathrm{d}x$（瑕点为 a）收敛的充要条件是：任给 $\varepsilon>0$，存在 $\delta>0$，只要 $u_1,u_2\in(a,a+\delta)$，总有

$$\left|\int_{u_1}^b f(x)\mathrm{d}x-\int_{u_2}^b f(x)\mathrm{d}x\right|=\left|\int_{u_1}^{u_2} f(x)\mathrm{d}x\right|<\varepsilon.$$

性质 1　设函数 f_1 与 f_2 的瑕点同为 $x=a$，k_1，k_2 为常数，则当瑕积分 $\int_a^b f_1(x)\mathrm{d}x$ 与 $\int_a^b f_2(x)\mathrm{d}x$ 都收敛时，瑕积分 $\int_a^b (k_1 f_1(x)+k_2 f_2(x))\mathrm{d}x$ 必定收敛，并有

$$\int_a^b (k_1 f_1(x)+k_2 f_2(x))\mathrm{d}x = k_1\int_a^b f_1(x)\mathrm{d}x + k_2\int_a^b f_2(x)\mathrm{d}x. \tag{1}$$

性质 2　设函数 f 的瑕点为 $x=a$，$c\in(a,b)$ 为任一常数. 则瑕积分 $\int_a^b f(x)\mathrm{d}x$ 与 $\int_a^c f(x)\mathrm{d}x$ 同敛态，并有

$$\int_a^b f(x)\mathrm{d}x = \int_a^c f(x)\mathrm{d}x + \int_c^b f(x)\mathrm{d}x, \tag{2}$$

其中 $\int_c^b f(x)\mathrm{d}x$ 为定积分.

性质 3　设函数 f 的瑕点为 $x=a$，f 在 $(a,b]$ 的任一内闭区间 $[u,b]$ 上可积. 则当 $\int_a^b |f(x)|\mathrm{d}x$ 收敛时，$\int_a^b f(x)\mathrm{d}x$ 也必定收敛，并有

$$\left|\int_a^b f(x)\mathrm{d}x\right| \leqslant \int_a^b |f(x)|\mathrm{d}x. \tag{3}$$

同样地，当 $\int_a^b |f(x)|\mathrm{d}x$ 收敛时，称 $\int_a^b f(x)\mathrm{d}x$ 为**绝对收敛**. 又称收敛而不绝对收敛的瑕积分是**条件收敛**的.

判别非负函数瑕积分收敛的比较原则及其推论如下：

定理 11.6（比较原则）　设定义在 $(a,b]$ 上的两个函数 f 与 g，瑕点同为 $x=a$，在任何 $[u,b]\subset(a,b]$ 上都可积，且满足

$$0\leqslant f(x)\leqslant g(x),\quad x\in(a,b].$$

则当 $\int_a^b g(x)\mathrm{d}x$ 收敛时，$\int_a^b f(x)\mathrm{d}x$ 必定收敛（或者，当 $\int_a^b f(x)\mathrm{d}x$ 发散时，$\int_a^b g(x)\mathrm{d}x$ 亦必发散）.

推论 1　又若 $f(x)\geqslant 0$，$g(x)>0$，且 $\lim\limits_{x\to a^+}\dfrac{f(x)}{g(x)}=c$，则有：

(i) 当 $0<c<+\infty$ 时，$\int_a^b f(x)\mathrm{d}x$ 与 $\int_a^b g(x)\mathrm{d}x$ 同敛态；

(ii) 当 $c=0$ 时，由 $\int_a^b g(x)\mathrm{d}x$ 收敛可推知 $\int_a^b f(x)\mathrm{d}x$ 也收敛；

(iii) 当 $c=+\infty$ 时，由 $\int_a^b g(x)\mathrm{d}x$ 发散可推知 $\int_a^b f(x)\mathrm{d}x$ 也发散.

特别地，如果选用 $\int_a^b \dfrac{\mathrm{d}x}{(x-a)^p}$ 作为比较对象，则我们有如下两个推论（称为**柯西判别法**）.

推论 2　设 f 定义在 $(a,b]$ 上，a 为其瑕点，且在任何 $[u,b]\subset(a,b]$ 上可积，则有：

(i) 当 $0\leqslant f(x)\leqslant \frac{1}{(x-a)^p}$，且 $0<p<1$ 时，$\int_a^b f(x)\mathrm{d}x$ 收敛；

(ii) 当 $f(x)\geqslant \frac{1}{(x-a)^p}$，且 $p\geqslant 1$ 时，$\int_a^b f(x)\mathrm{d}x$ 发散.

推论 3　设 f 是定义在 $(a,b]$ 上的非负函数，a 为其瑕点，且在任何 $[u,b]\subset(a,b]$ 上可积.如果

$$\lim_{x\to a^+}(x-a)^p f(x)=\lambda,$$

则有：

(i) 当 $0<p<1$，$0\leqslant\lambda<+\infty$ 时，$\int_a^b f(x)\mathrm{d}x$ 收敛；

(ii) 当 $p\geqslant 1$，$0<\lambda\leqslant+\infty$ 时，$\int_a^b f(x)\mathrm{d}x$ 发散.

对于一般瑕积分，也有相应的狄利克雷判别法和阿贝尔判别法.

定理 11.7（狄利克雷判别法）　设 a 为 $f(x)$ 的瑕点，函数 $F(u)=\int_u^b f(x)\mathrm{d}x$ 在 $(a,b]$ 上有界，函数 $g(x)$ 在 $(a,b]$ 上单调且 $\lim\limits_{x\to a^+}g(x)=0$，则瑕积分 $\int_a^b f(x)g(x)\mathrm{d}x$ 收敛.

定理 11.8（阿贝尔判别法）　设 a 为 $f(x)$ 的瑕点，瑕积分 $\int_a^b f(x)\mathrm{d}x$ 收敛，函数 $g(x)$ 在 $(a,b]$ 上单调且有界，则瑕积分 $\int_a^b f(x)g(x)\mathrm{d}x$ 收敛.

例 1　判别下列瑕积分的敛散性：

1) $\int_0^1 \frac{\ln x}{\sqrt{x}}\mathrm{d}x$；　　　　2) $\int_1^2 \frac{\sqrt{x}}{\ln x}\mathrm{d}x$.

解　本例两个瑕积分的被积函数在各自的积分区间上分别保持同号——$\frac{\ln x}{\sqrt{x}}$ 在 $(0,1]$ 上恒为负，$\frac{\sqrt{x}}{\ln x}$ 在 $(1,2]$ 上恒为正——所以它们的瑕积分收敛与绝对收敛是同一回事.

1) 此瑕积分的瑕点为 $x=0$.由上述推论 3，当取 $p=\frac{3}{4}<1$ 时，有

$$\lambda=\lim_{x\to 0^+}x^{\frac{3}{4}}\cdot\left|\frac{\ln x}{\sqrt{x}}\right|=-\lim_{x\to 0^+}\frac{\ln x}{x^{-\frac{1}{4}}}=\lim_{x\to 0^+}(4x^{\frac{1}{4}})=0,$$

所以瑕积分 1) 收敛.

2) 此瑕积分的瑕点为 $x=1$.当取 $p=1$ 时，由

$$\lambda=\lim_{x\to 1^+}(x-1)\cdot\frac{\sqrt{x}}{\ln x}=\lim_{x\to 1^+}\frac{x-1}{\ln x}=1,$$

推知该瑕积分发散.　□

最后举一个既是无穷积分又是瑕积分的例子.

例 2　讨论反常积分

$$\Phi(\alpha)=\int_0^{+\infty}\frac{x^{\alpha-1}}{1+x}dx$$

的收敛性.

解　把反常积分 $\Phi(\alpha)$ 写成

$$\Phi(\alpha)=\int_0^1\frac{x^{\alpha-1}}{1+x}dx+\int_1^{+\infty}\frac{x^{\alpha-1}}{1+x}dx=I(\alpha)+J(\alpha).$$

1）先讨论 $I(\alpha)$. 当 $\alpha-1\geqslant 0$，即 $\alpha\geqslant 1$ 时它是定积分；当 $\alpha<1$ 时它是瑕积分，瑕点为 $x=0$. 由于

$$\lim_{x\to 0^+}x^{1-\alpha}\cdot\frac{x^{\alpha-1}}{1+x}=1,$$

根据定理 11.6 推论 3，当 $0<p=1-\alpha<1$，即 $\alpha>0$ 且 $\lambda=1$ 时，瑕积分 $I(\alpha)$ 收敛；当 $p=1-\alpha\geqslant 1$，即 $\alpha\leqslant 0$ 且 $\lambda=1$ 时，$I(\alpha)$ 发散.

2）再讨论 $J(\alpha)$，它是无穷积分. 由于

$$\lim_{x\to+\infty}x^{2-\alpha}\cdot\frac{x^{\alpha-1}}{1+x}=\lim_{x\to+\infty}\frac{x}{1+x}=1,$$

根据定理 11.2 推论 3，当 $p=2-\alpha>1$，即 $\alpha<1$ 且 $\lambda=1$ 时，$J(\alpha)$ 收敛；而当 $p=2-\alpha\leqslant 1$，即 $\alpha\geqslant 1$ 且 $\lambda=1$ 时，$J(\alpha)$ 发散.

综上所述，把讨论结果列如下表：

α	$\alpha\leqslant 0$	$0<\alpha<1$	$\alpha\geqslant 1$
$I(\alpha)$	发散	收敛	定积分
$J(\alpha)$	收敛	收敛	发散
$\Phi(\alpha)$	发散	收敛	发散

由此可见，反常积分 $\Phi(\alpha)$ 只有当 $0<\alpha<1$ 时才是收敛的.　□

习　题　11.3

1. 写出性质 3 的证明.
2. 写出定理 11.6 及其推论 1 的证明.
3. 讨论下列瑕积分的敛散性：

(1) $\int_0^2\frac{dx}{(x-1)^2}$；　(2) $\int_0^{\pi}\frac{\sin x}{x^{3/2}}dx$；

(3) $\int_0^1\frac{dx}{\sqrt{x}\ln x}$；　(4) $\int_0^1\frac{\ln x}{1-x}dx$；

(5) $\int_0^1\frac{\arctan x}{1-x^3}dx$；　(6) $\int_0^{\pi/2}\frac{1-\cos x}{x^m}dx$；

(7) $\int_0^1 \frac{1}{x^\alpha}\sin\frac{1}{x}\mathrm{d}x$；　　(8) $\int_0^{+\infty} \mathrm{e}^{-x}\ln x\mathrm{d}x$.

---

4. 计算下列瑕积分的值(其中 n 为正整数)：

(1) $\int_0^1 (\ln x)^n \mathrm{d}x$；　　(2) $\int_0^1 \frac{x^n}{\sqrt{1-x}}\mathrm{d}x$.

5. 证明瑕积分 $J=\int_0^{\pi/2}\ln(\sin x)\mathrm{d}x$ 收敛，且 $J=-\frac{\pi}{2}\ln 2$.(提示：利用 $\int_0^{\pi/2}\ln(\sin x)\mathrm{d}x=\int_0^{\pi/2}\ln(\cos x)\mathrm{d}x$，并将它们相加.)

6. 利用上题结果，证明：

(1) $\int_0^{\pi}\theta\ln(\sin\theta)\mathrm{d}\theta=-\frac{\pi^2}{2}\ln 2$；

(2) $\int_0^{\pi}\frac{\theta\sin\theta}{1-\cos\theta}\mathrm{d}\theta=2\pi\ln 2$.

7. 写出定理 11.7 和定理 11.8 的证明.

第十一章总练习题

1. 证明下列等式：

(1) $\int_0^1 \frac{x^{p-1}}{x+1}\mathrm{d}x=\int_1^{+\infty}\frac{x^{-p}}{x+1}\mathrm{d}x,\quad p>0$；

(2) $\int_0^{+\infty}\frac{x^{p-1}}{x+1}\mathrm{d}x=\int_0^{+\infty}\frac{x^{-p}}{x+1}\mathrm{d}x,\quad 0<p<1$.

2. 证明下列不等式：

(1) $\frac{\pi}{2\sqrt{2}}<\int_0^1\frac{\mathrm{d}x}{\sqrt{1-x^4}}<\frac{\pi}{2}$；

(2) $\frac{1}{2}\left(1-\frac{1}{\mathrm{e}}\right)<\int_0^{+\infty}\mathrm{e}^{-x^2}\mathrm{d}x<1+\frac{1}{2\mathrm{e}}$.

3. 计算下列反常积分的值：

(1) $\int_0^{+\infty}\mathrm{e}^{-ax}\cos bx\mathrm{d}x\quad(a>0)$；　　(2) $\int_0^{+\infty}\mathrm{e}^{-ax}\sin bx\mathrm{d}x\quad(a>0)$；

(3) $\int_0^{+\infty}\frac{\ln x}{1+x^2}\mathrm{d}x$；　　(4) $\int_0^{\pi/2}\ln(\tan\theta)\mathrm{d}\theta$.

4. 讨论反常积分 $\int_0^{+\infty}\frac{\sin bx}{x^\lambda}\mathrm{d}x\ (b\neq 0)$ 当 λ 取何值时绝对收敛或条件收敛.

5. 设 f 在 $[0,+\infty)$ 上连续，$0<a<b$. 证明：

(1) 若 $\lim\limits_{x\to+\infty}f(x)=k$，则

$$\int_0^{+\infty}\frac{f(ax)-f(bx)}{x}\mathrm{d}x=(f(0)-k)\ln\frac{b}{a};$$

（2）若 $\int_a^{+\infty}\frac{f(x)}{x}\mathrm{d}x$ 收敛，则

$$\int_0^{+\infty}\frac{f(ax)-f(bx)}{x}\mathrm{d}x=f(0)\ln\frac{b}{a}.$$

6. 证明下述命题：

（1）设 f 为 $[a,+\infty)$ 上的非负连续函数，若 $\int_a^{+\infty}xf(x)\mathrm{d}x$ 收敛，则 $\int_a^{+\infty}f(x)\mathrm{d}x$ 也收敛；

（2）设 f 为 $[a,+\infty)$ 上的连续可微函数，且当 $x\to+\infty$ 时，$f(x)$ 递减地趋于 0，则 $\int_a^{+\infty}f(x)\mathrm{d}x$ 收敛的充要条件为 $\int_a^{+\infty}xf'(x)\mathrm{d}x$ 收敛.

7. 设 $f(x)$ 在 $[1,+\infty)$ 上二阶连续可微，对于任何 $x\in[1,+\infty)$ 有 $f(x)>0$，且 $\lim\limits_{x\to+\infty}f''(x)=+\infty$. 证明：无穷积分 $\int_1^{+\infty}\frac{1}{f(x)}\mathrm{d}x$ 收敛.

第十一章自测题　　第十一章重难点精讲

附录Ⅰ 实数理论

在中学数学中，我们已经知道实数包括有理数和无理数.从历史上看，人们先认识有理数.不过在公元前古希腊时期就已发现不可公度线段，指出“无理数”的存在.但有关实数的理论却直到19世纪末，为奠定微积分基础的需要才完整地建立起来.

一、建立实数的原则

有理数全体组成的集合 **Q**，构成一个阿基米德有序域，我们希望有理数扩充到实数之后，全体实数的集合也构成阿基米德有序域.

所谓集合 F 构成一个**阿基米德有序域**，是说它满足以下三个条件：

1. F 是域　在 F 中定义了加法“+”与乘法“·”两个运算，使得对于 F 中任意元素 a,b,c 成立：

加法的结合律：$(a+b)+c=a+(b+c)$；

加法的交换律：$a+b=b+a$；

乘法的结合律：$(a\cdot b)\cdot c=a\cdot(b\cdot c)$；

乘法的交换律：$a\cdot b=b\cdot a$；

乘法关于加法的分配律：$a\cdot(b+c)=a\cdot b+a\cdot c$.

在 F 中存在零元和反元：在 F 中存在一个元素“0”，使得对 F 中任一元素 a，有 $a+0=a$，则称“0”为**零元**；对每一个元素 $a\in F$，有一个元素 $(-a)\in F$，使得 $a+(-a)=0$，则称 $-a$ 为 a 的**反元**.

在 F 中存在单位元与逆元：在 F 中存在一个非零元素 e，使得对 F 中任一元素 a，有 $a\cdot e=a$，则称 e 为**单位元**；对每一个非零元 $a\in F$，有一个元素 $a^{-1}\in F$，使得 $a\cdot a^{-1}=e$，则称 a^{-1} 为 a 的**逆元**.

2. F 是**有序域**　在 F 中定义了**序**关系“<”且具有如下（**全序**）性质：

传递性：对 F 中的元素 a,b,c，若 $a<b$①，$b<c$，则 $a<c$；

三歧性：F 中任意两个元素 a 与 b 之间，关系

$$a<b,\quad a=b,\quad a>b$$

三者必居其一，也只居其一（这里 $a>b$，就是 $b<a$）.

当序与加法、乘法运算结合起来进行时，则有如下性质：

加法保序性：若 $a<b$，则对任何 $c\in F$，有 $a+c<b+c$；

---

① 关系式 $a<b$ 称为 a 小于 b，或 b 大于 a.

乘法保序性:若 $a<b$ 及 $c>0$[①],则 $ac<bc$.

3. F 中元素满足阿基米德性　对 F 中任意两个正元素 a,b,必存在正整数 n,使得 $na>b$[②].

有理数系 $\mathbf{Q}$ 满足上述所有条件,所以它是一个阿基米德有序域.我们现在的目标是:利用有理数作材料,构造出一个新的有序域,它不仅具有阿基米德性,而且能使确界原理得以成立,并把有理数作为它的一部分.特别当有理数作为新数进行运算时,仍保持其原来的运算规律,我们称这种新数为实数.用有理数构造新数的方法很多,如戴德金的分划说、康托尔的基本列说、区间套说,等等.本附录将向大家详细介绍戴德金分划说.

二、分析

我们称能使确界原理得以成立的有序域为具有**完备性**的有序域.读者已知有理数域 $\mathbf{Q}$ 不是完备的有序域,现在要把它扩充成一个具有完备性的有序域 $\mathbf{R}$.

不妨先假定这种 $\mathbf{R}$ 是存在的,然后看它应具有什么特性,尤其是新数与旧数(有理数)之间的关系如何?

先介绍两个引理(证明可以暂时不看).

引理 1　一个有序域如果具有完备性,则必具有阿基米德性.

证　用反证法.设 α,β 为域中正元素,倘若序列 $\{n\alpha\}$ 中没有一项大于 β,则序列有上界(β 就是一个).因而由完备性假设,存在 $\{n\alpha\}$ 的上确界 λ,对一切自然数 n 有 $\lambda\geqslant n\alpha$[③],同时存在某个自然数 n_0,使 $n_0\alpha>\lambda-\alpha$.从而有

$$(n_0+2)\alpha\leqslant\lambda<(n_0+1)\alpha,$$

这与 λ 是 $\{n\alpha\}$ 的上确界矛盾.所以完备的有序域必具有阿基米德性. □

引理 2　一个有序域,如果具有阿基米德性,则它的有理元素[④]必在该域中稠密.即对有序域中任意两个不同的元素 α,β,在 α 与 β 之间必存在一个有理元素(从而存在无穷多个有理元素).

证　设 α,β 为有序域中两个不同的元素,且 $\alpha<\beta$.由阿基米德性,存在正整数 N,使得 $N(\beta-\alpha)>1$ 或 $\frac{1}{N}<\beta-\alpha$.令 $d=\frac{1}{N}$,它是一个有理数,再任取一个有理数 $\gamma_0<\alpha$,在等差序列 $\{\gamma_0+nd\}$ 中,由阿基米德性总有某项大于 α,设在该序列中第一个大于 α 的项为 γ_0+n_0d,则该数就是所求的有理数,即 $\alpha<\gamma_0+n_0d<\beta$.因为由 n_0 的选择有 $\gamma_0+(n_0-1)d\leqslant\alpha$,倘若 $\gamma_0+n_0d\geqslant\beta$,则这两个不等式相减将有 $d\geqslant\beta-\alpha$,这与 d 的定义矛盾,从而得证. □

---

① 若元素 c 满足关系式 $c>0$,则称 c 为**正元素**;若满足关系式 $c<0$,则称 c 为负元素.

② n(自然数)个元素 a 相加,记作 $na(=\underbrace{a+a+\cdots+a}_{n个})$.

③ 关系式 $a\leqslant b$ 表示元素 a,b 之间有关系式 $a<b$ 或 $a=b$.

④ 任一阿基米德有序域都有一个与有理数域同构的子域,其元素称为**有理元素**.为此,今后为叙述方便,将对“有理元素”与“有理数”两种说法看作有相同含义而不加以区别.如有理元素 d 也说有理数 d.

由这两个引理看到，若存在完备的有序域 $\mathbf{R}$，则有理数必在其中稠密.

接下来分析 $\mathbf{R}$ 中新数（非有理数）与旧数（有理数）之间的关系.设 $\alpha\in\mathbf{R}$，但 $\alpha\notin\mathbf{Q}$.那么任一 $\gamma\in\mathbf{Q}$，或者 $\gamma<\alpha$，或者 $\gamma>\alpha$，二者必居其一.令

$$A=\{\gamma\in\mathbf{Q}\mid\gamma<\alpha\},\quad A'=\{\gamma\in\mathbf{Q}\mid\gamma>\alpha\}.\tag{1}$$

这时 A 与 A' 满足下述三个条件：

1°　A 和 A' 皆不空；

2°　$A\cup A'=\mathbf{Q}$；

3°　若 $a\in A,a'\in A'$，则 $a<a'$（从而 $A\cap A'=\varnothing$）.

一般地，我们引入下面的定义：

定义 1　若 A,A' 是满足上述三个条件的有理数集 $\mathbf{Q}$ 的子集，则称序对 (A,A') 为 $\mathbf{Q}$ 的一个**分划**，并分别称 A 和 A' 为该分划的**下类**和**上类**.

例如，对任一 $\gamma\in\mathbf{Q}$，令

$$A=\{x\in\mathbf{Q}\mid x<\gamma\},\quad A'=\mathbf{Q}\backslash A=\{x\in\mathbf{Q}\mid x\geqslant\gamma\},$$

则 (A,A') 显然是一个分划（我们称它为第一种分划）.若令

$$A=\{x\in\mathbf{Q}\mid x\leqslant\gamma\},\quad A'=\mathbf{Q}\backslash A=\{x\in\mathbf{Q}\mid x>\gamma\},$$

这里 (A,A') 显然也是一个分划（我们称它为第二种分划）.这两个分划的特点是：第一种分划的上类有最小数，第二种分划的下类有最大数.此外还有第三种分划，它的上类无最小数，下类无最大数①.例如，

$$A'=\{x\in\mathbf{Q}\mid x>0\text{ 且 }x^2>2\},$$
$$A=\mathbf{Q}\backslash A'=\{x\in\mathbf{Q}\mid x\leqslant 0\text{ 或}(x>0\text{ 且 }x^2<2)\}.$$

这也是一个分划，而且在这个分划里，A 中无最大数，A' 中无最小数.这是因为，当 $x>1$ 且 $x^2<2$ 时，对任何满足 $0<h<\dfrac{2-x^2}{2x+1}$ 的 h，有

$$(x+h)^2=x^2+2xh+h^2<x^2+2xh+h<x^2+2-x^2=2.$$

可见 A 中无最大数.类似地，设 $x>0$ 且 $x^2>2$，则对任何满足 $0<h<\dfrac{x^2-2}{2x}$ 的 h，有

$$(x-h)^2=x^2-2xh+h^2>x^2-2xh>2.$$

可见 A' 中无最小数.

第三种分划的存在说明有理数集尽管稠密，但仍有空隙.容易看出，填补上例中空隙的正是无理数 $\sqrt{2}$.

现在回头来看上面由新数 α 所产生的分划(1)，究竟属于哪一种.很清楚，如果 A 有最大数或 A' 有最小数，则该最大数或最小数与 α 之间将不存在任何有理数，从而与引理 2 矛盾，所以由 α 所产生的分划 (A,A') 必为第三种分划.反之，设 (A,A') 是 $\mathbf{Q}$ 的任一第三种分划，它是否必由某一新数 α 产生呢？首先，A 与 A' 之间必至少有一新数存在，否则 A 作为 $\mathbf{R}$ 的有上界的子集将没有上确界（最小上界），这与 $\mathbf{R}$ 的完备性相矛盾.其次，A 与 A' 之间也只能有一个新数，倘若有两个新数，则在这两个数之间又将不存在任何有理数，这又与引理 2 相矛盾.设这唯一的新数为 α，则分划 (A,A') 只能由

---

① 由有理数本身的稠密性，不可能存在上类有最小数，同时下类有最大数的分划.

α 所产生而且也是反过来确定 α 的.这样就获得如下重要结果:如果 $\mathbf{Q}$ 能扩充成完备的有序域 $\mathbf{R}$,则 $\mathbf{R}$ 中的新数与 $\mathbf{Q}$ 中的第三种分划必一一对应.

这样一来,只要知道 $\mathbf{Q}$ 的所有第三种分划,就可以知道 $\mathbf{R}$ 上的序,这是因为不仅新数与旧数可比较大小,新数与新数也可以比较大小.一旦知道了 $\mathbf{R}$ 上的序,就可从 $\mathbf{Q}$ 内已知的四则运算推知 $\mathbf{R}$ 上的四则运算.这是因为在有序域上序与加法、乘法运算是协调的.此外,也不难看到:若存在 $\mathbf{Q}$ 的完备扩充的话,则这种扩充基本上(即在序同构意义下)是唯一的.所有这些虽然我们不打算作深入地讨论,但必须认识到有上述事实,才有助于对以下内容的理解.

三、分划全体所成的有序集

现在不再假设 $\mathbf{R}$ 的存在,而是要把它真正地构造出来.我们设想,对每一个可能的 $\mathbf{Q}$ 的第三种分划,都定义一个新数来填补空隙.由于这种分划与新数是一一对应的,因此,不妨干脆就把分划本身用来充当新数,这是允许的.因为归根到底数学对象本身究竟是什么并不重要,重要的是它们之间的关系和运算.而且为统一起见,我们也用分划形式来表示相应的旧数(正如把整数扩充到有理数时,也可用假分数来表示整数那样).于是我们就把注意力转到 $\mathbf{Q}$ 的分划的全体上去.

定义 2　$\mathbf{Q}$ 的分划的全体称为分划集,以 $\mathbf{R}$ 表示,其中第一种分划和第二种分划看作是同一种分划,即由同一个 r 产生的第一种分划和第二种分划不加区别地看作同一分划,称为**有端分划**①,并用 r^* 记这个分划.第三种分划称为**无端分划**.今后凡分划,不论有端还是无端,都用小写希腊字母来表示,如 $\alpha=(A,A')$,$\beta=(B,B')$ 等(小写拉丁字母则用来表示有理数).

由于任一分划均由它的上、下两类中的任何一类完全确定,因此,给定了分划的一个类,也就完全确定了该分划.$\mathbf{Q}$ 的怎样的子集才能成为一个分划的类呢?对此有如下命题:

定理 1(类的标志)　$\mathbf{Q}$ 的非空子集 M 能成为一个分划的上(下)类的充要条件是:

1°　$M\neq\mathbf{Q}$;

2°　若 $x\in M$,$y\in\mathbf{Q}$,且 $y>x(y<x)$,则 $y\in M$.

证　只需证充分性,以下类的情形为例来证明.设 M 满足条件,则 M 与 $\mathbf{Q}\backslash M$ 不空.令 $A=M$,$A'=\mathbf{Q}\backslash M$,则 (A,A') 满足分划的前两个条件.设 $x\in A$,$y\in A'$,由 A' 的定义不可能有 $y=x$.再由 2°它也不可能有 $y<x$,因而必有 $y>x$,即分划的第三个条件也满足. □

推论　不论是上类还是下类,若 a,b 属于它,则 a,b 之间的有理数都属于它.

定义 3　设 $\alpha=(A,A')$,$\beta=(B,B')$ 为任意两个分划,我们说:在 A,B 无端(通过调整总可以办到)的情形下,若 $A\subset B$,则有 $\alpha<\beta$;若 $A=B$,则有 $\alpha=\beta$;若 $A\supset B$,则有 $\alpha>\beta$.

定理 2　定义3中的关系"$<$"是全序的,即满足下述条件:

1°　若 $\alpha<\beta$,$\beta<\gamma$,则 $\alpha<\gamma$(传递性);

① 这里"端"是指上类的最小数或下类的最大数.

2°　$\alpha<\beta,\alpha=\beta,\alpha>\beta$ 三者必居其一，且仅居其一（三歧性）.

证　1°是显然的. 现在证明 2°（三歧性）. 设 $\alpha=\beta,\alpha<\beta$ 都不成立，则 $A\neq B$ 且 $A\not\subset B$，那么必存在某个 $a\in A$，且 $a\notin B$，所以 $a\in B'$. 由后一关系及分划定义，对任何 $b\in B$ 都有 $a>b$. 再由定理 1 得 $B\subset A$，即 $\alpha>\beta$. □

注意　如果不限制下类无端，则对同一个有端分划将出现第一种分划小于第二种分划的不合理现象.

读者容易证明如下命题.

定理 3　1°　设 $\alpha=(A,A')$，对任何 $a\in A$，a 对应的分划记为 a^*，则有 $a^*\leqslant\alpha$，对任何 $b\in A'$，有 $b^*\geqslant\alpha$. 反之，由 $a^*<\alpha$ 有 $a\in A$，由 $b^*>\alpha$ 有 $b\in A'$.

2°　对任意 α,β，当 $\alpha<\beta$ 时，存在 $r\in\mathbf{Q}$，使得 $\alpha<r^*<\beta$（这说明有端分划在 $\mathbf{R}$ 中稠密）.

定理 4（戴德金定理，或称实数的连续性定理）　设 $\mathscr{A}$ 与 $\mathscr{A}'$ 为 $\mathbf{R}$ 的子集，它满足如下条件：

1°　$\mathscr{A}$ 与 $\mathscr{A}'$ 均不空；

2°　$\mathscr{A}\cup\mathscr{A}'=\mathbf{R}$；

3°　若 $\alpha\in\mathscr{A},\alpha'\in\mathscr{A}'$，则 $\alpha<\alpha'$.

则或者 $\mathscr{A}$ 有最大元，或者 $\mathscr{A}'$ 有最小元（称序对 $(\mathscr{A},\mathscr{A}')$ 为 $\mathbf{R}$ 的一个分划）.

证　令 $A=\{r\in\mathbf{Q}\mid r^*\in\mathscr{A}\}$，$A'=\{r\in\mathbf{Q}\mid r^*\in\mathscr{A}'\}$，则 $\alpha=(A,A')$ 为 $\mathbf{Q}$ 的一个分划. 设 $\beta<\alpha$，由定理 3 的 2°，存在 $r\in\mathbf{Q}$，使得 $\beta<r^*<\alpha$. 由 $r^*<\alpha$ 及定理 3 的 1°有 $r\in A$，从而 $r^*\in\mathscr{A}$. 又由 $\beta<r^*$，根据类的标志①知道 $\beta\in\mathscr{A}$. 同样若 $\beta>\alpha$，可得 $\beta\in\mathscr{A}'$. 但 α 本身作为 $\mathbf{Q}$ 的一个分划，也是 $\mathbf{R}$ 的元素，即 $\alpha\in\mathscr{A}\cup\mathscr{A}'$. 若 $\alpha\in\mathscr{A}$，则 α 为 $\mathscr{A}$ 的最大元，否则为 $\mathscr{A}'$ 的最小元. □

因为以后将把 $\mathbf{R}$ 看作是实数集，所以本定理是说：实数集无空隙，或更通俗地说：如果将实数集看作一条直线，并用一把没有厚度的理想的刀来砍它，那么不论砍在哪里，总要碰到直线上的一点. 戴德金称实数的这个性质为连续性，但有的书也称它为实数的连通性.

定理 5（实数的完备性定理）　设 M 为 $\mathbf{R}$ 中有上界的子集，则 M 在 $\mathbf{R}$ 中有上确界. 即 M 在 $\mathbf{R}$ 中全体上界所组成的集合有最小元.

证　令 M 在 $\mathbf{R}$ 中全体上界组成的集合为 A'，令 $A=\mathbf{R}\setminus A'$. 则 (A,A') 为 $\mathbf{R}$ 的一个分划. 由戴德金定理，或者 A 有最大元，或者 A' 有最小元. 因为 A 中任一元素 a 都不是 M 的上界，故存在 M 中某一元素 m，使 $a<m$. 由定理 3 的 2°，存在 a_1，使得 $a<a_1<m$，即 $a_1\in A$，于是 A 无最大元. 因而 A' 一定有最小元. □

四、R 中的加法

在定义 $\mathbf{R}$ 中的加法之前，先证明一个引理.

引理 3　对任何 $\mathbf{Q}$ 的分划 (A,A') 及任何有理数 $k>0$，存在 $a\in A,a'\in A'$，使得 $a'-a=k$.

---

① 在定理 1 中如果将 $\mathbf{Q}$ 改为 $\mathbf{R}$，其结论仍然成立. 当然这里只用到它的必要条件部分.

证 取 $c\in A, c'\in A'$. 由阿基米德性,在等差序列 $\{c+nk\}$ 中必有大于 c' 的项,设 $c+n_0k$ 是该序列中第一个属于 A' 的项,即 $c+n_0k\in A'$,而 $c+(n_0-1)k\in A$,故分别取 $a'=c+n_0k, a=c+(n_0-1)k$,则 $a\in A, a'\in A'$ 且 $a'-a=k$. □

设 X,Y 为两个数集,我们用 $X+Y, X\cdot Y$ 和 $-X$ 分别表示 $\{x+y\mid x\in X, y\in Y\}$, $\{x\cdot y\mid x\in X, y\in Y\}$ 和 $\{-x\mid x\in X\}$.

定义 4 设 $\alpha=(A,A'), \beta=(B,B')$,我们定义 $\alpha+\beta=(C,C')$,其中 $C=A+B$,从而 $C'=\mathbf{Q}\setminus C$.

这里必须指出,定义 4 中的 (C,C') 确是 $\mathbf{Q}$ 的一个分划,因为 C 非空, $C\neq\mathbf{Q}$,设 $x\in A, y\in B, z<x+y$. 这时令 $x_1=x-\dfrac{x+y-z}{2}, y_1=y-\dfrac{x+y-z}{2}$,则 $x_1\in A, y_1\in B$ 且 $z=x_1+y_1$,故 C 确是这一分划的下类.

当然,我们也可以从定义 $C'=A'+B'$ 入手. 读者可以验证这两个定义的一致性,即它们至多相差一个端.

定理 6 $\mathbf{R}$ 中的加法具有下列性质:对任何 $\alpha,\beta,\gamma\in\mathbf{R}$,

1° $\alpha+\beta=\beta+\alpha$(交换律), $(\alpha+\beta)+\gamma=\alpha+(\beta+\gamma)$(结合律);

2° 存在零元 $\mathbf{0}$ ①,对任何 $\alpha\in\mathbf{R}$,有 $\alpha+\mathbf{0}=\alpha$;

3° 对任何 $\alpha\in\mathbf{R}$,存在反元 $-\alpha\in\mathbf{R}$,使得 $\alpha+(-\alpha)=\mathbf{0}$;

4° 若 $\alpha<\beta$,则 $\alpha+\gamma<\beta+\gamma$(加法的单调性).

证 1° 显然.

2° 以一切负有理数为下类的 0^* 满足零元要求. 事实上,设 A 为 α 的下类,则对任一 $x\in A$ 及 $y<0$,都有 $x+y<x$,故 $x+y\in A$,从而 $\alpha+0^*\leqslant\alpha$. 另一方面. 若 A 无端,则对任何 $x\in A$,存在 $x_1>x$,且 $x_1\in A$. 从而 $x=x_1+(x-x_1)$,其中 $x-x_1<0$. 于是又有 $\alpha+0^*\geqslant\alpha$. 这就得到 $\alpha+0^*=\alpha$. 由于零元的唯一性②,今后将一直把 0^* 写作 $\mathbf{0}$.

3° 设 $\alpha=(A,A')$,现在证明 $(-A',-A)$ 满足要求,易见 $(-A',-A)$ 是一个分划. 暂将它写作 $-\alpha$. 由于 $A+(-A')=A-A'$ 中的元素恒为负有理数,故 $\alpha+(-\alpha)\leqslant\mathbf{0}$. 另一方面,由引理 3,对任给的 $\varepsilon>0$,总存在 A' 中的数 a' 与 A 中的数 a,使得 $0\leqslant a'-a<\varepsilon$,故有 $\alpha+(-\alpha)\geqslant\mathbf{0}$. 从而得 $\alpha+(-\alpha)=\mathbf{0}$. 由于反元的唯一性,今后将一直把 $(-A',-A)$ 写作 $-\alpha$.

4° 设 $\alpha<\beta$,由定义 $A\subset B$. 于是有 $A+C\subset B+C$,所以 $\alpha+\gamma\leqslant\beta+\gamma$. 另一方面,倘若 $\alpha+\gamma=\beta+\gamma$,则两边各加 $-\gamma$ 将有 $\alpha=\beta$. 这与假设相矛盾,故应有 $\alpha+\gamma<\beta+\gamma$. □

五、R 中的乘法

在定义 $\mathbf{R}$ 中乘法之前先介绍一个与引理 3 相类似的定理.

定理 7 对任何分划 $\alpha=(A,A')>0$ 及任何有理数 $k>1$,存在 $a\in A, a'\in A'$,使得 $\dfrac{a'}{a}=k$.

---

① 这里 $\mathbf{0}$ 表示 $\mathbf{R}$ 中零元,以区别 $\mathbf{Q}$ 中零元 0,当把 $\mathbf{R}$ 中零元等同于 $\mathbf{Q}$ 中零元后,就统一用 0 表示零元,下一段 $\mathbf{R}$ 中单位元也用同样的表示方式.

② 设 $\mathbf{0}_1$ 和 $\mathbf{0}_2$ 为两个零元,由于 $\mathbf{0}_1=\mathbf{0}_1+\mathbf{0}_2=\mathbf{0}_2+\mathbf{0}_1=\mathbf{0}_2$,所以零元是唯一的. 用同样的方法读者可证反元和下一段讲到的逆元也具有唯一性.

证　与引理 3 的证明相仿，只需将那里的等差序列改用等比序列 $\{ck^n\}$ 就可以了. □

定义 5　设 $\alpha=(A,A')$，则在 A,A' 两类中有一个且仅有一个不包含 0，也就是说该类中元素皆同号，我们称这个类为分划 α 的**同号类**，记作 $\overline{A}$.

由定义 5 可见，当 $\alpha>\mathbf{0}$ 时，其同号类是上类，当 $\alpha<\mathbf{0}$ 时，则下类为其同号类，若 $\alpha=\mathbf{0}$，则不定.

定理 8（同号类的标志）　$\mathbf{Q}$ 的不空子集 M 成为某分划的同号类的充要条件是：

1°　M 中只含同号的数；

2°　若 $x\in M$，则对任何正有理数 h，$x(1+h)\in M$.

这个定理的证明读者容易自行推得.

定义 6　设 α 的同号类为 $\overline{A}$，β 的同号类为 $\overline{B}$，我们定义 $\alpha\cdot\beta$ 为 $\{x\cdot y\mid x\in\overline{A},y\in\overline{B}\}$，也就是 $\overline{A}\cdot\overline{B}$ 为其同号类的分划.

注意定义 6 中的 $\overline{A}\cdot\overline{B}$ 确实是某个分划的同号类. 因为由定理 8（同号类的标志）知满足 1°是显然的. 又若 $xy\in\overline{A}\cdot\overline{B}$，则由于

$$1+h=\left(1+\frac{h}{2+h}\right)\cdot\left(1+\frac{h}{2}\right),$$

有

$$xy(1+h)=x\left(1+\frac{h}{2+h}\right)\cdot y\left(1+\frac{h}{2}\right).$$

由同号类的标志，右边属于 $\overline{A}\cdot\overline{B}$，故左边亦属于它，即 2°也满足.

定理 9　$\mathbf{R}$ 中的乘法具有下列性质：对任何 $\alpha,\beta,\gamma\in\mathbf{R}$，

1°　$\alpha\cdot\beta=\beta\cdot\alpha$（交换律），$(\alpha\cdot\beta)\gamma=\alpha(\beta\cdot\gamma)$（结合律）；

2°　同号相乘得正，异号相乘得负①，乘 $\mathbf{0}$ 得 $\mathbf{0}$；

3°　$(\alpha+\beta)\cdot\gamma=\alpha\cdot\gamma+\beta\cdot\gamma$（分配律）；

4°　存在单位元 $\mathbf{1}$，它对任何 α 都有 $\alpha\cdot\mathbf{1}=\alpha$；

5°　对任何 $\alpha\neq\mathbf{0}$，存在逆元 α^{-1} 使 $\alpha\cdot\alpha^{-1}=\mathbf{1}$；

6°　若 $\alpha<\beta$ 且 $\gamma>\mathbf{0}$，则 $\alpha\cdot\gamma<\beta\cdot\gamma$.

证　1°　显然.

2°　易见当 α,β 同号时，有 $\alpha\cdot\beta\geqslant\mathbf{0}$，当 α,β 异号时，则有 $\alpha\cdot\beta\leqslant\mathbf{0}$. 现在只需证明 α,β 均不为 $\mathbf{0}$ 时，$\alpha\cdot\beta\neq\mathbf{0}$. 事实上，如果 $\alpha,\beta\neq\mathbf{0}$，则在 0 与 $\overline{A}$ 之间必存在某有理数 a，同样在 0 与 $\overline{B}$ 之间也必存在某有理数 b. 因而 $a\cdot b$ 必在 0 与 $\overline{A}\cdot\overline{B}$ 之间，也就是说 $\alpha\cdot\beta\neq\mathbf{0}$.

3°　(i) 先假定 α,β 同号，且 $\gamma\neq\mathbf{0}$. 我们只需证明 $(\alpha+\beta)\cdot\gamma=\alpha\cdot\gamma+\beta\cdot\gamma$ 两边有相等的同号类即可. 由于两个同号分划的和的同号类等于它们的同号类的和，因此有下列一连串的等式：

---

① 同有理数一样，若 $\alpha>\mathbf{0}$，则称 α 为正元；若 $\alpha<\mathbf{0}$，则称 α 为负元.

$$\overline{(A+B)C}=\overline{(A+B)}\cdot\overline{C}=(\overline{A}+\overline{B})\cdot\overline{C}=\overline{A}\cdot\overline{C}+\overline{B}\cdot\overline{C}$$
$$=\overline{AC}+\overline{BC}=\overline{AC+BC}.$$

这里只有中间那个等式需要说明一下,等式左边和右边的一般项分别为

$$(a+b)c \text{ 和 } ac_1+bc_2,\text{其中 } a\in\overline{A},b\in\overline{B},c,c_1,c_2\in\overline{C}.$$

显然前者是后者的特例.但由于 a 与 b 同号,ac_1+bc_2 必然在 $(a+b)c_1$ 与 $(a+b)c_2$ 之间,故后者也是前者的特例.从而等式成立.

(ii) 对于一般情况,当 α,β,γ 和 $\alpha+\beta$ 皆不为 $\mathbf{0}$ 时,可如下证明.设 α,β 不同号.对等式 $\alpha+\beta=(\alpha+\beta)$ 作移项得 $(\alpha+\beta)+(-\alpha)=\beta$ 或 $(\alpha+\beta)+(-\beta)=\alpha$.这两个式子中总有一个左边有两个同号的被加项,不妨设是其中第一式,那么对该式应用(i)并利用关系 $(-\alpha)\cdot\gamma=-\alpha\cdot\gamma$ ① 再作一次移项就行了.若 α,β 中有一个为 $\mathbf{0}$,那就更不成问题了.

4° 1^* 满足作为单位元的要求.事实上,1^* 的同号类为 $\{1+h\mid h\in\mathbf{Q}$ 且 $h>0\}$.设 $\overline{A}$ 为 α 的同号类,x 为 $\overline{A}$ 中任一数,$h>0$,则 $\overline{A}\cdot\overline{1}^*$ 之一般项为 $x(1+h)$.又由 $\overline{A}$ 为同号类,所以 $x(1+h)\in\overline{A}$,从而 $\overline{A}\cdot\overline{1}^*\subset\overline{A}$.另一方面,假设 $\overline{A}$ 无端,则对任何 $x\in\overline{A}$,存在 $x'\in\overline{A}$,使 $\dfrac{x}{x'}>1$,从而 $x=x'\cdot\dfrac{x}{x'}$,这里 $\dfrac{x}{x'}\in\overline{1}^*$,故又有 $\overline{A}\subset\overline{A}\cdot\overline{1}^*$,这就推得 $\alpha\cdot 1^*=\alpha$.由于单位元的唯一性,今后将 1^* 写作 $\mathbf{1}$.

5° 设 $\alpha\neq\mathbf{0}$,且 α 的同号类为 $\overline{A}$.现在证明以

$$\overline{A}^{-1}=\{y^{-1}\mid y\text{ 在 }0\text{ 与 }\overline{A}\text{ 之间}\}$$

为同号类的分划满足逆元的要求.首先易见它是一个分划,暂把它写作 α^{-1}.对 $x\in\overline{A}$,$y^{-1}\in\overline{A}^{-1}$ 有 $xy^{-1}\leqslant 1$,故 $\alpha\cdot\alpha^{-1}\leqslant\mathbf{1}$.又由引理 3 知存在 $x\in\overline{A}$,$y^{-1}\in\overline{A}^{-1}$,使 xy^{-1} 和 1 可接近到事先指定的任何程度,故 $\alpha\cdot\alpha^{-1}\geqslant\mathbf{1}$.从而等式成立.我们今后将 α 的逆元写作 α^{-1}.

6° 设 $\alpha<\beta$,由加法性质 4°,两边各加 $-\alpha$ 得 $\beta-\alpha>\mathbf{0}$.由于过程可逆知道:$\alpha<\beta$ 当且仅当 $\beta-\alpha>\mathbf{0}$.因分配律对差也成立②,有 $(\beta-\alpha)\cdot\gamma=\beta\cdot\gamma-\alpha\cdot\gamma$.再由正乘正得正,故 $\beta\cdot\gamma-\alpha\cdot\gamma>\mathbf{0}$.从而又有 $\alpha\cdot\gamma<\beta\cdot\gamma$. □

六、R 作为 Q 的扩充

通过对应 $r\leftrightarrow r^*$,$\mathbf{Q}$ 与 $\mathbf{R}$ 的子集 $\mathbf{Q}^*$ 之间建立了一对一的映射.

定理 10 对于 $\mathbf{Q}$ 与 $\mathbf{R}$ 的子集 $\mathbf{Q}^*$ 之间的映射 $r\leftrightarrow r^*$,具有如下性质:

1° 保序性 即 $a<b\,(a=b)$ 当且仅当 $a^*<b^*\,(a^*=b^*)$;

2° 保持加法和乘法两个运算,即

$$(a+b)^*=a^*+b^*,\quad (a\cdot b)^*=a^*\cdot b^*.$$

证 关于保序性是显然的,故只证后一结论.

关于加法,我们比较下类.由于

---

① 这实际上是 $\alpha+\beta=\mathbf{0}$ 时的特例,它可由比较两边同号类而得到.

② $(\alpha-\beta)\cdot\gamma+\beta\cdot\gamma=((\alpha-\beta)+\beta)\cdot\gamma=\alpha\cdot\gamma$,等式两边加 $(-\beta\cdot\gamma)$ 即得 $(\alpha-\beta)\cdot\gamma=\alpha\cdot\gamma-\beta\cdot\gamma$.

$$(a+b)^*\text{的下类}=\{z\mid z<a+b\},$$
$$a^*+b^*\text{的下类}=\{x+y\mid x<a,y<b\}.$$
因 $x<a,y<b$ 时有 $x+y<a+b$,故 $a^*+b^*\subset(a+b)^*$.另一方面,因任一 $z<a+b$ 恒可表示为$z=\left(a-\dfrac{a+b-z}{2}\right)+\left(b-\dfrac{a+b-z}{2}\right)$,故相反的包含关系也成立.

关于乘法,比较它们的同号类.由于
$$(a\cdot b)^*\text{的同号类}=\{ab(1+h)\mid h>0\},$$
$$a^*\cdot b^*\text{的同号类}=\{a(1+s)\mid s>0\}\cdot\{b(1+t)\mid t>0\},$$
$(1+s)(1+t)>1$,故
$$a^*\cdot b^*\text{的同号类}\subset(a\cdot b)^*\text{的同号类}.$$
另一方面,因 $1+h=\left(1+\dfrac{h}{2+h}\right)\left(1+\dfrac{h}{2}\right)$,故相反的包含关系也成立. □

这个定理说明,在这个映射下 **Q** 与 $\mathbf{Q}^*$ 具有同构关系,从而可以把它们等同起来,把 **R** 看作是 **Q** 的扩充,把无端分划称为**无理数**,称 **R** 为**实数集**.

最后一项工作是必须指出 **R** 中运算的唯一性.

定理 11　在 **R** 中的加、乘、求反元、求逆元等运算是唯一的,即从等价的分划出发,得到的结论也是等价的,且只能在有端分划的情形下出现形式上的差异.

证　仅就乘法来证明.设 $\bar{A},\bar{B}$ 分别为 α,β 的同号类.为简便起见,设 $\bar{A}$ 有端为 a,$\bar{B}$ 无端.我们证明 $\bar{A}\cdot\bar{B}=\bar{A}^\circ\bar{B}$(这里 $\bar{A}^\circ$表示去掉端的 $\bar{A}$).由于 $\bar{A}\cdot\bar{B}=a\cdot\bar{B}\cup\bar{A}^\circ\bar{B}$,所以只需指出 $a\cdot\bar{B}\subset\bar{A}^\circ\bar{B}$ 即可.事实上,对任一 $b\in\bar{B}$,由于 $\bar{B}$ 无端,故当 h 充分小时,$\dfrac{b}{1+h}\in\bar{B}$.又因 $a\cdot b=a(1+h)\dfrac{b}{1+h}$,而 $a(1+h)\in\bar{A}^\circ$,可见 $a\cdot b\in\bar{A}^\circ\bar{B}$.因此,只有 $\bar{A}$,$\bar{B}$ 皆有端时,$\bar{A}\cdot\bar{B}$才会比 $\bar{A}^\circ\cdot\bar{B}^\circ$多出一个 $a\cdot b$. □

由于每一分划都是由它的下类或上类来确定的,因此,完全可由全体分划的下类(或上类)所组成集合 **R′**来代替原来的分划集.不仅如此,当用下类(或上类)来定义实数时,也可以硬性规定统一的形式.如规定下类(或上类)一律无端来达到表示的唯一性.但不管采用哪一种方式,都可以相应地定义序和运算来达到相同的扩充目的.

七、实数的无限小数表示①

为了实用的目的,人们需要给实数一种方便的表示形式,使它既易于比较大小,又便于运算和估计以至达到任意精确的程度,无限小数就是这样的一种表示形式.

定理 12　对任一实数 $\gamma\in[0,1)$ 都唯一地对应着一个整数数列 $\{c_n\}$,其中 c_n 为 0,1,…,9 中的某一数,且有无限个 $c_n<9$,使得有理数列 $\{a_n\}$ ($a_n=0.c_1c_2\cdots c_n$②)满足不等式

---

① 在本段中只用到实数域的性质(主要是阿基米德性和区间套定理),而与实数的具体定义方式无关.因此本段可独立阅读.

② 在此采取了通常十进位小数记法,即 $0.c_1c_2\cdots c_n=\sum\limits_{k=1}^{n}\dfrac{c_k}{10^k}$.

$$a_n \leqslant \gamma < a_n + 10^{-n}, \quad n = 1, 2, \cdots. \tag{2}$$

反之,任一满足上述关于 c_n 条件的整数数列 $\{c_n\}$,必存在唯一实数 $\gamma \in [0,1)$,使不等式(2)成立.

证　首先证明,若实数 $\gamma \in [0,1)$,则存在整数数列 $\{c_n\}$ 且满足不等式(2).为此,将闭区间 $[0,1]$ 十等分,令 $0.c_1$ 为分点:$0, 0.1, \cdots, 0.9$(不考虑右端点)中不超过 γ 的最大数,于是 $0.c_1 \leqslant \gamma < 0.c_1 + 10^{-1}$.再对区间 $[0.c_1, 0.c_1 + 10^{-1}]$ 十等分,令 $0.c_1c_2$ 为分点:$0.c_1, 0.c_11, \cdots, 0.c_19$(不考虑右端点)中不超过 γ 的最大数,于是 $0.c_1c_2 \leqslant \gamma < 0.c_1c_2 + 10^{-2}$.照此无限进行下去,它的第 n 步便是(2)式.

还要证明在所有 c_n 中,必有无限多个小于 9.事实上,假如当 $n > r$ 后均有 $c_n = 9$,则这时出现

$$a_n = 0.c_1c_2\cdots c_r9\cdots9.$$

由于 $\gamma \geqslant a_n$,将有

$$\gamma - a_r \geqslant \frac{1}{10^r}\sum_{k=1}^{n-r}\frac{9}{10^k} = \frac{1}{10^r}\left(1 - \frac{1}{10^{n-r}}\right).$$

这表明当 n 充分大时上式右边可任意接近于 10^{-r},但由(2)式 $\gamma - a_r$ 应为小于 10^{-r} 的定数,矛盾!

其次证明 γ 的存在性.设 $\{c_n\}$ 满足定理中关于 c_n 的条件,显然 $\{a_n\}$ 为递增数列.令 $a_n + 10^{-n} = b_n$,则因

$$b_{n-1} - b_n = 10^{-(n-1)} - (c_n + 1)10^{-n}\begin{cases} = 0, & c_n = 9, \\ > 0, & c_n < 9 \end{cases}$$

可知 $[a_n, b_n]$, $n = 1, 2, \cdots$ 构成区间套.又因 $b_n - a_n = 10^{-n} \to 0\ (n \to \infty)$,故由区间套定理,存在唯一实数 γ,满足 $a_n \leqslant \gamma \leqslant b_n$, $n = 1, 2, \cdots$.但因有无限多个 $c_n < 9$,从而 $\{b_n\}$ 中无最小项.因此对任何 n, $\gamma \neq b_n$,这样就得到(2)式.

最后证明对应的唯一性.先证明不同实数对应不同的数列.事实上,若实数 γ, δ 都对应同一数列 $\{c_n\}$,则由(2)式可得不等式 $|\gamma - \delta| < 10^{-n}$ 对任何 n 成立,从而有 $\gamma = \delta$.再证明不同的数列为不同的实数所对应.设 γ 对应于 $\{c_n\}$, δ 对应于 $\{d_n\}$.如果当 $n < r$ 时, $c_n = d_n$,但 $c_r < d_r$,则由(2)式有

$$\gamma < 0.c_1c_2\cdots c_r + 10^{-r} \quad \text{及} \quad \delta \geqslant 0.c_1c_2\cdots c_{r-1}d_r,$$

故由 $c_r < d_r$ 就得到 $\gamma < \delta$.从而不同的数列对应的实数也不同.　□

现在利用定理 12 的结果给 $[0,1)$ 内的任一实数一种方便的记法:

$$\gamma = 0.c_1c_2\cdots.$$

它不外乎是定理 12 中那一列不等式的缩写,有了这个记法,任何实数都可写作

$$\gamma = c_0 + 0.c_1c_2\cdots ①, \tag{3}$$

其中 c_0 为整数.(3)式称为实数 γ 的无限小数表示,而有限小数

$$c_0 + 0.c_1c_2\cdots c_n \quad \text{和} \quad c_0 + 0.c_1c_2\cdots c_n + 10^{-n}$$

---

① 如果 c_n 从某项起均为 0,可将这些 0 省略而得到有限小数.又若 $c_0 \geqslant 0$,还可简单地写作 $\gamma = c_0.c_1c_2\cdots$.

分别称为 γ 的(n 阶)不足近似值和过剩近似值,它们一起构成足以确定 γ 的区间套.

八、无限小数四则运算的定义

我们将应用无限小数递增有界数列必"稳定"于某个小数这一重要性质来建立无限小数的四则运算.以下讨论的都是非负小数.

设

$$x_1, x_2, \cdots, x_n, \cdots \tag{4}$$

是小数数列,若对所有 $k=1,2,\cdots$,有 $x_k \leqslant x_{k+1}$,数列(4)称为递增数列.若存在整数 M,使对于所有 $k=1,2,\cdots$,有 $x_k \leqslant M$,则称数列(4)有上界.

若数列的项 x_n 都是整数,并能找到 n_0,对所有 $n>n_0$,有 $x_n=\xi$,则称数列稳定于 ξ.容易看出,若整数数列递增,并且有上界 M,那么这数列必稳定于某一整数 $\xi \leqslant M$.

现在考虑小数数列

$$\begin{aligned} \boldsymbol{a}_1 &= \alpha_{10}.\alpha_{11}\alpha_{12}\alpha_{13}\cdots, \\ \boldsymbol{a}_2 &= \alpha_{20}.\alpha_{21}\alpha_{22}\alpha_{23}\cdots, \\ &\cdots, \\ \boldsymbol{a}_n &= \alpha_{n0}.\alpha_{n1}\alpha_{n2}\alpha_{n3}\cdots, \\ &\cdots, \end{aligned} \tag{5}$$

(5)式的右边相当于一个无限矩阵.

定义 7　若对任意 $k=0,1,2,\cdots$,(5)式的第 k 列 $\{\alpha_{nk}\}$ 稳定于 γ_k,则称数列(5)稳定于 $\boldsymbol{a}=\gamma_0.\gamma_1\gamma_2\gamma_3\cdots$,记作

$$\boldsymbol{a}_n \rightrightarrows \boldsymbol{a}, \tag{6}$$

其中 γ_0 是整数,$\gamma_k(k=1,2,\cdots)$是$\{0,1,2,\cdots,9\}$中某个数字.

定理 13　若递增数列(5)有上界 M,则数列必稳定于满足下列不等式的某个数 $\boldsymbol{a}$:

$$\boldsymbol{a}_n \leqslant \boldsymbol{a} \leqslant M \qquad (n=1,2,3,\cdots). \tag{7}$$

证　由于矩阵(5)的零列也是递增的,而且有上界 M,因此零列的整数稳定于某一非负整数 $\gamma_0 \leqslant M$.现用数学归纳法来证明.假若已证明矩阵(5)中下标不大于 k 的各列分别稳定于 $\gamma_0,\gamma_1,\cdots,\gamma_k$,而且

$$\gamma_0.\gamma_1\cdots\gamma_k \leqslant M \quad (\gamma_1,\cdots,\gamma_k \text{ 是数字}).$$

现需证明(5)式的第 $k+1$ 列必稳定于某一数字 γ_{k+1},而且有不等式

$$\gamma_0.\gamma_1\cdots\gamma_k\gamma_{k+1} \leqslant M. \tag{8}$$

事实上,当 n_1 充分大且 $n>n_1$ 时,$\boldsymbol{a}_n$ 的小数表示可写为

$$\boldsymbol{a}_n = \gamma_0.\gamma_1\cdots\gamma_k a_{n,k+1}a_{n,k+2}\cdots \leqslant M.$$

因为 $\boldsymbol{a}_n$ 是递增的,所以对上述 n,数字 $a_{n,k+1}(\leqslant 9)$递增,于是当 $n>n_2$(n_2 充分大)时,$\{a_{n,k+1}\}$将稳定于某一数字 γ_{k+1},而且

$$\gamma_0.\gamma_1\cdots\gamma_k\gamma_{k+1} \leqslant \boldsymbol{a}_n \leqslant M \quad (n>n_2),$$

这就证明了不等式(8)和 $\boldsymbol{a}_n \rightrightarrows \boldsymbol{a}=\gamma_0.\gamma_1\gamma_2\cdots$,于是可推出(7)式中第二个不等式.

现证对所有 n,$\boldsymbol{a}_n \leqslant \boldsymbol{a}$.若结论不成立,则可以找到自然数 n,使得 $\boldsymbol{a}<\boldsymbol{a}_n$.因此,对某个 k 有

$$a_n = \gamma_0.\gamma_1\cdots\gamma_k a_{n,k+1}a_{n,k+2}\cdots,$$

并且 $\gamma_{k+1} < a_{n,k+1}$. 当 n 无限增大时, $a_{n,k+1}$ 递增, 并稳定于数 γ_{k+1}, 由此得到 $\gamma_{k+1} < \gamma_{k+1}$ 的矛盾. □

给定两个小数 $\boldsymbol{x} = \alpha_0.\alpha_1\alpha_2\cdots$, $\boldsymbol{y} = \beta_0.\beta_1\beta_2\cdots$, 用 $\boldsymbol{x}^{(n)}$ 表示 $\boldsymbol{x}$ 的 n 位不足近似值, 则 $\boldsymbol{x}^{(n)} + \boldsymbol{y}^{(n)} = \alpha_0.\alpha_1\cdots\alpha_n + \beta_0.\beta_1\cdots\beta_n$.

定理 14　在上述记号下,

$$\begin{gathered}\boldsymbol{x}^{(n)} + \boldsymbol{y}^{(n)},\\ (\boldsymbol{x}^{(n)} \cdot \boldsymbol{y}^{(n)})^{(n)},\\ \boldsymbol{x}^{(n)} - (\boldsymbol{y}^{(n)} + 10^{-n}) \quad (\boldsymbol{x} > \boldsymbol{y} > 0),\\ \left(\frac{\boldsymbol{x}^{(n)}}{\boldsymbol{y}^{(n)} + 10^{-n}}\right)^{(n)} \quad (\boldsymbol{y} > 0)\end{gathered} \tag{9}$$

都是递增有界数列, 所以分别稳定于某个数.

证　由于

$$\begin{gathered}\boldsymbol{x}^{(n)} + \boldsymbol{y}^{(n)} \leqslant \alpha_0 + 1 + \beta_0 + 1;\\ (\boldsymbol{x}^{(n)} \cdot \boldsymbol{y}^{(n)})^{(n)} \leqslant (\alpha_0 + 1)(\beta_0 + 1);\\ \boldsymbol{x}^{(n)} - (\boldsymbol{y}^{(n)} + 10^{-n}) \leqslant \alpha_0 + 1;\\ \left(\frac{\boldsymbol{x}^{(n)}}{\boldsymbol{y}^{(n)} + 10^{-n}}\right)^{(n)} \leqslant \frac{\alpha_0 + 1}{\beta_0.\beta_1\cdots\beta_s} \quad (\text{其中 } s \text{ 使得 } \beta_s > 0),\end{gathered}$$

因此所有数列都是有界的, 因为当 n 增大时, $\boldsymbol{x}^{(n)}$ 递增, $\boldsymbol{y}^{(n)} + 10^{-n}$ 递减, 易见(9)式中各数列是递增的. 由定理 13, 即有(9)式中各数列稳定于某个数. □

定义 8　对任意两个无限小数 $\boldsymbol{x}, \boldsymbol{y}$, 我们定义 $\boldsymbol{x} + \boldsymbol{y}, \boldsymbol{x} \cdot \boldsymbol{y}, \boldsymbol{x} - \boldsymbol{y}$ 为

$$\begin{gathered}\boldsymbol{x}^{(n)} + \boldsymbol{y}^{(n)} \rightrightarrows \boldsymbol{x} + \boldsymbol{y};\\ (\boldsymbol{x}^{(n)} \cdot \boldsymbol{y}^{(n)})^{(n)} \rightrightarrows \boldsymbol{x} \cdot \boldsymbol{y};\\ \boldsymbol{x}^{(n)} - (\boldsymbol{y}^{(n)} + 10^{-n}) \rightrightarrows \boldsymbol{x} - \boldsymbol{y} \quad (\boldsymbol{x} > \boldsymbol{y} > 0);\\ \left(\frac{\boldsymbol{x}^{(n)}}{\boldsymbol{y}^{(n)} + 10^{-n}}\right)^{(n)} \rightrightarrows \frac{\boldsymbol{x}}{\boldsymbol{y}} \quad (\boldsymbol{y} > 0).\end{gathered}$$

由此可知: 当 $\boldsymbol{x} > \boldsymbol{y} > 0$ 时, 必存在 n, 使得 $\boldsymbol{x}^{(n)} - (\boldsymbol{y}^{(n)} + 10^{-n}) > 0$.

附录Ⅱ
积　分　表

一、含有 x^n 的形式

1. $\int x^n \mathrm{d}x = \dfrac{x^{n+1}}{n+1} + C, \quad n \neq -1$

2. $\int \dfrac{1}{x}\mathrm{d}x = \ln|x| + C$

二、含有 $a+bx$ 的形式

3. $\int \dfrac{x}{a+bx}\mathrm{d}x = \dfrac{1}{b^2}(bx - a\ln|a+bx|) + C$

4. $\int \dfrac{x}{(a+bx)^2}\mathrm{d}x = \dfrac{1}{b^2}\left(\dfrac{a}{a+bx} + \ln|a+bx|\right) + C$

5. $\int \dfrac{x}{(a+bx)^n}\mathrm{d}x = \dfrac{1}{b^2}\left(\dfrac{-1}{(n-2)(a+bx)^{n-2}} + \dfrac{a}{(n-1)(a+bx)^{n-1}}\right) + C, \quad n \neq 1,2$

6. $\int \dfrac{x^2}{a+bx}\mathrm{d}x = \dfrac{1}{b^3}\left(-\dfrac{bx}{2}(2a-bx) + a^2\ln|a+bx|\right) + C$

7. $\int \dfrac{x^2}{(a+bx)^2}\mathrm{d}x = \dfrac{1}{b^3}\left(bx - \dfrac{a^2}{a+bx} - 2a\ln|a+bx|\right) + C$

8. $\int \dfrac{x^2}{(a+bx)^3}\mathrm{d}x = \dfrac{1}{b^3}\left(\dfrac{2a}{a+bx} - \dfrac{a^2}{2(a+bx)^2} + \ln|a+bx|\right) + C$

9. $\int \dfrac{x^2}{(a+bx)^n}\mathrm{d}x = \dfrac{1}{b^3}\left(\dfrac{-1}{(n-3)(a+bx)^{n-3}} + \dfrac{2a}{(n-2)(a+bx)^{n-2}} - \dfrac{a^2}{(n-1)(a+bx)^{n-1}}\right) + C, \quad n \neq 1,2,3$

10. $\int \dfrac{1}{x(a+bx)}\mathrm{d}x = \dfrac{1}{a}\ln\left|\dfrac{x}{a+bx}\right| + C$

11. $\int \dfrac{1}{x(a+bx)^2}\mathrm{d}x = \dfrac{1}{a}\left(\dfrac{1}{a+bx} + \dfrac{1}{a}\ln\left|\dfrac{x}{a+bx}\right|\right) + C$

12. $\int \dfrac{1}{x^2(a+bx)}\mathrm{d}x = -\dfrac{1}{a}\left(\dfrac{1}{x} + \dfrac{b}{a}\ln\left|\dfrac{x}{a+bx}\right|\right) + C$

13. $\int \frac{1}{x^2(a+bx)^2}dx = -\frac{1}{a^2}\left(\frac{a+2bx}{x(a+bx)} + \frac{2b}{a}\ln\left|\frac{x}{a+bx}\right|\right) + C$

三、含有 $a^2 \pm x^2, a>0$ 的形式

14. $\int \frac{1}{a^2+x^2}dx = \frac{1}{a}\arctan\frac{x}{a} + C$

15. $\int \frac{1}{x^2-a^2}dx = -\int \frac{1}{a^2-x^2}dx = \frac{1}{2a}\ln\left|\frac{x-a}{x+a}\right| + C$

16. $\int \frac{1}{(a^2 \pm x^2)^n}dx = \frac{1}{2a^2(n-1)}\left(\frac{x}{(a^2 \pm x^2)^{n-1}} + (2n-3)\int \frac{1}{(a^2 \pm x^2)^{n-1}}dx\right), \quad n \neq 1$

四、含有 $a+bx+cx^2, b^2 \neq 4ac$ 的形式

17. $\int \frac{1}{a+bx+cx^2}dx = \frac{2}{\sqrt{4ac-b^2}}\arctan\frac{2cx+b}{\sqrt{4ac-b^2}} + C, \quad b^2<4ac$

$$= \frac{1}{\sqrt{b^2-4ac}}\ln\left|\frac{2cx+b-\sqrt{b^2-4ac}}{2cx+b+\sqrt{b^2-4ac}}\right| + C, \quad b^2>4ac$$

18. $\int \frac{x}{a+bx+cx^2}dx = \frac{1}{2c}\left(\ln|a+bx+cx^2| - b\int \frac{1}{a+bx+cx^2}dx\right)$

五、含有 $\sqrt{a+bx}$ 的形式

19. $\int x^n\sqrt{a+bx}\,dx = \frac{2}{b(2n+3)} \cdot \left(x^n(a+bx)^{3/2} - na\int x^{n-1}\sqrt{a+bx}\,dx\right)$

20. $\int \frac{1}{x\sqrt{a+bx}}dx = \frac{1}{\sqrt{a}}\ln\left|\frac{\sqrt{a+bx}-\sqrt{a}}{\sqrt{a+bx}+\sqrt{a}}\right| + C, \quad a>0$

$$= \frac{2}{\sqrt{-a}}\arctan\sqrt{\frac{a+bx}{-a}} + C, \quad a<0$$

21. $\int \frac{1}{x^n\sqrt{a+bx}}dx = \frac{-1}{a(n-1)}\left(\frac{\sqrt{a+bx}}{x^{n-1}} + \frac{b(2n-3)}{2}\int \frac{1}{x^{n-1}\sqrt{a+bx}}dx\right), \quad n \neq 1$

22. $\int \frac{\sqrt{a+bx}}{x}dx = 2\sqrt{a+bx} + a\int \frac{1}{x\sqrt{a+bx}}dx$

23. $\int \frac{\sqrt{a+bx}}{x^n}dx = \frac{-1}{a(n-1)}\left(\frac{(a+bx)^{3/2}}{x^{n-1}} + \frac{(2n-5)b}{2}\int \frac{\sqrt{a+bx}}{x^{n-1}}dx\right), \quad n \neq 1$

24. $\int \frac{x}{\sqrt{a+bx}}\mathrm{d}x = \frac{-2(2a-bx)}{3b^2}\sqrt{a+bx}+C$

25. $\int \frac{x^n}{\sqrt{a+bx}}\mathrm{d}x = \frac{2}{(2n+1)b}\left(x^n\sqrt{a+bx}-na\int \frac{x^{n-1}}{\sqrt{a+bx}}\mathrm{d}x\right)$

六、含有$\sqrt{x^2\pm a^2}$,$a>0$ 的形式

26. $\int \sqrt{x^2\pm a^2}\,\mathrm{d}x = \frac{1}{2}\left(x\sqrt{x^2\pm a^2}\pm a^2\ln\left|x+\sqrt{x^2\pm a^2}\right|\right)+C$

27. $\int x^2\sqrt{x^2\pm a^2}\,\mathrm{d}x = \frac{1}{8}\left(x(2x^2\pm a^2)\sqrt{x^2\pm a^2}-a^4\ln\left|x+\sqrt{x^2\pm a^2}\right|\right)+C$

28. $\int \frac{1}{x}\sqrt{x^2+a^2}\,\mathrm{d}x = \sqrt{x^2+a^2}-a\ln\left|\frac{a+\sqrt{x^2+a^2}}{x}\right|+C$

29. $\int \frac{1}{x}\sqrt{x^2-a^2}\,\mathrm{d}x = \sqrt{x^2-a^2}-a\arctan\frac{\sqrt{x^2-a^2}}{a}+C$

30. $\int \frac{1}{x^2}\sqrt{x^2\pm a^2}\,\mathrm{d}x = \frac{-1}{x}\sqrt{x^2\pm a^2}+\ln\left|x+\sqrt{x^2\pm a^2}\right|+C$

31. $\int \frac{1}{\sqrt{x^2\pm a^2}}\mathrm{d}x = \ln\left|x+\sqrt{x^2\pm a^2}\right|+C$

32. $\int \frac{x^2}{\sqrt{x^2\pm a^2}}\mathrm{d}x = \frac{1}{2}\left(x\sqrt{x^2\pm a^2}\mp a^2\ln\left|x+\sqrt{x^2\pm a^2}\right|\right)+C$

33. $\int \frac{1}{x\sqrt{x^2-a^2}}\mathrm{d}x = \frac{1}{a}\arctan\frac{\sqrt{x^2-a^2}}{a}+C$

34. $\int \frac{1}{x\sqrt{x^2+a^2}}\mathrm{d}x = \frac{-1}{a}\ln\left|\frac{a+\sqrt{x^2+a^2}}{x}\right|+C$

35. $\int \frac{1}{x^2\sqrt{x^2\pm a^2}}\mathrm{d}x = \mp\frac{\sqrt{x^2\pm a^2}}{a^2x}+C$

36. $\int \frac{1}{(x^2\pm a^2)^{3/2}}\mathrm{d}x = \frac{\pm x}{a^2\sqrt{x^2\pm a^2}}+C$

七、含有$\sqrt{a^2-x^2}$,$a>0$ 的形式

37. $\int \sqrt{a^2-x^2}\,\mathrm{d}x = \frac{1}{2}\left(x\sqrt{a^2-x^2}+a^2\arcsin\frac{x}{a}\right)+C$

38. $\int x^2\sqrt{a^2-x^2}\,\mathrm{d}x = \frac{1}{8}\left(x(2x^2-a^2)\sqrt{a^2-x^2}+a^4\arcsin\frac{x}{a}\right)+C$

39. $\int \frac{1}{x}\sqrt{a^2-x^2}\,\mathrm{d}x = \sqrt{a^2-x^2}-a\ln\left|\frac{a+\sqrt{a^2-x^2}}{x}\right|+C$

40. $\int \frac{1}{x^2}\sqrt{a^2-x^2}\,\mathrm{d}x = \frac{-1}{x}\sqrt{a^2-x^2}-\arcsin\frac{x}{a}+C$

41. $\int \frac{1}{\sqrt{a^2-x^2}}\mathrm{d}x = \arcsin\frac{x}{a} + C$

42. $\int \frac{1}{x\sqrt{a^2-x^2}}\mathrm{d}x = \frac{-1}{a}\ln\left|\frac{a+\sqrt{a^2-x^2}}{x}\right| + C$

43. $\int \frac{1}{x^2\sqrt{a^2-x^2}}\mathrm{d}x = \frac{-\sqrt{a^2-x^2}}{a^2x} + C$

44. $\int \frac{x^2}{\sqrt{a^2-x^2}}\mathrm{d}x = \frac{1}{2}\left(-x\sqrt{a^2-x^2} + a^2\arcsin\frac{x}{a}\right) + C$

45. $\int \frac{1}{(a^2-x^2)^{3/2}}\mathrm{d}x = \frac{x}{a^2\sqrt{a^2-x^2}} + C$

八、含有 sin x 或 cos x 的形式

46. $\int \sin x\mathrm{d}x = -\cos x + C$

47. $\int \cos x\mathrm{d}x = \sin x + C$

48. $\int \sin^2 x\mathrm{d}x = \frac{1}{2}(x - \sin x\cos x) + C$

49. $\int \cos^2 x\mathrm{d}x = \frac{1}{2}(x + \sin x\cos x) + C$

50. $\int \sin^n x\mathrm{d}x = \frac{1}{n}\left(-\sin^{n-1} x\cos x + (n-1)\int \sin^{n-2} x\mathrm{d}x\right)$

51. $\int \cos^n x\mathrm{d}x = \frac{1}{n}\left(\cos^{n-1} x\sin x + (n-1)\int \cos^{n-2} x\mathrm{d}x\right)$

52. $\int x\sin x\mathrm{d}x = \sin x - x\cos x + C$

53. $\int x\cos x\mathrm{d}x = \cos x + x\sin x + C$

54. $\int x^n\sin x\mathrm{d}x = -x^n\cos x + n\int x^{n-1}\cos x\mathrm{d}x$

55. $\int x^n\cos x\mathrm{d}x = x^n\sin x - n\int x^{n-1}\sin x\mathrm{d}x$

56. $\int \frac{1}{1\pm\sin x}\mathrm{d}x = \tan x \mp \sec x + C$

57. $\int \frac{1}{1\pm\cos x}\mathrm{d}x = -\cot x \pm \csc x + C$

58. $\int \frac{1}{\sin x\cos x}\mathrm{d}x = \ln|\tan x| + C$

九、含有 tan x, cot x, sec x, csc x 的形式

59. $\int \tan x\mathrm{d}x = -\ln|\cos x| + C$

60. $\int \cot x\mathrm{d}x = \ln|\sin x| + C$

61. $\int \sec x\mathrm{d}x = \ln|\sec x + \tan x| + C$

62. $\int \csc x\mathrm{d}x = \ln|\csc x - \cot x| + C$

63. $\int \tan^2 x\mathrm{d}x = -x + \tan x + C$

64. $\int \cot^2 x\mathrm{d}x = -x - \cot x + C$

65. $\int \sec^2 x\mathrm{d}x = \tan x + C$

66. $\int \csc^2 x\mathrm{d}x = -\cot x + C$

67. $\int \tan^n x\mathrm{d}x = \frac{\tan^{n-1} x}{n-1} - \int \tan^{n-2} x\mathrm{d}x,\quad n \neq 1$

68. $\int \cot^n x\mathrm{d}x = -\frac{\cot^{n-1} x}{n-1} - \int \cot^{n-2} x\mathrm{d}x,\quad n \neq 1$

69. $\int \sec^n x\mathrm{d}x = \frac{\sec^{n-2} x\tan x}{n-1} + \frac{n-2}{n-1}\int \sec^{n-2} x\mathrm{d}x,\quad n \neq 1$

70. $\int \csc^n x\mathrm{d}x = -\frac{\csc^{n-2} x\cot x}{n-1} + \frac{n-2}{n-1}\int \csc^{n-2} x\mathrm{d}x,\quad n \neq 1$

71. $\int \frac{1}{1 \pm \tan x}\mathrm{d}x = \frac{1}{2}(x \pm \ln|\cos x \pm \sin x|) + C$

72. $\int \frac{1}{1 \pm \cot x}\mathrm{d}x = \frac{1}{2}(x \mp \ln|\sin x \pm \cos x|) + C$

73. $\int \frac{1}{1 \pm \sec x}\mathrm{d}x = x + \cot x \mp \csc x + C$

74. $\int \frac{1}{1 \pm \csc x}\mathrm{d}x = x - \tan x \pm \sec x + C$

十、含有反三角函数的形式

75. $\int \arcsin x\mathrm{d}x = x\arcsin x + \sqrt{1-x^2} + C$

76. $\int \arccos x\mathrm{d}x = x\arccos x - \sqrt{1-x^2} + C$

77. $\int \arctan x\mathrm{d}x = x\arctan x - \frac{1}{2}\ln(1+x^2) + C$

78. $\int \operatorname{arccot} x\mathrm{d}x = x\operatorname{arccot} x + \frac{1}{2}\ln(1+x^2) + C$

79. $\int x\arcsin x\mathrm{d}x = \frac{1}{4}(x\sqrt{1-x^2} + (2x^2-1)\arcsin x) + C$

80. $\int x\arccos x\mathrm{d}x = \frac{1}{4}(-x\sqrt{1-x^2} + (2x^2-1)\arccos x) + C$

81. $\int x\arctan x\,\mathrm{d}x=\frac{1}{2}((1+x^2)\arctan x-x)+C$

82. $\int x\,\mathrm{arccot}\,x\,\mathrm{d}x=\frac{1}{2}((1+x^2)\,\mathrm{arccot}\,x+x)+C$

十一、含有 e^x 的形式

83. $\int a^x\mathrm{d}x=\frac{a^x}{\ln a}+C$

84. $\int \mathrm{e}^x\mathrm{d}x=\mathrm{e}^x+C$

85. $\int x\mathrm{e}^x\mathrm{d}x=(x-1)\mathrm{e}^x+C$

86. $\int x^n\mathrm{e}^x\mathrm{d}x=x^n\mathrm{e}^x-n\int x^{n-1}\mathrm{e}^x\mathrm{d}x$

87. $\int \frac{1}{1+\mathrm{e}^x}\mathrm{d}x=x-\ln(1+\mathrm{e}^x)+C$

88. $\int \mathrm{e}^{ax}\sin bx\mathrm{d}x=\frac{\mathrm{e}^{ax}}{a^2+b^2}(a\sin bx-b\cos bx)+C$

89. $\int \mathrm{e}^{ax}\cos bx\mathrm{d}x=\frac{\mathrm{e}^{ax}}{a^2+b^2}(a\cos bx+b\sin bx)+C$

十二、含有 $\ln x$ 的形式

90. $\int \ln x\mathrm{d}x=x(\ln x-1)+C$

91. $\int \frac{\ln x}{\sqrt{x}}\mathrm{d}x=4\sqrt{x}(\ln\sqrt{x}-1)+C$

92. $\int x\ln x\mathrm{d}x=\frac{x^2}{4}(2\ln x-1)+C$

93. $\int x^n\ln x\mathrm{d}x=\frac{x^{n+1}}{(n+1)^2}((n+1)\ln x-1)+C,\quad n\neq -1$

94. $\int (\ln x)^2\mathrm{d}x=x((\ln x)^2-2\ln x+2)+C$

95. $\int (\ln x)^n\mathrm{d}x=x(\ln x)^n-n\int(\ln x)^{n-1}\mathrm{d}x$

96. $\int \sin(\ln x)\mathrm{d}x=\frac{x}{2}(\sin(\ln x)-\cos(\ln x))+C$

97. $\int \cos(\ln x)\mathrm{d}x=\frac{x}{2}(\sin(\ln x)+\cos(\ln x))+C$

98. $\int \ln(x+\sqrt{1+x^2})\mathrm{d}x=x\ln(x+\sqrt{1+x^2})-\sqrt{1+x^2}+C$

部分习题答案与提示

第一章　实数集与函数

习题 1.1

4. 当 $x=\pm 1$ 时等号成立.

9. (1) 当 $a<b$ 时，$x<\dfrac{a+b}{2}$；当 $a>b$ 时，$x>\dfrac{a+b}{2}$；

(2) 当 $a>b$ 时，$x>\dfrac{a+b}{2}$；

(3) 当 $a\geqslant b>0$ 时，$\sqrt{a-b}<|x|<\sqrt{a+b}$；当 $|a|<b$ 时，$|x|<\sqrt{a+b}$.

习题 1.2

1. (1) $x\in\left(-\infty,\dfrac{1}{2}\right]$；

(2) $x\in[-3-2\sqrt{2},-3+2\sqrt{2}]\cup[3-2\sqrt{2},3+2\sqrt{2}]$；

(3) $x\in(a,b)\cup(c,+\infty)$；

(4) $x\in\left[\dfrac{\pi}{4}+2k\pi,\dfrac{3}{4}\pi+2k\pi\right]$，$k=0,\pm1,\pm2,\cdots$.

4. (1) $\sup S=\sqrt{2}$，$\inf S=-\sqrt{2}$；(2) $\sup S=+\infty$，$\inf S=1$；

(3) $\sup S=1$，$\inf S=0$；(4) $\sup S=1$，$\inf S=\dfrac{1}{2}$.

习题 1.3

3. $f_1(x)=\begin{cases}4x, & 0\leqslant x\leqslant\dfrac{1}{2},\\ 4-4x, & \dfrac{1}{2}<x\leqslant 1;\end{cases}$ $f_2(x)=\begin{cases}16x, & 0\leqslant x\leqslant\dfrac{1}{4},\\ 8-16x, & \dfrac{1}{4}<x\leqslant\dfrac{1}{2},\\ 0, & \dfrac{1}{2}<x\leqslant 1.\end{cases}$

4. (1) $(-\infty,+\infty)$;(2) $(1,+\infty)$;(3) $[1,100]$;(4) $(0,10]$.

5. (1) $-1,2,2$;(2) $2^{\Delta x}-2,-\Delta x$.

6. $\frac{1}{3+x},\frac{1}{1+2x},\frac{1}{1+x^2},\frac{1+x}{2+x},\frac{1}{2+x}$.

7. (1) $y=u^{20},u=1+x$;(2) $y=u^2,u=\arcsin v,v=x^2$;

(3) $y=\lg u,u=1+v,v=\sqrt{w},w=1+x^2$;(4) $y=2^u,u=v^2,v=\sin x$.

10. (1) 成立;(2) 不成立.

习题 1.4

4. (1) 偶;(2) 奇;(3) 偶;(4) 奇.

5. (1) π;(2) $\frac{\pi}{3}$;(3) 12π.

第一章总练习题

2. 是初等函数.(提示:利用第 1 题的结果.)

3. $\frac{1+x}{1-x},-\frac{x}{2+x},\frac{2}{1+x},\frac{x-1}{x+1},\frac{1+x}{1-x},\frac{1-x^2}{1+x^2},x$.

4. $\frac{1}{x}+\frac{\sqrt{x^2+1}}{|x|}$.

5. (1) $y=\left[\frac{x+2}{5}\right],x\in\{30,31,\cdots,50\}$;(2) $y=[x+0.5],x>0$.

14. (1) (i) $f(x)=\begin{cases}\sin x+1, & x>0,\\ 0, & x=0,\\ \sin x-1, & x<0,\end{cases}$ (ii) $f(x)=\begin{cases}\sin x+1, & x\geqslant 0,\\ 1-\sin x, & x<0;\end{cases}$

(2) (i) $f(x)=\begin{cases}x^3, & x<-1,\\ -1+\sqrt{1-x^2}, & -1\leqslant x\leqslant 0,\\ 1-\sqrt{1-x^2}, & 0<x\leqslant 1,\\ x^3, & x>1,\end{cases}$ (ii) $f(x)=\begin{cases}-x^3, & x<-1,\\ 1-\sqrt{1-x^2}, & |x|\leqslant 1,\\ x^3, & x>1.\end{cases}$

第二章 数列极限

习题 2.1

3. (1) 0,无穷小数列;(2) 1;(3) 0,无穷小数列;

(4) 0,无穷小数列;(5) 0,无穷小数列;(6) 1;(7) 1.

7. (1) 无界数列; (2) 有界数列; (3) 无穷大数列; (4) 无界数列.

习题 2.2

1. (1) $\frac{1}{4}$; (2) 0; (3) $\frac{1}{3}$; (4) $\frac{1}{2}$; (5) 10; (6) 2.

3. (1) 1; (2) 2; (3) 3; (4) 1; (5) 0; (6) 1.

7. (1) 0 $\left(\text{提示:先证明}\frac{1}{2}\cdot\frac{3}{4}\cdot\cdots\cdot\frac{2n-1}{2n}<\frac{1}{\sqrt{2n+1}}\right)$;

(2) 1 $\left(\text{提示:}n!<\sum_{p=1}^{n}p!<(n-2)(n-2)!+(n-1)!+n!<2(n-1)!+n!\right)$;

(3) 0 (提示:先证明 $0<(n+1)^{\alpha}-n^{\alpha}\leqslant n^{\alpha-1}$);

(4) $\frac{1}{1-\alpha}$ (提示:记 $p_n=(1+\alpha)(1+\alpha^2)\cdots(1+\alpha^{2^n})$,则 $(1-\alpha)p_n=1-\alpha^{2^{n+1}}$).

习题 2.3

1. (1) $\frac{1}{\mathrm{e}}$; (2) e; (3) e; (4) $\sqrt{\mathrm{e}}$; (5) 1.

3. (1) 2; (2) $\frac{1}{2}(1+\sqrt{1+4c})$; (3) 0.

第二章总练习题

1. (1) 3; (2) 0; (3) 0.

12. (1) $+\infty$; (2) 0.

14. 否,反例如:

$\{a_n\}=1,\frac{1}{2},3,\frac{1}{4},5,\frac{1}{6},\cdots,$

$\{b_n\}=1,2,\frac{1}{3},4,\frac{1}{5},6,\cdots,$

$\{a_nb_n\}=1,1,1,1,1,1,\cdots.$

第三章　函数极限

习题 3.1

6. (1) $f(0-0)=-1$, $f(0+0)=1$; (2) $f(0-0)=-1$, $f(0+0)=0$;

(3) $f(0-0)=f(0+0)=1$.

习题 3.2

1. (1) $2-\frac{\pi^2}{2}$;(2) 1;(3) $\frac{2}{3}$;(4) -3;(5) $\frac{n}{m}$;(6) $\frac{4}{3}$;(7) $\frac{1}{2a}$; (8) $\frac{3^{70}8^{20}}{5^{90}}$.

2. (1) 1;(2) 0.

4. $m<n$ 时,0;$m=n$ 时,$\frac{a_m}{b_n}$.

8. (1) -1;(2) 1;(3) -1;(4) $\frac{1}{n}$;(5) 1.

习题 3.4

1. (1) 2;(2) 0;(3) -1;(4) 1;(5) $\frac{1}{2}$;(6) 1;(7) 1;(8) $\sin 2a$;(9) 8;

   (10) $\sqrt{2}$.

2. (1) e^2;(2) e^{α};(3) e; (4) e^2; (5) e^2; (6) $e^{\alpha\beta}$.

4. (1) 0;(2) e.

习题 3.5

2. (1) 0;(2) 1.

4. (1) $y=0,x=0$;(2) $y=\frac{\pi}{2},y=-\frac{\pi}{2}$;(3) $y=3x+6,x=0,x=2$.

5. (1) 3;(2) 2;(3) 1;(4) $\frac{2}{5}$.

6. (1) $\frac{5}{2}$;(2) 2;(3) $\frac{1}{2}n(n+1)$.

第三章总练习题

1. (1) 1;(2) $\frac{1}{2}$;(3) $a+b$;

   (4) 1;(5) -1;(6) $\frac{3}{2}$;(7) $\frac{1}{2}(m-n)$.

2. (1) $a=1,b=-1$;(2) $a=-1,b=\frac{1}{2}$;(3) $a=1,b=-\frac{1}{2}$.

第四章 函数的连续性

习题 4.1

2. (1) $x=0$,第二类间断点;(2) $x=0$,跳跃间断点;
   (3) $x=n\pi(n=0,\pm1,\pm2,\cdots)$,可去间断点;(4) $x=0$,可去间断点;
   (5) $x=\dfrac{\pi}{2}+k\pi(k=0,\pm1,\pm2,\cdots)$,跳跃间断点;
   (6) 除 $x=0$ 外每一点都是第二类间断点;
   (7) $x=-7$ 为第二类间断点,$x=1$ 为跳跃间断点.

习题 4.2

1. (1) $f\circ g$ 处处连续,$g\circ f$,$x=0$ 为可去间断点;
   (2) $f\circ g$,$x=-1,0,1$ 为跳跃间断点,$g\circ f$ 处处连续.

8. (1) $\dfrac{3}{4}\pi$;(2) $\dfrac{\sqrt{3}}{2}$.

习题 4.3

1. (1) 6;(2) $\dfrac{1}{2}$;(3) 1;(4) 1;(5) e.

第五章 导数和微分

习题 5.1

1. $\Delta t=1,\bar{v}=55$;$\Delta t=0.1,\bar{v}=50.5$;$\Delta t=0.01,\bar{v}=50.05$;$v=50$.

2. 设 t 时刻所对应的旋转角为 $\Phi(t)$,则角速度为 $\omega(t)=\dfrac{\mathrm{d}\Phi(t)}{\mathrm{d}t}$.

3. 4.

4. $a=6,b=-9$.

5. (1) $(1,0)$;(2) $\left(\dfrac{1}{2},-\ln 2\right)$.

6. (1) 切线方程:$y=x-1$,法线方程:$y=-x+3$;
   (2) 切线方程:$y=1$,法线方程:$x=0$.

7. (1) $f'(x)=\begin{cases}3x^2, & x\geqslant 0,\\ -3x^2, & x<0;\end{cases}$ (2) $f'(x)=\begin{cases}1, & x>0,\\ \text{不存在}, & x=0,\\ 0, & x<0.\end{cases}$

8. (1) $m\geqslant 1$; (2) $m\geqslant 2$.

9. (1) $k\pi-\frac{\pi}{4}(k=0,\pm 1,\pm 2,\cdots)$; (2) 1.

11. 0.

16. $\frac{\pi}{2}-\arctan\frac{2}{5}$.

习题 5.2

1. (1) $f'(0)=0, f'(1)=18$; (2) $f'(0)=1, f'(\pi)=-1$;

(3) $f'(1)=\frac{1}{4\sqrt{2}}, f'(4)=\frac{1}{8\sqrt{3}}$.

2. (1) $y'=6x$; (2) $y'=\frac{-x^2-4x-1}{(x^2+x+1)^2}$; (3) $y'=n(x^{n-1}+1)$;

(4) $y'=\frac{1}{m}-\frac{m}{x^2}+\frac{1}{\sqrt{x}}-\frac{1}{x\sqrt{x}}$; (5) $y'=3x^2\log_3 x+\frac{x^2}{\ln 3}$;

(6) $y'=\mathrm{e}^x(\cos x-\sin x)$; (7) $y'=-18x^5+5x^4-12x^3+12x^2-2x+3$;

(8) $y'=\frac{x\sec^2 x-\tan x}{x^2}$; (9) $y'=\frac{1-\cos x-x\sin x}{(1-\cos x)^2}$;

(10) $y'=\frac{2}{x(1-\ln x)^2}$; (11) $y'=\frac{1}{2\sqrt{x}}\arctan x+\frac{\sqrt{x}+1}{1+x^2}$;

(12) $y'=\frac{2x(\sin x+\cos x)-(x^2+1)(\cos x-\sin x)}{(\sin x+\cos x)^2}$.

3. (1) $y'=\frac{1-2x^2}{\sqrt{1-x^2}}$; (2) $y'=6x(x^2-1)^2$;

(3) $y'=3\cdot\frac{(1+x^2)^2(1+2x-x^2)}{(1-x)^4}$; (4) $y'=\frac{1}{x\ln x}$;

(5) $y'=\cot x$; (6) $y'=\frac{2x+1}{x^2+x+1}\cdot\frac{1}{\ln 10}$;

(7) $y'=\frac{1}{\sqrt{1+x^2}}$; (8) $y'=\frac{1}{x\sqrt{1-x^2}}$;

(9) $y'=3\cos 2x(\sin x+\cos x)$; (10) $y'=-6\cos 4x\sin 8x$;

(11) $y'=\frac{x}{\sqrt{1+x^2}}\cos\sqrt{1+x^2}$; (12) $y'=6x\sin^2 x^2\cos x^2$;

(13) $y'=\frac{-1}{|x|\sqrt{x^2-1}}$; (14) $y'=\frac{6x^2}{1+x^6}\arctan x^3$;

(15) $y'=\dfrac{-1}{1+x^2}$;　(16) $y'=\dfrac{\sin 2x}{\sqrt{1-\sin^4 x}}$;

(17) $y'=e^{x+1}$;　(18) $y'=\ln 2\cdot 2^{\sin x}\cos x$;

(19) $y'=x^{\sin x}\left(\cos x\ln x+\dfrac{\sin x}{x}\right)$;　(20) $y'=x^{x^x}x^x\left(\ln^2 x+\ln x+\dfrac{1}{x}\right)$;

(21) $y'=e^{-x}(2\cos 2x-\sin 2x)$;　(22) $y'=\dfrac{4\sqrt{x}\sqrt{x+\sqrt{x}}+2\sqrt{x}+1}{8\sqrt{x}\sqrt{x+\sqrt{x}}\cdot\sqrt{x+\sqrt{x+\sqrt{x}}}}$;

(23) $y'=\cos(\sin(\sin x))\cdot\cos(\sin x)\cdot\cos x$;

(24) $y'=\cos\left(\dfrac{x}{\sin\left(\dfrac{x}{\sin x}\right)}\right)\dfrac{\sin\left(\dfrac{x}{\sin x}\right)-x\cos\left(\dfrac{x}{\sin x}\right)\dfrac{\sin x-x\cos x}{\sin^2 x}}{\sin^2\left(\dfrac{x}{\sin x}\right)}$;

(25) $y'=\left(\prod\limits_{j=1}^{n}(x-a_j)^{\alpha_j}\right)\left(\sum\limits_{k=1}^{n}\dfrac{\alpha_k}{x-a_k}\right)$;

(26) $y'=\dfrac{\cos x}{|a+b\sin x|\,|\cos x|}$.

4. (1) $f'(x)=3x^2$, $f'(x+1)=3(x+1)^2$, $f'(x-1)=3(x-1)^2$;

(2) $f'(x)=3(x-1)^2$, $f'(x+1)=3x^2$, $f'(x-1)=3(x-2)^2$;

(3) $f'(x)=3(x+1)^2$, $f'(x+1)=3(x+2)^2$, $f'(x-1)=3x^2$.

5. (1) $f'(x)=g'(x+g(a))$;　(2) $f'(x)=g'(x+g(x))(1+g'(x))$;

(3) $f'(x)=g'(xg(a))\cdot g(a)$;

(4) $f'(x)=g'(xg(x))(g(x)+xg'(x))$.

8. (1) $y'=3\sinh^2 x\cosh x$;　(2) $y'=\sinh(\sinh x)\cosh x$;

(3) $y'=\tanh x$;　(4) $y'=\dfrac{1}{\sinh^2 x+\cosh^2 x}$.

9. (1) $y'=\dfrac{1}{\sqrt{1+x^2}}$;　(2) $y'=\dfrac{1}{\sqrt{x^2-1}}$;

(3) $y'=\dfrac{1}{1-x^2}(|x|<1)$;　(4) $y'=\dfrac{1}{1-x^2}(|x|>1)$;

(5) $y'=0$;　(6) $y'=|\sec x|$.

习题 5.3

1. (1) $\left.\dfrac{dy}{dx}\right|_{t=\frac{\pi}{3}}=-3$; (2) $\dfrac{dy}{dx}=-2$.

2. $\left.\dfrac{dy}{dx}\right|_{t=\frac{\pi}{2}}=1$,　$\left.\dfrac{dy}{dx}\right|_{t=\pi}=0$.

3. (1) 切线方程 $y=\dfrac{1}{2}x$, 法线方程 $y=-2x$;

（2）切线方程 $2y-(2-\sqrt{2})x=\frac{3}{2}\sqrt{2}-2$，法线方程 $2x+(2-\sqrt{2})y=\frac{3}{2}\sqrt{2}-1$.

6. $\frac{1}{2}(\theta-\pi)$.

习题 5.4

1. （1）$f''(1)=26, f'''(1)=18, f^{(4)}(1)=0$;

（2）$f''(0)=0, f''(1)=-\frac{3}{4\sqrt{2}}, f''(-1)=\frac{3}{4\sqrt{2}}$.

3. （1）$f''(x)=\frac{1}{x}$；（2）$f'''(x)=4xe^{-x^2}(3-2x^2)$；

（3）$f^{(5)}(x)=\frac{24}{(1+x)^5}$；（4）$f^{(10)}(x)=e^x(x^3+30x^2+270x+720)$.

4. （1）$y''=\frac{1}{x^2}(f''(\ln x)-f'(\ln x))$；

（2）$y''=n(n-1)x^{n-2}f'(x^n)+(nx^{n-1})^2f''(x^n)$；

（3）$y''=f''(f(x))(f'(x))^2+f'(f(x))f''(x)$.

5. （1）$y^{(n)}=\frac{(-1)^{n-1}(n-1)!}{x^n}$；（2）$y^{(n)}=a^x\ln^n a$；

（3）$y^{(n)}=n!\left(\frac{(-1)^n}{x^{n+1}}+\frac{1}{(1-x)^{n+1}}\right)$；

（4）$y^{(n)}=\frac{(-1)^n n!\left(\ln x-\sum\limits_{k=1}^{n}\frac{1}{k}\right)}{x^{n+1}}$；

（5）$y^{(n)}=\frac{n!}{(1-x)^{n+1}}$；

（6）$y^{(n)}=(a^2+b^2)^{\frac{n}{2}}e^{ax}\sin(bx+n\varphi_0)$，$\varphi_0=\arctan\frac{b}{a}$.

6. （1）$y''=\frac{1}{3a\sin t\cos^4 t}$；（2）$y''=\frac{2}{e^t(\cos t-\sin t)^3}$.

7. $f'(x)=\begin{cases}3x^2, & x\geqslant 0,\\ -3x^2, & x<0,\end{cases}$ $f''(x)=\begin{cases}6x, & x\geqslant 0,\\ -6x, & x<0,\end{cases}$

$f'''(x)=\begin{cases}6, & x>0,\\ \text{不存在}, & x=0,\\ -6, & x<0.\end{cases}$

8. $(f^{-1})'''(y)=\frac{3f''(x)^2-f'(x)f'''(x)}{f'(x)^5}$.

9. （2）$y^{(2m)}\big|_{x=0}=0$，$y^{(2m+1)}\big|_{x=0}=(-1)^m(2m)!$.

10. (2) $y^{(2m)}\big|_{x=0}=0$,　$y^{(2m+1)}\big|_{x=0}=((2m-1)!!)^2$.

习题 5.5

1. 当 $\Delta x=0.1$, $\Delta y=0.21$, $\mathrm{d}y=0.2$, $\Delta y-\mathrm{d}y=0.01$; 当 $\Delta x=0.01$, $\Delta y=0.020\,1$, $\mathrm{d}y=0.02$, $\Delta y-\mathrm{d}y=0.000\,1$.

2. (1) $\mathrm{d}y=(1+4x-x^2+4x^3)\,\mathrm{d}x$;　(2) $\mathrm{d}y=\ln x\,\mathrm{d}x$;

(3) $\mathrm{d}y=(2x\cos 2x-2x^2\sin 2x)\,\mathrm{d}x$;　(4) $\mathrm{d}y=\dfrac{1+x^2}{(1-x^2)^2}\mathrm{d}x$;

(5) $\mathrm{d}y=\mathrm{e}^{ax}(a\sin bx+b\cos bx)\,\mathrm{d}x$;　(6) $\mathrm{d}y=-\operatorname{sgn} x\dfrac{\mathrm{d}x}{\sqrt{1-x^2}}$.

4. (1) 1.007; (2) 0.993 3; (3) 1.005 8; (4) 5.1.

5. 0.33%.

6. 弦长.

第五章总练习题

6. $f'_+(a)=\varphi(a)$, $f'_-(a)=-\varphi(a)$, 当 $\varphi(a)=0$, $f'(a)$ 存在且等于零.

7. (1) $y'=\mathrm{e}^{f(x)}(f'(\mathrm{e}^x)\mathrm{e}^x+f(\mathrm{e}^x)f'(x))$;

(2) $y'=f'(f(f(x)))f'(f(x))f'(x)$.

8. (1) $y'=\dfrac{\varphi'(x)\varphi(x)+\psi'(x)\psi(x)}{\sqrt{\varphi^2(x)+\psi^2(x)}}\ (\varphi^2(x)+\psi^2(x)\neq 0)$;

(2) $y'=\dfrac{\varphi'(x)\psi(x)-\varphi(x)\psi'(x)}{\varphi^2(x)+\psi^2(x)}$;

(3) $y'=\dfrac{\psi'(x)\varphi(x)\ln\varphi(x)-\varphi'(x)\psi(x)\ln\psi(x)}{\varphi(x)\psi(x)\ln^2\varphi(x)}$.

9. (1) $F'(x)=3(x^2+5)$;　(2) $F'(x)=6x^2$.

第六章　微分中值定理及其应用

习题 6.2

5. (1) 1; (2) $\dfrac{\sqrt{3}}{3}$; (3) 1; (4) 2; (5) 1; (6) $\dfrac{1}{2}$;

(7) 1; (8) $\dfrac{1}{\mathrm{e}}$; (9) 1; (10) 0; (11) $-\dfrac{1}{3}$; (12) $\mathrm{e}^{\frac{1}{3}}$.

7. （1）$-\frac{4}{\pi^2}$；（2）0；（3）1；（4）e^{-1}；

（5）$\frac{1}{2}$；（6）0；（7）$-\frac{e}{2}$；（8）e^{-1}.

习题 6.3

1. （1）$f(x)=1-\frac{1}{2}x+\frac{3!!}{2!2^2}x^2+\cdots+(-1)^n\frac{(2n-1)!!}{n!2^n}x^n+o(x^n)$；

（2）$f(x)=x-\frac{1}{3}x^3+\frac{1}{5}x^5+o(x^5)$；

（3）$f(x)=x+\frac{1}{3}x^3+\frac{2}{15}x^5+o(x^5)$.

2. （1）$\frac{1}{3}$；（2）$\frac{1}{2}$；（3）$\frac{1}{3}$.

3. （1）$f(x)=10+11(x-1)+7(x-1)^2+(x-1)^3$；

（2）$f(x)=1-x+x^2+\cdots+(-1)^n x^n+\frac{(-1)^{n+1}x^{n+1}}{(1+\theta x)^{n+2}}, 0<\theta<1$.

4. （1）$|R_4(x)|\leqslant\frac{1}{2^5\cdot 5!}$；（2）$|R_2(x)|\leqslant\frac{1}{16}$.

5. （1）取 $n=12$，$e\approx 2.718\ 281\ 828$；（2）0.993 25.

习题 6.4

1. （1）极大值 $f\left(\frac{3}{2}\right)=\frac{27}{16}$；（2）极小值 $f(-1)=-1$，极大值 $f(1)=1$；

（3）极小值 $f(1)=0$，极大值 $f(e^2)=\frac{4}{e^2}$；

（4）极大值 $f(1)=\frac{\pi}{4}-\frac{1}{2}\ln 2$.

4. （1）最小值 $f(-1)=-10$，最大值 $f(1)=2$；

（2）最大值 $f\left(\frac{\pi}{4}\right)=1$，无最小值；

（3）最小值 $f(e^{-2})=-\frac{2}{e}$.

6. 边长为 $\frac{l}{2}$.

7. 半径与高之比为 1 : 1.

8. 取 $x=\frac{a_1+a_2+\cdots+a_n}{n}$.

9. 取 $a=1$.

10. （1）极小值 $f(0)=f(\pm1)=0$，极大值 $f\left(\pm\dfrac{1}{\sqrt{3}}\right)=\dfrac{2}{3\sqrt{3}}$；

（2）极大值 $f(1)=2$，极小值 $f(-1)=-2$；

（3）极小值 $f(1)=0$，极大值 $f\left(\dfrac{1}{5}\right)=\dfrac{3\ 456}{3\ 125}$.

11. $a=-\dfrac{2}{3}, b=-\dfrac{1}{6}$，$x_1$ 是极小值点，x_2 是极大值点.

12. $(p, \pm\sqrt{2}p)$.

13. $\dfrac{a\alpha}{\sqrt{\beta^2-\alpha^2}}$.

习题 6.5

1. （1）凹区间 $\left(-\infty, \dfrac{1}{2}\right)$，凸区间 $\left(\dfrac{1}{2}, +\infty\right)$，拐点 $\left(\dfrac{1}{2}, \dfrac{13}{2}\right)$；

（2）凹区间 $(-\infty, 0)$，凸区间 $(0, +\infty)$；

（3）凹区间 $(-1, 0)$，凸区间 $(-\infty, -1)$，$(0, +\infty)$，拐点 $(-1, 0)$；

（4）凹区间 $(-\infty, -1)$，$(1, +\infty)$，凸区间 $(-1, 1)$，拐点 $(\pm1, \ln 2)$；

（5）凹区间 $\left(-\dfrac{1}{\sqrt{3}}, \dfrac{1}{\sqrt{3}}\right)$，凸区间 $\left(-\infty, -\dfrac{1}{\sqrt{3}}\right)$，$\left(\dfrac{1}{\sqrt{3}}, +\infty\right)$，拐点 $\left(\pm\dfrac{1}{\sqrt{3}}, \dfrac{3}{4}\right)$.

2. $a=-\dfrac{3}{2}$，$b=\dfrac{9}{2}$.

习题 6.6

1.

x	$(-\infty, -5)$	-5	$(-5, -2)$	-2	$(-2, 1)$	1	$(1, +\infty)$
y'	+	0	−	−	−	0	+
y''	−	−	−	0	+	+	+
y	凹增 ↗	极大值 80	凹减 ↘	拐点 $(-2, 26)$	凸减 ↘	极小值 -28	凸增 ↗

2.

x	$(-\infty, -3)$	-3	$(-3, -1)$	$(-1, 0)$	0	$(0, +\infty)$
y'	+	0	−	+	0	+
y''	−	−	−	−	0	+
y	凹增 ↗	极大值 $-\dfrac{27}{8}$	凹减 ↘	凹增 ↗	拐点 $(0, 0)$	凸增 ↗

渐近线　$x=-1$，$y=\dfrac{1}{2}x-1$.

3.

x	$(-\infty,-1)$	-1	$(-1,0)$	0	$(0,1)$	1	$(1,+\infty)$
y'	+	0	−	−	−	0	+
y''	−	−	−	0	+	+	+
y	凹增 ↗	极大值 $-1+\frac{\pi}{2}$	凹减 ↘	拐点 $(0,0)$	凸减 ↘	极小值 $1-\frac{\pi}{2}$	凸增 ↗

渐近线　$y=x-\pi$，　$y=x+\pi$.

4.

x	$(-\infty,1)$	1	$(1,2)$	2	$(2,+\infty)$
y'	+	0	−	−	−
y''	−	−	−	0	+
y	凹增 ↗	极大值 $\frac{1}{e}$	凹减 ↘	拐点 $\left(2,\frac{2}{e^2}\right)$	凸减 ↘

渐近线　$y=0$.

5. 奇函数

x	0	$\left(0,\frac{1}{\sqrt{2}}\right)$	$\frac{1}{\sqrt{2}}$	$\left(\frac{1}{\sqrt{2}},1\right)$	1	$(1,+\infty)$
y'	0	−	−	−	0	+
y''	0	−	0	+	+	+
y	拐点 $(0,0)$	凹减 ↘	拐点 $\left(\frac{1}{\sqrt{2}},-\frac{7}{4\sqrt{2}}\right)$	凸减 ↘	极小值 -2	凸增 ↗

6. 偶函数

x	0	$\left(0,\frac{1}{\sqrt{2}}\right)$	$\frac{1}{\sqrt{2}}$	$\left(\frac{1}{\sqrt{2}},+\infty\right)$
y'	0	−	−	−
y''	−	−	0	+
y	极大值 1	凹减 ↘	拐点 $\left(\frac{1}{\sqrt{2}},\frac{1}{e^{\frac{1}{2}}}\right)$	凸减 ↘

渐近线　$y=0$.

7.

x	$\left(-\infty,-\frac{1}{5}\right)$	$-\frac{1}{5}$	$\left(-\frac{1}{5},0\right)$	0	$\left(0,\frac{2}{5}\right)$	$\frac{2}{5}$	$\left(\frac{2}{5},+\infty\right)$
y'	+	+	+	不存在	−	0	+
y''	−	0	+	不存在	+	+	+
y	凹增 ↗	拐点 $\left(-\frac{1}{5},-\frac{6}{5}\left(\frac{1}{5}\right)^{\frac{2}{3}}\right)$	凸增 ↗	极大值 0	凸减 ↘	极小值 $-\frac{3}{5}\left(\frac{2}{5}\right)^{\frac{2}{3}}$	凸增 ↗

8. 设 $x_1=\frac{1}{2}-\frac{3}{10}\sqrt{5}$, $x_2=\frac{1}{2}+\frac{3}{10}\sqrt{5}$

x	$(-\infty,x_1)$	x_1	$(x_1,0)$	0	$\left(0,\frac{1}{2}\right)$	$\frac{1}{2}$
y'	−	−	−	不存在	+	0
y''	+	0	−	不存在	−	−
y	凸减 ↘	拐点 $(x_1,f(x_1))$	凹减 ↘	极小值 0	凹增 ↗	极大值 $\frac{9}{4}\left(\frac{1}{2}\right)^{\frac{2}{3}}$

x	$\left(\frac{1}{2},x_2\right)$	x_2	$(x_2,2)$	2	$(2,+\infty)$
y'	−	−	−	0	+
y''	−	0	+	+	+
y	凹减 ↘	拐点 $(x_2,f(x_2))$	凸减 ↘	极小值 0	凸增 ↗

习题 6.7

1. −1.20.
2. 1.538.

第六章总练习题

7. (1) e; (2) $\frac{3}{2}$; (3) 0.

第七章 实数的完备性

习题 7.1

5. (1) 能;(2) (i) 不能,(ii) 能.

习题 7.2

1. (1) 2,0;(2) $\frac{1}{2}$, $-\frac{1}{2}$;(3) $+\infty$, $+\infty$;(4) 2, -2;(5) π,π; (6) 1,1.

第八章 不定积分

习题 8.1

2. $y = x^2+1$.

5. (1) $x-\frac{x^2}{2}+\frac{x^4}{4}-3\sqrt[3]{x}+C$;

(2) $\frac{x^3}{3}+\ln|x|-\frac{4}{3}\sqrt{x^3}+C$;

(3) $\sqrt{\frac{2x}{g}}+C$;

(4) $\frac{4^x}{\ln 4}+\frac{9^x}{\ln 9}+\frac{2\cdot 6^x}{\ln 6}+C$;

(5) $\frac{3}{2}\arcsin x+C$;

(6) $\frac{1}{3}(x-\arctan x)+C$;

(7) $\tan x-x+C$;

(8) $\frac{1}{4}(2x-\sin 2x)+C$;

(9) $\sin x-\cos x+C$;

(10) $-\tan x-\cot x+C$;

(11) $\frac{90^t}{\ln 90}+C$;

(12) $\frac{8}{15}x^{\frac{15}{8}}+C$;

(13) $2\arcsin x+C$;

(14) $x-\frac{1}{2}\cos 2x+C$;

(15) $\frac{1}{2}\left(\sin x+\frac{1}{3}\sin 3x\right)+C$;

(16) $\frac{1}{3}e^{3x}-3e^x-3e^{-x}+\frac{1}{3}e^{-3x}+C$;

(17) $-\frac{2}{\ln 5}\cdot 5^{-x}+\frac{1}{5\ln 2}\cdot 2^{-x}+C$;

(18) $\ln|x|-\frac{1}{4}x^{-4}+C$.

6. (1) $G(x)+C$,其中 $G(x)=\begin{cases}2-e^{-x}, & x\geqslant 0,\\ e^x, & x<0;\end{cases}$

(2) $G(x)+C$,其中 $G(x)=\begin{cases}-\cos x+4k, & 2k\pi\leqslant x\leqslant(2k+1)\pi,\\ \cos x+4k+2, & (2k+1)\pi<x\leqslant(2k+2)\pi,\end{cases}$ $k\in\mathbf{Z}$.

7. $\tan x - x + C$.

习题 8.2

1. (1) $\frac{1}{3}\sin(3x+4)+C$;　　(2) $\frac{1}{4}e^{2x^2}+C$;

(3) $\frac{1}{2}\ln|2x+1|+C$;　　(4) $\frac{(1+x)^{n+1}}{n+1}+C$;

(5) $\arcsin\frac{x}{\sqrt{3}}+\frac{1}{\sqrt{3}}\arcsin(\sqrt{3}x)+C$;　　(6) $\frac{2^{2x+2}}{\ln 2}+C$;

(7) $-\frac{2}{9}\sqrt{(8-3x)^3}+C$;　　(8) $-\frac{3}{10}\sqrt[3]{(7-5x)^2}+C$;

(9) $-\frac{1}{2}\cos x^2+C$;　　(10) $-\frac{1}{2}\cot\left(2x+\frac{\pi}{4}\right)+C$;

(11) $\tan\frac{x}{2}+C$;　　(12) $\tan x-\sec x+C$;

(13) $-\ln|\csc x+\cot x|+C$;　　(14) $-\sqrt{1-x^2}+C$;

(15) $\frac{1}{4}\arctan\frac{x^2}{2}+C$;　　(16) $\ln|\ln x|+C$;

(17) $\frac{1}{10}(1-x^5)^{-2}+C$;　　(18) $\frac{1}{8\sqrt{2}}\ln\left|\frac{x^4-\sqrt{2}}{x^4+\sqrt{2}}\right|+C$;

(19) $\ln\left|\frac{x}{1+x}\right|+C$;　　(20) $\ln|\sin x|+C$;

(21) $\sin x-\frac{2}{3}\sin^3x+\frac{1}{5}\sin^5x+C$;　　(22) $\ln|\tan x|+C$;

(23) $\arctan e^x+C$;　　(24) $\ln|x^2-3x+8|+C$;

(25) $\ln|x+1|+\frac{2}{x+1}-\frac{3}{2(x+1)^2}+C$;　(26) $\ln|x+\sqrt{x^2+a^2}|+C$;

(27) $\frac{x}{a^2\sqrt{x^2+a^2}}+C$;

(28) $-(1-x^2)^{\frac{1}{2}}+\frac{2}{3}(1-x^2)^{\frac{3}{2}}-\frac{1}{5}(1-x^2)^{\frac{5}{2}}+C$;

(29) $-\frac{6}{7}x^{\frac{7}{6}}-\frac{6}{5}x^{\frac{5}{6}}-2x^{\frac{1}{2}}-6x^{\frac{1}{6}}-3\ln\left|\frac{x^{\frac{1}{6}}-1}{x^{\frac{1}{6}}+1}\right|+C$;

(30) $x-4\sqrt{x+1}+4\ln|\sqrt{x+1}+1|+C$;

(31) $-\frac{1}{4}\left(\frac{1}{10\,100}+\frac{2}{101}x\right)(1-2x)^{100}+C$;

(32) $\frac{1}{n}\ln\left|\frac{x^n}{1+x^n}\right|+C$;　　(33) $\frac{1}{n}(x^n-\ln|1+x^n|)+C$;

(34) $\ln|\ln\ln x|+C$; (35) $\ln x-\ln 2\cdot\ln|\ln 4x|+C$;

(36) $\dfrac{\sqrt{x^2-1}}{x}-\dfrac{(x^2-1)^{\frac{3}{2}}}{3x^3}+C$.

2. (1) $x\arcsin x+\sqrt{1-x^2}+C$; (2) $x\ln x-x+C$;

(3) $x^2\sin x+2x\cos x-2\sin x+C$;

(4) $-\dfrac{1}{4x^2}(2\ln x+1)+C$; (5) $x(\ln x)^2-2x\ln x+2x+C$;

(6) $\dfrac{1}{2}(x^2+1)\arctan x-\dfrac{x}{2}+C$; (7) $x\ln(\ln x)+C$;

(8) $x(\arcsin x)^2+2\sqrt{1-x^2}\arcsin x-2x+C$;

(9) $\dfrac{1}{2}(\sec x\tan x+\ln|\sec x+\tan x|)+C$;

(10) $\dfrac{1}{2}\left(x\sqrt{x^2\pm a^2}\pm a^2\ln\left|\sqrt{x^2\pm a^2}+x\right|\right)+C$.

3. (1) $\dfrac{1}{\alpha+1}(f(x))^{\alpha+1}+C$; (2) $\arctan(f(x))+C$;

(3) $\ln|f(x)|+C$; (4) $e^{f(x)}+C$.

5. (1) $\dfrac{1}{2}\tan^2 x+\ln|\cos x|+C$; (2) $\dfrac{1}{3}\tan^3 x-\tan x+x+C$;

(3) $\dfrac{x}{16}-\dfrac{1}{6}\cos^3 x\sin^3 x-\dfrac{1}{64}\sin 4x+C$.

6. (1) $I_n=\dfrac{1}{k}x^n e^{kx}-\dfrac{n}{k}I_{n-1}$; (2) $I_n=x(\ln x)^n-nI_{n-1}$;

(3) $I_n=x(\arcsin x)^n+n\sqrt{1-x^2}(\arcsin x)^{n-1}-n(n-1)I_{n-2}$;

(4) $I_n=\dfrac{1}{n^2+a^2}(e^{ax}\sin^{n-1}x(a\sin x-n\cos x)+n(n-1)I_{n-2})$.

7. (1) $e^{2x}\left(\dfrac{1}{2}x^3-\dfrac{3}{4}x^2+\dfrac{3}{4}x-\dfrac{3}{8}\right)+C$;

(2) $x((\ln x)^3-3(\ln x)^2+6\ln x-6)+C$;

(3) $x(\arcsin x)^3+3\sqrt{1-x^2}(\arcsin x)^2-6x\arcsin x-6\sqrt{1-x^2}+C$;

(4) $\dfrac{1}{10}e^x(\sin^3 x-3\sin^2 x\cos x+3\sin x-3\cos x)+C$.

习题 8.3

1. (1) $\dfrac{x^3}{3}+\dfrac{x^2}{2}+x+\ln|x-1|+C$; (2) $\ln\dfrac{(x-4)^2}{|x-3|}+C$;

(3) $\dfrac{1}{6}\ln\dfrac{(1+x)^2}{x^2-x+1}+\dfrac{1}{\sqrt{3}}\arctan\dfrac{2x-1}{\sqrt{3}}+C$;

（4）$\frac{\sqrt{2}}{8}\ln\left|\frac{x^2+\sqrt{2}x+1}{x^2-\sqrt{2}x+1}\right|+\frac{\sqrt{2}}{4}\arctan\frac{x^2-1}{\sqrt{2}x}+C$；

（5）$\frac{1}{4}\ln|x-1|-\frac{1}{8}\ln(x^2+1)-\frac{1}{2}\arctan x-\frac{x-1}{4(x^2+1)}+C$；

（6）$-\frac{5x+3}{2(2x^2+2x+1)}-\frac{5}{2}\arctan(2x+1)+C$.

2.（1）$\frac{1}{2}\arctan\left(2\tan\frac{x}{2}\right)+C$；　（2）$\frac{\sqrt{6}}{6}\arctan\left(\frac{\sqrt{6}}{2}\tan x\right)+C$；

（3）$\frac{1}{2}\ln|\cos x+\sin x|+\frac{x}{2}+C$；

（4）$\frac{7}{8}\arcsin\frac{2x-1}{\sqrt{5}}-\frac{2x+3}{4}\sqrt{1+x-x^2}+C$；

（5）$\ln\left|x+\frac{1}{2}+\sqrt{x^2+x}\right|+C$；

（6）$\ln\left|\frac{1+\sqrt{1-x^2}}{x}\right|-\frac{\sqrt{1-x^2}}{x}+C$.

第八章总练习题

1.（1）$\frac{4}{5}x^{\frac{5}{4}}-\frac{24}{13}x^{\frac{13}{12}}-\frac{4}{3}x^{\frac{3}{4}}+C$；

（2）$\frac{1}{2}x^2\arcsin x-\frac{1}{4}\arcsin x+\frac{1}{4}x\sqrt{1-x^2}+C$；

（3）$2\sqrt{x}-2\ln(1+\sqrt{x})+C$；　（4）$2e^{\sin x}(\sin x-1)+C$；

（5）$2e^{\sqrt{x}}(\sqrt{x}-1)+C$；　（6）$\arccos\frac{1}{x}+C$；

（7）$\ln|\cos x+\sin x|+C$；　（8）$\ln|x-2|-\frac{3}{x-2}-\frac{1}{(x-2)^2}+C$；

（9）$\tan x+\frac{1}{3}\tan^3 x+C$；　（10）$\frac{3}{8}x-\frac{1}{4}\sin 2x+\frac{1}{32}\sin 4x+C$；

（11）$\frac{2}{3}\ln\left|\frac{x-2}{x+1}\right|+\frac{1}{x-2}+C$；

（12）$x\arctan(1+\sqrt{x})-\sqrt{x}+\ln|2+x+2\sqrt{x}|+C$；

（13）$\frac{1}{4}x^4-\frac{1}{2}\ln(x^4+2)+C$；

（14）$x-\frac{2}{\sqrt{3}}\arctan\left(\frac{2\tan x+1}{\sqrt{3}}\right)+C$；

（15）$\frac{1}{99}(1-x)^{-99}-\frac{1}{49}(1-x)^{-98}+\frac{1}{97}(1-x)^{-97}+C$；

(16) $-\frac{1}{x}\arcsin x-\ln\left|\frac{1+\sqrt{1-x^2}}{x}\right|+C$;

(17) $\frac{x^2-1}{2}\ln\frac{1+x}{1-x}+x+C$;

(18) $2\sqrt{\tan x}\left(1+\frac{1}{5}\tan^2 x\right)+C$;

(19) $\frac{e^x}{1+x^2}+C$;

(20) $I_n=\frac{2}{(2n+1)b_1}(v^n\sqrt{u}+n(a_2b_1-a_1b_2)I_{n-1})$.

2. (1) $\frac{1}{4}\ln\frac{x^2+x+1}{x^2-x+1}+\frac{1}{2\sqrt{3}}\arctan\frac{2x+1}{\sqrt{3}}+\frac{1}{2\sqrt{3}}\arctan\frac{2x-1}{\sqrt{3}}+C$;

(2) $-\frac{x^5+2}{10(x^{10}+2x^5+2)}-\frac{1}{10}\arctan(x^5+1)+C$;

(3) $-\frac{x^n}{2n(x^{2n}+1)}+\frac{1}{2n}\arctan x^n+C$;

(4) $\frac{1}{2}x+\frac{1}{8}\cos 2x+\frac{1}{8}\sin 2x+\frac{1}{8}\ln(\sin 2x+1)+C$.

3. (1) $\frac{12}{7}(1+\sqrt[4]{x})^{\frac{7}{3}}-3(1+\sqrt[4]{x})^{\frac{4}{3}}+C$;

(2) $\frac{1}{4}\ln\frac{\sqrt[4]{1+x^4}+x}{\sqrt[4]{1+x^4}-x}-\frac{1}{2}\arctan\frac{\sqrt[4]{1+x^4}}{x}+C$;

(3) $-\frac{3}{2(2x+2\sqrt{x^2-x+1}-1)}-\frac{3}{2}\ln|2x+2\sqrt{x^2-x+1}-1|+2\ln|x+\sqrt{x^2-x+1}|+C$;

(4) $\frac{x}{\sqrt{1-x^4}}+C$.

5. (1) $I_n=\frac{\sin x}{(n-1)\cos^{n-1}x}+\frac{n-2}{n-1}I_{n-2}$, $n\geqslant 2$;

(2) $I_n=\frac{2}{n-1}\sin(n-1)x+I_{n-2}$, $n\geqslant 2$.

第九章　定　积　分

习题 9.1

2. (1) $\frac{1}{4}$; (2) $e-1$; (3) e^b-e^a; (4) $\frac{1}{a}-\frac{1}{b}$.

习题 9.2

1. (1) 4; (2) $\frac{\pi}{2}-1$; (3) $\ln 2$; (4) $\frac{e+e^{-1}}{2}-1$;

(5) $\sqrt{3}-\frac{\pi}{3}$; (6) $\frac{44}{3}$; (7) $4-2\ln 3$; (8) $\frac{2}{3}$.

2. (1) $\frac{1}{4}$; (2) $\frac{1}{2}$; (3) $\frac{\pi}{4}$; (4) $\frac{2}{\pi}$.

习题 9.4

6. a.

10. 提示:证得存在第一个零点 x_1 后,考察辅助函数 $g(x)=(x-x_1)f(x)$.

11. 提示:$\frac{1}{k+1}<\frac{1}{x}<\frac{1}{k}$,在$[k,k+1]$上积分.

习题 9.5

3. (1) 1; (2) 0.

4. (1) $\frac{2}{7}$; (2) $\frac{\pi}{3}+\frac{\sqrt{3}}{2}$; (3) $\frac{\pi a^4}{16}$; (4) $\frac{4}{3}$;

(5) $\arctan e-\frac{\pi}{4}$; (6) $\frac{\pi}{4}$; (7) $\frac{\pi}{2}-1$; (8) $\frac{1}{2}(e^{\frac{\pi}{2}}+1)$;

(9) $2-\frac{2}{e}$; (10) 2; (11) $a^3\left(\frac{\pi}{4}-\frac{2}{3}\right)$; (12) $\frac{\pi}{4}$.

8. $J(2m,2n)=\frac{(2n-1)!!(2m-1)!!}{2^{m+n}(m+n)!}\cdot\frac{\pi}{2}\left(=\frac{\pi(2n)!(2m)!}{2^{2m+2n+1}m!n!(m+n)!}\right)$.

10. $f(x)-f(a)$; $1-\cos x$.

12,13. 提示:使用积分第二中值定理.

15. 提示:f 凸,等价于曲线在任一切线的上方.(1)取 $x_0=\frac{a+b}{2}$; (2) $f(x)\geqslant f(t)+f'(t)(x-t)$,对 t 积分.

*17. 提示:$F(x)=\int_a^x f(t)\,dt$,对 $\int_a^b f(x)g(x)\,dx$ 进行分部积分.

第九章总练习题

1. 提示:f 凸,$f(x)\geqslant f(x_0)+f'(x_0)(x-x_0)$,$x_0=\frac{1}{b-a}\int_a^b \varphi(t)\,dt$,$x=\varphi(t)$,并积分之.

2. 提示：与第 1 题类似，但需注意 $\ln u$ 为凹函数.

4. 提示：$\frac{1}{x}\int_0^x f(t)\,dt = \frac{1}{x}\int_0^{\sqrt{x}} f(t)\,dt + \frac{1}{x}\int_{\sqrt{x}}^x f(t)\,dt$，并考察右边两项的极限.

5. 提示：$x = np + x^*$，$0 < x^* \leqslant p$，利用周期函数的积分性质.

9. 提示：证明 $\{a_n\}$ 递减，有下界.

第十章　定积分的应用

习题 10.1

1. $\frac{8}{3}$.　2. $\frac{1}{10}(99\ln 10 - 81)$.　3. $(3\pi + 2)/(9\pi - 2)$.　4. $\frac{3}{8}\pi a^2$.　5. $\frac{3}{2}\pi a^2$.

6. $\frac{1}{4}\pi a^2$.　7. $\frac{1}{6}ab$.　8. $\frac{16}{35}$.　9. $\frac{5\pi}{24} - \frac{\sqrt{3}}{4}$.　10. $4ab\arcsin\frac{b}{\sqrt{a^2+b^2}}\,(0 < b < a)$.

习题 10.2

1. $\frac{400}{3}\ \text{cm}^3$.

2. (1) $\frac{\pi^2}{2}$；(2) $5\pi^2 a^3$；(3) $\frac{4}{3}\pi a^2 b$.

4. $\frac{32}{105}\pi a^3$.　6. $2\pi^2$　7. $\frac{8}{3}\pi a^3$

习题 10.3

1. (1) $\frac{8}{27}(10\sqrt{10} - 1)$；(2) $1 + \frac{\sqrt{2}}{2}\ln(\sqrt{2} + 1)$；(3) $6a$；

   (4) $2\pi^2 a$；(5) $\frac{3}{2}\pi a$；(6) $a\pi\sqrt{1 + 4\pi^2} + \frac{a}{2}\ln\left(2\pi + \sqrt{1 + 4\pi^2}\right)$.

*2. (1) $\frac{\sqrt{2}}{4}$；(2) $\frac{\sqrt{2}}{4}$；(3) $\frac{\sqrt{2}}{4a}$；(4) $\frac{2}{3a}$.

3. $a = 1, b = \sqrt{2}$（或 $a = \sqrt{2}, b = 1$）.

*6. $\frac{3}{4a}, \frac{4a}{3}, \left(x - \frac{2}{3}a\right)^2 + y^2 = \frac{16}{9}a^2$.

*8. $\left(-\ln\sqrt{2}, \frac{\sqrt{2}}{2}\right)$.

习题 10.4

1. (1) $2\pi(\sqrt{2}+\ln(1+\sqrt{2}))$; (2) $\frac{64}{3}\pi a^2$;

(3) $a=b$ 时 $S=4\pi a^2$, $a<b$ 时 $S=2\pi a\left(a+\frac{b^2}{\sqrt{b^2-a^2}}\arcsin\frac{\sqrt{b^2-a^2}}{b}\right)$,

$a>b$ 时 $S=2\pi a\left(a+\frac{b^2}{\sqrt{a^2-b^2}}\ln\frac{\sqrt{a^2-b^2}+a}{b}\right)$;

(4) $4\pi^2 ar$.

2. $S=2\pi\int_\alpha^\beta r(\theta)\sin\theta\sqrt{r^2(\theta)+r'^2(\theta)}\,\mathrm{d}\theta$.

3. (1) $\frac{32}{5}\pi a^2$; (2) $4\pi a^2(2-\sqrt{2})$.

习题 10.5

1. $\frac{4\,400}{3}\rho g$. 2. $\frac{1}{2}\nu abg(2h+b\sin\alpha)$.

3. $36\pi\rho g$. 4. $\frac{GmM}{a(a+l)}$. 5. $\frac{GM^2}{l^2}\ln\frac{(c+l)^2}{c(c+2l)}$.

6. $\frac{2k\delta}{r}$. 7. $2\,500\pi\rho g$. 8. $400g$.

9. $\frac{27}{7}ka^{\frac{7}{3}}c^{\frac{2}{3}}$. 10. $\frac{4}{3}\pi r^4 g$.

习题 10.6

1. 0.693 8, 0.693 1.
2. 1.856 9, 1.852 2, 1.851 9.
3. $8.64(\mathrm{m}^2)$.
4. (1) 矩形法平均:28.71 或 28.66;梯形法平均:28.68;抛物线法平均:28.67.

第十一章 反常积分

习题 11.1

1. (1) $\frac{1}{2}$; (2) 0; (3) 2; (4) $1-\ln 2$;

(5) $\frac{\pi}{4}$; (6) $\frac{1}{2}$; (7) 发散; (8) 发散.

2. (1) $p<1$ 时收敛于$\frac{(b-a)^{1-p}}{1-p}$,$p\geqslant 1$ 时发散;

(2) 发散; (3) 4; (4) 1;

(5) -1; (6) $\frac{\pi}{2}$; (7) π; (8) 发散.

习题 11.2

4. (1) 收敛; (2) 收敛; (3) 发散;

(4) 收敛; (5) $n>1$ 时收敛,$n\leqslant 1$ 时发散;

(6) $n-m>1$ 时收敛,$n-m\leqslant 1$ 时发散.

5. (1) 条件收敛; (2) 绝对收敛; (3) 条件收敛; (4) 条件收敛.

习题 11.3

3. (1) 发散; (2) 收敛; (3) 发散; (4) 收敛;

(5) 发散; (6) $2<m<3$ 时收敛,$m\geqslant 3$ 时发散;

(7) $0<\alpha<1$ 时绝对收敛,$1\leqslant\alpha<2$ 时条件收敛,$\alpha\geqslant 2$ 时发散; (8) 收敛.

4. (1) $(-1)^n n!$; (2) $\frac{2^{2n+1}(n!)^2}{(2n+1)!}$.

第十一章总练习题

3. (1) $\frac{a}{a^2+b^2}$; (2) $\frac{b}{a^2+b^2}$; (3) 0; (4) 0.

4. $0<\lambda\leqslant 1$ 时条件收敛,$1<\lambda<2$ 时绝对收敛,$\lambda\leqslant 0$ 或 $\lambda\geqslant 2$ 时发散.

6. (2) 提示:证明充分性时问题归为证明 $\lim\limits_{x\to+\infty}xf(x)$ 存在,这可由 $f'(x)$ 的定号性进而估计 $\left|\int_u^{+\infty}xf'(x)\mathrm{d}x\right|$ (u 足够大)而得.

索引

Z

微积分学简史